□ 应用统计学丛书   31

U0180547

Bayesian Regression Modeling with INLA

基于INLA的贝叶斯回归建模

Xiaofeng Wang

Yu Ryan Yue

Julian J. Faraway   著

汤银才   周世荣   译

中国教育出版传媒集团

高等教育出版社·北京

图字：01-2020-5985 号

Bayesian Regression Modeling with INLA, 1st Edition, authored/edited by Xiaofeng Wang, Yu Ryan Yue, Julian J. Faraway

©2018 by Taylor & Francis Group, LLC

All Rights Reserved.

Authorized translation from the English language edition published by CRC Press, a member of the Taylor & Francis Group, LLC. 本书原版由 Taylor & Francis 出版集团旗下 CRC 出版公司出版，并经其授权翻译出版，版权所有，侵权必究。

Higher Education Press Limited Company is authorized to publish and distribute exclusively the Chinese (simplified characters) language edition. This edition is authorized for sale throughout the mainland of China. No part of the publication may be reproduced or distributed by any means, or stored in a database or retrieval system, without the prior written permission of the publisher. 本书中文简体翻译版授权由高等教育出版社有限公司独家出版并仅限于中华人民共和国境内（但不允许在中国香港、澳门特别行政区和中国台湾地区）销售发行。未经出版者书面许可，不得以任何方式复制或发行本书的任何部分。

Copies of this book sold without a Taylor & Francis sticker on the cover are unauthorized and illegal. 本书封面贴有 Taylor & Francis 公司防伪标签，无标签者不得销售。

图书在版编目（CIP）数据

基于 INLA 的贝叶斯回归建模 / （美）王晓峰,（美）岳宇,（英）朱利安·J. 法拉维（Julian J. Faraway）著；汤银才,周世荣译. --北京 ：高等教育出版社,2024.4

（应用统计学）

书名原文：Bayesian Regression Modeling with INLA

ISBN 978-7-04-061007-9

I. ①基… II. ①王… ②岳… ③朱… ④汤… ⑤周… III. ①贝叶斯推断 IV. ①O212

中国国家版本馆 CIP 数据核字 (2023) 第 151796 号

JIYU INLA DE BEIYESI HUIGUI JIANMO

| 策划编辑 | 李 鹏 | 责任编辑 | 李 鹏 | 封面设计 | 李树龙 |
| 版式设计 | 童 丹 | 责任校对 | 刘娟娟 | 责任印制 | 刘思涵 |

出版发行	高等教育出版社	网 址	http://www.hep.edu.cn
社 址	北京市西城区德外大街 4 号		http://www.hep.com.cn
邮政编码	100120	网上订购	http://www.hepmall.com.cn
印 刷	高教社（天津）印务有限公司		http://www.hepmall.com
开 本	787mm×1092mm 1/16		http://www.hepmall.cn
印 张	21.5		
字 数	430 千字	版 次	2024 年 4 月第 1 版
购书热线	010-58581118	印 次	2024 年 4 月第 1 次印刷
咨询电话	400-810-0598	定 价	89.00 元

本书如有缺页、倒页、脱页等质量问题，请到所购图书销售部门联系调换

版权所有 侵权必究

物 料 号 61007-00

献给我的父母, *Huahui Wang* 和 *Xianzhang Zeng,* 以及我可爱的家人.

——*X.W.*

献给 *Amy, Annie* 和 *Evan.*

——*Y.Y.*

译序

贝叶斯推断方法广泛应用于统计建模与机器学习, 其基本思想是通过贝叶斯公式整合先验分布 (先验信息) 与似然函数 (样本信息) 形成后验分布, 然后再进行模型拟合或预测等, 其中先验分布可以是源于历史数据或专家经验构建的主观先验分布, 也可以是基于某种准则所导出的客观先验分布 (如拉普拉斯平坦分布、Jeffreys 先验和 reference 先验等). 贝叶斯推断不仅适用于小样本下的简单模型, 也同样适用于中等或大样本下的复杂模型. 对于后者, 后验分布通常很难显式表示为常见的统计分布, 这时的后验统计推断往往会涉及复杂的高维积分计算, 而传统的数值积分近似以及蒙特卡罗积分显然已经无法应对 "维数灾难" 问题, 即后验推断中涉及的计算量随着参数维数的增加而成倍增加的问题.

随着 20 世纪 80 年代马尔可夫链蒙特卡罗 (Markov Chain Monte Carlo, MCMC) 算法的提出并不断推广 (如 Gibbs 抽样、Metropolis-Hastings 算法、切片抽样及哈密顿蒙特卡罗算法), 贝叶斯推断所遇到的复杂积分的瓶颈问题可通过从后验分布的迭代抽样得到的马尔可夫链得到解决. 同时, 为了大幅降低编程难度, 各种基于概率编程思想的贝叶斯推断软件 (如 WinBUGS/OpenBUGS, JAGS, NIMBLE, STAN) 及 R 软件包 (如 R2WinBUGS/R2OpenBUGS, rjags/R2jags/runjags, nimble, rstan) 或 Python 库 (如 PyMC3) 不断推出, 逐渐形成了一系列基于 BUGS 语言的智能化贝叶斯推断引擎, 并用于处理社会学、生态学、环境科学、计量经济学、金融与经济学、生物医学、流行病学、保险学等各个相关领域中产生的复杂数据的贝叶斯统计推断, 这反过来也为 MCMC 算法的优化与长期发展提供了机会.

MCMC 算法本质上是一种拒绝–接受抽样迭代算法, 其关键是从后验分布中间接抽取马尔可夫链. 在满足一定的正则条件下, 可以保证从达到平稳状态的马尔可夫链截取的一段迭代值可作为后验样本用于蒙特卡罗积分. 理论上, 只要迭代次数足够多, 此算法提供的迭代值最终会收敛, 且收敛到我们预先指定的目标分布, 即后验分布. 基于 MCMC 算法的贝叶斯推断理论上可视为一种精确的后验推断方法. 然而, 精确并不等于有效. 实际上, MCMC 算法的抽样效率依赖于实际使用时所涉及的一些技巧.

1. 马尔可夫链转移核的选取: 差的转移核会导致算法的收敛速度变得很慢, 链值之间存在很强的相关性, 或接受的比例很低.

2. 收敛性诊断: 这通常需要人工干预, 或是通过多条链的收敛诊断图 (如样本路径图、遍历均值图、自相关图等), 或是通过考察马尔可夫链的误差及 BGR (Brooks-Gelman-Rubin) 诊断统计量 (又称潜在的规模折减系数, Potential Scale Reduction

Factor, PSRF) 进行诊断.

3. 有效样本的选取: 为保证推断的精度, 收敛后的马尔可夫链仍需要抛弃一部分初始迭代值 (称为预烧期, burn-in), 并间隔选取一部分迭代值 (称为稀释, thinning), 它们会直接影响后验推断的精度.

因此, 理论上看似完美的 MCMC 算法在实际使用时仍然避不开 "维数灾难" 问题, 从而在计算上表现为可扩展性问题, 并很大程度上会阻碍贝叶斯推断在复杂模型应用上的落地.

在过去二十年, 贝叶斯近似计算已经悄然兴起, 在计算效率上表现突出的有变分贝叶斯 (Variational Bayes, VB) 与积分嵌套拉普拉斯近似 (Integrated Nested Laplace Approximation, INLA) 方法. INLA 是 Rue 等人于 2009 年提出的, 旨在为一类潜在高斯模型 (Latent Gaussian Model, LGM) 提供一种快速而精确的近似贝叶斯计算方法. 一个 LGM 本质上是一个包含潜变量的分层贝叶斯模型, 它由一个具有线性预测因子的似然函数、一个潜在高斯随机场 (Latent Gaussian Random Field, LGRF) 以及一个超参数向量的先验分布所组成, 用公式表示为

$$y \mid x, \theta_2 \sim \prod_i p\left(y_i \mid \eta_i, \theta_2\right),$$

$$x \mid \theta_2 \sim N\left(0, Q^{-1}(\theta_2)\right),$$

$$\theta = (\theta_1, \theta_2) \sim \pi(\theta),$$

其中潜变量向量 x 由线性预测因子 η_i 中的所有参数及其本身所构成, θ 是 LGM 中的超参数向量, $\pi(\theta)$ 为其先验, $Q(\theta_2)$ 是精度矩阵. 模型中似然的分布 $p(\cdot \mid \cdot, \cdot)$ 没有什么限制, 而线性预测因子 η_i 中可包括 (线性) 固定效应、(非线性) 随机效应, 后者又可以是平滑效应、空间效应、时空效应等. 可见, LGM 可包括许多复杂的模型, 如熟悉的广义线性模型 (Generalized Linear Model, GLM)、广义可加模型 (Generalized Additive Model, GAM)、时间序列模型、空间模型、测量误差模型等.

LGRF 又被称为高斯–马尔可夫随机场 (Gaussian Markov Random Field, GMRF), 其潜在效应 x 满足马尔可夫性和正态性, 其中的马尔可夫性可保证: (1) 潜变量间条件独立, 即 $x_i \perp x_j \mid x_{-ij}$; (2) $Q_{ij}(\theta_2) = 0$, 即精度矩阵是稀疏的. 这样尽管 x 通常是高维的, 但其精度矩阵的稀疏性, 加上超参数向量 θ 的低维特点, 可以保证这个模型的待估参数可大幅降低, 这是 INLA 方法得以快速实现贝叶斯计算的关键.

基于上述理论, Rue 等人 (2009) 开发了一套 INLA 算法, 实现超参数向量 θ 后验分布 $\pi(\theta \mid y)$ 及潜在效应边际后验分布 $\pi(x_j \mid y)$ 的计算. 这里 "拉普拉斯近似" 应用于 x 的条件后验分布上, 而 "嵌套" 是指将上述近似应用于数值积分近似公式中. 为了便于算法的推广与使用, Rue 等人基于同名的 C 语言库 GMRF 开发了一个 R 软件包 INLA (也称为 R-INLA). 经过十多年的迭代更新, 该软件包已经相当稳定, 并被广泛使用. 此外,

为了实现地理区域上空间数据的贝叶斯分析, Lindgren、Rue 和 Lindström 于 2011 年指出, 具有 Matérn 协方差结构的高斯连续空间过程可作为随机偏微分方程的一个解用于近似连续空间上的 LGRF, 而且他们还基于有限元法构建了此 LGRF 的算法, 并开发了 R 软件包 inlabru, 实现了 R-INLA 软件包的扩展, 同时还可进行地理制图. 最后, 人们通过这两个包可很自然地实现时间过程与空间过程相结合的时空统计建模.

在过去的十多年时间里, INLA 算法及 R-INLA 软件包被广泛使用, 呈现在大量的研究论文与案例中, 并汇集到已经出版的高质量图书中. 在刚刚过去的两年里, 我们通过讨论班形式仔细阅读了 INLA 系列图书的核心章节, 重现了其中的很多实例, 真正体会并验证了 INLA 算法的精确性与高效性, 以及 R-INLA 软件包的便利性. 我们重点阅读了以下五本图书.

1. Blangiardo, M. and M. Cameletti (2015). *Spatial and Spatio-temporal Bayesian Models with R-INLA*. John Wiley & Sons.

2. Gómez-Rubio, V. (2020). *Bayesian Inference with INLA*. Chapman & Hall/CRC.

3. Krainski, E., V. Gómez-Rubio, H. Bakka, A. Lenzi, D. Castro-Camilo, D. Simpson, F. Lindgren, and H. Rue (2019). *Advanced Spatial Modeling with Stochastic Partial Differential Equations Using R and INLA*. Chapman & Hall/CRC.

4. Moraga, P. (2020). *Geospatial Health Data: Modeling and Visualization with R-INLA and Shiny*. Chapman & Hall/CRC.

5. Wang X., Y. R. Yue, and J. J. Faraway (2018). *Bayesian Regression Modeling with INLA*. Chapman & Hall/CRC.

基于此, 我们希望将这些图书翻译出版, 让中国高校更多的师生及数据从业人员熟悉并使用 INLA 算法及其软件包, 推动近似贝叶斯推断算法的应用研究.

在这一系列图书的翻译、排版、校对到最后出版的整个过程中, 我们得到了许多朋友的帮助, 在此衷心表示感谢. 首先, 我要感谢参加由我组织的贝叶斯近似计算讨论班的博士生与硕士生: 周世荣、徐嘉威、李璇、孙彭、吴文韬、林晓凡、刘行、徐顺拓、左天晴、方锦雯、王旭、刘月彤和庄亮亮等, 他们的坚持给了我莫大的动力; 我要特别感谢周世荣、徐嘉威、李璇、吴文韬、林晓凡、刘行和徐顺拓几位同学, 他们参与了系列图书第一稿的翻译工作; 陈婉芳和王平平两位老师不仅参与了翻译工作, 还与我一起承担了图书的校订工作, 并给出许多建议, 保证了图书翻译的进度与质量, 感谢她们; 我要感谢系列图书中的几位作者, Virgilio Gómez-Rubio 教授提供了 *Bayesian Inference with INLA* 及 *Advanced Spatial Modeling with Stochastic Partial Differential Equations Using R and INLA* 两本书的 Bookdown 源文件及更新的 R 程序代码, Paula Moraga 教授快速回复了我的邮件, 并第一时间提供了 *Geospatial Health Data* 一书的 Bookdown 源文件, 他们的热心帮助使得这几本书的翻译时间大为缩短. 最后, 也是最为重要的, 我要感谢高等教育出版社的赵天夫、吴晓丽、李鹏、和静和李华英几位编辑; 赵老师与我就图书的翻译问题及时沟通, 联系购买了系列图书英文版的 TEX 源文件, 并亲自调试适合此系列图书的 TEX 模板; 吴老师更像是我的朋友和贵人, 帮我牵线搭桥, 通过海外合作部的同事提供图书信息, 解决图书翻译中遇到的各种问题.

在整个翻译过程中, 我们对书中的 R 代码进行了复现, 为保证代码的可读性我们对代码中的注释及图中的坐标标签、图例、标题及说明等进行了翻译. 然而, 由于 R 的版本在不断迭代, 从原来的 3.6 更新到翻译时的 4.2, 而最新的 R-INLA 与早期的版本相比也有很多更新和扩充, 少量代码在不同版本下运行难免会出现这样或那样的问题, 若遇到此类问题, 敬请读者尝试较早的版本、查看作者的主页以及与作者或我们联系.

对于书中的人名, 我们基本遵照拉丁字母拼写的形式, 但也保留了几个例外, 如对 Bayes、Gauss、Markov、Laplace 的姓氏直接译为: 贝叶斯、高斯、马尔可夫、拉普拉斯, 这是因为这些姓氏的音译已经普及, 同时它们又经常变为形容词, 如 Bayesian、Gaussian 等, 这样在行文时似乎比较自然.

由于整个团队的知识面有限且时间较为仓促, 系列图书的翻译难免会出现错误或不到位的情况, 敬请广大读者批评指正.

本系列图书可作为统计学专业贝叶斯统计课程的拓展性参考书, 也可作为生态学、地理统计、流行病学等专业从事贝叶斯统计分析研究与数据处理的师生及从业人员的工具书和参考读物.

汤银才

2022 年 6 月夏于上海

前言

　　INLA 是积分嵌套拉普拉斯近似的缩写, 这种方法适用于拟合一大类贝叶斯模型. 从历史上看, 贝叶斯方法很难用于复杂模型的统计推断. 在过去的二十年中, 一类基于马尔可夫链蒙特卡罗 (MCMC) 的模拟方法的贝叶斯计算方法流行起来并广泛应用于各种统计问题. 这些方法已经被集成到多个流行的贝叶斯计算软件包, 包括 BUGS、JAGS 和 STAN. 尽管这些软件包极大地促进了贝叶斯推断的发展与应用, 但它们仍然存在两个问题. 首先, 它们运算速度很慢. 对于一些更复杂和/或更大的数据问题, MCMC 可能极其缓慢, 可能运行数天. 要知道, 即使是对于更为普通的问题, 快速拟合模型的能力对于探索性数据分析也是至关重要的. INLA 是一种近似方法, 通常情况下, 这些近似已经足够了. 事实上, 在有限的时间内完成的模拟方法也不可避免地是一种近似. INLA 只需几秒钟就能拟合本书中涉及的模型.

　　MCMC 方法在实际使用中的另一个困难是它们需要大量的专业知识. 您需要学习专门的编程语言来定义模型. 您还需要了解定义的模型是否能正确拟合或诊断模拟过程是否失败. 掌握这些是 MCMC 方法成功运行的必要条件. 尽管 MCMC 方法还在不断地发展, 但这些技能阻碍了它在学界的应用.

　　INLA 也有一些缺点. 虽然您不需要学习特定的编程语言, 因为可以使用 R 来定义和分析模型, 但是它仍然没有那么简单. 这就是您应该读这本书的原因. 此外, INLA 仅适用于一类所谓的潜在高斯模型. 如果浏览一下这本书的目录, 您会发现这个类非常广泛. 尽管如此, 还是会有一些不适合 INLA 但可以用 MCMC 来完成的模型.

　　在阅读这本书时, 我们假设您具备了统计理论和实践的基本知识, 并了解一些贝叶斯方法. 这不是一本理论性的书, 我们将围绕例子来介绍 INLA. 我们想让具备统计学知识的科学家能很容易阅读和理解这本书. 我们为所有的例子提供了完整的运行代码. 只要您具备了基础的 R 知识, 您就可以在不精通 R 的情况下根据自己的需要进行调整. 如果您熟练掌握 R, 通过本书的学习您将获益更多. 如果您还需要更多的介绍性材料, 我们会在必要的地方引导您阅读更全面、更容易理解的资源.

　　本书主要讲解回归模型的 INLA 推断, 没有展示 INLA 在空间数据分析方面的强大能力. 对于那些对空间数据特别感兴趣的读者, 您可参阅 Blangiardo 和 Cameletti (2015) 的书.

　　我们把本书涉及的一些数据和附加的函数集成到一个 R 软件包 `brinla` 中, 您可以从 Julian Faraway 教授的个人主页中找到本书的页面, 下载并安装此软件包.

　　我们首先要感谢 Håvard Rue 和他的同事提出了 INLA 理论并制作了相应的软件, 也感谢 Finn Lindgren, Daniel Simpson 和 Egil Ferkingstad 的有益建议.

目录

第 1 章 引言   **1**

   1.1 快速入门 1

   1.2 贝叶斯理论 8

   1.3 先验分布与后验分布 9

   1.4 模型检验 11

   1.5 模型选择 11

   1.6 假设检验 12

   1.7 贝叶斯计算 14

第 2 章 INLA 理论   **17**

   2.1 潜在高斯模型 (LGM) 17

   2.2 高斯–马尔可夫随机场 (GMRF) 19

   2.3 拉普拉斯近似和 INLA 21

   2.4 INLA 问题 28

   2.5 扩展 32

第 3 章 贝叶斯线性回归   **35**

   3.1 引言 35

   3.2 线性回归的贝叶斯推断 36

   3.3 预测 43

   3.4 模型选择和检验 45

   3.5 稳健回归 52

   3.6 方差分析 53

   3.7 多重共线性的岭回归 56

   3.8 具有自回归误差的回归模型 59

第 4 章 广义线性模型   **67**

   4.1 GLM 67

   4.2 二元响应变量 69

   4.3 计数响应变量 72

   4.4 比率数据建模 80

4.5	偏态数据的伽马回归	83
4.6	比例响应变量	87
4.7	零膨胀数据建模	92

第 5 章	**线性混合模型和广义线性混合模型**	**97**
5.1	线性混合模型	97
5.2	单一随机效应	98
5.3	纵向数据	107
5.4	经典 Z 矩阵模型	116
5.5	广义线性混合模型	121

第 6 章	**生存分析**	**139**
6.1	引言	139
6.2	半参数模型	141
6.3	加速失效时间模型	146
6.4	模型诊断	149
6.5	区间删失数据	155
6.6	脆弱性模型	158
6.7	纵向数据和事件发生时间数据的联合建模	162

第 7 章	**基于光滑化方法的随机游动模型**	**169**
7.1	引言	169
7.2	光滑样条	170
7.3	薄板样条	185
7.4	Besag 空间模型	193
7.5	惩罚回归样条 (P-样条)	196
7.6	自适应光滑样条	199
7.7	广义非参数回归模型	201
7.8	不确定性偏移集	207

第 8 章	**高斯过程回归**	**213**
8.1	引言	213
8.2	惩罚复杂性先验	218
8.3	光滑度可信区间	219
8.4	非平稳场	222
8.5	具有不确定性的插值	225
8.6	生存响应变量	229

第 9 章 可加与广义可加模型 233

9.1 可加模型 233

9.2 广义可加模型 240

9.3 广义可加混合模型 250

第 10 章 自变量有误差的回归 257

10.1 引言 257

10.2 经典自变量有误差的模型 259

10.3 自变量有 Berkson 误差的模型 270

第 11 章 其他 INLA 主题 275

11.1 样条与混合模型 275

11.2 函数型数据的方差分析 280

11.3 极值 286

11.4 利用 INLA 进行密度估计 292

附录 A 安装 297

附录 B 线性回归中的无信息先验 299

参考文献 307

索引 319

第 1 章

引言

INLA 算法的推导和计算过程较为复杂, 本章先用一个简单的回归例子来说明
INLA 的基本思想. 本章不会对贝叶斯方法进行全面介绍. 相反, 我们仅回顾本书后续
章节需要的贝叶斯理论. 本章还会简要讨论 INLA 算法相对其他贝叶斯算法的优势.

1.1 快速入门

1.1.1 哈勃定律

首先用一个简单的例子来开始 INLA 的学习. 假设我们想知道宇宙的年龄. 一开始,
宇宙发生大爆炸, 星系以恒定的速度远离宇宙中心. 如果我们能测量出其他星系相对于
我们的速度和它们与我们的距离, 我们就可以估计宇宙的年龄. 哈勃定律指出

$$y = \beta x,$$

其中 y 是我们与另一个星系之间的相对速度, x 是我们与另一个星系的距离, β 被称为
哈勃常数. 因此, 宇宙的年龄大约为 β^{-1}.

哈勃太空望远镜能协助我们收集到关于这个问题至关重要的数据. 在本例中, 我们
使用 Freedman 等 (2001) 报告的 24 个星系的数据, 同样的数据也在 Wood (2006) 中进
行了分析. 开始后续学习前, 请您参考附录 A, 安装本书所需的 INLA 和其他 R 软件包.
`hubble` 数据可通过本书配套的 R 软件包 `brinla` 加载.

```
data(hubble, package = "brinla")
```

我们在本书中以上述方式展示 R 代码. 您可在 R 控制台手动输入这些代码, 或者
直接复制和粘贴这些代码. 关于如何获得这些脚本, 请参见附录. 另外, 您可以用命令
`library(brinla)` 获取我们软件包 `brinla` 中的数据和函数. 下面代码中, 我们使用
`data` 关键字来指定数据的来源.

首先通过下面代码绘制数据图, 结果如图 1.1 所示.

```
plot(y ~ x, xlab = "Distance(Mpc)", ylab = "Velocity(km/s)",
    data = hubble)
```

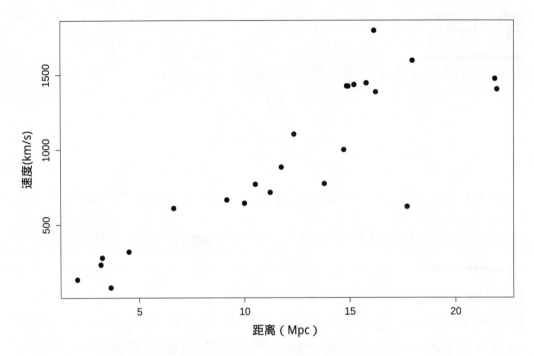

图 1.1 24 个星系相对于我们的距离和速度.[1]

我们看到, 观测结果并不都在一条线上, 因此肯定存在一些测量误差. 考虑到观测如此遥远的物体的难度, 这种误差并不令人惊讶. 即便如此, 我们确实看到了变量之间的近似线性关系, 这恰与哈勃定律一致. 对于该测量误差, 我们通过下面的模型来刻画:

$$y_i = \beta x_i + \varepsilon_i, \quad i = 1, \ldots, 24,$$

其中测量误差 ε_i 是均值为 0、方差为 σ^2 的分布.

1.1.2 标准分析

我们先使用回归分析中常用的最小二乘法估计上述模型中的参数 β. 由于上述模型没有截距项, 我们需要在 R 的模型公式中添加一个 -1 来指明这一点.

```
lmod <- lm(y ~ x - 1, data = hubble)
coef(lmod)
```

```
       x
76.581
```

---

[1]编者注: 本书中的运行结果图均为译者对原书中 R 代码进行复现后得到的原始图片, 编辑未作任何处理, 以与正文中的代码对应; 图片中的文字和符号等可能与正文内容略有出入.

这就是我们对 β 的估计, 也就是哈勃常数. 我们想把哈勃常数的单位 (km/(s · Mpc)) 转换为更方便的单位: 10 亿年的宇宙年龄. 我们知道一年有 365.25 天、一天有 24 小时、一小时有 60 分、一分有 60 秒、一个兆帕 (Mpc) 为 3.09×10^{19} 公里. 因此, 我们使用下面的哈勃常数转化为宇宙年龄 (单位: 10 亿年) 的函数得到:

```
hubtoage <- function(x) 3.09e+19/(x * 60^2 * 24 * 365.25 * 1e+09)
hubtoage(coef(lmod))
```

```
      x
12.786
```

于是, 宇宙年龄的点估计是 128 亿年. 为了量化该估计值的不确定性, 我们还需要计算它的置信区间. 现在, 我们需要指定测量误差的具体分布. 这里假设它服从高斯分布. 根据前面的回归分析和哈勃定律, 我们假设模型的结构是正确的. 为了简单起见, 我们还假设测量误差的方差恒为常数.

根据这些假设, 我们构建哈勃常数的 95% 置信区间:

```
(bci <- confint(lmod))
```

```
   2.5 % 97.5 %
x 68.379 84.783
```

这个区间相当宽泛, 我们可以将其转换为宇宙年龄的区间:

```
hubtoage(bci)
```

```
   2.5 % 97.5 %
x 14.32 11.549
```

我们看到, 计算宇宙年龄所需的反演函数改变了置信限的阶, 转化后的 95% 的置信区间在 115 亿年到 143 亿年之间.

1.1.3 贝叶斯分析

通过前面的分析, 我们得到了哈勃常数的点估计及其不确定性的表达. 然而, 若我们更仔细地思考这些结果, 会感到上述不确定性的表述是不准确的.

上述置信区间的表述很容易让人误以为宇宙的年龄有 95% 的可能性在 115 亿年到 143 亿年之间. 然而, 根据置信区间的定义, 这种表述是不准确的. 因为在上述 "频率学派" 或经典推断中, 参数被视为固定的未知量. 因此, 在该理论下, 给参数赋上概率是没有意义的. 事实上, 95% 的置信度指的是区间而不是参数, 表示该区间有 95% 的机会涵盖参数的真实值.

您可能会反对这种说法, 因为现在已经观察到已知数据, 所以这个区间不再是随机的. 为了回答这个异议, 我们必须构建一个相当缜密的论证. 我们设想有无限多个宇宙, 其中的星系是基于上述线性模型生成的. 对于这些宇宙中的每一个, 我们以上述方式计算出一个置信区间. 那么在 95% 的宇宙中, 置信区间将包含宇宙的真实年龄.

大多数用户并不关注置信区间的这种特殊性质, 而试图用概率的语言对其进行解释. 虽然从实际角度出发这样做并没有太大关系, 但有时也会有区别.

在贝叶斯统计学中, 我们把参数看作随机的. 在拟合模型之前, 我们用先验概率来表达我们对这些参数不确定性的了解程度. 然后, 我们使用贝叶斯定理, 通过将先验和模型下数据的似然结合起来, 计算出参数的后验概率. 我们将在后面解释如何实现这一过程. 基于贝叶斯方法, 我们可以直接对宇宙的年龄做出概率声明. 在后续基于贝叶斯方法的分析中, 我们将了解更多关于贝叶斯推断的优点.

1.1.4 INLA

贝叶斯计算通常比频率学派的计算要困难得多. 这也是历史上经典方法比贝叶斯方法更受欢迎的主要原因. 现在, 随着计算能力的不断增强和计算成本的大幅下降, 我们可以更方便地进行贝叶斯计算. 对于一些简单的模型 (如前面的哈勃例子), 我们可基于贝叶斯方法对模型进行精确快速的推断. 对于更复杂模型的贝叶斯推断, 目前存在基于模拟和基于近似两类计算策略.

INLA 是 Integrated Nested Laplace Approximation (积分嵌套拉普拉斯近似) 的缩写. 如名所示, 它是一种近似方法. 我们接下来说明如何使用 INLA 对哈勃例子进行近似贝叶斯推断. 首先, 我们需要加载 R 软件包 INLA——关于安装的细节, 请参见附录 A.

```
library(INLA)
```

为拟合贝叶斯模型, 我们须先指定模型的结构. 在本例中, 模型结构是 y ~ x - 1, -1 表示截距项被省略. 然后, 我们须指定参数的先验分布. 该模型有两个参数——β 和 σ. 这里设 σ 的先验为默认的无信息先验. 后面我们会着重讨论 β 的先验设置.

INLA 适用于一大类称为潜在高斯模型的模型. 这类模型要求模型中的一些参数具有高斯分布的先验. 我们将在后面解释哪些参数必须服从高斯分布. 我们模型中的 β 服从一个高斯先验. 默认情况下, 这个先验的均值为零. INLA 使用精度 (即方差的倒数) 来表达先验的散度, 精度越大表明先验的方差越小, 对应的散度也越小. 在本例中, 由于我们对 β 的先验信息知道得很少, 所以我们设其对应的精度参数是一个非常小的值. 注意, "非常小" 的含义取决于数据的量级. 提前对数据标准化可以避免这种数据量级的问题. 在本例中, 我们还需要在计算宇宙年龄时增加一个额外的步骤来消除标准化对最终结果的影响. 为了简单起见, 我们仍采用原始的数据. 根据原始数据的量级, 我们设 β 的先验分布中精度参数的值为 1e-09. 下面使用 INLA 来拟合我们的第一个模型:

```
imod <- inla(y ~ x - 1, family = "gaussian",
             control.fixed = list(prec = 1e-09), data = hubble)
```

我们首先使用标准的 R 模型记号来指定模型的结构. 然后, 我们设置响应变量的分布为高斯分布. 当然, 我们可以选择二项、泊松或任何分布类中的一个. 接下来, 我们需要指定固定参数 β 的先验. 术语固定在贝叶斯场景中有点误导, 因为贝叶斯推断中的参数是随机的. 这个术语来自第 5 章中将要学习的混合效应模型, 它包含固定效应和随机效应两部分. 同样, σ^2 也是随机的, 这里设其先验为 INLA 中默认先验. 对于 β 的先验, 我们采用均值为 0(默认的)、精度为 1×10^{-9} 的高斯分布. 最后, 我们通过 `data` 关键字指定所需的数据集.

由于该模型结构简单且数据集小, 所以计算几乎是瞬间完成的. 计算结果包含的内容很多, 但我们主要关心参数 β 的后验分布.

```
(ibci <- imod$summary.fixed)
```

```
    mean      sd 0.025quant 0.5quant 0.975quant    mode        kld
x 76.581 3.7638     69.152   76.581         84 76.581 1.406e-11
```

上述结果展示了关于 β 后验分布的各种描述性统计量. `kld` 是一个衡量 INLA 近似精度的诊断量, 其值越小估计精度越高. 如果你自己尝试上述过程, 得到的结果和这里的结果可能略有差异, 我们将在 2.4 节中解释造成这种差异的原因. 我们在图 1.2 中绘制了 β 的后验密度. 提取和绘制 INLA 输出的结果所需的 R 命令较为复杂, 我们将在后续学习中详细介绍.

```
plot(imod$marginals.fixed$x, type = "l", xlab = "beta",
     ylab = "density", xlim = c(60, 100))
abline(v = ibci[c(3, 5)], lty = 2)
```

β 的后验密度表达了我们对哈勃常数不确定性的评估. 我们可以看到哈勃常数很可能在 75 左右, 不太可能低于 70 或高于 90. 正如从前面结果中看到的那样, β 后验的均值、中位数和众数, 与最小二乘法的估计值 76.581 是一致的.

我们可以用一个包含 95% 概率的区间来表达我们的不确定性. 构建这个区间的一个简单方法是取 2.5% 和 97.5% 的分位数, 由此得到区间 [69.2, 84.0]. 称它为可信区间, 以区别于置信区间. 现在我们就可以声称哈勃常数有 95% 的概率位于这个区间内.

下面把哈勃常数的结果转化为宇宙年龄.

```
hubtoage(ibci[c(1,3,4,5,6)])
```

```
    mean 0.025quant 0.5quant 0.975quant    mode
x 12.786      14.16   12.786     11.657 12.786
```

我们省略了标准差, 因为计算随机变量函数的标准差需要更多的工作, 后续章节会介绍相关的方法. 我们在图 1.2 中绘制了 β 和带有 95% 可信区间的宇宙年龄的后验密度.

```
ageden <- inla.tmarginal(hubtoage, imod$marginals.fixed$x)
plot(ageden, type = "l", xlab = "Age in billions of years",
```

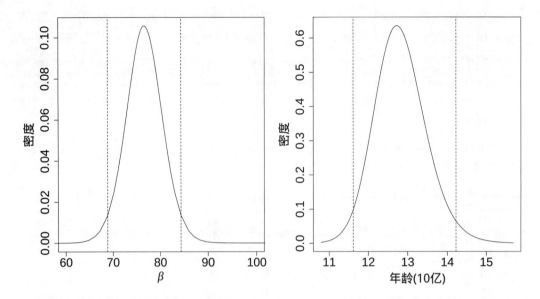

图 **1.2** β 的后验密度 (左图), 宇宙年龄的后验密度 (右图). 虚线表示 95% 的可信区间.

```
        ylab = "density")
abline(v = hubtoage(ibci[c(3, 5)]), lty = 2)
```

宇宙年龄的 95% 的可信区间为 117 亿年到 142 亿年, 与之前的置信区间略有不同.

我们在这个分析中使用了一个无信息的先验, INLA 也允许我们使用有信息先验. 首先, 我们知道宇宙正在膨胀, 所以我们期望哈勃常数是正的. 在哈勃太空望远镜发射之前, 人们认为宇宙的年龄在 100 亿到 200 亿年之间. 我们先把它转换成哈勃常数的刻度.

```
hubtoage(c(10, 15, 20))
```

```
   [1] 97.916 65.277 48.958
```

这表明先验均值为 65. 当人们用 $[a, b]$ 形式的区间来表达它们的不确定性时, 他们想的 (至少是隐含地) 是 95% 的置信/可信区间, 这就意味着区间的宽度大约是四个标准差. 由于区间的宽度是 49, 这表明标准差大约为 12. 当然, 有些人可能没有想到 95% 的区间, 但是, 在没有进一步信息的情况下, 标准差 12 是一个合理的起点.

```
imod <- inla(y ~ x - 1, family = "gaussian",
            control.fixed = list(mean = 65, prec = 1/(12^2)),
            data = hubble)
(ibci <- imod$summary.fixed)
```

	mean	sd	0.025quant	0.5quant	0.975quant	mode	kld
x	75.479	3.7292	67.981	75.522	82.729	75.596	1.1216e-11

我们将其转换为宇宙年龄.

```
hubtoage(ibci[c(1, 3, 4, 5, 6)])
```

```
    mean 0.025quant 0.5quant 0.975quant    mode
x 12.973      14.403   12.965     11.836 12.953
```

预测的年龄比之前要大一些, 因为先验均值 150 亿年比最小二乘估计值要高一些. 即便如此, 结果也没有很大差别. 我们希望我们的结果对先验的选择不是非常敏感. 虽然我们接受先验必要的主观性, 但如果基于不同先验的分析是一致的那会更好. 根据 Bernstein–von Mises 定理 (Le Cam (2012)), 如果我们有充足的数据, 先验就不会对结果产生太大的影响.

但如果先验与数据完全不一致呢? 根据 Ussher 的年表, 宇宙是在公元前 4004 年 10 月 22 日创造的. 其他同时代的作者, 包括艾萨克·牛顿, 与 Ussher 有分歧, 但估计都在包含这个日期的几百年内. 根据这个年表, 哈勃常数是:

```
(uhub <- hubtoage((2016 + 4004 - 1)/1e+09))
```

```
[1] 162678504
```

这就导致了哈勃常数是一个非常大的数值. 若用这个值作为先验均值, 并假设宇宙年龄的估计值的标准差为 12, 则有:

```
imod <- inla(y ~ x - 1, family = "gaussian",
            control.fixed = list(mean = 65, prec = 1/(12^2)),
            data = hubble)
(ibci <- imod$summary.fixed)
```

```
    mean    sd 0.025quant 0.5quant 0.975quant    mode        kld
x 76.581 3.978     68.697   76.581     84.452 76.581 1.2644e-12
```

```
hubtoage(ibci[c(1, 3, 4, 5, 6)])
```

```
    mean 0.025quant 0.5quant 0.975quant    mode
x 12.786      14.233   12.786     11.607 12.786
```

我们看到, 结果与使用无信息先验时非常相似. 数据能够克服极端先验带来的影响, 正态分布对整个实数域给予一定的权重, 虽然分配给远离均值的数值的概率非常小, 但它们不等于零. 这足以让数据缓解先验对分析结果的影响.

在某些情况下, 先验可能与数据不一致, 以至于在计算时出现困难, 甚至可能产生奇怪的结果, 我们称这种情况为数据与先验的冲突. 注意, 我们也必须考虑模型误判的可能性. 更多关于这方面的讨论见 Evans, Moshonov (2006).

在探索 INLA 在统计模型中的进一步应用之前, 我们需要学习一些基本的贝叶斯理论.

1.2 贝叶斯理论

我们在本节不会对贝叶斯理论进行全面彻底的介绍. 关于贝叶斯理论的详细内容, 读者可以参考 Gelman, Carlin 等 (2014) 或 Carlin 和 Louis (2008). 我们只是简短地介绍本书后面需要的贝叶斯理论和方法, 熟悉贝叶斯理论的学者可以跳过本节.

根据数据 y 的结构、收集方式及产生的背景, 我们给出 y 的一个参数为 θ 的模型 $p(y|\theta)$. 我们希望数据能减少参数的不确定性, 但通常模型本身也存在不确定性. 因此, 我们很难相信给出的模型是完全正确的, 但我们希望它是对现实的有效近似, 能达到我们的建模目的. 考虑到模型的不确定性, 我们可考虑其他合理的模型, 我们也希望检查模型是否能充分刻画观测数据的特征.

与其将概率分布 $p(y|\theta)$ 视为 y 的函数, 我们不如将其视为 θ 的函数. 似然函数 $L(\theta)$ 包含了我们对 θ 不确定性的认识. 注意, $L(\theta)$ 不是 θ 的概率密度.

在频率学派的方法中, 我们希望估计参数 θ. 一个常见的方法是通过最大化 $L(\theta)$ 计算获得 θ 的最可能的值, 这就是所谓的最大似然估计 (MLE). 这种估计有许多好的性质, 人们可以很容易地导出感兴趣的量, 如标准误差和置信区间. 在一般数理统计学书籍中可很容易找到该方法背后的理论, 例如 Bickel 和 Doksum (2015). 在相对简单的情况下, 我们可以明确计算出 MLE, 但通常需要数值最优化方法. 在许多常用的模型中, 该方法都可有效运行. 对于一些更复杂的模型, MLE 的计算会变得困难. 即便如此, 我们倾向于使用贝叶斯方法的主要原因并不是计算原因, 因为贝叶斯方法的计算通常比较慢. 但是, 贝叶斯分析所提供的结果在概念上与 MLE 方法不同.

在频率学派看来, 参数 θ 是固定未知的, 我们使用数据来估计这些参数. 在贝叶斯学派看来, 参数是随机变量, 在我们观察数据之前, 我们对参数的不确定性是通过先验密度 $\pi(\theta)$ 来表示的. 我们利用数据和模型来更新我们对参数不确定性的认知, 产生一个后验密度 $p(\theta|y)$. 根据贝叶斯定理, 我们有

$$p(\theta|y) = \frac{p(y|\theta)\pi(\theta)}{p(y)}.$$

我们用文字把这个等式写成

$$\text{后验} \quad \propto \quad \text{似然} \quad \times \quad \text{先验}.$$

这就明确了后验是如何由似然和先验的结合导出的. 虽然上述概念很简单, 但我们需要计算归一化常数 $p(y)$ 以获得后验密度:

$$p(y) = \int_{\theta} p(y|\theta)\pi(\theta)d\theta.$$

这就是模型下数据的边际概率. 贝叶斯定理在概念上看似简单, 但上述积分的计算通常

是棘手的.

1.3 先验分布与后验分布

指定先验是贝叶斯分析的一个重要的环节, 也是贝叶斯方法论中最薄弱的部分. 因为批评者可以对任何先验的选择提出合理的质疑. 当一个贝叶斯分析结论有争议时, 我们可能很难为特定的先验辩护. 我们可以反驳这种批评, 指出模型的选择通常是一个主观的选择, 这种主观性无法得到强有力的证明, 所以频率学派的分析也不是完全客观的. 几乎任何分析都不可避免地存在主观性, 贝叶斯分析只是诚实地面对已经做出的选择.

选择先验的最佳动机是对 θ 的充分认识. 有时这是以专家意见的形式出现的, 如果专家不擅长数学, 可能需要一些数学公式. 在其他情况下, 我们可能有关于类似数据的过去经验, 这有助于选择先验. 事实上, 我们选择的先验可能是先前实验的后验. 诸如此类的先验有时被称为有信息的或实质性的. 如果可以得到这种类型的信息, 我们当然应该使用它. 但有时我们就没有那么幸运了, 我们必须找到一些其他的依据来做决定.

一个特别方便的选择是共轭先验. 在这种选择下, 先验和后验具有相同的分布. 此外, 基于先验参数和数据可以得到一个解析的后验公式. 一个简单的例子是关于由正态分布的单变量样本组成的数据. 如果我们为均值 (已知方差) 的先验也选择一个正态密度, 我们就会得到一个正态后验密度. 在快速计算出现之前, 我们强烈建议选择这样的先验. 不幸的是, 共轭先验也存在一些严重的缺点. 只有少数几个简单的模型可以选择共轭先验. 此外, 尽管共轭先验的选择很方便, 但与其他合理的先验相比, 没有令人信服的理由让我们做出这种选择.

有时, 研究者没有关于什么是最好先验的有力信息, 只希望做出一个对结论没有很强影响的保守选择. 这是可以理解的, 但很难实现. 也许最直接的选择是所谓的平坦先验 (flat prior):

$$\pi(\theta) \propto 1.$$

它显然对任何特定的 θ 的选择没有偏好, 但它有一些缺点. 首先它不是一个恰当的 (proper) 密度, 因为其对 θ 的积分不能 (除非 θ 的范围是有限的) 得到一个有限的值. 然而, 我们通常也可使用该先验, 因为它基本上能确保将似然标准化为一个密度. 有时结果是令人满意的, 但其他时候, 结果可能是不合理的. 我们很难准确地指出导致不合理结果的原因, 所以对基于平坦先验得到后验, 应该持怀疑态度.

此外, 尽管平坦先验对任何特定的 θ 的选择没有偏好, 但在某种程度上, 这种偏好是不可避免的. 例如, 考虑正态分布的标准差 σ 和方差 σ^2. 我们可以选择 $\pi(\sigma) \propto 1$ 或 $\pi(\sigma^2) \propto 1$, 但这两个先验并不等价. 先验在一个刻度上是平坦的, 在另一个刻度上就会变成有信息的. 这种不变性的缺乏使其他所谓的无信息先验的尝试陷入困境. 一个替代解决方案是使用 Jeffreys 先验:

$$\pi(\boldsymbol{\theta}) \propto |\boldsymbol{I}(\boldsymbol{\theta})|^{1/2}.$$

该先验对重参数化保持不变. 不幸的是, Jeffreys 先验在某些模型下会产生不合理的结果, 所以它不能作为先验选择问题的普遍解决方案.

客观先验是为了减少先验选择中的主观性, 但完全消除人为判断是不现实的. 还有其他几种生成先验的想法. 有时, 对于某些类别的问题, 研究人员已经养成了做出某些先验选择的习惯. 遵循这种习惯性选择也会使你免受一些争议, 比如质疑你对先验的选择是武断的. 然而, 大家也应明白, 这种选择可能只是习惯性的, 可能缺乏更有力的证据说明其合理性.

对于先验的选择, INLA 提供了几个预留先验 (你也可以定义自己的先验). 此外, 我们将在下一章中了解到, 我们在某些参数上需将其先验限定为高斯分布. 对于我们在 INLA 中可以选择的参数, Simpson 等 (2017) 给出了一些关于先验构建的一般方法, 它们已经集成到 INLA 中.

虽然传统的贝叶斯观点认为, 先验只应在看到数据之前选择一次, 但有充分的理由尝试其他先验. 我们应在一系列合理的先验选择下进行分析, 如果结果相似, 这将增加我们对结论陈述的信心. 另一方面, 如果结果看起来对先验的选择特别敏感, 这时我们应该对我们的主张持谨慎态度. 这种想法被称为 "先验敏感性", 我们希望这种敏感性越少越好.

后验分布的问题反而比先验要少. 毕竟, 它们完全是由先验 (与似然一起) 决定的. 然而, 理解后验并不简单. 一个常见的问题是, 后验 $p(\boldsymbol{\theta}|\boldsymbol{y})$ 通常是多变量的, 有时还是高维的. 这很难用可视化表示, 所以我们常常要考虑单个参数 θ_i 的边际后验分布:

$$p(\theta_i|\boldsymbol{y}) = \int_{\boldsymbol{\theta}_{-i}} p(\boldsymbol{\theta}|\boldsymbol{y})d\boldsymbol{\theta}_{-i},$$

其中 $\boldsymbol{\theta}_{-i}$ 表示 $\boldsymbol{\theta}$ 中除去第 i 个参数的其余参数的集合. 请注意, 边际后验的计算涉及多维积分. 对于多元正态来说, 这很容易计算, 但在其他情况下, 这是相当棘手的.

绘制边际后验分布图可帮我们充分理解模型拟合的意义. 后验分布也可以通过熟悉的中心度量来总结, 如均值、中位数和众数. 对于相对对称的分布来说, 这些度量之间不会有太大的区别, 但是对于较为偏斜的分布来说, 值得了解它们的区别, 以及为什么密度图是有用的. 密度的散度可以通过其标准差或选定的分位数来量化.

我们可选择 2.5% 和 97.5% 的分位数作为参数的 95% 可信区间. 虽然表面上看很相似, 但可信区间与频率学派使用的置信区间不同. 可信区间是指参数落在此区间内有特定的概率. 尽管许多人以同样的方式解释置信区间, 但其真正的含义却更加复杂. 可信区间在给定后验分布后并不是唯一定义的, 尽管分位数易于计算, 但我们可寻找包含指定概率水平的最短区间, 称之为最高后验密度 (HPD) 区间. HPD 可信区间的构建可通过 `inla.hpdmarginal()` 函数来实现.

1.4 模型检验

新观测值 z 的预测分布定义为

$$p(z|\boldsymbol{y}) = \int_{\boldsymbol{\theta}} p(z|\boldsymbol{\theta})p(\boldsymbol{\theta}|\boldsymbol{y})d\boldsymbol{\theta}.$$

我们基于该分布来进行预测, 它对于检查我们现有的模型也很有用. 由 Pettit (1990) 引入的条件预测坐标 (CPO) 的定义为:

$$\mathrm{CPO}_i = p(y_i|\boldsymbol{y}_{-i}).$$

符号 $\boldsymbol{y}_{-i}$ 表示除第 i 个观测值以外的所有数据. CPO 统计量测量的是观测值 y_i 的概率 (或密度). 因此, 这个统计量的特别小的值表明存在不符合模型的异常值. 有些观测值可能对模型拟合有很大的影响, 这就是在拟合用于计算 CPO 统计量的模型时不考虑此观测值本身的原因. 看起来这些统计量的计算会特别烦琐, 因为我们需要为数据中的每一种情况重新拟合模型. 但是有一些有效的捷径, 正如在 Held 等 (2010) 中讨论的那样, 它们可以大大减少这种负担.

概率积分变换 (PIT) 与 CPO 统计量相似, 它是由 Dawid (1984) 引入的, 定义如下:

$$\mathrm{PIT}_i = p(Y_i < y_i|\boldsymbol{y}_{-i}).$$

请注意, 这对连续变量 y 最有意义. 在整个数据中, 对于一个好的模型, 我们希望 PIT 统计量是近似均匀分布的. PIT 统计量的值接近于 0 或 1, 表示观测值比预期的小得多或大得多. 与 CPO 一样, PIT 的计算也非常耗时, 但 INLA 可通过内建方法缓解计算负担.

1.5 模型选择

有时, 我们需要在几个候选模型中选择适合特定数据的最优模型. 为此, 我们需要一个标准来衡量数据与给定模型的一致性. 最著名的准则是赤池 (Akaike) 信息准则 (AIC), 定义为:

$$\mathrm{AIC} = -2\log p(\boldsymbol{y}|\hat{\boldsymbol{\theta}}_{\mathrm{mle}}) + 2k,$$

其中 k 是模型参数个数, $\hat{\boldsymbol{\theta}}_{\mathrm{mle}}$ 是模型参数的极大似然估计. AIC 的值越小模型拟合越好. AIC 的第一部分衡量模型与数据的拟合程度. 若只有这一部分, 复杂的模型总是被优先考虑的, 所以我们需要第二部分, 即惩罚部分, 它更倾向于参数较少的模型. 从贝叶斯的角度来看, 有两个问题. 首先, 该准则是基于极大似然估计的; 其次, 参数的数量 k 对简单模型来说没有问题, 但对分层模型来说却是有问题的, 因为分层模型的有效参数的数量的计算并不容易.

对于贝叶斯模型, 我们可能更倾向于使用 Spiegelhalter 等 (2002) 的偏差信息准则 (deviance information criterion, DIC), 它是受赤池信息准则的启发而提出的. 我们将模型的偏差 (deviance) 定义为:

$$D(\boldsymbol{\theta}) = -2\log(p(\boldsymbol{y}|\boldsymbol{\theta})).$$

在贝叶斯模型中, 这是一个随机变量, 所以我们使用后验分布下的期望偏差 $E(D(\boldsymbol{\theta}))$ 作为拟合优度. 对于参数个数的统计, 我们引入有效参数个数的思想:

$$p_D = E(D(\boldsymbol{\theta})) - D(E(\boldsymbol{\theta})) = \bar{D} - D(\bar{\boldsymbol{\theta}}),$$

因此, DIC 可写为:

$$\mathrm{DIC} = \bar{D} + p_D.$$

我们计算所有感兴趣的模型的 DIC, 并选择 DIC 最小的一个模型. 关于 DIC 的进一步讨论, 见 Spiegelhalter 等 (2014).

另一个准则是 *Watanabe* 赤池信息准则 (WAIC), 它是完全基于贝叶斯方法构造的一个准则. Gelman, Hwang 等 (2014) 声称 WAIC 优于 DIC. 他们还解释了为什么贝叶斯信息准则 (BIC) 与我们已经讨论过的标准之间没有可比性.

最后, 我们很可能会质疑, 既然我们可以使用所考虑的所有模型的信息, 为什么还要选择一个模型呢? 我们的想法是给每个模型分配一个先验概率, 然后更新每个模型的后验概率. 最后, 我们可以综合所有模型的信息来进行推断或预测. 具体而言, 这个想法就是贝叶斯模型平均, 更多讨论见 Draper (1995).

1.6 假设检验

频率学派认为假设检验中原假设 H_0 是一个点, 而备择假设 H_1 是其他一切值. 在假设检验中, 我们首先要寻找一个适合的检验统计量用于在两个假设中做出选择. 然后, 我们计算原假设下, 检验统计量等于观测统计量或比其更极端的概率. 这就是所谓的 p 值. 尽管经常有这样的误解, 但 p 值并不是原假设为真的概率. 通常的做法是, 如果 p 值小于 0.05, 我们就宣称该结果具有 "统计显著性" 并拒绝原假设. 如果 p 值大于 0.05, 我们就不能拒绝原假设.

这个过程有时被称为 "原假设显著性检验"(NHST). 关于这个检验过程存在许多争议, 我们在此不再赘述. 尽管有很多批评意见, 但 NHST 在科学实践中已经根深蒂固, 没有即将消亡的迹象. 从业人员需要让其成果发表和 (或) 被接受, 所以不可能忽视 NHST. 考虑到这一点, 我们应该在贝叶斯框架内寻找 NHST 替代方案. 人们广泛接受在各种假设之间进行选择的想法. 贝叶斯方法可能会拒绝 NHST 的表述, 但它也需要提供让怀疑论者觉得可以接受的方案. 这意味着贝叶斯学派要提供与 NHST 答案相似的答案, 即使它们的机制不同.

假定我们想比较假设 H_0 和 H_1. 我们把先验概率 $p(H_0)$ 和 $p(H_1)$ 分别赋给这俩假设. 然后我们发现:

$$\frac{p(H_0|\boldsymbol{y})}{p(H_1|\boldsymbol{y})} = \frac{p(\boldsymbol{y}|H_0)}{p(\boldsymbol{y}|H_1)} \times \frac{p(H_0)}{p(H_1)}.$$

称 $p(\boldsymbol{y}|H_0)/p(\boldsymbol{y}|H_1)$ 为贝叶斯因子, $p(H_0)/p(H_1)$ 为先验比率 (prior odds). 因此, 将先验比率和贝叶斯因子相乘就可得到后验比率 (posterior odds). 诚然, 先验比率决定了我们对两个假设的相对信念, 但我们很难客观地指定它, 而贝叶斯因子可以告诉我们该信念因数据而改变的程度. 我们可以仅简单计算出贝叶斯因子, 再让读者自己根据先验比率做出模型选择的决定. 为了计算贝叶斯因子, 我们需要计算每个模型的边际概率 $p(\boldsymbol{y})$, 这正是先前我们在计算贝叶斯后验时的正则化常数.

贝叶斯因子是有吸引力的, 因为它避免了对假设的先验做出承诺的需要. 然而我们仍需指定先验, 以拟合所考虑的两个模型. 因此, 我们并不能忽略对先验的一些设定. 事实上, 在设置两个模型的先验时, 我们必须相当谨慎, 以避免偏向一个模型. 尽管贝叶斯因子有一些哲学上的吸引力, 但它还未成为科学出版物中的主流.

很多时候, H_0 代表形如 $\theta_k = 0$ 的约束. k 有时是单个索引, 有时是一组索引. 这表明我们可能想找到后验概率 $P(\theta_k = 0)$. 我们可以计算一个贝叶斯模型来确定该后验概率. 困难在于, 假设我们给 θ_k 分配了一个连续的先验, 那么我们将有一个连续的后验, 从而 $P(\theta_k = 0) = 0$. 一个可能的解决方案是使用一个为事件 $\theta_k = 0$ 分配正概率的先验, 但这并不容易做到. 首先, 我们必须回答应该选择什么样的正概率; 其次, 像这样具有离散和连续元素组合的先验会导致计算非常困难. 一个更广泛的哲学上的反对意见是, 我们不相信任何连续参数在许多应用中正好是任何特定的值. 换句话说, 即使没有看到数据, 单点原假设可能也是不真实的.

一个可能的解决方案是计算后验概率 $P(|\theta_k| < c)$. c 选得越大越好, 但前提是我们仍然可以声称 θ_k 非常小. 只要我们有一种让别人觉得有说服力的设定 c 的方法, 我们就可得到一个解决方案. 不幸的是, 选择 c 可能并不容易. 我们可报告边际后验分布, 再让读者自己选择 c 并计算, 但科学上以及在学术出版时需要做得更明确些.

我们借用频率学派有关假设检验的一个想法——在许多情况下, 我们可以通过检查零是否落在 95% 的置信区间内来进行假设检验 $H_0 : \theta_k = 0$. 如果它是在此置信区间内, 我们就不拒绝原假设, 但如果它不在此置信区间内, 我们就拒绝原假设. 现在, 有些人希望得到的不仅仅是一个二元的结果——他们希望有一个衡量原假设的合理或不合理的标准. 尽管 p 值不是他们真正想要的, 但这是他们想要的答案. 通过置信区间计算 p 值的一种方法是找到最大的 p, 使 $100(1-p)\%$ 的置信区间不包含零. 我们可用边际后验分布来复现同样的计算. 我们计算 95% 的可信区间, 并检查它是否包含零. 在不包含零的情况下, 我们还可以查看可信区间可以有多大. 对于相对对称的后验分布, 假定均

值为正, 则我们可计算出 p 值为

$$p = 2P(\theta < 0).$$

如果后验均值是负的, 我们将使用分布的另一侧尾部. 事实上, 这只是衡量零点在后验分布上的位置. 但它的优点是像 p 值, 且这样使用并不显得不合理.

1.7 贝叶斯计算

贝叶斯理论简单明了, 但后验分布和其他感兴趣的量的计算却是棘手的. 本节将讨论三种计算后验分布的方法.

1.7.1 精确方法

共轭先验给出同族分布的后验密度. 通常, 这意味着我们可以用先验的参数和数据的一些函数来明确表示后验的参数. 共轭先验相对较少, 只适用于相当简单的模型, 且通常没有协变量. 更复杂的模型有不同类型的参数, 因此需要多个先验. 它们通常来自不同的分布族, 在这种情况下, 共轭性是无法实现的.

过去, 只有具备共轭先验的模型才有可能进行完整的贝叶斯分析. 尽管它在哲学上是吸引人的, 但共轭性严重限制了贝叶斯统计学的应用范围. 现在, 得益于强大的计算能力, 我们可以考虑更多复杂的贝叶斯模型, 而共轭性已经成为一个次要的问题.

后验分布与似然和先验的乘积成正比. 为了计算后验众数, 我们只需要找到使这个乘积最大化的 θ 的值. 我们不需要知道正则化常数来计算这个众数, 这就是所谓的极大后验 (MAP) 估计. 注意, 如果我们使用一个平坦先验, 它就是 MLE. 由于这种方法避免了正则化, 所以最糟糕的情况下也只需一些数值优化方法. 缺点是它只是一个点估计, 没有对不确定性的评估. 因此, 它最多也只是解决了部分问题.

1.7.2 抽样方法

抽样方法的目的是产生后验分布的样本. 尽管较简单的模型可能存在多种抽样方案, 但它们本质都是产生了一个马尔可夫链, 使其平稳分布就是后验分布. 该想法可以追溯到 Metropolis 等 (1953) 和 Hastings (1970) 的工作, 但在 Gelfand 和 Smith (1990) 之后该方法才在统计学中得到了广泛应用. 这些方法统称为马尔可夫链蒙特卡罗 (MCMC) 方法. 由于本书是讲解 MCMC 的替代方案——INLA, 我们不打算解释 MCMC 的工作原理. 我们只是对 MCMC 分析的步骤做一个概述.

假设我们已经确定了模型和先验, 并且有现成的数据. 我们可以推导出一种基于 MCMC 的方法并用代码实现它, 但更多时候, 我们利用特定的软件包来指定先验和进行模型拟合, 我们还假定我们只在 R 中调用 R 软件包来进行贝叶斯分析, 我们可选择多种软件包.

CRAN 上的贝叶斯任务视图 (Task View) 列出了大量可选择的 R 软件包, 它们提供特定类别模型的 MCMC 方法. 这些软件包通常在 R 中调用, 但其一般是用 C 编译语言来写的. 这些软件包的一个优点是, 它们可以从 R 中调用, 而不需要学习额外的语言. 另一个优点是它们运行得更快, 因为计算负担重的部分是用编译语言编写的, 并为所选择的模型类进行特别的优化. 缺点是它们可能不够灵活, 因为它们只适用于一小类模型和有限的先验选择. 例如 Hadfield (2010) 的 MCMCglmm 包, 它可以用于处理本书所考虑的模型的一个满意的子集.

从具体到一般, 有几个一般的软件包, 它们允许用户拟合大部分的贝叶斯模型. 这些软件是用一种专业语言编写的, 人们必须了解这种语言, 以便指定模型和先验. 这些程序与 R 分开运行, 但可以从 R 中调用, 并可以将结果返回到 R, 以便在 R 中处理.

在这些用于贝叶斯计算的通用软件包中, 第一个是 1989 年推出的 BUGS (Bayesian inference using Gibbs sampling). Lunn 等 (2012) 的书提供了关于 BUGS 一般性的介绍. BUGS 后来发展为 WinBUGS 和最近的 OpenBUGS. JAGS (Just another Gibbs sampler) 是 BUGS 的另一个变体, 它是由 Plummer 等 (2003) 推出. 最近, STAN 开始在贝叶斯社区流行起来, 更多相关内容见 *Stan Modeling Language: User's Guide and Reference Manual* (2016). Umlauf 等 (2015) 所提供的 BayesX, 是一个更具体的贝叶斯计算包, 其中部分使用了 MCMC.

对贝叶斯模型进行基于 MCMC 的分析有几个步骤:

1. 写代码来指定选择的模型和先验以及如何将数据传递给程序. 对于那些熟悉在 R 中用单行命令拟合模型的用户来说, 需要学习更多的专业知识.

2. 如前所述, MCMC 方法产生一个马尔可夫链, 其平稳分布是我们所希望的后验分布. 但该链必须从某处开始, 所以需要指定初始值. 理想情况下, 我们从哪里开始并不重要, 但很可能会出现指定一些不靠谱的初始值使得链永远不会收敛. 对不同的初始值进行一些实验是必要的, 以识别到链何时出了问题. STAN 使用了四组随机初始值——无论你选择什么样的 MCMC 软件包, 这都是一个明智的预防措施.

3. 我们允许该链运行一段时间, 在某个时间点之后, 我们需要识别链何时达到平稳状态. 在这一点之前的所有观测值都被作为预烧期 (burn-in) 或热身期 (warm-up) 值丢弃. 有些诊断方法可以帮助我们确定何时以及是否已经达到平稳状态. 即便如此, 链有可能永远不会冒险进入参数空间的一些似是而非的区域, 但诊断方法可能看起来完全令人满意.

4. 链的观测值是正相关的, 所以链产生的后验样本的价值不如独立样本. 这意味着样本需要更大. 有时, 用户通过每隔 n 个观测值只保留一个观测值来 "稀释"(thin) 样本, 这可以节省存储成本, 但不是必需的.

5. MCMC 方法的最终结果是来自后验分布的样本, 而不是后验本身. 原则上, 你可以从这些信息中估计后验的任何函数. 在实际中, 你需要权衡生成样本的成本和估计的准确性. 对于估计后验均值, 你需要较少的样本, 但对于更极端的分位数, 你将需要大量的样本.

随着计算速度的提高和 MCMC 方法的改进, 这些方法能够合理处理的模型范围和数据集的大小也在增加. 即便如此, 仍然有一些模型和数据, 对于它们 MCMC 方法要么失败, 要么不能在合理的时间内得到满意的结果. 即使是那些只要有一点耐心就能拟合的模型, 对多个模型进行实验的成本也是很高的. 在需要考虑许多可能的模型的现代数据分析中, 这已经成为一种阻碍.

我们必须承认 MCMC 方法的巨大成功, 但它有两个主要缺点: 难以使用, 以及速度很慢.

1.7.3 近似方法

贝叶斯建模问题的精确解大多局限于可以使用共轭的少量简单的模型. 近似的解决方案需要使用数值积分. 正如我们前面所看到的, 计算后验分布的主要困难在于高维积分的近似. 在下一章中, 我们将介绍如何使用求积方法, 特别是拉普拉斯近似法来进行精确的近似. 在统计学中, 该方法始于 Tierney 和 Kadane (1986) 的开创性论文. 除了 INLA 之外, 还有其他基于近似的方法, 如变分贝叶斯方法. 更多关于这些方法的讨论可以在 "CRAN Task View: Bayesian Inference" 网站中找到.

与基于 MCMC 的方法相比, INLA 的优势在于它的速度更快. 在很多的情况下, MCMC 方法会花费太多的计算时间, 而 INLA 可给出其高效的解决方案. 对于样本量较小的问题, 计算的速度使我们能够采取更多的探索性和互动性方法来构建和测试模型. 在频率学派的分析中, MLE 通常可以快速计算出来, 这意味着我们可以把更多的注意力放在模型诊断和探索模型空间上. 这种探索和检查对于进行有效的分析至关重要. 选择正确的模型比使用的推断方法更重要. 如果模型推断的成本很高, 我们将不得不节约探索的成本. 这是 MCMC 方法的主要缺点. 相比之下, INLA 的速度足够快, 我们可以进行更多的探索.

此外, INLA 更容易使用. 我们不需要学习单独的编程语言, 也不会被 MCMC 诊断的困难所困扰. INLA 在大多数情况下是非随机的, 这意味着分析的可重复性更高. 对于 MCMC 来说, 结果是随机的. 尽管我们可以通过指定随机种子使其具有可重复性, 但真正独立的重复会出现不同的结果. 我们可以通过采取足够大的样本来缓解这个问题, 但该问题不能完全消除.

尽管如此, INLA 也存在一些缺点. 基于 MCMC 的通用软件包所涵盖的模型范围比 INLA 要广. 正如我们将在下一章中看到的, INLA 适用于一个广泛但仍有限的类别. 此外, 如果你真的关心你的数据, 明智的做法是确保你的分析对你所使用的软件的某些特殊性不敏感. 一旦你用基于 INLA 的分析方法选择了模型, 就很值得用 MCMC 进行模型拟合. 如果结果一致, 你将对你做的结论有更大的信心. 如果它们不一致, 找出背后原因也是一种有趣的探索.

第 2 章

INLA 理论

积分嵌套拉普拉斯近似 (INLA) 方法最早由 Rue 等 (2009) 提出, 随后 Martins 等 (2013) 对它进行进一步开发, 最近 Rue 等 (2017) 回顾了 INLA 的最新研究成果. INLA 是针对潜在高斯模型 (latent Gaussian model, LGM) 进行近似贝叶斯推断的一种确定性方法. 在大多数情况下, INLA 比 MCMC 方法更快且在有限的计算时间内更准确. R 软件包 INLA 可用于实际应用中需要快速可靠贝叶斯推断的场景. INLA 的最新应用可在 Rue 等 (2017) 中找到.

本章将揭示 INLA 成功的 "秘密". 使用 INLA 需要三个关键部分: LGM 框架、高斯 – 马尔可夫随机场 (Gaussian Markov random field, GMRF) 和拉普拉斯近似. 本书将自上而下介绍这三部分: 首先是 LGM 和可转换为 LGM 的统计模型类型 (见 2.1 节). 随后, 本书讨论了 GMRF 的概念, 它是一类计算效率较高的高斯过程 (见 2.2 节). 最后介绍 INLA 是如何利用拉普拉斯近似 (一种古老的积分近似技术) 来对 LGM 进行准确而快速的贝叶斯推断 (见 2.3 节).

理解 INLA 方法背后的理论并不容易, 一些读者开始时可能想跳过 2.3 节. 但了解 LGM 和 GMRF 还是非常有用的, 因为这将使读者能够区分哪些模型可以使用 INLA 求解, 哪些模型使用 INLA 是不可能的或者是不切实际的.

2.1 潜在高斯模型 (LGM)

INLA 方法仅限于一类特定的模型, 即潜在高斯模型 (LGM). LGM 的应用范围很广, 实际上大多数结构化贝叶斯模型都具备这种形式 (例如见, Fahrmeir 和 Tutz, 2001). 本书将重点讨论回归模型, 这是 LGM 中使用最广泛的一类模型. 其他常见的 LGM 包括动态模型、空间模型和时空模型 (例如见, Blangiardo 和 Cameletti, 2015; Rue 等, 2009).

LGM 的一个简单例子是贝叶斯广义线性模型 (GLM) (第 4 章有详细描述). 它对应的线性预测因子为

$$\eta_i = \beta_0 + \beta_1 x_{i1}, \quad i = 1, \ldots, n,$$

其中 β_0 是截距项, x_{i1} 是协变量, β_1 是斜率 (或线性效应). 假设响应变量 y_i 服从一个指数族分布, 其 (条件) 均值 μ_i 通过一个连接函数 $g()$ 与 η_i 相关联, 满足 $\eta_i = g(\mu_i)$. INLA
软件包中有多种似然模型, 默认选择为高斯模型. 我们可以通过以下命令查看 INLA 中
的似然函数列表:

```
library(INLA)
names(inla.models()$likelihood)
```

"R-INLA Project" 的网站提供了每个模型的详细描述和使用实例. 尽管似然函数
本身不一定是高斯的, 但给定 LGM 中的超参数, 每个潜变量 η_i 必须服从正态分布. 这
意味着我们必须对 β_0 和 β_1 使用高斯先验, 即 $\beta_0 \sim N(\mu_0, \sigma_0^2)$, $\beta_1 \sim N(\mu_1, \sigma_1^2)$, 由此得
到 $\eta_i \sim N(\mu_0 + \mu_1 x_{i1}, \sigma_0^2 + \sigma_1^2 x_{i1}^2)$. 基于线性代数可以证明 $\boldsymbol{\eta} = (\eta_1, \ldots, \eta_n)^T$ 是一个高
斯过程, 其均值向量为 $\boldsymbol{\mu}$, 协方差矩阵为 $\boldsymbol{\Sigma}$. 超参数 σ_0^2 和 σ_1^2 要么是固定的, 要么是对
它们使用超参先验的估计值.

对于 η_i 可以采用更一般的加法形式

$$\eta_i = \beta_0 + \sum_{j=1}^{J} \beta_j x_{ij} + \sum_{k=1}^{K} f_k(z_{ik}), \tag{2.1}$$

即添加更多的协变量和模型分量 $f_k()$, 后者可放松在协变量上的线性关系或引入随机效
应 (或两者兼而有之). 在对 (平滑的) 非线性效应建模时, 可以使用参数化的非线性项
(如二次), 或者非参数化的模型, 例如随机游动模型 (Fahrmeir 和 Tutz, 2001; Rue 和
Held, 2005)、P-样条模型 (Lang 和 Brezger, 2004) 以及高斯过程 (Besag 等, 1995). 为
了说明由未观察到的异质性引起的过度分散或纵向数据中的相关性问题, 可以考虑在
模型中使用随机效应, 这可以通过让 f_k 服从独立的零均值正态分布来引入随机效应
(Fahrmeir 和 Lang, 2001). 在许多应用中, 线性预测因子是各种模型分量的总和, 如模
型 (2.1) 所示的随机效应以及一些协变量的线性效应和平滑效应. 这样的模型统称为广
义可加模型 (generalized additive model, GAM) (更多细节见第 9 章). LGM 要求对于
每个线性效应和每个模型分量的先验必须使用单变量或多变量的正态密度, 以使得该可
加的 $\boldsymbol{\eta}$ 是高斯的. 正如在本书的下一节和后续章节中所看到的, 存在一类称为高斯–马
尔可夫随机场 (GMRF) 模型的高斯模型, 它对 LGM 中各种效应的建模是相当灵活和
有效的.

接下来考虑一个通用的三阶段分层表示的 LGM. 记 $\boldsymbol{y} = (y_1, \ldots, y_n)^T$. 在第一阶
段, 假设 $\boldsymbol{y}$ 中每个变量是条件独立的, 并且给定 $\boldsymbol{\eta}$ 和超参数 $\boldsymbol{\theta}_1$, 它服从指数族中的某个
分布

$$\boldsymbol{y} \mid \boldsymbol{\eta}, \boldsymbol{\theta}_1 \sim \prod_{i=1}^{n} p(y_i \mid \eta_i, \boldsymbol{\theta}_1).$$

在第二阶段, 指定 $\boldsymbol{\eta}$ 满足潜在高斯随机场, 它的密度函数为

$$p(\boldsymbol{\eta} \mid \boldsymbol{\theta}_2) \propto |\boldsymbol{Q}_{\boldsymbol{\theta}_2}|_+^{1/2} \exp\left(-\frac{1}{2}\boldsymbol{\eta}^T \boldsymbol{Q}_{\boldsymbol{\theta}_2} \boldsymbol{\eta}\right),$$

其中 $\boldsymbol{Q}_{\boldsymbol{\theta}_2}$ 是依赖于超参数 $\boldsymbol{\theta}_2$ 的半正定矩阵, $|\boldsymbol{Q}_{\boldsymbol{\theta}_2}|_+$ 表示其非零特征值的乘积. 矩阵 $\boldsymbol{Q}_{\boldsymbol{\theta}_2}$ 称为精度矩阵, 描述数据的基本相依关系, 它的逆 (如果存在) 称为协方差矩阵 (见 2.2 节).

在第三阶段, 假设 $\boldsymbol{\theta} = (\boldsymbol{\theta}_1, \boldsymbol{\theta}_2)$ 的先验分布为 $\pi(\boldsymbol{\theta})$, 它可以是联合分布或几个分布的乘积. 因此, $\boldsymbol{\eta}$ 和 $\boldsymbol{\theta}$ 的联合后验分布为

$$p(\boldsymbol{\eta}, \boldsymbol{\theta} \mid \boldsymbol{y}) \propto \pi(\boldsymbol{\theta})\, \pi(\boldsymbol{\eta} \mid \boldsymbol{\theta}_2) \prod_i p(y_i \mid \eta_i, \boldsymbol{\theta}_1)$$

$$\propto \pi(\boldsymbol{\theta})|\boldsymbol{Q}_{\boldsymbol{\theta}_2}|^{1/2} \exp\left(-\frac{1}{2}\boldsymbol{\eta}^T \boldsymbol{Q}_{\boldsymbol{\theta}_2} \boldsymbol{\eta} + \sum_i \log \pi(y_i \mid \eta_i, \boldsymbol{\theta}_1)\right). \tag{2.2}$$

LGM 的贝叶斯推断就是由这个表达式得出的. 正如将在 2.3 节中描述的那样, INLA 利用 (嵌套的) 拉普拉斯近似方法获得 (2.2) 中每个未知参数的 (近似) 后验分布.

然而, INLA 并不能对每个 LGM 进行有效的近似贝叶斯推断. 通常需要一些额外的假设:

1. 超参数 $\boldsymbol{\theta}$ 的数量应较少, 一般为 2 到 5 个, 但是不能超过 20 个.
2. 当 n 很大 (10^4 到 10^5) 时, $\boldsymbol{\eta}$ 必须是高斯–马尔可夫随机场 (GMRF) (见 2.2 节).
3. 每个 y_i 只依赖于 $\boldsymbol{\eta}$ 中一个分量, 即 η_i.

这些假设对于确保计算效率和拉普拉斯近似的准确性都是至关重要的. 通常, 很多 LGM 文献中常用的假设都满足这些假设. 请注意, 前两个假设必须严格满足, 而最后一个假设可以在某种程度上放宽 (见 Martins 等, 2013, 4.5 节).

2.2 高斯–马尔可夫随机场 (GMRF)

潜在场 $\boldsymbol{\eta}$ 不仅应是高斯场, 还应是高斯–马尔可夫随机场 (GMRF), 以便 INLA 可以高效工作. 为了解释这个概念, 先考虑一个简单的 GMRF 例子, 让 η_i 服从一个一阶自回归过程 AR(1). 假设当前值基于前一个值, 则 AR(1) 模型可以定义为:

$$\begin{cases} \eta_1 \sim N\left(0, \sigma_{\boldsymbol{\eta}}^2/(1-\rho^2)\right), \\ \eta_i \mid \eta_{i-1}, \ldots, \eta_1 \sim N(\rho\eta_{i-1}, \sigma_{\boldsymbol{\eta}}^2), \quad i = 2, \ldots, n. \end{cases}$$

给定其他变量后, 每个 η_i (除了 η_1) 都服从一个均值为 $\rho\eta_{i-1}$、方差为常数 $\sigma_{\boldsymbol{\eta}}^2$ 的正态分布. 参数 ρ ($|\rho| < 1$) 是 η_i 和 η_{i-1} 之间的相关系数. 可以证明每个 η_i 的边际分布是均值为 0、方差为 $\sigma_{\boldsymbol{\eta}}^2/(1-\rho^2)$ 的高斯分布. η_i 和 η_j 的协方差为 $\sigma_{\boldsymbol{\eta}}^2\rho^{|i-j|}/(1-\rho^2)$, 它随着距离 $|i-j|$ 的增加而减小. 因此, AR(1) 中 $\boldsymbol{\eta}$ 是均值向量为 $\boldsymbol{0}$、协方差矩阵为 $\boldsymbol{\Sigma}$ 的高斯过程, 即 $\boldsymbol{\eta} \sim N(\boldsymbol{0}, \boldsymbol{\Sigma})$. $\boldsymbol{\Sigma}$ 是一个 $n \times n$ 稠密矩阵. 这种矩阵将导致计算量大且计算效率

低. 对于大数据来说, 使用 AR(1) 模型显然非常不方便, 特别是在贝叶斯框架下.

但是, AR(1) 是一种具有稀疏精度矩阵的特殊高斯过程, 可以通过计算 $\boldsymbol{\eta} = (\eta_1, \ldots, \eta_n)$ 的联合分布得到

$$p(\boldsymbol{\eta}) = p(\eta_1)p(\eta_2 \mid \eta_1)p(\eta_3 \mid \eta_1, \eta_2) \cdots p(\eta_n \mid \eta_{n-1}, \ldots, \eta_1).$$

这是一个具有如下精度矩阵 $\boldsymbol{Q}$ 的多元正态分布:

$$\boldsymbol{Q} = \sigma_{\boldsymbol{\eta}}^{-2} \begin{pmatrix} 1 & -\rho & & & \\ -\rho & 1+\rho^2 & -\rho & & \\ & \ddots & \ddots & \ddots & \\ & & -\rho & 1+\rho^2 & -\rho \\ & & & -\rho & 1 \end{pmatrix},$$

其中 $\boldsymbol{Q}$ 为带状矩阵, 只有主对角线和主对角线上下的第一条对角线上有非零元素. $\boldsymbol{Q}$ 有稀疏结构的原因是, 给定其他变量, η_i 只依赖于前面的 η_{i-1}. 换而言之, 对于所有 $|i-j| > 1$, η_i 和 η_j 是条件独立的. 例如, η_2 和 η_4 是条件独立的, 因为

$$p(\eta_2, \eta_4 \mid \eta_1, \eta_3) = p(\eta_2 \mid \eta_1)p(\eta_4 \mid \eta_1, \eta_2, \eta_3)$$
$$= p(\eta_2 \mid \eta_1)p(\eta_4 \mid \eta_3).$$

η_2 的条件密度不依赖于 η_4, 反之亦然, 因此, 它们的联合条件密度可以写成两个不相关条件密度的乘积. AR(1) 过程的这一特性反映在 $\boldsymbol{Q}$ 中, 即第 i 行和第 j 列中的元素在 $|i-j| > 1$ 时为 $Q_{ij} = 0$, 因为 η_i 和 η_j 之间的条件相关性可表示为 $-Q_{ij}/\sqrt{Q_{ii}Q_{jj}}$. AR 过程的阶数越高, 对应的精度矩阵 $\boldsymbol{Q}$ 的稀疏性越低, 因为 η_i 条件依赖于前面更多的变量. 总而言之, AR 过程是一个满足条件独立性的高斯过程, 条件独立性使其对应的精度矩阵具有特定的稀疏结构.

现在给出 GMRF 的一般定义. 若 $\boldsymbol{\eta}$ 具有多元正态密度且满足条件独立性 (也称为 "马尔可夫性"), 则 $\boldsymbol{\eta}$ 是一个 GMRF. 各种各样的 GMRF 已经在许多领域中得到广泛应用 (见 Rue 和 Held, 2005). 在后续章节中, 本书将介绍一类在贝叶斯回归框架中特别有用的 GMRF. 它们通过不同的条件独立性结构来反映每个随机场的随机变量是如何局部相依的. 然而, 不同的 GMRF 之间有一个共同点: 它们都有一个稀疏的精度矩阵. 在进行贝叶斯推断时, 这提供了巨大的计算优势. 因为用稀疏的 $n \times n$ 矩阵计算的成本比用稠密矩阵计算的成本要低得多. 以 AR 过程为例, AR(1) 的协方差矩阵是一个 $n \times n$ 的稠密矩阵, 计算其逆的成本时间是 $\mathcal{O}(n^3)$. 然而, 相应的精确矩阵是三对角线矩阵, 可以在 $\mathcal{O}(n)$ 的时间内进行因式分解 (见 Rue 和 Held, 2005, 2.4 节), 对内存的要求也从 $\mathcal{O}(n^2)$ 降低到 $\mathcal{O}(n)$, 这使得更复杂模型的运行会更加容易.

当使用 GMRF 构建类似式 (2.1) 中的可加模型时, 下面的事实提供了它们在 INLA 中使用时产生的一些 "魔力": 式 (2.1) 中 $\boldsymbol{\eta}$ 的联合分布也是 GMRF, 其精度矩阵由协变量和模型分量的精度矩阵之和组成. 我们将在下一节中会看到这个联合分布在 INLA 中需要多次才能形成, 因为它取决于超参数 $\boldsymbol{\theta}$. 幸运的是, 我们可把它当作一个带有精度矩阵、很容易计算的 GMRF, 这也是 INLA 方法如此高效的关键原因之一. 另外, 精度矩阵的稀疏结构也提高了计算效率. 更多讨论见 Rue 等 (2017).

2.3 拉普拉斯近似和 INLA

拉普拉斯近似用来近似 $n \to \infty$ 时的积分 $I_n = \int_x \exp(nf(x))dx$. 令 x_0 为 $f(x)$ 的众数, 将 $f(x)$ 在 x_0 处做泰勒展开 :

$$\begin{aligned} I_n &\approx \int_x \exp\left(n\left(f(x_0) + (x-x_0)f'(x_0) + \frac{1}{2}(x-x_0)^2 f''(x_0)\right)\right)dx \\ &= \exp(nf(x_0)) \int \exp\left(\frac{n}{2}(x-x_0)^2 f''(x_0)\right)dx \\ &= \exp(nf(x_0))\sqrt{\frac{2\pi}{-nf''(x_0)}} = \tilde{I}_n, \end{aligned}$$

其中 $f'(x_0)$ 和 $f''(x_0)$ 分别为 $f(x)$ 在 x_0 处的一阶和二阶导数. 注意到 I_n 是一个高斯积分且在众数 x_0 处 $f'(x_0) = 0$. 若 $nf(x)$ 是对数似然之和, 且 x 是未知参数, 则根据中心极限定理, 随着 $n \to \infty$, 拉普拉斯近似将收敛到一个精确值. 该结论可以扩展到高维积分, 其误差率可以保证 (Rue 等, 2017).

接下来本书将用一个小的数据集来展示拉普拉斯近似是如何成为 INLA 的基石. 假设观察到两个数值 $y_1 = 1$ 和 $y_2 = 2$, 它们来自均值为 λ_i $(i = 1, 2)$ 的泊松分布, 然后将 λ_i 与线性预测因子 η_i 使用对数连接函数联系起来, 并用 AR(1) 过程建立 η_i 的模型, 得到的后验分布可表示为

$$p(\boldsymbol{\eta} \mid \boldsymbol{y}) \propto \exp\left(-\frac{1}{2}\boldsymbol{\eta}^T \boldsymbol{Q_\theta}\boldsymbol{\eta}\right)\exp\left(\eta_1 + 2\eta_2 - e^{\eta_1} - e^{\eta_2}\right), \quad \boldsymbol{Q_\theta} = \tau\begin{pmatrix} 1 & -\rho \\ -\rho & 1 \end{pmatrix},$$

其中 $\boldsymbol{\theta} = (\tau, \rho)$, $\tau > 0$ 是刻度参数, $-1 < \rho < 1$ 是自相关参数. 为了便于演示, 先假设 τ 和 ρ 是常数. 我们的任务是近似 η_1 和 η_2 的边际后验分布. 一种方法是将二维拉普拉斯近似直接应用于 $p(\boldsymbol{\eta} \mid \boldsymbol{\theta}, \boldsymbol{y})$, 然后得到每一个边际分布的高斯近似. 但是, 这样的近似不能正确捕捉边际分布的位置和偏度. 另一种方法是通过拉普拉斯近似进行一系列的高斯近似, 这样可以大大改善近似精度. 具体来说, 可以使用以下公式来近似 η_1 的边际分布:

$$p(\eta_1 \mid \boldsymbol{y}) = \frac{p(\boldsymbol{\eta} \mid \boldsymbol{y})}{p(\eta_2 \mid \eta_1)} \approx \frac{p(\boldsymbol{\eta} \mid \boldsymbol{y})}{\tilde{p}(\eta_2 \mid \eta_1)},$$

其中 $\tilde{p}(\eta_2 \mid \eta_1)$ 是 η_1 下 η_2 的全条件高斯近似. η_2 的边际分布可以用类似的方法来近似. 正如在 Rue 等 (2017) 中所示, 基于这种方法所得到的近似边际分布是相当准确的, 只有在似然突然变化的地方才会出现轻微的不同. 可见, 这种方法更加准确, 因为每个条件分布比它们的联合分布更接近高斯分布, 这就是 INLA 方法的关键思想: 拉普拉斯近似只适用于接近高斯分布的密度, 用条件分布取代复杂的依赖关系.

现在将上面的例子扩展为更通用的 LGM 框架. 在第一阶段, 观察到 n 个 y_i 服从均值为 λ_i 的独立的泊松分布, $i = 1, \ldots, n$. 在第二阶段, 使用对数连接函数和一阶自回归过程对 λ_i 建模, LGM 的前两个阶段可写为

$$p(\boldsymbol{y} \mid \boldsymbol{\eta}, \boldsymbol{\theta}) \propto \prod_{i=1}^{n} \exp\left(\eta_i y_i - e^{\eta_i}\right)/y_i!,$$

$$\pi(\boldsymbol{\eta} \mid \boldsymbol{\theta}) \propto |\boldsymbol{Q_\theta}|^{1/2} \exp\left(-\frac{1}{2}\boldsymbol{\eta}^T \boldsymbol{Q_\theta} \boldsymbol{\eta}\right),$$

其中 $\boldsymbol{\theta} = (\tau, \rho)$ 是超参数, 它们的先验 $\pi(\boldsymbol{\theta})$ 需要在第三阶段指定. 则未知参数的联合后验分布为:

$$p(\boldsymbol{\eta}, \boldsymbol{\theta} \mid \boldsymbol{y}) \propto \pi(\boldsymbol{\theta})\pi(\boldsymbol{\eta} \mid \boldsymbol{\theta})p(\boldsymbol{y} \mid \boldsymbol{\eta}, \boldsymbol{\theta}).$$

我们的目标是准确地近似边际后验密度 $p(\eta_i \mid \boldsymbol{y})$ 和 $p(\theta_j \mid \boldsymbol{y})$, $i = 1, \ldots, n$, $j = 1, 2$. 直接进行拉普拉斯近似在这里是有问题的, 因为涉及一个高斯分布和一个非高斯分布的乘积. INLA 采用的策略是将问题重新表述为一系列的子问题, 只对接近高斯分布的密度应用拉普拉斯近似法. 更具体地说, 该方法可分为三个主要任务: 首先得到 $p(\boldsymbol{\theta} \mid \boldsymbol{y})$ 联合后验的近似值 $\tilde{p}(\boldsymbol{\theta} \mid \boldsymbol{y})$, 然后得到给定数据和超参数下 η_i 的边际条件分布 $p(\eta_i \mid \boldsymbol{\theta}, \boldsymbol{y})$ 的近似值 $\tilde{p}(\eta_i \mid \boldsymbol{\theta}, \boldsymbol{y})$, 最后探索 $\tilde{p}(\boldsymbol{\theta} \mid \boldsymbol{y})$ 并基于它进行数值积分. 因此, INLA 返回的感兴趣的近似边际后验有以下形式:

$$\tilde{p}(\eta_i \mid \boldsymbol{y}) = \sum_k \tilde{p}(\eta_i \mid \boldsymbol{\theta}^{(k)}, \boldsymbol{y})\tilde{p}(\boldsymbol{\theta}^{(k)} \mid \boldsymbol{y})\,\Delta\boldsymbol{\theta}^{(k)}, \tag{2.3a}$$

$$\tilde{p}(\theta_j \mid \boldsymbol{y}) = \int \tilde{p}(\boldsymbol{\theta} \mid \boldsymbol{y})d\boldsymbol{\theta}_{-j}, \tag{2.3b}$$

其中 $\boldsymbol{\theta}_{-j}$ 是 $\boldsymbol{\theta}$ 的不包括第 j 个元素的参数的子集, 而 $\tilde{p}(\boldsymbol{\theta}^{(k)} \mid \boldsymbol{y})$ 是在探索 $\tilde{p}(\boldsymbol{\theta} \mid \boldsymbol{y})$ 时得到的密度值. 下面将详细描述每个任务是如何完成的.

近似 $p(\boldsymbol{\theta} \mid \boldsymbol{y})$

超参联合后验的拉普拉斯近似为

$$\tilde{p}(\boldsymbol{\theta} \mid \boldsymbol{y}) \propto \left.\frac{p(\boldsymbol{\eta}, \boldsymbol{\theta} \mid \boldsymbol{y})}{\tilde{p}(\boldsymbol{\eta} \mid \boldsymbol{\theta}, \boldsymbol{y})}\right|_{\boldsymbol{\eta} = \boldsymbol{\eta}^*(\boldsymbol{\theta})}, \tag{2.4}$$

其中 $\tilde{p}(\boldsymbol{\eta} \mid \boldsymbol{\theta}, \boldsymbol{y})$ 是通过众数和曲率的匹配而获得的对 $\boldsymbol{\eta}$ 的全条件高斯近似, 而 $\boldsymbol{\eta}^*(\boldsymbol{\theta})$ 是 $\boldsymbol{\eta}$ 在给定 $\boldsymbol{\theta}$ 值下的全条件众数. 如果 $p(\boldsymbol{\eta} \mid \boldsymbol{\theta}, \boldsymbol{y})$ 是高斯的, 这个拉普拉斯近似将是精确的. 值得注意的是, 近似值 $\tilde{p}(\boldsymbol{\eta} \mid \boldsymbol{\theta}, \boldsymbol{y})$ 有以下形式:

$$\ddot{p}(\boldsymbol{\eta} \mid \boldsymbol{\theta}, \boldsymbol{y}) \propto |\boldsymbol{R_\theta}|^{1/2} \exp\left(-\frac{1}{2}(\boldsymbol{\eta} - \boldsymbol{\mu_\theta})^T \boldsymbol{R_\theta}(\boldsymbol{\eta} - \boldsymbol{\mu_\theta})\right), \tag{2.5}$$

其中 $\boldsymbol{\mu_\theta}$ 是众数的位置, $\boldsymbol{R_\theta} = \boldsymbol{Q_\theta} + \mathrm{diag}(\boldsymbol{c_\theta})$, 对角线上的向量 $\boldsymbol{c_\theta}$ 包含了对数似然在众数处关于 η_i 的负二阶导数 (见 Rue 和 Held, 2005, 4.4.1 节). 使用式 (2.5) 有两大优点. 首先, 它是一个与 $\boldsymbol{Q_\theta}$ 有相同相依结构的 GMRF, 因为解释观测值所产生的影响仅仅是源于均值和精度矩阵对角线的移动. 因此, 很容易计算 $\boldsymbol{\theta}$ 的每个值处式 (2.5) 的值. 其次, 高斯近似可能也是相当准确的, 因为对观测值的条件化所产生的影响仅体现在精度矩阵的对角线上, 它使均值产生移动, 方差减少, 并可能在边际中引入一些偏度. 更重要的是, 它并没有改变高斯相依结构.

我们可以使用 $\boldsymbol{\theta}$ 的方差稳定变换来改善近似式 (2.4), 例如对数变换、相关关系的 Fisher 变换等. 例如, INLA 对 AR(1) 模型的 $\boldsymbol{\theta} = (\theta_1, \theta_2)$ 使用以下变换:

$$\begin{cases} \theta_1 = \log(\kappa), \quad \kappa = \tau(1 - \rho^2), \\ \theta_2 = \log\left(\frac{1+\rho}{1-\rho}\right), \end{cases} \tag{2.6}$$

其中 κ 是边际精度. 此外, 我们可以使用众数处的 Hessian 矩阵来构建 $\boldsymbol{\theta}$ 的近似独立的线性组合 (或变换) (见 Rue 等, 2009). 这些变换倾向于减少长尾并降低偏度, 从而得到更简单且更易处理的后验密度.

近似 $p(\eta_i \mid \boldsymbol{\theta}, \boldsymbol{y})$

对于 $p(\eta_i \mid \boldsymbol{\theta}, \boldsymbol{y})$ 的近似, 有三个在精度和速度方面有所不同的方法. 最快的方法是使用已由 (2.5) 式计算得到的高斯近似 $\tilde{p}(\boldsymbol{\eta} \mid \boldsymbol{\theta}, \boldsymbol{y})$ 的边际分布. 获得 $\tilde{p}_G(\eta_i \mid \boldsymbol{\theta}, \boldsymbol{y})$ 的唯一代价是由稀疏精度矩阵 $\boldsymbol{R_\theta}$ (见 Rue 等, 2009) 计算边际方差. 虽然高斯近似常给出合理的结果, 但会在位置和/或偏度上产生偏差 (Rue 和 Martino, 2007).

一个更精确的方法是再执行一次拉普拉斯近似

$$\tilde{p}_{LA}(\eta_i \mid \boldsymbol{\theta}, \boldsymbol{y}) \propto \left.\frac{p(\boldsymbol{\eta}, \boldsymbol{\theta} \mid \boldsymbol{y})}{\tilde{p}(\boldsymbol{\eta}_{-i} \mid \eta_i, \boldsymbol{\theta}, \boldsymbol{y})}\right|_{\boldsymbol{\eta}_{-i} = \boldsymbol{\eta}^*_{-i}(\eta_i, \boldsymbol{\theta})}, \tag{2.7}$$

其中 $i = 1, \ldots, n$, $\tilde{p}(\boldsymbol{\eta}_{-i} \mid \eta_i, \boldsymbol{\theta}, \boldsymbol{y})$ 是对应分布在众数 $\boldsymbol{\eta}^*_{-i}(\eta_i, \boldsymbol{\theta})$ 处的高斯近似. 然而, 这种方法涉及众数点的位置和对于每个 i 的 $(n-1) \times (n-1)$ 矩阵的分解. 当 n 很大时, 此计算负担较重.

第三个方法称为简化拉普拉斯近似, 结果记为 $\tilde{p}_{SLA}(\eta_i \mid \boldsymbol{\theta}, \boldsymbol{y})$, 它是通过对式 (2.7) 的分子和分母进行三阶泰勒展开得到的, 因此与 $\tilde{p}_{LA}(\eta_i \mid \boldsymbol{\theta}, \boldsymbol{y})$ 相比, 校正位置和偏度的

代价要低得多.

本书参考 Rue 等 (2009) 详细描述的高斯近似、拉普拉斯近似和简化拉普拉斯近似. 这三种近似方法可通过 inla() 函数中 control.inla 的参数 "strategy=" 指定, 它们分别被称为 "gaussian"、"simplified.laplace" 和 "laplace". 例如, 当需要使用拉普拉斯近似方法时需指定命令如下:

```
inla(..., control.inla = list(strategy = 'laplace'), ...)
```

INLA 中默认的方法是简化拉普拉斯近似.

探索 $\tilde{p}(\boldsymbol{\theta} \mid \boldsymbol{y})$

近似 $p(\eta_i \mid \boldsymbol{y})$ 时只需对 $\tilde{p}(\boldsymbol{\theta} \mid \boldsymbol{y})$ 关于 $\boldsymbol{\theta}$ 求积分以消除 $\boldsymbol{\theta}$ 的不确定性, 因此, 只要能够为式 (2.3a) 中的数值积分选择好取值点, 就不需要探索 $\tilde{p}(\boldsymbol{\theta} \mid \boldsymbol{y})$ 的更多细节. Rue 等 (2009) 根据超参数的数量提出了三种不同的探索方案. 然而, 所有的方案都需要对 $\boldsymbol{\theta}$-空间进行重新参数化, 以使密度更加规范. 不失一般性, 假设 $\boldsymbol{\theta} = (\theta_1, \ldots, \theta_m) \in \mathbb{R}^m$, 并按如下步骤进行探索. 首先, 找到 $\tilde{p}(\boldsymbol{\theta} \mid \boldsymbol{y})$ 的众数 $\boldsymbol{\theta}^*$ 并基于此计算负 Hessian 矩阵 $\boldsymbol{H}$. 然后, 将 $\boldsymbol{\theta}$ 标准化, 得到一个新的变量

$$\boldsymbol{z} = (\boldsymbol{V}\boldsymbol{\Lambda}^{1/2})^{-1}(\boldsymbol{\theta} - \boldsymbol{\theta}^*),$$

其中 $\boldsymbol{H}^{-1} = \boldsymbol{V}\boldsymbol{\Lambda}\boldsymbol{V}^T$ 为特征值分解.

若 $\boldsymbol{\theta}$ 的维数很小, 譬如说 $m \leqslant 2$, 则可基于参数化 $\boldsymbol{z}$ 建立一个网格来覆盖 $\tilde{p}(\boldsymbol{\theta} \mid \boldsymbol{y})$ 概率的大部分 (见图 2.1 的左图). 事实证明, 如果我们的目的只是计算 $p(\eta_i \mid \boldsymbol{y})$, 一个粗糙的网格就足以给出准确的结果. 然而, 这种网格搜索方法的计算成本随着 m 呈指数增长. 例如, 如果在每个维度上只使用三个求值点, 那么计算代价是 $\mathcal{O}(3^m)$, 这使得它不适用于超参数数量适中的情况. 另一种替代方法是经验贝叶斯, 尽管它有一点极端, 但只需根据模型设置对 $p(\boldsymbol{\theta}|\boldsymbol{y})$ 积分. 这种 "插入式" 方法显然会低估不确定性, 但它也能提供合理的结果, 因为潜在场的变异性不受超参数变异性的控制.

介于完整的数值积分和插入式方法之间的中间方法是 Rue 等 (2009, 6.5 节) 描述的方法. 在众数点 $\boldsymbol{\theta}^*$ 和负 Hessian 矩阵 $\boldsymbol{H}$ 的引导下, 可以找到 m 维空间中的一些 "点", 在这些 "点" 上用二阶曲面逼近未知函数, 并可采用像中心复合设计 (central composite design, CCD) 那样的经典二次设计. 一个 CCD 包含一个内嵌的因子设计, 中心点处增加了一组点用于估算曲率. 这些积分点大约位于 $\boldsymbol{\theta}$ 的联合后验的适当水平集上 (见图 2.1 的右图). 与网格搜索相比, 这种 CCD 积分所需的计算量要少得多, 而且当 $\boldsymbol{\theta}$-空间太宽而无法通过网格搜索时, 仍然能够捕捉到它的可变性.

这三种积分方法: 网格搜索、经验贝叶斯和 CCD, 可通过 control.inla 中的参数 "int.strategy=" 指定, 分别为 grid, eb 和 ccd. 例如, 当使用网格搜索时需指定的命令如下:

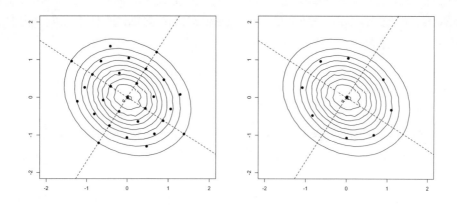

图 2.1 使用网格搜索 (左图) 和 CCD (右图) 方法在二维 $\boldsymbol{\theta}$-空间中定位积分点.

```
inla(..., control.inla = list(int.strategy = 'grid'), ...)
```

INLA 中默认的选择为 "auto", 即根据超参数的个数 m 自动选择三种积分方法. 若 $m \leqslant 2$ 则使用网格搜索, 若 $m > 2$ 则使用 CCD 方法, 除非在参数 "int.strategy=" 中指明, 否则永远不会使用经验贝叶斯方法.

近似 $p(\theta_j \mid \boldsymbol{y})$

若 $\boldsymbol{\theta}$ 的维数不是很高, 通过对式 (2.3b) 中的变量 $\boldsymbol{\theta}_{-j}$ 求和可直接从 $\tilde{p}(\boldsymbol{\theta}|\boldsymbol{y})$ 推导出 θ_j 的边际分布. 然而这是一个花费巨大的方法, 因为 $\boldsymbol{\theta}$ 的每个值都需要计算式 (2.5), 并且数值积分的计算量随着 $\boldsymbol{\theta}$ 维数的增大而呈指数增长. 另一个直观的方法是如式 (2.7) 使用拉普拉斯近似, 其中分子为 $\tilde{p}(\boldsymbol{\theta}|\boldsymbol{y})$, 由 (2.4) 式得到, 分母是通过众数和众数处的曲率的匹配建立的 $\tilde{p}(\boldsymbol{\theta}_{-j}|\theta_j,\boldsymbol{y})$ 的高斯近似. 然而, 这种方法存在计算花费高等问题, 使得它对于大多数令人感兴趣的 LGM 来说是不可行的 (Martins 等, 2013). 因此, 最好是建立算法, 其使用上一节所述的 $\tilde{p}(\boldsymbol{\theta}|\boldsymbol{y})$ 的网格搜索中已经计算得到的密度点. 用式 (2.3a) 对 $\boldsymbol{\theta}$ 积分时这些网格点已经被计算过了, 所以用这些点来计算 $\tilde{p}(\theta_j|\boldsymbol{y})$ 的算法将产生很少的额外计算成本. 要找到一种快速可靠的方法来从 (2.4) 推导出所有的边际分布同时保持较少的计算点数, 是一项相当大的挑战. 下面简要介绍 INLA 目前使用的补救方法, 更多细节可参考 Martins 等 (2013).

联合分布 $p(\boldsymbol{\theta}|\boldsymbol{y})$ 可以通过 $\tilde{p}(\boldsymbol{\theta}|\boldsymbol{y})$ 的众数和众数处的曲率的匹配由多元正态分布来近似. 这个 $p(\theta_j|\boldsymbol{y})$ 的高斯近似并不需要额外的计算, 因为 $\tilde{p}(\boldsymbol{\theta}|\boldsymbol{y})$ 的众数和负 Hessian 矩阵已经在近似式 (2.3b) 时计算过. 然而, 真实的边际分布可能是偏态的, 所以必须用最小的额外代价来纠正高斯近似所缺乏的偏度. 这种修正是通过将联合分布近似为正态混合分布之和来完成的, 其尺度参数允许根据不同的轴及其方向变化. 然后, 可以通过对近似的联合分布进行数值积分来计算边际分布. 这种算法在 INLA 软件包中成功地得以实现, 可用较短的计算时间得到准确的结果. 然而, 当拟合超参数较多的模型时,

多维数值积分变得不稳定, 导致近似后验密度带有不合理的尖峰. 为了解决这个问题, Martins 等 (2013) 提出了一种免积分 (integration-free) 算法, 其中每个 θ_j 的边际后验分布直接由正态分布

$$\tilde{p}(\theta_j \mid \boldsymbol{y}) = \begin{cases} N(0, \sigma_{j+}^2), & \theta_j > 0, \\ N(0, \sigma_{j-}^2), & \theta_j \leqslant 0 \end{cases}$$

的混合来近似, 其中尺度参数 σ_{j+}^2 和 σ_{j-}^2 可在不使用数值积分的情况下估计得到. 正如 Martins 等 (2013) 所示, 该算法在几乎没有额外计算负担的情况下给出了合理的结果, 虽与计算量大得多的网格搜索方法相比, 精度低了点, 但它已成为 INLA 中计算超参数边际后验分布的默认方法. 为了得到更准确的结果, 可以使用网格搜索方法 `inla.hyperpar(result)`, 其中 `result` 是 `inla()` 函数的输出结果.

例子: 模拟数据

接下来使用 INLA 拟合一个简单的 LGM

$$y_i \mid \eta_i \sim \text{Poisson}(E_i \lambda_i), \quad \lambda_i = \exp(\eta_i),$$

其中 E_i 是个补偿 (offset) 项, $\boldsymbol{\eta} = (\eta_1, \ldots, \eta_{50})$ 服从相关系数 $\rho = 0.8$ 和精度 $\tau = 10$ 的 AR(1) 过程. 模拟数据生成过程如下:

```
set.seed(1)
n <- 50
rho <- 0.8
prec <- 10
E <- sample(c(5, 4, 10, 12), size = n, replace = TRUE)
eta <- arima.sim(list(order=c(1,0,0), ar=rho), n=n, sd=sqrt(1/prec))
y <- rpois(n, E*exp(eta))
```

为了估计 τ 和 ρ, 需要先设置它们的超先验. 在 INLA 中这两个参数会先被重参数化为式 (2.6) 中所示的 θ_1 和 θ_2, 然后对 θ_1 取对数伽马先验, 对 θ_2 取正态先验, 并通过以下公式拟合 LGM:

```
data <- list(y = y, x = 1:n, E = E)
formula <- y ~ f(x, model = "ar1")
result.sla <- inla(formula, family = "poisson", data = data, E = E)
```

`formula` 定义了响应变量与协变量之间的依存关系, 这是在 `f()` 中通过 AR(1) 模型来指定的. 我们在 `inla()` 函数中可指定似然、数据和补偿项等以及 INLA 使用方法.

图 2.2 左边展示了 η_{50} 边际后验分布的三种估计, 实线是使用 2.3 节给出的简化拉普拉斯近似得到的默认估计, R 代码如上所示. 点线是由高斯近似得到的, 它可避免对 $\boldsymbol{\theta}$

(经验贝叶斯) 的积分, 由下面的命令得到:

```
result.gau <-  inla(formula, family = "poisson", data = data, E = E,
                    control.inla = list(strategy='gaussian',
                                         int.strategy="eb"))
```

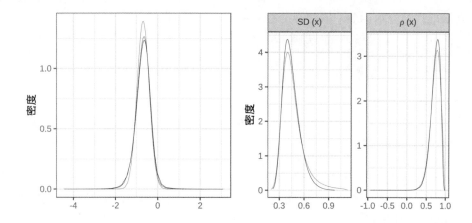

图 2.2 使用简化拉普拉斯近似 (实线)、高斯近似 (点线) 和拉普拉斯近似 (虚线) 计算 η_{50} 的后验密度 (左图). 使用免积分算法 (实线) 和网格法 (点线) 计算超参数的后验密度 (右图).

虚线表示拉普拉斯近似和对 $\boldsymbol{\theta}$ 的精确积分. 这是目前软件提供的最好的近似, 但它需要更长的计算时间. 拟合模型的代码如下:

```
result.la <-  inla(formula, family = "poisson", data = data, E = E,
                   control.inla = list(strategy = 'laplace',
                                        int.strategy = "grid", dz = 0.1,
                                        diff.logdens = 20))
```

这里 dz 是对超参数积分的标准化刻度上的步长, diff.logdens 指定停止数值积分的对数密度的最小差值. 图中很难看到虚线, 因为它几乎完全被实线覆盖, 这表明简化的拉普拉斯近似在这个例子中非常接近精确值. 注意到, 通过对 $\boldsymbol{\theta}$ 进行积分, 不确定性增加了 (这是应该的), 估计的偏度成功得到纠正. 图 2.2 中左图由以下代码得到:

```
i <- 50
marg.lst <- list(result.sla$marginals.random$x[[i]],
                 result.gau$marginals.random$x[[i]],
                 result.la$marginals.random$x[[i]])
names(marg.lst) <- as.factor(c(1,2,3))
pp <- data.frame(do.call(rbind, marg.lst))
pp$method <- rep(names(marg.lst), times = sapply(marg.lst, nrow))
```

```
library(ggplot2)
ggplot(pp, aes(x = x, y = y, linetype = method)) +
  geom_line(show.legend = FALSE) + ylab("density") + xlab("") +
  theme_bw(base_size = 20)
```

我们看一下超参数估计的表现. 图 2.2 右图中实线是 ρ 的边际后验分布和使用默认的免积分方法得到的边际标准差的估计. 注意 $\rho = 0.8$, 边际标准差为

```
marg.prec <- prec*(1 - rho^2)
(marg.sd <- 1/sqrt(marg.prec))
```

[1] 0.5270463

正如我们所看到的, 估计的密度曲线围绕着真实的参数. 此外可使用网格法, 以获得更准确的估计:

```
res.hyper <- inla.hyperpar(result.sla)
```

结果为图 2.2 右图中的点线, 与实曲线相比, 在整体形状不变的情况下, 不确定性略有增加. 此图由以下代码得到:

```
library(brinla)
p1 <- bri.hyperpar.plot(result.la)
p2 <- bri.hyperpar.plot(res.hyper)
pp <- rbind(p1, p2)
pp$method <- as.factor(c(rep(1, dim(p1)[1]), rep(2, dim(p2)[1])))
ggplot(pp, aes(x = x, y = y, linetype = method)) +
  geom_line(show.legend = FALSE) +
  facet_wrap(~parameter, scales = "free") + ylab("density") + xlab("") +
  theme_bw(base_size = 20)
```

2.4　INLA 问题

再现性: INLA 是一种计算密集型的方法, 因此我们希望充分利用现有的硬件. 大多数现代计算机都有多个内核. 在标准操作中, INLA 利用了 OpenMP 多处理接口. 从理论上讲, 这可以将计算时间以内核数的倍数减少. 在实际中, 这种改进并没有那么多, 但对于密集型计算来说还是很受欢迎的. 不幸的是, 这种速度的提高会伴随着一个不必要的副作用. 由于 OpenMP 的内在性质, 在重复运行中会观察到计算的微小变化. 在重复运行中, 人们不会太在意比如说统计数字的小数点后第七位的变化, 但有时这种变化会比预期大. 一些计算对初始值的影响很敏感, 因此这些影响会被放大到一个更明显的程度. 即便如此, 本书建议用户不用过于担心, 因为这种不可避免存在的变化比参数和

模型的不确定性要小得多. 有时, 统计结果显示了多位有效数字, 造成了准确性不高的假象. 事实上, 超出第二位数或第三位数的估计很少是准确的, 因此担心这一细节是没有意义的.

这种变化与模拟方法 (如 MCMC) 产生的变化具有本质的不同. 模拟研究中的变化是巨人的, 只能随着模拟次数的增加而减少, 而 OpenMP 引起的变化要小得多. 在仿真研究中, 可以通过设置随机数发生器的种子来确保再现性, 该种子的设定与问题无关.

有时需要精确的再现性. 其他人可能会坚持这样做, 或者您可能希望在以后调试或软件版本更新时检查您的计算是否有其他变化. 您可以通过使用 inla() 中的选项 num.threads = 1 来实现, 这迫使计算机使用单个处理器并确保再现性. 请注意, 在不同的硬件上重复计算并不一定会得到完全相同的结果. 还要明白, 单线程和多线程的结果同样好, 因此除了再现性之外, 单线程的结果没有任何优势.

本书使用默认的多线程处理方法, 这意味着如果您运行相同的命令, 您可能会得到略微不同的结果. INLA 方法是一种近似方法, 它能够以更长的计算时间为代价来提高精度, 我们认为这种权衡是合理的. 基于类似的理由, 我们愿用再现性换取更快的计算速度.

近似精度: 数值积分需要很多关于位置和函数求值的选择. 优化还需要许多关于初始值、迭代步长、终止标准等方面的选择. 我们可以通过调整控制这些积分和优化的参数来提高计算的准确性, 但只能以花费更多的计算时间为代价. 您可以通过以下命令看到更多的参数:

```
inla.set.control.inla.default()
```

如果您关心近似的准确性, 您可以在调用 inla() 时尝试以下选项:

```
inla(..., control.inla = list(strategy = "laplace",
int.strategy = "grid", dz=0.1, diff.logdens=20), num.threads=1)
```

这将使用更精细的网格和更精确的积分策略. 如果调用 inla() 的默认设置使得计算很快, 使用上述高级计算则需要额外的时间. 在本书的其余部分中, 除非有特殊原因, 否则将使用默认设置.

失败: 任何统计过程都可能失败. 对于简单成熟的方法, 我们对失败的模式和迹象是比较熟悉的. 对于更复杂的方法, 如 INLA, 可能出错的地方更多, 问题的诊断也更困难.

最直接的失败形式是在指定 INLA 命令时出现语法错误. 就像 R 中的情况一样, 错误消息并不能帮我们指明错误的根本原因, 因为它仅报告当前直接的错误原因, 而不是根本的错误原因. 在这种情况下, 一般的建议是在互联网中搜索错误信息中的关键词, 您可能不是第一个犯这种错误的人, 在 INLA 网站上可以查看 INLA 的帮助页面和常见问题解答. 您还可以通过搜索 INLA 网站上的邮件列表获得有用帮助.

当 INLA 命令是正确的, 但依然出现错误导致程序终止时, 就会发生下一级别的错

误. 同样, 错误消息报告了程序在终止前的直接错误, 但问题的真正根源可能在于模型
的设置或使用的数据. 通过在 inla() 指定参数 verbose=TRUE , 您可以获得关于 INLA
计算过程的更多信息, 它可能帮您指向错误的根源. 在某些情况下, 错误是由于没有足
够的数据来估计所选择的模型导致的. 例如, 仅用一个观测值来估计方差是相当不现实
的. 另外可以考虑模型的参数, 以及数据是否足够丰富来估计这些参数. 在某些情况下,
可以通过指定信息更丰富的先验来拟合模型. 如果数据不充分, 则需要做出更有力的假
设来改善模型拟合效果.

模型简化是一种具有启发性的调试策略, 通过删除协变量或随机效应等来降低模型
的复杂性. 如果您能够拟合一个更简单的模型, 那么您就可以将出现问题的根源缩小
到模型的某个特征. 对于非常复杂的问题, 您应该尝试数据的一个小子样, 以查看问题
是否是由数据集的大小引起的. 事实上, 对于大型数据集和复杂模型, 我们可能会启动
INLA, 并不耐烦地等待一个似乎永远不会到来的答案. 以较小的数据集和/或模型开始,
这样您就可以对更大的问题需要多长时间有一个现实的预期, 这是一个很好的方法. 个
人电脑可能不能胜任这项工作, 但一台更大的机器可以完成这项工作.

当 INLA 成功地运行并返回一个结果, 但这个答案是错误的, 就会出现一种更隐蔽
的失败形式. INLA 方法需要潜在场的全条件密度接近高斯分布. 这通常是通过重复或
从 GMRF 先验的借力/平滑来实现的. 下面给出一个不满足这一要求的简单示例. 假定
y_i 服从伯努利分布, 成功概率为 $p_i = e^{\eta_i}/(1 + e^{\eta_i})$, 并假设 $\eta_i \sim N(\mu, \sigma^2)$ 独立, 其中
$\mu = \sigma^2 = 1$, 此数据模拟如下:

```
set.seed(1)
n <- 100
u <- rnorm(n)
eta <- 1 + u
p <- exp(eta)/(1+exp(eta))
y <- rbinom(n, size = 1, prob = p)
```

对于每一个二元观测值, 都存在一个均值和方差未知的独立同分布的高斯随机效应. 由
于缺乏平滑、借力或重复, η_i 的全条件密度并不接近高斯分布. 这种情况下 INLA 会低
估 σ^2:

```
data <- data.frame(y = y, x = 1:n)
result <- inla(y ~ 1 + f(x, model = "iid"), data = data,
               family = "binomial", Ntrials = 1)
round(bri.hyperpar.summary(result), 4)
```

```
          mean      sd q0.025   q0.5 q0.975   mode
SD for x 0.012 0.0124 0.0036 0.0084 0.0431 0.0057
```

我们看到 σ 的后验均值是 0.012, 比它的真实值 1 小得多. 然而, η_i 的均值的估计是合

理的:

```
round(result$summary.fixed, 4)
```

	mean	sd	0.025quant	0.5quant	0.975quant	mode	kld
(Intercept)	0.9947	0.2253	0.5649	0.9903	1.4499	0.9813	0

在上述例子中, INLA 未能成功估计方差的主要原因是它没有满足拉普拉斯近似渐近有效性的通用假设 (渐近结果的详细信息见 Rue 等, 2009). 随机效应的独立性使得有效参数 (Spiegelhalter 等, 2002) 的数量与数据点的数量是同阶的, 对于像此例的具有大量有效参数的模型缺乏强渐近结果. 此外, 这里模拟的数据对参数 (似然函数的形状) 提供的信息很少. 对于单个 $y_i = 1$, 对数似然关于 η_i 是递增的, 对于 η_i 很大的值会变得非常平坦, 这一事实使得推断更加困难 (Ferkingstad 和 Rue, 2015).

在这个模拟示例中, 我们的优势在于对问题的根源了如指掌, 因为能够将 INLA 结果与已知的真值进行比较. 在实际的例子中, 我们不能将结果与真值相比较, 因为它是未知的, 甚至是不可知的. 然而, 我们可以采取一些措施来增强对结果有效性的信心.

如若可能, 我们建议计算最大似然估计 (MLE). 对于本文所考虑的模型, 我们可以通过一个 R 命令或软件包来轻松获得 MLE, 我们对所提供的一些例子也给出了 MLE. 我们可比较 MLE 和由 INLA 输出的后验众数. MLE 是基于极大值的, 其类似于后验众数而不是中位数或均值. 理论上并没有要求二者必须相同, 但对于平坦先验, 最大后验估计 (maximum a posteriori, MAP) (即后验众数) 和 MLE 会很接近. 如果有更多的先验信息, 二者将会有较大的差异. 相似的结果会增加我们对 INLA 结果的信心. 如果有一些差异, 我们可以尝试解释发生该问题的原因. INLA 是基于贝叶斯推断的, 而最大似然估计提供频率学派的结论. 计算 MLE 只是为了验证 INLA 结果. 后续, 我们计划继续使用 INLA 进行推断.

我们也可以使用基于 MCMC 的方法, 如 BUGS, JAGS 或 STAN 来推断这个模型, 但这将需要更多的编程工作. 此外, 它的计算时间将大大延长 (或者遇到失败的极端情况). 为避免这种麻烦, 我们首先使用 INLA 而不是基于 MCMC 的方法. 即便如此, 如果结果足够重要, 我们需要保证其有效性, 那么这也是该付出的代价. 对于刚开始使用 MCMC 的用户, 我们提供同样的建议——用 INLA 检查结果.

模拟是验证结果的另一个策略. 用已知的参数从模型中模拟数据, 并检查 INLA 是否能够匹配这些已知的值. 简化模型或减少数据量大小可有效地做到这一点, 上面的例子简单地演示了如何做到这一点. 您还会发现, INLA 帮助页面上的示例就是使用模拟数据来演示这些方法的. 模拟可以为结果提供额外的保证, 但它不是万无一失的. 除非能负担得起大量的重复运算, 否则抽样会有一些可变性, 真实的参数可能与模拟有很大的不同.

与任何统计模型一样, 数据可能是从一个与使用的模型完全不同的模型生成的, 在这种情况下, 不能说 INLA 失败了, 但其结果会具有误导性. 诊断方法可以帮助检查出此类模型错误, 并给出改进的模型, 本书讨论了许多模型诊断方法. 但是与相应的频率模型相比, 贝叶斯模型的诊断程序还处于发展中. 这部分地是由于一些贝叶斯学者在观念上不愿进行模型诊断. 然而, 本书建议您通过任何可用的手段检查模型.

希望这一节没有妨碍您使用 INLA, 我们这里给的建议适用于任何复杂的统计推断程序, 这是您必须要付出的代价.

2.5   扩展

边际似然近似

边际似然 $p(\boldsymbol{y})$ 对于模型的比较非常有用. 例如, 贝叶斯因子定义为两个竞争模型的边际似然之比; 偏差信息准则 (deviance information criterion, DIC) 也涉及这种似然 (见 1.6 节). 基于表达式 (2.4), $p(\boldsymbol{y})$ 的一个直观近似为

$$\tilde{p}(\boldsymbol{y}) = \int \left.\frac{p(\boldsymbol{\eta}, \boldsymbol{\theta} \mid \boldsymbol{y})}{\tilde{p}(\boldsymbol{\eta} \mid \boldsymbol{\theta}, \boldsymbol{y})}\right|_{\boldsymbol{\eta}=\boldsymbol{\eta}^*(\boldsymbol{\theta})} d\boldsymbol{\theta}.$$

这实际上是 $\tilde{p}(\boldsymbol{\theta}|\boldsymbol{y})$ 的正则化常数. 这种近似也适用于非高斯分布, 因为它以 "非参数" 的方式处理 $\tilde{p}(\boldsymbol{\theta}|\boldsymbol{y})$. 但是, 如果 $\boldsymbol{\theta}$ 的边际后验分布是多峰的, 那么该方法可能会失败. 这种方法并不限定于边际似然的评估, 但一般适用于 INLA 方法. 幸运的是, 潜在高斯模型几乎总是产生单峰后验分布 (Rue 等, 2009).

模型选择

为了比较不同的模型, INLA 提供了两个准则: 偏差信息准则 (DIC) (Spiegelhalter 等, 2002) 和 Watanabe 赤池信息准则 (Watanabe Akaike information criterion, WAIC) (Gelman, Hwang 等, 2014) (更多细节见 1.5 节).

DIC 依赖于定义为 $-2\log(p(\boldsymbol{y}))$ 的偏差. 我们需要计算它的后验期望并在后验期望处评估它. 虽然这看起来很奇怪, 但是我们是在 $\boldsymbol{\eta}$ 的后验均值和 $\boldsymbol{\theta}$ 的后验众数处评估偏差, 而不是在所有参数的后验均值处评估偏差. 因为 $\boldsymbol{\theta}$ 的边际后验可能是高度有偏的, 这使得后验期望不能很好地代表位置. WAIC 也使用相同的方式计算.

为了计算这两个准则下的值, 我们需要在 inla() 中添加以下参数:

```
result <- inla(..., control.compute = list(dic = TRUE, waic = TRUE))
```

然后通过 result$dic 和 result$waic 获得相应的值.

模型检验

对于模型检验, INLA 提供了两种基于留一法 (leave-one-out) 的预测度量——条件预测坐标 (conditional predictive ordinate, CPO) 和概率积分变换 (probability integral transform, PIT) (见 1.4 节). 这两个度量都是在给定其他观测值的情况下, 根据观测值

y_i 的条件预测分布计算的, 即 $p(y_i|\boldsymbol{y}_{-i})$. 我们可简单地估计这个量, 而不是反复拟合这个模型 n 次. 当从数据中删除 y_i 时, η_i 和 $\boldsymbol{\theta}$ 的边际分布会改变:

$$p(\eta_i \mid \boldsymbol{y}_{-i}, \boldsymbol{\theta}) \propto p(\eta_i \mid \boldsymbol{y}, \boldsymbol{\theta})/p(y_i \mid \eta_i, \boldsymbol{\theta}),$$
$$p(\boldsymbol{\theta} \mid \boldsymbol{y}_{-i}) \propto p(\boldsymbol{\theta} \mid \boldsymbol{y})/p(y_i \mid \boldsymbol{y}_{-i}, \boldsymbol{\theta}),$$

这里需要计算一维积分:

$$p(y_i \mid \boldsymbol{y}_{-i}, \boldsymbol{\theta}) = \int p(y_i \mid \eta_i, \boldsymbol{\theta})p(\eta_i \mid \boldsymbol{y}_{-i}, \boldsymbol{\theta})d\eta_i.$$

使用和公式 (2.3a) 中同样的方法从 $p(y_i \mid \boldsymbol{y}_{-i}, \boldsymbol{\theta})$ 积分掉 $\boldsymbol{\theta}$. 给定边际近似 $\tilde{p}(y_i|\boldsymbol{y}_{-i})$, 就可以计算每个观测值处的 CPO 和 PIT 统计量. 为了计算这两个量, 我们需要给 inla() 添加一个参数, 如下所示:

```
result <- inla(..., control.compute = list(cpo = TRUE), ...)
```

然后, 从 resultcpocpo 和 resultcpopit 中获得相应的值.

CPO/PIT 度量是用固定的积分点来计算的, 因此可以考虑通过增加参数来提高网格积分的精度:

```
inla(..., control.inla = list(int.strategy="grid", diff.logdens=4))
```

在某些情况下, 边际分布的尾部行为对于 CPO/PIT 计算是很重要的. 因此, 最好使用拉普拉斯近似方法来提高尾部的精度, 即

```
inla(..., control.inla = list(strategy = "laplace", npoints = 21))
```

这里添加了更多的评估点 npoints = 21, 而不是默认的 9 个.

我们还要意识到 INLA 程序中有一些隐含的假设, 在计算 CPO/PIT 时, 会对这些假设进行内部检查. 检查结果储存在 resultcpofailure 中. 对于第 i 个观测值, 如果 resultcpofailure[i] > 0, 那么假设将不成立. 该值越大 (最大值为 1) 问题越严重. 因此必须重新手动计算假设不成立的观测值处的 CPO/PIT, 做法是从数据集中删除对应的 "y[i]"、拟合模型再预测 "y[i]". 幸运的是, 在 INLA 中我们可以使用 inla.cpo(result) 有效地实现这一点并返回改进的估计.

在实际中, 我们应该始终关注 CPO/PIT 值异常小的情况, 不管它们是否违反了假设. 这是因为用这些度量的有效性取决于尾部行为, 而 INLA 很难估计它. 因此, 本书建议总是通过把 resultcpofailure 值设为 1 来验证最小的度量值是否被正确估计, 然后用 inla.cpo() 重新估计, 特别是怀疑有离群点时.

潜在场的线性组合

有时, 我们感兴趣的不仅仅是潜在场中元素的边际后验分布, 还有可能是这些元素的线性组合. 这样的线性组合可以写成 $\boldsymbol{v} = \boldsymbol{A}\boldsymbol{\eta}$, 其中 $\boldsymbol{A}$ 是一个 $k \times n$ 矩阵, k 为线

性组合的个数, n 是潜在场 $\boldsymbol{\eta}$ 的大小. 例如, 我们可能会对联合分布 $\boldsymbol{v} = (\eta_1, \eta_2)^T$ 感兴趣, 而相应的 $\boldsymbol{A}$ 是一个只有非零元素 $\boldsymbol{A}[1,1] = \boldsymbol{A}[2,2] = 1$ 的 $2 \times n$ 的矩阵. 函数 `inla.make.lincomb()` 和 `inla.make.lincombs()` 分别用于定义一个线性组合和多个线性组合. 然后, 通过 `inla()` 中的 `lincomb` 参数添加想要的线性组合.

INLA 提供了两种处理 $\boldsymbol{v}$ 的方法. 第一种方法是创造一个扩展的潜在场 $\tilde{\boldsymbol{\eta}} = (\boldsymbol{\eta}, \boldsymbol{v})$, 然后使用 2.3 节中讨论的高斯、拉普拉斯或简化拉普拉斯近似拟合扩展的模型. 因此对 $\tilde{\boldsymbol{\eta}}$ 的每个元素, 包括线性组合 $\boldsymbol{v}$, 都有边际后验分布. 这种方法的缺点是许多线性组合的添加将产生更稠密的精度矩阵, 从而降低了计算速度. 要实现这种方法, 需要以下参数:

```
inla(..., control.inla = list(lincomb.derived.only = FALSE), ...)
```

在第二种方法中, $\boldsymbol{v}$ 不包括在潜在场中, 但要进行 INLA 输出的后处理, 条件分布 $\boldsymbol{v}|\boldsymbol{\theta}, \boldsymbol{y}$ 由均值为 $\boldsymbol{A}\tilde{\boldsymbol{\mu}}$、协方差为 $\boldsymbol{A}\tilde{\boldsymbol{Q}}^{-1}\boldsymbol{A}^T$ 的高斯分布近似, 其中 $\tilde{\boldsymbol{\mu}}$ 是针对 $p(\eta_i|\boldsymbol{\theta}, \boldsymbol{y})$ 的最优边际近似 (即高斯近似、简化拉普拉斯近似和拉普拉斯近似) 的均值, $\tilde{\boldsymbol{Q}}$ 是式 (2.5) 呈现的高斯近似 $\tilde{p}(\boldsymbol{\eta}|\boldsymbol{\theta}, \boldsymbol{y})$ 的精度矩阵. 然后, 类似于公式 (2.3a) 从 $p(\boldsymbol{v}|\boldsymbol{\theta}, \boldsymbol{y})$ 近似中将 $\boldsymbol{\theta}$ 积掉. 这种方法的优点是不会扩大潜在场, 近似速度更快. 因此, 这也成了 INLA 中的默认方法, 但第一种方法可以获得更精确的近似.

当使用速度更快的方法时, 可以选择使用如下的选项计算所有线性组合之间的后验相关矩阵:

```
inla(..., control.inla = list(lincomb.derived.correlation.matrix
        = TRUE), ...)
```

例如, 可以使用这个相关矩阵建立一个高斯 copula 来近似潜在场中某些分量的联合密度, 更多讨论见 Rue 等 (2009).

第 3 章

贝叶斯线性回归

线性回归是对因变量 (或响应变量) 和一个或多个解释变量 (或自变量) 之间的关系建模的最常见的统计方法之一, 它研究变量之间的可加线性关系. 它是第一种被严格研究的回归分析方法, 并且已经成为无数教科书的主题 (Chatterjee 和 Hadi, 2015). 与本书后面章节中描述的一些更现代的统计回归技术相比, 尽管它看似简单, 但在实际应用中, 线性回归仍是最有用和最强大的工具之一. 这一章可以作为学习后续章节中更复杂的建模方法的一个很好的起点. 对标准线性回归有深刻的理解是很重要的, 因为许多先进的回归技术可看作它的一般化或扩展.

3.1 引言

令

$$\{x_{i1}, \ldots, x_{ip}, y_i\}, \quad i = 1, \ldots, n$$

表示 n 个观测单元, 其中每个观测单元由 p 维的预测变量 $(x_1, \ldots, x_p)$ 和响应变量 y 组成. 多元线性回归模型的形式为

$$y_i = \beta_0 + \beta_1 x_{i1} + \cdots + \beta_p x_{ip} + \varepsilon_i. \tag{3.1}$$

在线性模型 (3.1) 中, y 和 $(x_1, \ldots, x_p)$ 的关系用线性预测函数 $\mu = \beta_0 + \beta_1 x_1 + \cdots + \beta_p x_p$ 和扰动项或误差变量 ε 来建模. 未知模型参数 $(\beta_0, \beta_1, \ldots, \beta_p)$ 由数据估计. 当 $p = 1$ 时, 模型成为简单的线性回归. 线性是关于未知参数的, 有时预测函数包含一个预测变量的非线性函数. 例如, 三次多项式回归表示为 $y_i = \beta_0 + \beta_1 x_i + \beta_2 x_i^2 + \beta_3 x_i^3 + \varepsilon_i$. 该模型保持线性, 因为它在参数向量上是线性的.

线性模型 (3.1) 可用矩阵表示为

$$\boldsymbol{y} = \boldsymbol{X}\boldsymbol{\beta} + \boldsymbol{\varepsilon}, \tag{3.2}$$

其中

$$
\boldsymbol{y} = \begin{bmatrix} y_1 \\ y_2 \\ \vdots \\ y_n \end{bmatrix}, \quad \boldsymbol{X} = \begin{bmatrix} 1 & x_{11} & \cdots & x_{1p} \\ 1 & x_{21} & \cdots & x_{2p} \\ \vdots & \vdots & & \vdots \\ 1 & x_{n1} & \cdots & x_{np} \end{bmatrix}, \quad \boldsymbol{\beta} = \begin{bmatrix} \beta_0 \\ \beta_1 \\ \vdots \\ \beta_p \end{bmatrix}, \quad \boldsymbol{\varepsilon} = \begin{bmatrix} \varepsilon_1 \\ \varepsilon_2 \\ \vdots \\ \varepsilon_n \end{bmatrix}.
$$

首先假设误差是独立的且服从均值为零、方差不变的正态分布, 即 (3.2) 中的误差项 $\boldsymbol{\varepsilon} \sim N(0, \sigma^2 \boldsymbol{I})$, 方差 σ^2 未知.

在频率学派的统计学中, 可以使用最大似然估计 (MLE) 或最小二乘法估计参数. 具体来说, 模型 (3.2) 的似然函数为

$$
L(\boldsymbol{\beta}, \sigma^2 | \boldsymbol{X}, \boldsymbol{y}) = \left(\frac{1}{\sqrt{2\pi}\sigma} \right)^n \exp\left[-\frac{1}{2\sigma^2} (\boldsymbol{y} - \boldsymbol{X}\boldsymbol{\beta})^T (\boldsymbol{y} - \boldsymbol{X}\boldsymbol{\beta}) \right], \tag{3.3}
$$

由此得到得分方程

$$
S_1(\boldsymbol{\beta}, \sigma^2) = \frac{\partial \log L}{\partial \boldsymbol{\beta}} = -\frac{1}{2\sigma^2} \boldsymbol{X}^T (\boldsymbol{y} - \boldsymbol{X}\boldsymbol{\beta}), \tag{3.4}
$$

$$
S_2(\boldsymbol{\beta}, \sigma^2) = \frac{\partial \log L}{\partial \sigma} = -\frac{n}{\sigma} + \frac{1}{2\sigma^3} (\boldsymbol{y} - \boldsymbol{X}\boldsymbol{\beta})^T (\boldsymbol{y} - \boldsymbol{X}\boldsymbol{\beta}). \tag{3.5}
$$

假定 $\boldsymbol{X}^T \boldsymbol{X}$ 是满秩的并令 (3.4) 和 (3.5) 等于 0, 我们得到最大似然估计

$$
\hat{\boldsymbol{\beta}} = (\boldsymbol{X}^T \boldsymbol{X})^{-1} \boldsymbol{X}^T \boldsymbol{y} \tag{3.6}
$$

和

$$
\hat{\sigma}^2 = \frac{1}{n} (\boldsymbol{y} - \boldsymbol{X}\hat{\boldsymbol{\beta}})^T (\boldsymbol{y} - \boldsymbol{X}\hat{\boldsymbol{\beta}}). \tag{3.7}
$$

注意到 $\hat{\boldsymbol{\beta}}$ 是 $\boldsymbol{\beta}$ 的无偏估计, $\boldsymbol{\beta}$ 的最小二乘估计也为 $\hat{\boldsymbol{\beta}}$ (Chatterjee 和 Hadi, 2015). 然而, $\hat{\sigma}^2$ 不是 σ^2 的无偏估计, σ^2 更常用的是无偏估计

$$
S^2 = \frac{1}{n - p - 1} (\boldsymbol{y} - \boldsymbol{X}\hat{\boldsymbol{\beta}})^T (\boldsymbol{y} - \boldsymbol{X}\hat{\boldsymbol{\beta}}).
$$

3.2　线性回归的贝叶斯推断

现在考虑模型 (3.2) 的贝叶斯推断. 在贝叶斯分析中, 方差参数的倒数起着重要的作用, 称为精度, $\tau = \sigma^{-2}$. 我们将使用精度 τ 来描述分布. 基于模型的假设, 我们有

$$
\boldsymbol{y} | \boldsymbol{\beta}, \tau \sim N(\boldsymbol{X}\boldsymbol{\beta}, \tau^{-1} \boldsymbol{I}).
$$

进一步假设 $\boldsymbol{\beta}$ 和 τ 是独立的, 因此, 未知参数的联合后验分布为

$$\pi(\boldsymbol{\beta}, \tau | \boldsymbol{X}, \boldsymbol{y}) \propto L(\boldsymbol{\beta}, \tau | \boldsymbol{X}, \boldsymbol{y}) p(\boldsymbol{\beta}) p(\tau),$$

其中 $p(\boldsymbol{\beta})$ 和 $p(\tau)$ 是参数 $\boldsymbol{\beta}$ 和 τ 的先验. $\boldsymbol{\beta}$ 和 τ 的后验分布仅在某些特定先验分布下具有解析形式.

贝叶斯分析中的一个重要问题是先验分布的设置. 如果有关参数的先验信息是可用的, 则我们应将其纳入先验分布. 如果我们没有先验信息, 我们希望一个先验分布能够保证对推断的影响最小. 无信息先验分布一直很吸引人, 因为许多实际应用中缺乏参数信息, 例如 $p(\boldsymbol{\beta}) \propto 1$. 然而, 无信息先验的主要缺点是它对于参数的变换不是不变的. 更多讨论见附录 B, 更多有关先验分布选择的全面讨论见 Gelman, Carlin 等 (2014).

在 INLA 中, 假设模型是一个潜在高斯模型, 也就是我们必须设置 $\boldsymbol{\beta}$ 服从高斯先验. 对于超参数 τ, 通常假设一个扩散先验 (diffuse prior), 即一个具有极大方差的概率分布. $\boldsymbol{\beta}$ 和 τ 的典型先验分布是

$$\boldsymbol{\beta} \sim N_{p+1}(\boldsymbol{c}_0, \boldsymbol{V}_0), \quad \tau \sim \Gamma(a_0, b_0).$$

这里 $\boldsymbol{\beta}$ 的先验为一个 $p+1$ 维多元正态分布, 其中 $\boldsymbol{c}_0$ 和 $\boldsymbol{V}_0$ 已知. 通常假设 $\boldsymbol{V}_0$ 是对角线矩阵, 这相当于在回归系数上指定单变量正态先验. 精度 τ 服从已知形状参数 a_0 和已知比率参数 b_0 (即均值为 a_0/b_0, 方差为 a_0/b_0^2) 的伽马分布. 在线性回归中, 伽马分布是 τ 的条件共轭先验, 因为条件后验分布 $p(\tau | \boldsymbol{X}, \boldsymbol{y})$ 也是伽马分布.

尽管在这些先验下后验难以处理, 但构造一个分组 Gibbs 抽样算法是容易的, 并且可通过 MCMC 方法来实现 (Gelman, Carlin 等, 2014). 具体来说, 该算法在两个条件分布之间迭代:

$$\begin{cases} \pi(\boldsymbol{\beta} | \boldsymbol{X}, \boldsymbol{y}, \tau) \propto L(\boldsymbol{\beta}, \tau | \boldsymbol{X}, \boldsymbol{y}) p(\boldsymbol{\beta}), \\ \pi(\tau | \boldsymbol{X}, \boldsymbol{y}, \boldsymbol{\beta}) \propto L(\boldsymbol{\beta}, \tau | \boldsymbol{X}, \boldsymbol{y}) p(\tau). \end{cases}$$

与 MCMC 模拟不同, INLA 方法提供了参数边际后验分布的近似, 估计精度高且计算速度快 (Rue 等, 2009). 在 INLA 中, 边际后验分布 $\pi(\tau | \boldsymbol{X}, \boldsymbol{y})$ 可近似为

$$\tilde{\pi}(\tau | \boldsymbol{X}, \boldsymbol{y}) \propto \left. \frac{\pi(\boldsymbol{\beta}, \tau, \boldsymbol{X}, \boldsymbol{y})}{\tilde{\pi}(\boldsymbol{\beta} | \tau, \boldsymbol{X}, \boldsymbol{y})} \right|_{\boldsymbol{\beta} = \boldsymbol{\beta}^*(\tau)}, \tag{3.8}$$

对于给定的 τ, 它是 $\boldsymbol{\beta}$ 的满条件分布的高斯近似在众数 $\boldsymbol{\beta}^*(\tau)$ 处的值. 表达式 (3.8) 等价于边际后验分布的拉普拉斯近似 (Tierney 和 Kadane, 1986), 当 $\pi(\boldsymbol{\beta} | \tau, \boldsymbol{X}, \boldsymbol{y})$ 为高斯分布时, 该近似是精确的.

模型参数的边际后验 $\tilde{\pi}(\beta_j | \tau, \boldsymbol{X}, \boldsymbol{y})$, $j = 0, 1, \ldots, p$ 就可通过数值积分近似为:

$$\begin{aligned} \tilde{\pi}(\beta_j | \boldsymbol{X}, \boldsymbol{y}) &= \int \tilde{\pi}(\beta_j | \tau, \boldsymbol{X}, \boldsymbol{y}) \tilde{\pi}(\tau | \boldsymbol{X}, \boldsymbol{y}) d\tau \\ &\approx \sum_k \tilde{\pi}(\beta_j | \tau_k, \boldsymbol{X}, \boldsymbol{y}) \tilde{\pi}(\tau_k | \boldsymbol{X}, \boldsymbol{y}) \Delta_k, \end{aligned}$$

其中求和号是关于 τ 的值求和, Δ_k 为面积权重. 更多的技术细节请参阅第 2 章.

我们可用基于 INLA 的近似后验计算感兴趣的汇总统计量, 如后验均值、方差和分位数. 作为计算副产品, INLA 还能计算其他感兴趣的量, 如偏差信息准则 (DIC)、边际似然等, 这些对比较和验证模型非常有用.

我们来看一个用多元线性回归分析来分析空气污染的例子. 该例中的数据集在 Everitt (2006) 讨论过, 它共收集了美国 41 个城市的空气污染数据. 表 3.1 列出了该数据包含的变量及其描述. 在这个研究中, SO2 水平是因变量, 其他六个变量作为潜在的解释变量. 在这些潜在的预测变量中, 有两个与人类活动相关的量 (pop, manuf), 另外有四个与气候相关的量 (negtemp, wind, precip, days). 注意, 变量 negtemp 表示年平均温度的负值. 在这里使用负值是因为所有变量都是这样的, 高的值代表较恶劣的环境.

表 3.1　空气污染数据中变量的描述.

变量名	描述	代码/值
SO2	空气中二氧化硫的含量	微克每立方米
negtemp	年平均温度的负值	华氏温度
manuf	雇用超过 20 个工人的制造业企业数	整数
pop	以千为单位的人口 (1970 年的人口普查)	数量
wind	年平均风速	英里每小时
precip	年平均降水量	英寸
days	每年的降水天数	整数

在对数据进行回归分析之前, 以某种方式绘制数据图是很有用的, 以了解它们的总体结构. 图 3.1 中上三角为所有变量的散点图, 下三角显示相关系数, 主对角线上是各变量的非参数核密度图. 这个图是用下面的 R 代码绘制的[1]

```
library(ggplot2, GGally)
data(usair, package = "brinla")
pairs.chart <- ggpairs(usair[,-1], lower = list(continuous = "cor"),
                                    combo = "dot") +
  ggplot2::theme(axis.text = element_text(size = 6))
pairs.chart
```

图 3.1 表明 manuf 和 pop 高度相关, 检查它们的样本相关性, 我们发现它们的相关性高达 0.955. 这种现象被称为多重共线性, 即在多元回归模型中两个或多个预测变量是高度相关的. 在这种情况下, 回归的系数估计对数据的轻微变化和方程中增加或删除变量非常敏感. 估计的回归系数往往有较大的抽样误差, 这将影响基于模型的推断和预测(Chatterjee 和 Hadi, 2015).

---

[1]译者注: 原文中的图与代码不一致, 没有去除 SO2 一列.

为了避免多重共线性问题, 我们使用一种简单的方法, 在回归分析中只保留两个变量中的一个, manuf. 3.7 节将给出处理多重共线性更复杂的方法.

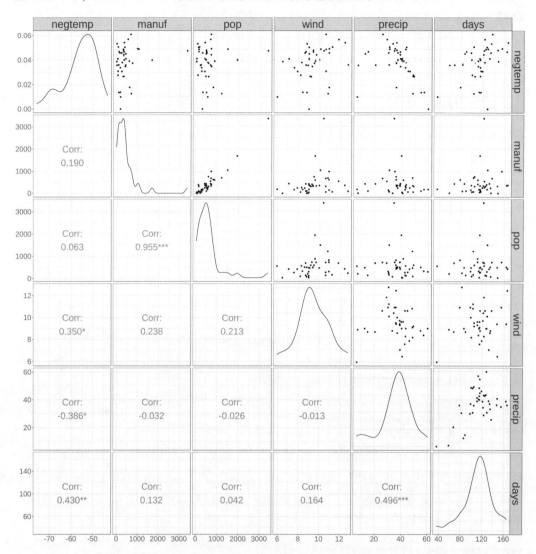

图 3.1 空气污染数据中变量的散点图矩阵: 上三角形显示散点图; 下三角形显示相关系数; 主对角线表示每个变量的非参数核密度图.

为了进行比较, 我们先用传统的最大似然法评估该模型. 我们用 negtemp, manuf, wind, precip 和 days 五个预测变量拟合一个回归模型:

```
usair.formula1 <-  SO2 ~ negtemp + manuf + wind + precip + days
usair.lm1 <- lm(usair.formula1, data = usair)
round(coef(summary(usair.lm1)), 4)
```

            Estimate Std. Error t value Pr(>|t|)

(Intercept) 135.7714	50.0610	2.7121	0.0103
negtemp 1.7714	0.6366	2.7824	0.0086
manuf 0.0256	0.0046	5.5544	0.0000
wind -3.7379	1.9444	-1.9224	0.0627
precip 0.6259	0.3885	1.6111	0.1161
days -0.0571	0.1748	-0.3265	0.7460

估计的残差标准差 $\hat{\sigma}$ 为

```
round(summary(usair.lm1)$sigma, 4)
```

[1] 15.79

该模型的结果表明, negtemp 和 manuf 是显著的预测变量, 而 wind、precip 和 days 不是显著的预测变量. 现在我们基于默认先验使用 INLA 拟合贝叶斯模型. 在 INLA 软件包中, $\beta_j, j = 0, \ldots, p$ 默认的先验为

$$\beta_j \sim N(0, 10^6), \quad j = 0, \ldots, p,$$

方差参数的先验是根据对数精度 $\log(\tau)$ 定义的, 它服从对数伽马分布

$$\log(\tau) \sim \log \Gamma(1, 10^{-5}).$$

我们使用 INLA 拟合贝叶斯线性回归, 代码如下:

```
library(INLA)
usair.inla1 <- inla(usair.formula1, data = usair,
                    control.compute = list(dic = TRUE, cpo = TRUE))
```

inla 函数返回一个对象, 名为 usair.inla1, 它有一个类 (class) 属性 inla. 这是一个列表 (list), 它包含了很多可以用 names(usair.inla1) 探索的对象. 例如, 可通过以下命令获得固定效应的汇总统计量:

```
round(usair.inla1$summary.fixed, 4)
```

	mean	sd	0.025quant	0.5quant	0.975quant	mode	kld
(Intercept)	135.4892	50.0629	36.6158	135.4955	234.1778	135.5116	0
negtemp	1.7690	0.6370	0.5111	1.7690	3.0247	1.7692	0
manuf	0.0256	0.0046	0.0165	0.0256	0.0347	0.0256	0
wind	-3.7229	1.9424	-7.5570	-3.7234	0.1080	-3.7241	0
precip	0.6249	0.3888	-0.1429	0.6249	1.3913	0.6249	0
days	-0.0567	0.1749	-0.4020	-0.0567	0.2882	-0.0567	0

同样地, 超参数的汇总统计量为:

```
round(usair.inla1$summary.hyperpar, 4)
```

	mean	sd	0.025quant	0.5quant	0.975quant	mode
Precision
for the Gaussian observations	0.0042	9e-04	0.0026	0.0042	0.0063	0.004

后验分布的汇总统计量包括后验均值和 95% 可信区间, 它们可以分别作为最大似然估计和 95% 置信区间的贝叶斯替代. 例如, `negtemp` 的系数的后验均值为 1.7690, 95% 可信区间为 (0.5111, 3.0247). 这些表明, `negtemp` 极有可能与响应变量 SO2 呈正相关关系. 与基于大样本近似假设得到的置信区间不同, 贝叶斯区间估计通常适用于小样本. 更重要的是, 贝叶斯 95% 可信区间估计具有直观的解释, 它表示有 95% 的概率包含参数真值. 这种解释优于 95% 置信区间, 后者表示重复采样中包含真实参数的置信区间占总次数的 95%.

查看 `inla` 结果的另一种简单方法是使用 `summary` 函数, 它会给出 `inla` 拟合函数返回结果默认的汇总统计量:

```
summary(usair.inla1)
```

我们在这里没有显示汇总统计量的结果, 它输出的是固定效应以及模型的超参数的后验分布的汇总统计量, 包括后验均值、标准差、四分位数等. 一些模型统计量, 如边际对数似然和模型拟合指数 DIC (当在 `inla` 中指定 `dic = TRUE` 时) 也会被输出. 用户还可以根据自己的需要, 使用 $ 符号选择性地输出特定的模型结果. 其他一些有用的信息, 例如, 固定效应参数和超参数的边际后验分布可以通过命令 `usair.inla1$marginals.fixed` 和 `usair.inla1$marginals.hyperpar` 获得.

INLA 库包括一组操控边际分布的函数. 常用的函数包括 `inla.dmarginal`, `inla.pmarginal`, `inla.qmarginal`, `inla.mmarginal` 和 `inla.emarginal`, 它们分别用于计算密度、分布、分位数函数、众数和边际期望. 函数 `inla.rmarginal` 用来产生随机数, 函数 `inla.tmarginal` 可以用来变换一个给定的边际分布. 这里我们将展示一个如何使用这些函数的示例.

默认情况下, 精度 τ 的后验汇总统计量通过 `inla` 对象获得. 然而, 我们通常对 σ 的后验均值感兴趣, 它可以用 `inla.emarginal` 得到:

```
inla.emarginal(fun = function(x) 1/sqrt(x),
               marg = usair.inla1$marginals.hyperpar$
                   `Precision for the Gaussian observations`)
```

```
[1] 15.66331
```

我们将估计得到的残差标准差与传统的最大似然法进行比较, 结果非常相似. 为了方便用户, 我们在 `brinla` 软件包中写了一个 R 函数 `bri.hyperpar.summary`, 它能以 σ 的形式生成超参数的汇总统计量:

```
library(brinla)
round(bri.hyperpar.summary(usair.inla1),4)
```

	mean	sd	q0.025	q0.5	q0.975	mode
SD for the Gaussian observations	15.6617	1.8379	12.5321	15.4871	19.759	15.1513

我们还想进一步看看 σ 的后验分布图. brinla 中的函数 bri.hyperpar.plot 可直接用来绘制该后验密度:

```
bri.hyperpar.plot(usair.inla1)
```

在图 3.2 中, 我们看到 σ 的后验分布稍微右偏.

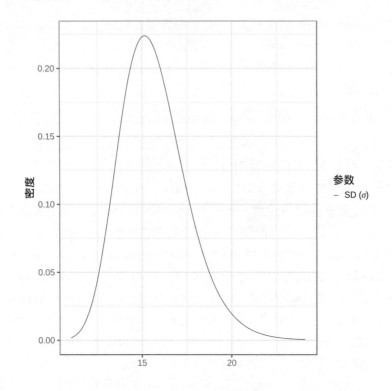

图 3.2   美国空气污染研究中参数 σ 的后验密度.

INLA 允许用户自定义回归参数的先验. 假设我们对截距项 β_0 与 negtemp 和 wind 的系数有一定的先验信息. 例如, 假设 $\beta_0 \sim N(100, 100)$, $\beta_{\text{negtemp}} \sim N(2, 1)$ 和 $\beta_{\text{wind}} \sim N(-3, 1)$. 先验的指定可通过函数 inla 中的选项 control.fixed 实现. 默认情况下, 精度参数 τ 服从扩散伽马先验. 如果我们想指定 τ 服从对数正态先验 (相当于假设 τ 的对数服从正态分布), 可以使用选项 control.family 指定:

```
usair.inla2 <- inla(usair.formula1, data = usair,
                    control.compute = list(dic = TRUE, cpo =TRUE),
```

```
                        control.fixed = list(mean.intercept = 100,
                                              prec.intercept = 10^(-2),
                                              mean = list(negtemp = 2,
                                                          wind = -3,
                                                          default =0),
                                              prec = 1),
                        control.family = list(hyper =
                              list(prec = list(prior="gaussian",
                                               param =c(0,1)))))
```

注意, 这里我们改变了截距项以及 `negtemp` 和 `wind` 的两个固定参数的先验. `mean = list(negtemp = 2, wind = -3, default = 0)` 语句使用 `list` 赋给 `negtemp` 的先验均值为 2, `wind` 的先验均值为 -3, 其余所有预测变量的其他参数的均值为 0. 如果我们有不同的精度假设, `prec` 也必须指定一个 `list`. 当然, 用户在更改先验时需要小心. 3.4 节中讨论的模型选择和检验方法可用于比较具有不同先验的模型.

3.3 预测

假设我们将回归模型应用于一组新的数据, 我们观察到解释变量构成的向量 $\tilde{\boldsymbol{x}} = (\tilde{x}_1, \tilde{x}_2, \ldots, \tilde{x}_p)^T$, 并希望预测 $\tilde{\boldsymbol{y}}$. 通常, 贝叶斯预测基于后验预测分布 $p(\tilde{\boldsymbol{y}}|\boldsymbol{y})$. 这里的 "后验" 意味着它是以观测集 $\boldsymbol{y}$ 为条件的, 而 "预测" 意味着它是对 $\tilde{\boldsymbol{y}}$ 的预测, 设 $\boldsymbol{\theta} = (\boldsymbol{\beta}, \tau)$, 我们有

$$
\begin{aligned}
p(\tilde{\boldsymbol{y}}|\boldsymbol{y}) &= \frac{p(\tilde{\boldsymbol{y}}, \boldsymbol{y})}{p(\boldsymbol{y})} = p(\boldsymbol{y})^{-1} \int p(\tilde{\boldsymbol{y}}|\boldsymbol{\theta})p(\boldsymbol{y}|\boldsymbol{\theta})p(\boldsymbol{\theta})d\boldsymbol{\theta} \\
&= p(\boldsymbol{y})^{-1} \int p(\tilde{\boldsymbol{y}}|\boldsymbol{\theta})p(\boldsymbol{\theta}|\boldsymbol{y})p(\boldsymbol{y})d\boldsymbol{\theta} \\
&= \int p(\tilde{\boldsymbol{y}}|\boldsymbol{\theta})p(\boldsymbol{\theta}|\boldsymbol{y})d\boldsymbol{\theta}.
\end{aligned}
$$

在大多数回归模型中, 后验预测分布不具有解析形式. 在传统的贝叶斯分析中, 预测可基于后验预测分布的随机模拟来完成, 即从 $p(\tilde{\boldsymbol{y}}|\boldsymbol{y})$ 随机抽取样本.

回到空气污染的例子, 假设我们有以下新的观察结果:

```
new.data <- data.frame(negtemp = c(-50, -60, -40),
                       manuf = c(150, 100, 400),
                       pop = c(200, 100, 300),
                       wind = c(6, 7, 8),
                       precip = c(10, 30, 20),
                       days = c(20, 100, 40))
```

基于 MLE 拟合方法 usair.lm1 预测 SO2 的代码如下:

```
predict(usair.lm1, new.data, se.fit = TRUE)

$fit
       1        2        3
33.72743 18.94993 55.47696


$se.fit
        1        2         3
14.936928  5.329492 17.639438


$df
[1] 35


$residual.scale
[1] 15.78998
```

R 输出包括一个预测向量 ($fit), 一个预测均值的标准误差向量 ($se.fit), 残差的自由度 ($df), 以及残差标准差 ($residual.scale).

在 INLA 包中, 没有像 lm 那样的 "predict" 函数. 然而, 我们不需要像 MCMC 方法那样基于后验预测分布进行随机模拟. 在 INLA 中, 预测可以作为模型拟合的一部分进行. 由于预测与用缺失数据拟合模型是一样的, 因此我们需要设置那些想要预测的响应变量为 "y[i] = NA". INLA 中的预测是通过以下 R 代码实现的:

```
usair.combined <- rbind(usair, data.frame(SO2 = c(NA, NA, NA), new.data))
usair.link <- c(rep(NA, nrow(usair)), rep(1, nrow(new.data)))
usair.inla1.pred <- inla(usair.formula1, data = usair.combined,
                         control.predictor = list(link = usair.link))
usair.inla1.pred$summary.fitted.values[(nrow(usair)+1):nrow(usair.
    ↪ combined),]
```

	mean	sd	0.025quant	0.5quant	0.975quant	mode
fitted.predictor.42	33.65338	14.938107	4.191079	33.65547	63.09751	33.65951
fitted.predictor.43	18.92744	5.329609	8.416159	18.92807	29.43290	18.92930
fitted.predictor.44	55.40423	17.644354	20.605306	55.40629	90.18455	55.41030

注意到我们设置了 control.predictor 选项为 control.predictor = list(link = usair.link), 如果在原始数据集中观察到相应的响应变量, 则将 usair.link 设为向量 NA, 如果相应的响应变量缺失 (并需要预测), 则设为向量 1. 结果表明, 由 INLA 方法得到的预测响应变量的汇总统计量与由 MLE 方法得到的预测结果一致.

3.4 模型选择和检验

在第 1 章中, 我们简要讨论了贝叶斯模型的模型选择和检验. 在这里, 我们详细展示如何使用美国空气污染示例在 INLA 中实现模型选择和检验.

3.4.1 基于 DIC 的模型选择

在回归分析中, 我们经常想从完整的模型中找到一个具有最佳变量子集的简化模型. 频率分析中的模型选择通常基于 Akaike 信息准则 (AIC), 这是一种基于 MLE 的准则. 对于美国空气污染数据的例子, 我们可通过 MASS 包中的 stepAIC 函数实现基于 AIC 的逐步模型选择过程:

```
library(MASS)
usair.step <- stepAIC(usair.lm1, trace = FALSE)
usair.step$anova
```

```
Stepwise Model Path
Analysis of Deviance Table


Initial Model:
SO2 ~ negtemp + manuf + wind + precip + days


Final Model:
SO2 ~ negtemp + manuf + wind + precip


    Step Df Deviance Resid. Df Resid. Dev      AIC
1                          35     8726.322 231.7816
2 - days  1 26.57448        36     8752.897 229.9063
```

结果, 变量 days 从完整的模型中删除了. 最终的简化模型包括四个预测变量, negtemp, manuf, wind 和 precip. 接下来拟合最终的简化模型:

```
usair.formula2 <- SO2 ~ negtemp + manuf + wind + precip
usair.lm2 <- lm(usair.formula2, data = usair)
round(coef(summary(usair.lm2)), 4)
```

```
            Estimate Std. Error t value Pr(>|t|)
(Intercept) 123.1183    31.2907  3.9347   0.0004
negtemp       1.6114     0.4014  4.0148   0.0003
manuf         0.0255     0.0045  5.6150   0.0000
wind         -3.6302     1.8923 -1.9184   0.0630
```

```
precip          0.5242       0.2294   2.2852     0.0283
```

在贝叶斯分析中, DIC 是 AIC 的一种泛化, 是最常用的贝叶斯模型比较指标之一, 其定义为拟合优度指标与模型复杂度指标的和 (Spiegelhalter 等, 2002). INLA 程序包函数 inla() 中的选项 dic=TRUE 用于计算模型的 DIC. 具有较小 DIC 的模型在拟合优度和模型复杂度之间提供了更好的权衡. 不幸的是, INLA 程序包中没有基于 DIC 逐步选择模型的函数. 在本例中, 整个模型中只有五个预测变量, 我们可以使用 DIC 执行一个向后消除变量的过程 (即基于 DIC 手动消除变量). 在美国空气污染研究中, 我们发现包含四个预测变量 negtemp, manuf, wind, precip 的模型的 DIC 值最小 (=348.57), 这与上面使用频率学派方法的模型选择结果是一致的:

```
usair.inla3 <- inla(usair.formula2, data = usair,
                    control.compute = list(dic = TRUE, cpo = TRUE))
round(usair.inla3$summary.fixed, 4)
```

	mean	sd	0.025quant	0.5quant	0.975quant	mode	kld
(Intercept)	122.9366	31.2837	61.1617	122.9406	184.5970	122.9507	0
negtemp	1.6102	0.4016	0.8172	1.6102	2.4019	1.6103	0
manuf	0.0255	0.0045	0.0165	0.0255	0.0344	0.0255	0
wind	-3.6168	1.8905	-7.3480	-3.6172	0.1111	-3.6179	0
precip	0.5239	0.2296	0.0706	0.5239	0.9766	0.5240	0

后面一节将讨论 cpo=TRUE 选项. 比较两个贝叶斯模型的 DIC, 我们得到后一个模型的 DIC 更小:

```
c(usair.inla1$dic$dic, usair.inla3$dic$dic)
```

[1] 350.6494 348.5703

从输出结果来看, 变量 negtemp、manuf 和 precip 的回归系数与 0 (在贝叶斯意义上) 有显著差异. 也就是说, 这些系数的 95% 可信区间不包含零, 它们有较高的后验概率与响应变量 SO2 正相关. 变量 wind 与 SO2 呈负相关. precip 的后验均值为 0.5239, 意味着在其他协变量固定的情况下, 平均年降水量每增加一英寸, 预计空气中二氧化硫含量将增加 0.5239 微克每立方米. precip 的 95% 可信区间为 (0.0706, 0.9766), 表示有 95% 的概率包含 precip 的真参数值.

3.4.2 后验预测模型检验

在统计分析中, 检验模型的拟合是至关重要的. 在贝叶斯分析中, 模型评估通常基于后验预测检查法 (posterior predictive check) 或留一法 (leave-one-out) 交叉验证预测检查法 (cross-validation predictive check) 进行. Held 等 (2010) 比较了用 MCMC 和 INLA 两种方法估计的贝叶斯模型. 贝叶斯模型后验预测检查法最初是由 Gelman 等

(1996) 提出的, 这种验证的关键概念是重复观测 y_i^* 的后验预测分布

$$p(y_i^*|\boldsymbol{y}) = \int p(y_i^*|\theta)p(\theta|\boldsymbol{y})d\theta.$$

相应的后验预测 p 值为

$$p(y_i^* \leqslant y_i|\boldsymbol{y}),$$

它是度量模型拟合优度的一个量. 极端的 p 值 ("极端" 意味着这里的 p 值非常接近 0 或 1) 可以用来识别与假设模型不同的观察值.

在 INLA 包中, 后验预测 p 值可通过 R 函数 inla.pmarginal 获得, 该函数返回由 inla 获得的边际分布函数. 下面的 R 代码生成了美国空气污染研究中简化模型的后验预测 p 值的直方图.

```
usair.inla3.pred <- inla(usair.formula2, data = usair,
                         control.predictor = list(link = 1,
                                                  compute = TRUE))
post.predicted.pval <- vector(mode = "numeric", length = nrow(usair))
for(i in (1:nrow(usair))) {
  post.predicted.pval[i] <- inla.pmarginal(q=usair$SO2[i],
      marginal = usair.inla3.pred$marginals.fitted.values[[i]])
}
hist(post.predicted.pval, main="", breaks = 10,
     xlab="Posterior predictive p-value")
```

图 3.3 表明大部分后验预测 p 值接近 0 或 1. 然而, 后验预测 p 值的一个缺点是, 即使数据来自真实的模型, 它们也不可能服从均匀的分布, 更多细节见 Hjort 等 (2006), Marshall 和 Spiegelhalter (2007). 从空气污染数据的散点图矩阵 (图 3.1) 可以看出, 响应变量 SO2 是右偏的, 预测变量 manuf 具有很大的方差, 并且包含一些离群点. 后验预测 p 值可能会受到数据特征的影响. 因此, 后验预测 p 值的直方图不是令人满意的, 我们需使用其他模型评估方法进一步检查模型.

3.4.3 交叉验证模型检验

另一个基于预测分布的方法是留一交叉验证, 使用条件预测坐标 (conditional predictive ordinate, CPO) 和概率积分变换 (probability integral transform, PIT) 两个量来评价模型的优度:

$$\text{CPO}_i = p(y_i|\boldsymbol{y}_{-i}),$$
$$\text{PIT}_i = p(y_i^* \leqslant y_i|\boldsymbol{y}_{-i}),$$

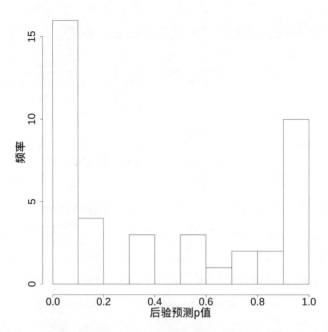

图 3.3　在美国空气污染研究中, 最终简化模型的后验预测 p 值的直方图.

其中 $\boldsymbol{y}_{-i}$ 表示观测值 $\boldsymbol{y}$ 除去第 i 个分量的子集. 注意 PIT 和后验预测 p 值的唯一区别是 PIT 是基于 $\boldsymbol{y}_{-i}$ 而不是 $\boldsymbol{y}$ 计算的.

在 INLA 中, 我们不需要就每一个观测值轮流重复运行模型来计算这两个量 (Held 等, 2010). 为了获得 CPO 和 PIT, 我们仅需简单地将参数 control.compute = list(cpo = TRUE) 添加到 inla 函数中. 例如, 在用 INLA 得到的最终简化模型的结果对象 usair.inla3 中, 可以使用命令 usair.inla3cpocpo 和 usair.inla3cpopit 找到预测的 CPO 和 PIT. Held 等 (2010) 的研究表明, 使用 INLA 计算 CPO 和 PIT 时可能会出现数值问题. INLA 程序中有潜在问题的内部检查, 显示为 usair.inla3cpofailure, 它是一个向量, 其值是 0 或 1. 当该值等于 1 时, 表示 CPO 或 PIT 的估计对于相应的观测是不可靠的. 在我们的例子中, 可以通过以下方法检查是否有问题:

```
sum(usair.inla3$cpo$failure)
```

```
[1] 0
```

因此, 在拟合 usair.inla3 中不存在 CPO 和 PIT 的计算问题. PIT 值的均匀性意味着, 预测分布与观测数据相吻合, 表明该模型拟合良好 (Diebold 等, 1998; Gneiting 等, 2007). 现在绘制 PIT 的直方图和均匀分布 Q-Q 图.

```
hist(usair.inla3$cpo$pit, main="", breaks = 10, xlab = "PIT")
qqplot(qunif(ppoints(length(usair.inla3$cpo$pit))),
       usair.inla3$cpo$pit, main = "Q-Q plot for Unif(0,1)",
```

```
        xlab = "Theoretical Quantiles", ylab = "Sample Quantiles")
qqline(usair.inla3$cpo$pit, distribution = function(p) qunif(p),
        prob = c(0.1, 0.9))
```

图 3.4 表明, PIT 的分布接近均匀分布, 说明模型可合理地拟合数据. 注意到 PIT 直方图比图 3.3 所示的后验预测直方图更接近均匀分布.

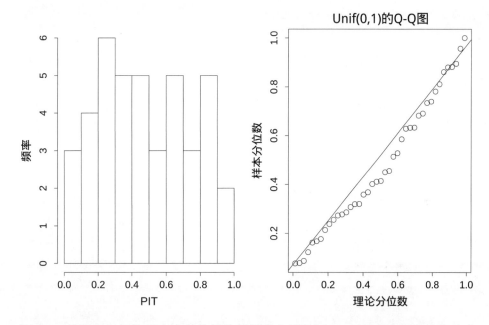

图 3.4 美国空气污染研究中最终简化模型的交叉验证 PIT 的直方图和均匀分布 Q-Q 图.

如果我们把所有 CPO 值的乘积看作 "伪边际似然", 这就给出了一个关于拟合效果的交叉验证汇总统计量. 对数伪边际似然 (log pseudo marginal likelihood, LPML) 由 Geisser 和 Eddy (1979) 提出, 公式如下,

$$\mathrm{LPML} = \log \left\{ \prod_{i=1}^{n} p(y_i | \boldsymbol{y}_{-i}) \right\} = \sum_{i=1}^{n} \log p(y_i | \boldsymbol{y}_{-i}) = \sum_{i=1}^{n} \log \mathrm{CPO}_i,$$

它通常被用作 DIC 的另一种度量方法, Draper 和 Krnjajic (2007, 4.1 节) 已经证明了 DIC 近似于近似高斯后验的 LPML. LPML 在计算上保持稳定 (Carlin 和 Louis, 2008). 与 DIC 不同, 具有更大 LPML 的模型更能得到数据的支持. 接下来计算美国空气污染研究中完整模型和简化模型的 LPML:

```
LPML1 <- sum(log(usair.inla1$cpo$cpo))
LPML3 <- sum(log(usair.inla3$cpo$cpo))
c(LPML1, LPML3)
```

[1] -176.9495 -175.6892

简化模型的 LPML 比完整模型的 LPML 大, 表明简化模型是首选. 很多时候, 我们也可以对 CPO 进行逐点比较来选择模型.

```
plot(usair.inla1$cpo$cpo, usair.inla3$cpo$cpo,
    xlab="CPO for the full model",
    ylab="CPO for the reduced model")
abline(0,1)
```

图 3.5 展示了在美国空气污染研究中, 完整模型和简化模型之间 CPO 逐点比较散点图, 同时用一条参考线标记出两个模型相等的值. 由于较大的 CPO 值表明模型拟合度较高, 因此参考线以上的点居多, 意味着简化模型较好, 这与之前使用 DIC 和 LPML 标准的结果一致.

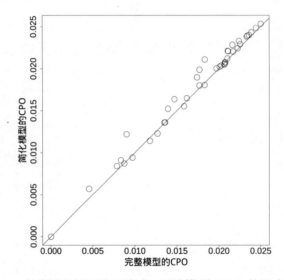

图 3.5   在美国空气污染研究中, 两种模型 CPO 的逐点比较.

3.4.4 贝叶斯残差分析

在线性回归设定下, 模型由 $y_i = \boldsymbol{x}_i^T\boldsymbol{\beta} + \varepsilon_i, i = 1, \ldots, n$ 给出. 给定一个数据点 y_i 的未知参数 $\boldsymbol{\beta}$ 和预测变量 $\boldsymbol{x}_i$, 贝叶斯残差定义为

$$r_i = \varepsilon_i(\boldsymbol{\beta}) = y_i - \boldsymbol{x}_i^T\boldsymbol{\beta}, \quad i = 1, \ldots, n. \tag{3.9}$$

贝叶斯残差有时也被称为 "实现的残差" (realized residuals), 与经典的或估计的残差 $y_i - \boldsymbol{x}_i^T\hat{\boldsymbol{\beta}}$ 相反, 后者是基于未知参数的点估计 $\hat{\boldsymbol{\beta}}$. 贝叶斯残差的先验分布为 $N(0, \sigma^2)$, 它们的后验分布可由 $\boldsymbol{\beta}$ 和 σ^2 的后验分布求得.

　　检查残差图是回归分析中模型诊断的一种常见方式. 为了得到贝叶斯残差图, 我们从 β 和 σ^2 的后验分布中产生样本, 然后将这些样本代入式 (3.9), 产生残差的后验分布的样本. 可以计算和检验 r_i 的后验均值或中位数, 将这些残差关于索引或拟合值作图, 可以检测出数据中的异常值, 也可以揭示模型假设不合理的地方, 如正态性或方差齐性假设. 将它们的平方或绝对值相加可以提供一个整体的拟合度量. 贝叶斯残差分析的早期应用见 Chaloner 和 Brant (1988). 关于这一内容的更多讨论请参见 Gelman, Carlin 等 (2014).

　　回到美国空气污染例子, 我们已经在 brinla 软件包中写了一个便于使用的函数 bri.lmresid.plot, 用于生成贝叶斯残差图. 下面的代码生成了贝叶斯残差索引图以及残差与预测变量 negtemp 的关系图:

```
bri.lmresid.plot(usair.inla2)
bri.lmresid.plot(usair.inla2, usair1$negtemp,
                 xlab = "negtemp", smooth =TRUE)
```

图 3.6 表明贝叶斯残差通常在零附近呈现随机模式. 我们发现观测值 31 似乎是一个异常值, 其贝叶斯残差高达 59.6927. 这个观测值来自普罗维登斯城, 它的二氧化硫含量为 94, 比其他所有城市都高. 在 bri.lmresid.plot 函数中参数 smooth = TRUE 的作用是在残差图上添加光滑曲线及 95% 可信区间. 此光滑曲线在 INLA 中是用二阶随机游动模型估计的, 详细讨论见第 7 章. 曲线没有表现出特殊的趋势, 说明模型假设是正确的.

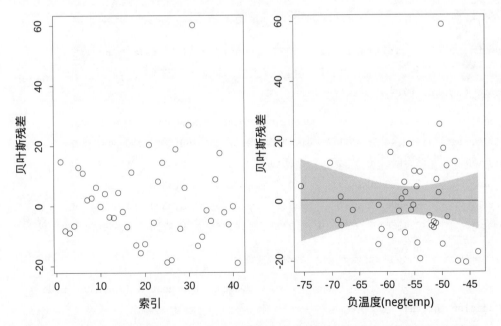

图 3.6　美国空气污染研究中的贝叶斯残差图: 左图是贝叶斯残差索引图; 右图是残差与预测变量负温度 (negtemp) 的关系图.

3.5　稳健回归

基于正态分布的统计推断通常很容易受到异常值的影响. Lange 等 (1989) 提出了具有 t 分布误差的回归模型作为传统正态模型的稳健扩展. t 回归模型为正态回归模型提供了有用的扩展, 适用于涉及厚尾的残差误差的研究, 以及数据集中存在极端点的情况.

假设响应变量 Y 服从 t 分布, 记为 $t(\mu, \sigma, \nu)$, 概率密度函数为

$$f(y|\mu,\sigma,\nu) = \frac{\nu^{\nu/2}\Gamma((\nu+1)/2)}{\sigma\sqrt{\pi}\Gamma(\nu/2)}\left\{\nu + \left(\frac{y-\mu}{\sigma}\right)^2\right\}^{-(\nu+1)/2},$$

其中 μ 是位置参数, σ 是分散参数, ν 是自由度, $\Gamma(\cdot)$ 是伽马函数. 注意到分布 $t(\mu_i, \sigma, \nu)$ 可以被看作正态分布和伽马分布的混合 (Lange 等, 1989; Liu 和 Rubin, 1995), 即若潜变量 $\eta_i \sim \Gamma(\nu/2, \nu/2)$, $y_i|\eta_i \sim N(\mu_i, \sigma^2/\eta_i)$, 则 $y_i \sim t(\mu_i, \sigma, \nu)$.

t 回归模型可以被表述为

$$\begin{cases} y_i \sim t(\mu_i, \sigma, \nu), \\ \mu_i = \beta_0 + \beta_1 x_{i1} + \cdots + \beta_p x_{ip}, i = 1, \dots, n. \end{cases}$$

模型中参数 σ 是未知的分散参数, y_i 的方差为 σ^2. 在 INLA 中, 精度参数为 $\tau = \sigma^{-2}$.

回到美国空气污染的例子. 在贝叶斯残差分析中, 我们发现观测值 31 是一个异常值, 它来自普罗维登斯城. 为了避免这个数据点对回归方程的影响太大, 我们拟合一个 t 回归模型. 在 INLA 中, t 回归模型可通过指定参数 `family = "T"` 来实现:

```
usair.inla4 <- inla(usair.formula2, family = "T", data = usair,
                    control.compute = list(dic = TRUE, cpo = TRUE))
round(usair.inla4$summary.fixed, 4)
```

	mean	sd	0.025quant	0.5quant	0.975quant	mode	kld
(Intercept)	119.2344	36.4249	47.5236	119.2752	190.6313	119.3441	0
negtemp	1.4588	0.4752	0.5319	1.4564	2.3978	1.4509	0
manuf	0.0266	0.0051	0.0163	0.0267	0.0363	0.0269	0
wind	-3.9300	2.2315	-8.3388	-3.9220	0.4322	-3.9039	0
precip	0.4356	0.2653	-0.0722	0.4307	0.9705	0.4198	0

```
round(usair.inla4$summary.hyperpar, 4)
```

	mean	sd	0.025quant	0.5quant	0.975quant	mode
precision for the student-t observations	0.0053	0.0016	0.0030	0.0051	0.0092	0.0046

```
degrees of freedom for
student-t          10.9839 8.7846      3.5675   8.3886     34.1122 5.6104
```

将 t 回归模型的结果与正态回归模型的结果相比较, 截距项、`negtemp` 和 `precip` 系数的估计值明显下降, 而估计参数的标准差是增加的, 这是由于在 t 分布中尾部较重. 因此, 极端观测值的存在对回归参数的影响较小.

3.6 方差分析

方差分析 (analysis of variance, ANOVA) 是一个统计模型的集合, 用于确定两组或多组数据之间的差异或相似程度. ANOVA 已被广泛用于实验数据的分析. 实验者通过调整因子并测量响应变量以确定某个效应. ANOVA 和试验设计在很多书中已有讨论 (Chatterjee 和 Hadi, 2015; Montgomery, 2013). 本节对主要概念进行了简要的介绍, 并给出了一个使用 INLA 进行方差分析的例子.

事实上, ANOVA 只是分类变量回归的一个特殊情况. 接下来考虑单因子 A 的情况, 水平为 $i = 1, 2, \ldots, a$. 假设响应变量 Y 服从正态分布, 因变量的效应影响 Y 的均值. 因此, 模型可表示为

$$y_{ij} = \mu_i + \varepsilon_{ij}, \tag{3.10}$$

其中 y_{ij} 是第 i 个因子水平上的第 j $(j = 1, \ldots, n_i)$ 个观测值, 误差 $\varepsilon_{ij} \sim N(0, \sigma^2)$. 该模型 (3.10) 常被写为

$$y_{ij} = \mu_0 + \alpha_i + \varepsilon_{ij}. \tag{3.11}$$

在 (3.11) 中, 有 $a + 1$ 个待估参数. 为了使模型可识别, 我们需要对参数进行约束. 统计文献中常用的约束是角约束 (corner constraint). 在 $r \in \{1, 2, \ldots, a\}$ 中一个水平被设定为零, 即 $\alpha_r = 0$, 这个水平 r 被称为因子 A 的基线或参考水平. 通常, 我们使用第一水平作为参考水平, 即

$$\alpha_1 = 0.$$

因此, μ_0 是第一水平的均值. 角约束是 INLA 包中使用的约束.

单因子 ANOVA 模型可以很容易地扩展以包含额外的分类变量. 假设我们有一个 2×2 的因子设计: 因子 A 的每一水平 (有 a 个水平) 与因子 B 的每一水平 (有 b 个水平) 交叉. 假设 ab 个单元格中的每一个有 n 次重复, 则观测 y_{ijk} 的模型为:

$$y_{ijk} = \mu_0 + \alpha_i + \beta_j + \gamma_{ij} + \varepsilon_{ijk}, \tag{3.12}$$

$i = 1, \ldots, a, j = 1, \ldots, b, k = 1, \ldots, n$. 在这个模型中, μ_0 是总均值, α_i 是因子 A 中水平 i 的主效应, β_j 是因子 B 中水平 j 的主效应, γ_{ij} 是 A 的第 i 个水平与 B 的第 j 个水平的交互效应, 误差分布为 $\varepsilon_{ijk} \sim N(0, \sigma^2)$.

注意到模型 (3.12) 包含 $1 + a + b + ab$ 个参数. 然而, 该数据仅提供 ab 个样本均值, 因此, 我们需要在参数上添加约束. 按角约束参数化我们可施加以下约束:

$$\alpha_1 = \beta_1 = \gamma_{11} = \cdots = \gamma_{1b} = \gamma_{21} = \cdots = \gamma_{a1} = 0.$$

在频率学中, 模型 (3.11) 或模型 (3.12) 可以被视为固定效应或随机效应模型. 例如, 在 (3.11) 中, 若单因子分类中的 α_i 被视为非随机的, 则 (3.11) 称为固定效应 *ANOVA*. 若 α_i 被视为来自概率分布的随机样本, 例如 $\alpha_i \sim N(0, \sigma_\alpha^2)$, 则 (3.11) 称为 随机效应 *ANOVA*. 选择固定效应或随机效应模型通常是基于因子水平的定义或选择. 例如, 临床试验中的治疗效应被认为是固定效应, 而患者的效应可以被认为是随机效应.

从贝叶斯的角度看, 固定效应和随机效应之间的区别不太明显, 因为所有参数都被视为随机变量. 通过对先验的选择, 可以反映出固定效应或随机效应. 在 (3.11) 中, 因子 A 对应的 "固定效应" 可以被赋值为具有已知精度的独立扩散高斯先验分布, 即 $\alpha_i \sim N(0, \sigma_0^{-1})$, 其中 σ_0 是固定的. 因子 A 对应的 "随机效应" 被赋予的先验为 $\alpha_i | \sigma_\alpha^2 \sim N(0, \sigma_\alpha^2)$, 其中 σ_α^2 被赋予超先验.

使用 INLA 方法可以很容易地拟合 ANOVA 模型. 在下面的例子中, 我们将只关注固定效应的 ANOVA 模型. 关于随机效应模型, 可参考第 5 章.

`painrelief` 数据集来自一项研究可待因 (codeine) 和针刺对男性受试者术后牙痛的影响的实验 (Kutner 等, 2004). 本研究采用随机区组设计, 在因子结构中有两个处理因子, 各有两个水平. 变量 `Codeine` 有两组: 服用可待因胶囊或糖胶囊. 变量 `Acupuncture` 有两组: 针刺两个不活跃的穴位或针刺两个活跃的穴位. 根据这个因子设计结构, 我们可得到四种不同的处理组合. 变量 `PainLevel` 是区组变量. 响应变量 `Relief` 为疼痛缓解评分 (评分越高, 患者疼痛缓解程度越高). 基于对疼痛耐受性的评估总共有 32 名受试者被分配到 8 个组, 每组有 4 名受试者. 数据集的变量描述显示在表 3.2 中.

表 **3.2** `painrelief` 数据集中的变量描述.

变量名	描述	代码/值
Relief	疼痛缓解评分	数值
PainLevel	疼痛水平	从 1 到 8
Codeine	使用可待因或其他药物	1: 可待因胶囊
		2: 糖胶囊
Acupuncture	针刺方法	1: 针刺两个不活跃的穴位
		2: 针刺两个活跃的穴位

INLA 中, ANOVA 模型的指定类似于线性回归分析. 唯一的区别是解释变量需要是因子, 而不是 R 中的数值向量. 下面的语句调用 `inla` 函数, 模型中有区组变量、两个处理因子及其相互作用.

```
data(painrelief, , package = "brinla")
painrelief$PainLevel <- as.factor(painrelief$PainLevel)
painrelief$Codeine <- as.factor(painrelief$Codeine)
painrelief$Acupuncture <- as.factor(painrelief$Acupuncture)
painroliof.inla <- inla(Relief ~ PainLevel + Codeine*Acupuncture,
                        data = painrelief)
round(painrelief.inla$summary.fixed, 4)
```

	mean	sd	0.025quant	0.5quant	0.975quant	mode	kld
(Intercept)	0.0188	0.0706	-0.1210	0.0188	0.1583	0.0188	0
PainLevel2	0.1500	0.0851	-0.0186	0.1500	0.3183	0.1500	0
PainLevel3	0.3250	0.0851	0.1564	0.3250	0.4933	0.3250	0
PainLevel4	0.3000	0.0851	0.1314	0.3000	0.4683	0.3000	0
PainLevel5	0.6750	0.0851	0.5064	0.6750	0.8433	0.6750	0
PainLevel6	0.9750	0.0851	0.8064	0.9750	1.1433	0.9750	0
PainLevel7	1.0750	0.0851	0.9064	1.0750	1.2433	1.0750	0
PainLevel8	1.1500	0.0851	0.9814	1.1500	1.3183	1.1500	0
Codeine2	0.4625	0.0602	0.3433	0.4625	0.5815	0.4625	0
Acupuncture2	0.5750	0.0602	0.4558	0.5750	0.6940	0.5750	0
Codeine2:Acupuncture2	0.1500	0.0851	-0.0186	0.1500	0.3183	0.1500	0

这两个处理因子的主效应 Codeine 和 Acupuncture 在贝叶斯意义上是高度显著的, 但在 95% 可信水平上, 两个因子之间的交互作用不显著, 表明两者之间不存在交互作用. 区组效应 PainLevel 有多个水平. 为了更好地理解区组效应的显著性, 我们针对不同疼痛水平生成了后验均值估计和 95% 可信区间图 (见图 3.7, 这里没有显示 R 代码). 水平线是疼痛水平为 1 的参考线, 设置为 0. 对于较高的疼痛水平, 受试者得到较高的疼痛缓解分数 (除了疼痛水平 4). PainLevel 显然是一个重要的混杂因子, 需要在建模中考虑.

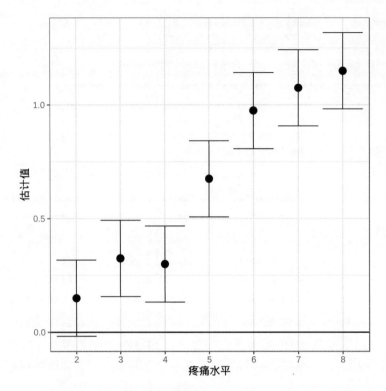

图 3.7   在 `painrelief` 研究中疼痛水平 (`PainLevel`) 效应的后验估计和误差. 水平线是疼痛水平为 1 的参考线, 设置为 0.

3.7   多重共线性的岭回归

在回归建模中, 多重共线性是一种自变量之间高度相互关联或相互联系的现象. 如果数据中存在多重共线性, 那么使用普通最小二乘法的统计推断可能不可靠. 多重共线性会导致回归分析中的许多问题. 例如, 由于多重共线性, 部分回归系数可能无法精确估计, 标准误差通常非常高. 多重共线性使得评估预测变量在解释响应变量引起的变异时的相对重要性变得烦琐.

有许多处理多重共线性的方法, 主成分回归是一种传统的回归方法. 通过主成分分析, 我们将相关的预测变量集合转换为较小的不相关的预测变量集合. 从而, 我们不直接对因变量和相关的解释变量进行回归分析, 而是对因变量和解释变量的主成分进行回归分析 (Jolliffe, 1982).

岭回归是解决多重共线性问题的另一种常用方法, 它通过对系数的大小施加惩罚来解决普通最小二乘中因多重共线性导致的参数不可识别问题 (Hoerl 和 Kennard, 1970). 岭系数使惩罚的残差平方和最小, 即

$$\min_{\boldsymbol{\beta}} \{(\boldsymbol{y} - \boldsymbol{X}\boldsymbol{\beta})^T(\boldsymbol{y} - \boldsymbol{X}\boldsymbol{\beta})\} + \lambda\boldsymbol{\beta}^T\boldsymbol{\beta},$$

其中 $\lambda \geqslant 0$ 是一个控制收缩量的复杂度参数: λ 的值越大, 收缩量越大.

用最小二乘法得到的岭回归估计是

$$\hat{\beta}_{\mathrm{ridge}}(\lambda) = (\boldsymbol{X}^T \boldsymbol{X} + \lambda \boldsymbol{I})^{-1} \boldsymbol{X}^T \boldsymbol{y}.$$

这种方法会产生偏差 (随着 λ 的增加而增加), 但会得到更精确的参数估计 (即参数的方差变小).

事实上, 岭回归与标准贝叶斯回归估计是密切相关的, 但在回归参数上使用特定的先验分布. 假设 β_i 独立服从先验分布 $\beta_j \sim N(0, \sigma_0^2/\lambda), j = 1, \ldots, p$, 其中 σ_0 已知. 较大的 λ 对应于一个更紧密地集中在零周围的先验, 因此导致向零更大的收缩.

给定数据 $(\boldsymbol{X}, \boldsymbol{y})$, $\boldsymbol{\beta}$ 的后验分布均值为

$$(\boldsymbol{X}^T \boldsymbol{X} + \lambda \boldsymbol{I})^{-1} \boldsymbol{X}^T \boldsymbol{y},$$

它和岭估计量的形式是一样的 (Hsiang, 1975). 请注意, 由于 λ 用于参数向量 $\boldsymbol{\beta}$ 的平方范数上, 人们希望将所有的预测变量标准化, 使它们具有相似的刻度. 为了用 INLA 实现贝叶斯岭回归, 我们需要一些编程技巧, 我们将在下面的案例研究中说明这些技巧.

我们以法国经济中的进口活动为例, 该数据集来自 Chatterjee 和 Hadi (2015). 因变量是进口额 (IMPORT), 国内产量 (DOPROD)、股权结构 (STOCK) 以及国内消费 (CONSUM) 为预测变量. 从 1949 年到 1966 年, 所有变量都以数十亿法国法郎计算. 我们基于线性回归模型拟合该组数据. 首先检查预测变量之间的相关性:

```
data(frencheconomy, package = "brinla")
round(cor(frencheconomy[,-1]),4)
```

```
       IMPORT DOPROD  STOCK CONSUM
IMPORT 1.0000 0.9842 0.2659 0.9848
DOPROD 0.9842 1.0000 0.2154 0.9989
STOCK  0.2659 0.2154 1.0000 0.2137
CONSUM 0.9848 0.9989 0.2137 1.0000
```

我们注意到 DOPROD 和 CONSUM 之间的相关性非常高, 等于 0.9989. 共线性是标准线性回归分析中的一个常见问题.

贝叶斯岭回归假设所有预测变量的系数 $(\beta_1, \ldots, \beta_p)$ 来自通常的正态密度. 注意, 为了使这个先验假设更加合理, 通常需要对预测变量进行初步标准化, 因此, 我们首先将预测变量标准化:

```
fe.scaled <- cbind(frencheconomy[, 1:2],
                 scale(frencheconomy[, c(-1,-2)]))
```

为了用 INLA 实现岭回归, 我们需要使用 INLA 包中的 "copy" 功能, 并整理数据

集. 以下 R 命令用于 INLA 的贝叶斯岭回归拟合:

```
n <- nrow(fe.scaled)
fe.scaled$beta1 <- rep(1,n)
fe.scaled$beta2 <- rep(2,n)
fe.scaled$beta3 <- rep(3,n)
param.beta = list(prec = list(param = c(1.0e-3, 1.0e-3)))
formula.ridge  = IMPORT ~ f(beta1, DOPROD, model="iid",
                         values = c(1,2,3), hyper = param.beta)
                     + f(beta2, STOCK, copy="beta1", fixed=T)
                     + f(beta3, CONSUM, copy="beta1", fixed=T)
frencheconomy.ridge <- inla(formula.ridge, data = fe.scaled)
ridge.est <- rbind(frencheconomy.ridge$summary.fixed,
                 frencheconomy.ridge$summary.random$beta1[,-1])
round(ridge.est,4)
```

	mean	sd	0.025quant	0.5quant	0.975quant	mode	kld
(Intercept)	30.0778	0.5176	29.0498	30.0778	31.1042	30.0778	0
1	5.1608	5.2530	-6.3008	5.3693	15.3948	5.6275	0
2	0.7205	0.5427	-0.3564	0.7203	1.7972	0.7199	0
3	6.9279	5.2557	-3.2703	6.7037	18.4260	6.4066	0

将结果与使用 INLA 的标准贝叶斯线性回归分析进行比较:

```
formula <- IMPORT ~  DOPROD + STOCK + CONSUM
frencheconomy.inla <- inla(formula, data = fe.scaled,
                       control.fixed = list(prec = 1.0e-3),
                       control.family = list(hyper = param.beta))
round(frencheconomy.inla$summary.fixed, 4)
```

	mean	sd	0.025quant	0.5quant	0.975quant	mode	kld
(Intercept)	30.0778	0.5688	28.9456	30.0778	31.2086	30.0778	0
DOPROD	2.9951	10.8776	-18.4346	2.9553	24.6253	2.8820	0
STOCK	0.7197	0.5995	-0.4737	0.7198	1.9113	0.7200	0
CONSUM	9.1424	10.8734	-12.5047	9.1816	30.5379	9.2557	0

结果表明, 岭回归与标准方法的估计有很大的不同. 在我们的初步数据探索性分析中, 我们注意到 DOPROD 和 CONSUM 不仅相关性高, 而且它们都与响应变量 IMPORT 高度相关. 然而, 在使用标准先验的回归方程中, DOPROD 的贡献远小于 CONSUM (2.9951 vs. 9.1424). 在岭估计中, DOPROD 的系数增大到 5.1608, CONSUM 的系数减小到 6.9279. 与使用标准先验的结果相比, 这些估计提供了不同的、更可信的 IMPORT 关系表示. 值得注意的是,

DOPROD 和 CONSUM 的系数的标准差在使用岭方法时有所降低.

最后, 比较基于传统频率方法岭回归分析和 INLA 的结果. 我们用 MASS 包中的 R 函数 lm.ridge 来拟合模型:

```
library(MASS)
ridge2 <- lm.ridge(IMPURT ~ DOPROD + STOCK + CONSUM,
                data = fe.scaled, lambda = seq(0, 1, length=100))
ridge2.final <- lm.ridge(IMPORT ~ DOPROD + STOCK + CONSUM,
                    data = fe.scaled, lambda = reg2$kHKB)
ridge2.final
```

	DOPROD	STOCK	CONSUM
30.0777778	4.9559793	0.7176308	7.1669364

在上面的命令中, 我们首先用一系列岭常数来拟合模型. 然后根据 Hoerl–Kennard–Baldwin (HKB) 准则来确定最终的模型 (Hoerl 等, 1975), 结果与基于 INLA 的贝叶斯岭回归结果相似.

3.8 具有自回归误差的回归模型

在标准的线性回归中, 假设在 (3.2) 中的误差项 $\boldsymbol{\varepsilon}$ 服从 $N(0, \sigma^2 \boldsymbol{I}_n)$. 然而, 在许多应用中, 可能会出现误差的方差非恒定或相关的情况. 对误差项的一个更普遍的假设是

$$\boldsymbol{\varepsilon} \sim N(0, \boldsymbol{\Sigma}),$$

其中误差协方差矩阵 $\boldsymbol{\Sigma}$ 是对称正定的. $\boldsymbol{\Sigma}$ 中对角线元素不相等就对应非恒定的误差方差, 而 $\boldsymbol{\Sigma}$ 中非对角线元素不为零就对应误差是相关的. 假设 $\boldsymbol{\Sigma}$ 已知, 在频率分析中, 广义最小二乘技术使下式最小化:

$$(\boldsymbol{y} - \boldsymbol{X}\boldsymbol{\beta})^T \boldsymbol{\Sigma}^{-1} (\boldsymbol{y} - \boldsymbol{X}\boldsymbol{\beta}),$$

其解为

$$\hat{\boldsymbol{\beta}} = (\boldsymbol{X}^T \boldsymbol{\Sigma}^{-1} \boldsymbol{X})^T \boldsymbol{X}^T \boldsymbol{\Sigma}^{-1} \boldsymbol{y},$$

协方差矩阵为

$$\mathrm{Cov}(\hat{\boldsymbol{\beta}}) = (\boldsymbol{X}^T \boldsymbol{\Sigma}^{-1} \boldsymbol{X})^T.$$

当然, 协方差矩阵 $\boldsymbol{\Sigma}$ 在应用中通常是未知的, 必须从数据中估计. 然而, 矩阵中存在 $n(n+1)/2$ 个不同元素, 在没有任何进一步限制的情况下估计模型是不可能的. 我们经常使用少量的参数建立 $\boldsymbol{\Sigma}$ 的模型.

一个常见的情况是, 回归模型的误差是相关的, 在时间序列数据中, 我们通过一段时

间的重复测量得到了一组重复观测数据. 当观测值具有自然顺序时, 相邻的观测值趋于相似, 观测值之间的这种相关性称为自相关. 忽略自相关的存在可能会对回归分析产生一些影响. 例如, σ^2 的估计和回归系数的标准误差经常被严重低估, 因此通常采用的统计推断将不再严格有效.

考虑具有自回归误差的线性模型:

$$y_t = \beta_0 + \beta_1 x_{t1} + \cdots + \beta_p x_{tp} + \varepsilon_t, \quad t = 1, \ldots, n, \tag{3.13}$$

其中回归误差 ε_t 是平稳的, 即 $E(\varepsilon_t) = 0$, $\mathrm{Var}(\varepsilon_t) = \sigma^2$, 而两个误差之间的相关性仅取决于它们在时间上的间隔 (separation) s: $\mathrm{Cor}(\varepsilon_t, \varepsilon_{t+s}) = \mathrm{Cor}(\varepsilon_t, \varepsilon_{t-s}) = \rho_s$, 其中 ρ_s 称为滞后 s 的误差自相关系数.

人们已经提出并研究了许多平稳时间序列模型 (Shumway 和 Stoffer, 2011), 最常见的自相关回归误差模型是一阶自回归过程, AR(1):

$$\varepsilon_t = \rho \varepsilon_{t-1} + \eta_t, \quad t = 1, \ldots, n,$$

其中 $\eta_t \sim N(0, \sigma_\eta^2)$ 独立. 在这种情况下, 误差协方差矩阵具有如下结构:

$$\boldsymbol{\Sigma} = \sigma^2 \begin{bmatrix} 1 & \rho & \rho^2 & \cdots & \rho^{n-1} \\ \rho & 1 & \rho & \cdots & \rho^{n-2} \\ \rho^2 & \rho & 1 & \cdots & \rho^{n-3} \\ \vdots & \vdots & \vdots & & \vdots \\ \rho^{n-1} & \rho^{n-2} & \rho^{n-3} & \cdots & 1 \end{bmatrix},$$

其中 $\sigma^2 = \sigma_\eta^2/(1 - \rho^2)$. 在这个模型中, 误差自相关系数 $\rho_s = \rho^s \, (s = 1, 2, \ldots)$ 随着 s 的增加指数衰减到 0.

从 AR(1) 模型可以直接推广高阶自回归模型. 例如, 二阶自回归模型为

$$\varepsilon_t = \rho \varepsilon_{t-1} + \tau \varepsilon_{t-2} + \eta_t, \quad t = 1, \ldots, n.$$

其他经典的时间序列模型包括移动平均 (MA) 过程和 ARMA 过程, 详情见 Shumway 和 Stoffer (2011).

令 $\hat{\varepsilon}_1, \hat{\varepsilon}_2, \ldots, \hat{\varepsilon}_n$ 是回归模型的残差. 残差的样本自相关函数定义为

$$\hat{\rho}(s) = \hat{\gamma}(s)/\hat{\gamma}(0),$$

其中 $\hat{\gamma}(s) = n^{-1} \sum_{t=1}^{n-s} (\hat{\varepsilon}_{t+s} - \sum_{t=1}^n \hat{\varepsilon}_t/n)(\varepsilon_t - \sum_{t=1}^n \hat{\varepsilon}_t/n)$ 是样本自协方差函数.

对于 $s \geqslant 2$ 时滞后 s 的偏自相关, $\omega(s)$ 定义为 ε_t 和 ε_{t-s} 之间的直接相关系数, 并去掉中间变量 ε_h 之间 $(t - s < h < t)$ 的线性相关关系. 考虑标准回归模型:

$\varepsilon_t = \alpha_0 + \alpha_1\varepsilon_{t-1} + \cdots + \alpha_s\varepsilon_{t-s} + u_t$. 偏自相关系数的估计等于回归系数的估计, $\hat{\omega}(s) = \hat{\alpha}_s$.

一个 AR(s) 过程有一个指数衰减的自相关函数, 以及在前 s 个滞后期有 s 个非零尖峰的偏自相关函数, 因此, 在回归分析中, 检查标准线性回归 (假设误差独立) 的残差自相关函数和偏自相关函数可以帮助我们识别误差产生过程的合适形式.

文献中已有一些自相关的频率检验方法. 一种传统的方法是 Dubin Watson 检验, 它基于统计数据,

$$d_s = \frac{\sum_{t=s+1}^{n}(\hat{\varepsilon}_t - \hat{\varepsilon}_{t-s})^2}{\sum_{t=s+1}^{n}\hat{\varepsilon}_t^2}.$$

在贝叶斯统计中, Dreze 和 Mouchart (1990) 建议使用经典的 Durbin–Watson 统计量并检验残差的自相关图来作为快速检查. Bauwens 和 Rasquero (1993) 提出了两种残差自相关的贝叶斯检验方法, 检查误差自回归过程的参数的一个近似最高后验密度区域是否包含原假设.

在频率分析中, 具有自回归误差的回归 (3.13) 可以用迭代再加权最小二乘拟合算法进行拟合 (Carroll 和 Ruppert, 1988), 该模型也可以通过 INLA 进行拟合. 现在我们来看一个时间序列数据的例子. 新西兰失业数据包括从 1986 年 3 月到 2011 年 6 月的青年人 (15—19 岁) 和成年人 (大于 19 岁) 的季度失业率. 自 2008 年 6 月以来, 新西兰政府已经废除了青年人差别最低工资法案. 这里我们想研究一下废除该法案前后青年人和成年人失业率之间的关系. 表 3.3 显示数据集中的变量.

表 3.3 新西兰失业数据中的变量描述.

变量名	描述	代码/值
quarter	从 1986 年 3 月到 2011 年 6 月的季度	字符串
adult	失业率	百分比
youth	失业率	百分比
policy	最低工资法案的类型	"Different", "Equal"

首先加载数据集并为时间序列的索引创建一个变量.

```
data(nzunemploy, package = "brinla")
nzunemploy$time <- 1:nrow(nzunemploy)
```

我们从分析检查青年人和成年人失业率的时间序列开始.

```
qplot(time, value, data = gather(nzunemploy[,c(2,3,5)], variable,
                                  value, -time), geom = "line") +
  geom_vline(xintercept = 90) +
  facet_grid(variable ~ ., scale = "free") +
  ylab("Unemployment rate") + theme_bw()
```

图 3.8 显示了青年人和成年人失业率的时间序列. 两个图中的竖线表明废除青年人差别

最低工资法案的时间, 我们可以看到, 失业率出现了大幅波动, 但在这一历史时期是渐近的. 两个时间序列的模式是相似的, 表明青年人的失业率与成年人的失业率是相关的.

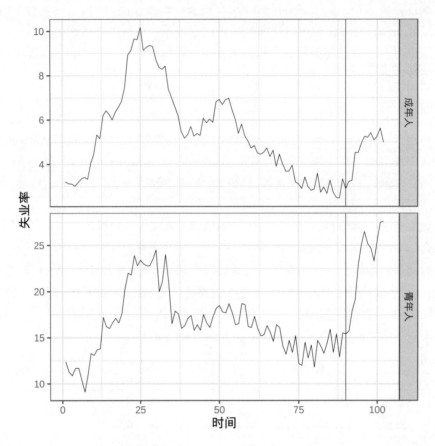

图 3.8   青年人和成年人失业率的时间序列. 两个图中的竖线表明废除青年人差别最低工资法案的时间.

为了使系数更容易理解, 我们对时间序列关于成年人失业率的均值进行中心化.

```
nzunemploy$centeredadult = with(nzunemploy, adult - mean(adult))
```

接下来估计 youth 对 centeredadult 和 policy 的回归系数及其交互作用. 采用 INLA 进行的初步标准回归分析可以得出以下数据拟合的结果:

```
formula1 <- youth ~ centeredadult*policy
nzunemploy.inla1 <- inla(formula1, data= nzunemploy)
round(nzunemploy.inla1$summary.fixed, 4)
```

	mean	sd	0.025quant	0.5quant	0.975quant	mode	kld
(Intercept)	16.2823	0.1536	15.9800	16.2823	16.5843	16.2823	0
centeredadult	1.5333	0.0751	1.3856	1.5333	1.6810	1.5333	0

| policyEqual | 9.4417 0.5266 | 8.4056 9.4417 | 10.4766 9.4418 | 0 |
| centeredadult:policyEqual | 2.8533 0.4622 | 1.9438 2.8533 | 3.7617 2.8533 | 0 |

回归系数在统计上是显著的 (即在贝叶斯意义上有很高的后验概率为正). 我们要检查模型的贝叶斯残差:

```
nzunemploy.res1 <- bri.lmresid.plot(nzunemploy.inla1, type="o")
```

线性回归的贝叶斯残差图表明, 它们可能在一定程度上是自相关的 (图 3.9). 根据 Dreze 和 Mouchart (1990) 的建议, 我们可以快速检查自相关和偏自相关函数. R 中 stats 包中的 acf 函数计算并绘制时间序列的自相关和偏自相关函数的 (频率) 估计图, 这里是贝叶斯残差图 (图 3.10):

```
acf(nzunemploy.res1$resid, main = "")
acf(nzunemploy.res1$resid, type = "partial", main="")
```

图上的水平线虚线对应 95% 的置信区间. 自相关函数的模式呈指数衰减, 而偏自相关函数在滞后 1 时出现高峰值. 这表明 AR(1) 过程适合于回归模型中的误差项.

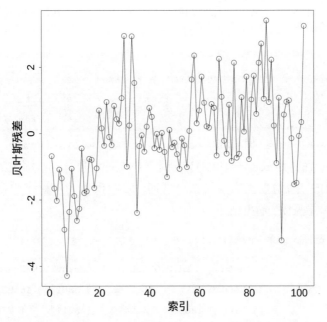

图 3.9 青年人 (youth) 对中心化成年人 (centeredadult) 和政策 (policy) 及它们交互作用的回归的贝叶斯残差.

以下代码使用 INLA 拟合 AR(1) 误差的线性回归:

```
formula2 <- youth ~ centeredadult*policy + f(time, model = "ar1")
nzunemploy.inla2 <- inla(formula2, data = nzunemploy,
```

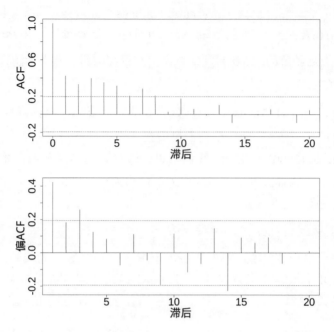

图 3.10　由青年人失业率关于几个预测变量的标准回归得到的贝叶斯残差的自相关和偏自相关函数.

```
                    control.family = list(
                        hyper = list(prec = list(initial = 15,
                                                  fixed = TRUE))))
```

注意到在调用函数 inla 时指定 control.family = list(hyper = list(prec = list(initial = 15, fixed = TRUE))), 回归模型的精度 prec 固定为 $\tau = \exp(15)$. 这是必要和重要的, 因为当我们定义新公式时, 回归误差的不确定性已经在 f(time, model = "ar1") 中反映, 输出结果为

```
round(nzunemploy.inla2$summary.fixed, 4)
```

	mean	sd	0.025quant	0.5quant	0.975quant	mode	kld
(Intercept)	16.3466	0.3097	15.7645	16.3361	16.9932	16.3229	0
centeredadult	1.5196	0.1368	1.2430	1.5211	1.7869	1.5235	0
policyEqual	8.9611	0.9979	6.7815	9.0252	10.7431	9.1124	0
centeredadult:policyEqual	2.5083	0.6050	1.2829	2.5196	3.6685	2.5396	0

```
round(nzunemploy.inla2$summary.hyperpar, 4)
```

	mean	sd	0.025quant	0.5quant	0.975quant	mode
Precision for time	0.4542	0.0817	0.3046	0.4516	0.6230	0.4494

```
Rho for time        0.4953 0.0997     0.3094   0.4916     0.6932 0.4712
```

与前一种假设误差独立的结果相比, 回归系数的估计值接近. 然而, 参数的标准差显著增加. 这证实, 当忽略数据集中存在的自相关时, 回归系数的标准误差经常被严重低估. 估计的自相关参数 ρ 为 0.4953 以及 95% 可信区间为 $(0.3094, 0.6932)$, 说明时间序列具有中等程度的自相关.

最后, 与使用频率方法的结果比较. R 的 nlme 软件包中的 gls 函数拟合回归模型与各种相关的误差的方差结构. 下面的代码使用广义最小二乘法来拟合带 AR(1) 误差的回归:

```
library(nlme)
nzunemploy.gls = gls(youth ~ centeredadult*policy,
                     correlation = corAR1(form=~1),
                     data = nzunemploy)
summary(nzunemploy.gls)
```

```
Generalized least squares fit by REML
  Model: youth ~ centeredadult * policy
  Data: nzunemploy
      AIC       BIC       logLik
 353.0064 368.5162 -170.5032


Correlation Structure: AR(1)
 Formula: ~1
 Parameter estimate(s):
     Phi
0.5012431


Coefficients:
                         Value Std.Error  t-value p-value
(Intercept)           16.328637 0.2733468 59.73598       0
centeredadult          1.522192 0.1274453 11.94389       0
policyEqual            9.082626 0.8613543 10.54459       0
centeredadult:policyEqual 2.545011 0.5771780  4.40940       0


 Correlation:
                  (Intr) cntrdd plcyEq
centeredadult     -0.020
policyEqual       -0.318  0.007
```

```
centeredadult:policyEqual -0.067 -0.155  0.583


Standardized residuals:
       Min          Q1         Med          Q3          Max
-2.89233359 -0.55460580 -0.02419759  0.55449166  2.29571080


Residual standard error: 1.5052
Degrees of freedom: 102 total; 98 residual
```

计算结果与 INLA 方法比较接近.

第 4 章

广义线性模型

广义线性模型 (generalized linear model, GLM), 最初由 Nelder 和 Baker (2004) 提出, 它提供了一类统一的线性模型, 广泛用于实际回归分析中. GLM 是对普通线性回归的泛化, 它允许模型通过一个连接函数与响应变量相关联, 并允许每个测量值的方差是其预测值的函数. 因此, 它可以描述非正态误差分布的响应变量, 避免了必须选择数据变换来实现可能产生冲突的正态性、线性和/或齐方差性目的. 常用的 GLM 包括适用于二元数据的 logistic 回归, 以及适用于计数的泊松回归和负二项回归.

4.1　GLM

让我们从回顾指数族分布开始. 在统计学中, 一个随机变量 Y 的分布属于指数族, 如果其概率密度函数 (或离散分布的概率质量函数) 可以写成如下形式:

$$f(y|\theta,\phi) = \exp\left\{\frac{y\theta - b(\theta)}{a(\phi)} + c(y,\phi)\right\},\tag{4.1}$$

其中 $\theta = g(\mu)$ 称为规范参数, 是 Y 的期望 $\mu \equiv E(Y)$ 的函数, 规范连接函数 $g(\cdot)$ 不依赖于 ϕ. 参数 $\phi > 0$ 称为分散参数, 表示分布的刻度. 函数 $a(\cdot)$, $b(\cdot)$ 和 $c(\cdot)$ 是已知的, 它们取决于具体的分布.

指数族包括正态分布、逆高斯分布、指数分布、伽马分布、伯努利分布、二项分布、多项式分布、泊松分布、卡方分布、Wishart 分布、逆 Wishart 分布等许多常见的分布. 下面将详细介绍几个典型分布.

设 Y 服从正态分布, 均值为 μ, 方差为 σ^2, 将正态分布化成公式 (4.1) 需要以下代数处理:

$$f(y|\theta,\phi) = \exp\left\{\frac{y\theta - \theta^2/2}{\phi} - \frac{1}{2}\left[\frac{y^2}{\phi} + \log(2\pi\phi)\right]\right\},$$

其中 $\theta = g(\mu) = \mu$, $\phi = \sigma^2$, $a(\phi) = \phi$, $b(\theta) = \theta^2/2$, $c(y,\phi) = -(y^2/\phi + \log(2\pi\phi))/2$.

接下来考虑二项分布, 设 Y 是在 n 次独立的二元试验中 "成功" 的次数, μ 是在单个试验中成功的概率. Y 的概率质量函数为 $f(y|\mu) = \binom{n}{y}\mu^y(1-\mu)^{n-y}$, 写成指数族分布的形式为:

$$f(y|\theta,\phi) = \exp\left\{y\theta - n\log(1+\exp\theta) + \log\begin{pmatrix} n \\ y \end{pmatrix}\right\},$$

其中 $\theta = g(\mu) = \log\left(\frac{\mu}{1-\mu}\right)$, $\phi = 1$, $a(\phi) = 1$, $b(\theta) = n\log(1+\exp\theta)$, $c(y,\phi) = \log\begin{pmatrix} n \\ y \end{pmatrix}$.

第三个例子是用于计数数据建模的泊松分布, 它适用于计算随机事件在给定时间、距离、区域等范围内发生的次数, 其概率质量函数为 $f(y|\mu) = \exp(-\mu)\mu^y/y!$, 可重写为:

$$f(y|\theta,\phi) = \exp(y\theta - \exp(\theta) - \log y!),$$

其中 $\theta = \log(\mu)$, $\phi = 1$, $a(\phi) = 1$, $b(\theta) = \exp(\theta)$, $c(y,\phi) = -\log y!$.

指数族的一个关键性质是分布具有均值

$$E(Y) \equiv \mu = b'(\theta)$$

和方差

$$\mathrm{Var}(Y) = a(\phi)b''(\theta).$$

注意到 $b'(\cdot)$ 是规范连接函数的逆. 分布的均值仅是 θ 的函数, 而分布的方差是位置参数 θ 和刻度参数 ϕ 的函数的乘积. 在 GLM 中, $b''(\theta)$ 称为**方差函数**, 描述方差与均值之间的关系. 表 4.1 展示了一些常见分布的连接函数和它们的逆函数以及方差函数.

表 4.1   常见分布的连接函数及其逆函数和方差函数.

分布	$\theta = g(\mu)$	$\mu = g^{-1}(\theta)$	方差函数
正态	μ	θ	1
泊松	$\log\mu$	$\exp(\theta)$	μ
二项	$\log(\mu/(1-\mu))$	$\exp(\theta)/(1+\exp(\theta))$	$\mu(1-\mu)$
伽马	μ^{-1}	θ^{-1}	μ^2
逆高斯	μ^{-2}	$\theta^{-1/2}$	μ^3

GLM 为许多常用的统计模型提供了统一的建模框架, 根据一组观测值 $y_1,\ldots,y_n$, 即随机变量 $Y_1,\ldots,Y_n$ 的实际观测值, 来定义模型. GLM 包含以下三个组成部分:

随机部分: 假设因变量 Y_i 由指数族 (4.1) 中的一个特定分布生成.

线性预测因子: 预测变量的线性组合

$$\theta_i = \beta_0 + \beta_1 x_{i1} + \cdots + \beta_p x_{ip} = \boldsymbol{x}_i^T \boldsymbol{\beta},$$

其中 $\boldsymbol{\beta} = (\beta_0, \beta_1, \ldots, \beta_p)^T$, $\boldsymbol{x}_i = (1, x_{1i}, \ldots, x_{ip})^T$, $x_{ij}\,(j = 1, \ldots, p)$ 是第 i 个观测值的第 j 个协变量的值.

连接函数: 响应变量的期望 $\mu_i \equiv E(Y_i)$ 和线性预测因子通过连接函数 $g(\cdot)$ 相关联:

$$g(\mu_i) = \theta_i.$$

在大多数应用中常使用自然连接函数, 即 $g(\cdot) = b'(\cdot)$.

GLM 涵盖了大量的回归模型, 如正态线性回归、logistic 回归、probit 回归、泊松回归、负二项回归和伽马回归等, 其经典估计方法是极大似然法. 有几本优秀的教科书从频率学的角度讨论了 GLM 的理论和应用, 例如 McCullagh 和 Nelder (1989), Lindsey (1997) 以及 Dobson 和 Barnett (2008), 这些书提供了关于 GLM 的极大似然估计方法、假设检验以及真实研究案例.

对于贝叶斯分析, MCMC 是常见的选择, 它需要从后验分布中生成样本. INLA 可以统一的方式处理 GLM, 从而使推断过程更加自动化. 本章其余部分将讨论几个常用的 GLM, 并展示 INLA 方法使用的实际研究案例.

4.2 二元响应变量

在许多应用中, 响应变量只取两个可能的值之一, 代表成功和失败, 或者更广泛地代表一个感兴趣的属性存在或不存在. 作为 GLM 的一个特例, logistic 回归在为这类数据建模方面有着悠久的传统和广泛的应用, 被用来基于一个或多个预测变量估计二元响应变量的概率.

令 Y 服从伯努利分布, 其成功概率为 $P(Y = 1) = \pi$. Y 的密度函数为

$$f(y) = \exp\left\{ y \log\left(\frac{\pi}{1-\pi} \right) + \log(1-\pi) \right\}.$$

此分布属于指数族分布, 规范参数 θ 等于 π 的 logit 形式, 即 $\log(\pi/(1-\pi))$, 分散参数 $\phi = 1$, 均值为 π, 方差函数为 $\pi(1-\pi)$. 通过规范连接函数, 即 logit 连接函数, 可以得到经典的 logistic 回归模型:

$$\begin{cases} Y_i \sim \text{Bernoulli}(\pi_i), \\ \text{logit}(\pi_i) = \beta_0 + \beta_1 x_{i1} + \cdots + \beta_p x_{ip}. \end{cases}$$

有时, logit 连接函数可以用 probit 连接函数代替, 它是标准正态分布函数的逆函数 $\Phi^{-1}(\cdot)$. 除了极端概率的情况外, logit 和 probit 连接函数的结果相近 (Agresti, 2012).

下面通过婴儿体重数据来说明 logistic 回归的用法. 此数据集由 Hosmer 和 Lemeshow (2004) 给出, 包含了 189 名在产科诊所分娩的妇女的信息. 这些数据是马萨诸塞州斯普林菲尔德 Baystate 医疗中心 (Baystate Medical Center) 一项更大规模研究的一部分. 响应变量 LOW 是一个二元结果, 表明婴儿出生体重是否小于 2500 克. 女性在怀孕期间的行为可以极大地改变怀孕的状态, 从而影响婴儿的体重. 表 4.2 记录了影

响婴儿体重的潜变量. 本研究的目的是确定在医疗中心治疗的临床人群中是否有一些或所有变量是危险因素.

表 4.2 婴儿体重数据的变量代码表.

变量名	描述	代码/值
LOW	低出生体重指标	0 = 大于等于 2500 克
		1 = 小于 2500 克
AGE	母亲年龄	岁
LWT	母亲最后一个月经期的体重	镑
RACE	母亲种族	1 = 白人
		2 = 黑人
		3 = 其他
SMOKE	怀孕期间吸烟情况	0 = 否
		1 = 是
HT	高血压病史	0 = 否
		1 = 是
UI	子宫刺激性状况	0 = 否
		1 = 是
FTV	早期妊娠就诊次数	次数

数据收集了 189 名孕妇的信息, 其中 59 名婴儿出生时体重过低, 130 名婴儿出生时体重正常. 考虑 7 个重要变量: AGE, LWT, RACE, SMOKE, HT, UI 及 FTV. 为了进行比较, 首先使用传统的极大似然估计来拟合 logistic 回归:

```
data(lowbwt, package = "brinla")
lowbwt.glm1 <- glm(LOW ~ AGE + LWT + RACE + SMOKE + HT + UI + FTV,
                data=lowbwt, family=binomial())
round(coef(summary(lowbwt.glm1)), 4)
```

```
            Estimate Std. Error z value Pr(>|z|)
(Intercept)   0.4548     1.1854  0.3837   0.7012
AGE          -0.0205     0.0360 -0.5703   0.5684
LWT          -0.0165     0.0069 -2.4089   0.0160
RACE2         1.2898     0.5276  2.4445   0.0145
RACE3         0.9191     0.4363  2.1065   0.0352
SMOKE1        1.0416     0.3955  2.6337   0.0084
HT1           1.8851     0.6948  2.7130   0.0067
UI1           0.9041     0.4486  2.0155   0.0439
FTV           0.0591     0.1720  0.3437   0.7311
```

在输出的结果中, 分类变量 RACE 被编码为两个设计变量 RACE2 和 RACE3. 一般来说, 如果一个名义分级变量有 k 个可能值, 那么就需要 $k-1$ 个设计变量. 这里 RACE2

表示黑人母亲相对于白人母亲的影响, RACE3 表示其他种族的母亲相对于白人母亲的影响. 对变量 SMOKE, HT, UI 也进行了类似的编码, 然后用 INLA 方法拟合 logistic 回归模型:

```
lowbwt.inla1 <- inla(LOW ~ AGE + LWT + RACE + SMOKE + HT + UI + FTV,
                data=lowbwt, family = "binomial", Ntrials = 1,
                control.compute = list(dic = TRUE, cpo = TRUE))
round(lowbwt.inla1$summary.fixed, 4)
```

	mean	sd	0.025quant	0.5quant	0.975quant	mode	kld
(Intercept)	0.5672	1.1853	-1.7289	0.5563	2.9235	0.5347	0
AGE	-0.0207	0.0360	-0.0921	-0.0204	0.0491	-0.0199	0
LWT	-0.0176	0.0069	-0.0317	-0.0174	-0.0047	-0.0169	0
RACE2	1.3405	0.5275	0.3151	1.3370	2.3851	1.3298	0
RACE3	0.9456	0.4362	0.1028	0.9409	1.8151	0.9314	0
SMOKE1	1.0749	0.3954	0.3140	1.0696	1.8664	1.0590	0
HT1	1.9727	0.6946	0.6595	1.9542	3.3909	1.9165	0
UI1	0.9331	0.4485	0.0524	0.9330	1.8130	0.9330	0
FTV	0.0559	0.1720	-0.2891	0.0585	0.3868	0.0635	0

INLA 得到的估计与使用频率法得到的估计相似, 例如, LWT 参数的后验均值是 -0.0176, 其后验标准差估计为 0.0069. 2.5% 和 97.5% 后验分位数都是负的, 这表明有 95% 的概率 LWT 的影响是负的. 在所有其他预测因子中, AGE 和 FTV 的 95% 可信区间也包含零, 而 RACE2、RACE3、SMOKE1、HT1 和 UI1 与结果是正相关的.

预测变量的优势比 (odds ratio) 可以通过对其估计系数取幂来计算. 例如, LWT 的优势比是 $\exp(-0.0176) = 0.9826$, 意味着假设所有其他预测变量都是固定的, 母亲体重每增加一个单位, 生出低体重婴儿的概率就会下降 1.74% ($= 1 - 0.9826$).

若想进一步得到简化的模型, 同时最小化参数的数量, 可使用 DIC 执行一个向后消除过程 (即基于 DIC 手动消除变量; 见第 1 章 DIC 的定义), 得到的简化模型为:

```
lowbwt.inla2 <- inla(LOW ~ LWT + RACE + SMOKE + HT + UI, data=lowbwt,
                family = "binomial", Ntrials = 1,
                control.compute = list(dic = TRUE, cpo = TRUE))
round(lowbwt.inla2$summary.fixed, 4)
```

	mean	sd	0.025quant	0.5quant	0.975quant	mode	kld
(Intercept)	0.1087	0.9378	-1.6834	0.0915	2.0003	0.0567	0
LWT	-0.0175	0.0068	-0.0315	-0.0172	-0.0048	-0.0168	0
RACE2	1.3620	0.5214	0.3476	1.3587	2.3934	1.3522	0
RACE3	0.9486	0.4303	0.1198	0.9431	1.8091	0.9320	0

SMOKE1	1.0619 0.3925	0.3075	1.0563	1.8485	1.0451	0
HT1	1.9342 0.6907	0.6271	1.9163	3.3429	1.8799	0
UI1	0.9250 0.4475	0.0467	0.9249	1.8032	0.9246	0

在这个简化模型中, LWT 的估计系数为负值 −0.0175; 所有其他预测变量对回归系数都
有正相关的影响. 接下来则可以比较完整模型和简化模型的 DIC:

```
c(lowbwt.inla1$dic$dic, lowbwt.inla2$dic$dic)
```

[1] 221.2093 217.7459

简化模型的 DIC 小于完整模型的 DIC, 表明简化模型能更好权衡模型拟合和模型
复杂度. 因此我们倾向于使用简化模型, 其估计的 logit 形式由下式给出:

$$\widehat{\text{logit}(\pi)} = 0.109 - 0.018 \times \text{LWT} + 1.362 \times \text{RACE\_2} + 0.949 \times \text{RACE\_3}$$
$$+ 1.062 \times \text{SMOKE} + 1.934 \times \text{HT} + 0.925 \times \text{UI},$$

该公式可用于获得拟合值, 或对新的观测结果进行预测.

4.3 计数响应变量

在许多应用研究中, 感兴趣的响应变量是事件发生的次数, 对于此类数据, 观测值只
取非负整数 $\{0,1,2,3,\dots\}$, 这是由于该类型数据来自计数而非排序. 计数的分布是离散
的, 通常还是有偏的, 基于普通的线性回归模型拟合该类数据可能会出现两个问题. 第
一, 回归模型很可能会产生负的预测值, 这在理论上是不可能的. 第二, 计数数据的许多
分布是正偏的, 其中数据中的许多观测值为 0. 当考虑响应变量的变换 (例如对数变量
$\log(y+c)$, 其中 c 是一个正数) 时, 数据中大量的 0 会阻碍偏态分布向正态分布的转换.

4.3.1 泊松回归

计数数据的基本 GLM 是泊松回归. 令 Y 服从均值为 μ 的泊松分布, 其概率质量
函数为 $f(y|\mu) = \exp(-\mu)\mu^y/y!$, 该分布具有规范参数 $\theta = \log\mu$, 分散参数 $\phi = 1$, 方差
函数等于 μ. 由其规范连接函数, 即对数连接函数, 可得到泊松回归模型

$$\begin{cases} Y_i \sim \text{Poisson}(\mu_i), \\ \log(\mu_i) = \beta_0 + \beta_1 x_{i1} + \cdots + \beta_p x_{ip}. \end{cases}$$

我们先考虑一个简单泊松回归的经典例子. Whyte 等 (1987) 报告了 1983 年 1 月至
1986 年 6 月澳大利亚每 3 个月死于艾滋病的人数. 该数据集仅包含一个预测变量和一
个响应变量, 共有 14 个观测结果, 表 4.3 概括了该数据集的变量.

图 4.1 为数据散点图 (左图) 和响应变量 DEATHS 的直方图 (右图). 注意到 TIME
和 DEATHS 两者之间存在非线性关系, 并且 DEATHS 是一个右偏分布. 因此, 泊松回归可

表 4.3 AIDS 数据中变量的描述.

变量名	描述	值
TIME	时间, 1983 年 1 月后 以 3 个月的倍数	连续型
DEATHS	澳大利亚死于艾滋病的人数	计数型

作为对该数据建模的合理选择. 下面使用 INLA 拟合该泊松模型:

```
AIDS.inla1 <- inla(DEATHS ~ TIME, data = AIDS, family = "poisson",
                control.compute = list(dic = TRUE, cpo = TRUE))
round(AIDS.inla1$summary.fixed, 4)
```

```
              mean     sd 0.025quant 0.5quant 0.975quant   mode kld
(Intercept) 0.3408 0.2512    -0.1690   0.3467     0.8183 0.3586   0
TIME        0.2565 0.0220     0.2142   0.2562     0.3008 0.2555   0
```

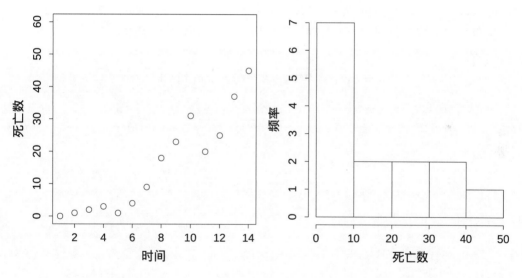

图 4.1 AIDS 数据中的时间 (TIME) 与死亡数 (DEATHS) 的散点图; 死亡数 (DEATHS) 的直方图.

系数表为模型中未知参数的后验汇总统计量, 由此可写出响应变量均值的估计方程:

$$\hat{\mu} = \exp(0.3408 + 0.2565 \times \text{TIME}).$$

TIME 的效应可被解释为: 在 1983 年 1 月至 1986 年 6 月期间, 每年死于艾滋病的人数平均比前一年高出 $\exp(0.2565 \times 4) = 2.7899$ 倍. 接下来, 绘制均值函数估计值及其 95%

可信区间图:

```
plot(DEATHS ~ TIME, data=AIDS, ylim=c(0,60))
lines(AIDS$TIME, AIDS.inla$summary.fitted.values$mean, lwd=2)
lines(AIDS$TIME, AIDS.inla$summary.fitted.values$"0.025quant",
      lwd=1, lty=2)
lines(AIDS$TIME, AIDS.inla$summary.fitted.values$"0.975quant",
      lwd=1, lty=2)
```

根据图 4.2, 注意到在观测的开始和结束时, 响应变量的值小于拟合值, 而在观测的中心时段响应变量的值大于相应的拟合值, 这表明该模型拟合似乎并不充分. 下面考虑 log(TIME) 而不是 TIME 作为解释变量并拟合如下模型:

```
AIDS.inla2 <- inla(DEATHS ~ log(TIME), data=AIDS, family = "poisson",
                   control.compute = list(dic = TRUE, cpo = TRUE))
round(AIDS.inla2$summary.fixed, 4)
```

	mean	sd	0.025quant	0.5quant	0.975quant	mode	kld
(Intercept)	-1.9424	0.5116	-2.9899	-1.9272	-0.9792	-1.8963	0
log(TIME)	2.1747	0.2150	1.7675	2.1692	2.6131	2.1581	0

估计公式为

$$\hat{\mu} = \exp(-1.9424 + 2.1747 \times \log(\text{TIME})).$$

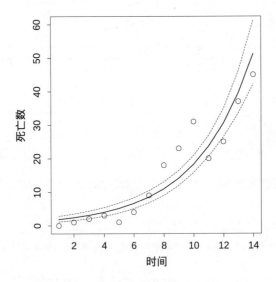

图 4.2 考虑时间 (TIME) 为解释变量时, 死亡数 (DEATHS) 后验均值函数的估计及其 95% 可信区间.

这个模型的解释不太直观: log(TIME) 每增加 1 个单位, 估计计数增加 exp(2.1747) =

8.7995. 我们看一下由这个模型估计的均值函数及其 95% 可信区间:

```
plot(DEATHS ~ log(TIME), data = AIDS, ylim=c(0,60))
lines(log(AIDS$TIME), AIDS.inla2$summary.fitted.values$mean, lwd=2)
lines(log(AIDS$TIME), AIDS.inla2$summary.fitted.values$"0.025quant",
    lwd=1, lty=2)
lines(log(AIDS$TIME), AIDS.inla2$summary.fitted.values$"0.975quant",
    lwd=1, lty=2)
```

与之前的模型相比, 该模型可以更好地拟合. 进一步检查这两个模型的 DIC:

```
c(AIDS.inla1$dic$dic, AIDS.inla2$dic$dic)
```

[1] 86.70308 74.10760

第二个模型具有较小的 DIC, 这进一步佐证了图 4.2 和图 4.3 的结果.

我们进一步将 INLA 的结果与用传统的极大似然估计得到的结果作比较:

```
AIDS.glm <- glm(DEATHS ~ log(TIME), family=poisson(), data=AIDS)
round(coef(summary(AIDS.glm)), 4)
```

	Estimate	Std. Error	z value	Pr(>|z|)
(Intercept)	-1.9442	0.5116	-3.8003	1e-04
log(TIME)	2.1748	0.2150	10.1130	0e+00

两种方法得到的估计结果非常相似.

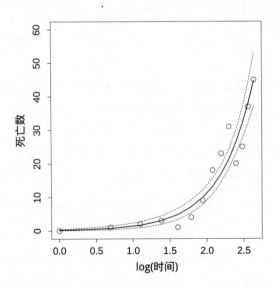

图 4.3 以 log(时间) (log(TIME)) 为解释变量时, 死亡数 (DEATHS) 后验均值函数的估计及其 95% 可信区间.

4.3.2 负二项回归

在实际工作中, 泊松回归在计数数据分析中具有局限性, 我们会发现, 计数数据经常呈现大幅超越泊松分布的变差, 或者说出现过度分散. 过度分散是指给定响应变量的分布, 观察到的因变量的方差超过名义方差的情况. 泊松模型中假设 Y 在给定 X 的条件下均值和方差相等, 这显然无法解释过度分散的情形. 不适当地施加这一限制可能低估参数估计的标准误差, 负二项回归是放松泊松限制和处理过度分散的最常用的方法.

具体来说, 假设 $v_i, i = 1, \ldots, n$ 是未被观测的随机变量, 服从形状参数为 α、比率参数为 α 的伽马分布 $\Gamma(\alpha, \alpha)$, 其密度函数为 $f(v) \propto x^{\alpha-1} \exp(-\alpha v) I\{v > 0\}$. 给定 v_i, Y_i 服从均值为 $v_i \mu_i$ 的泊松分布, 即 $Y_i|v_i \sim \mathrm{Poisson}(v_i \mu_i)$, 则可以得到 Y_i 具有负二项分布

$$P(Y_i = y; \alpha, \mu_i) = \frac{\Gamma(y + \alpha)}{\Gamma(\alpha)y!} \left(\frac{\alpha}{\mu_i + \alpha} \right)^\alpha \left(\frac{\mu_i}{\mu_i + \alpha} \right)^y, \tag{4.2}$$

其中 $y \in \{0, 1, 2, \ldots\}$. 记负二项分布 (4.2) 为 $Y_i \sim \mathrm{NB}(\alpha, \mu_i)$, 可以得到 Y_i 的边际均值和方差分别为 μ_i, $\mu_i + \mu_i^2/\alpha$. 因此, 参数 α 量化了数据的分散程度. 通常将 $\varphi = 1/\alpha$ 定义为负二项分布模型中的分散参数. 参数 $\varphi \to 0$ 对应于无过度分散, 在这种情况下, 负二项模型简化为泊松模型.

对数连接函数通常用于负二项回归. 假定我们有 p 个解释变量组成的向量, $(x_{i1}, \ldots, x_{ip})$, 它们与响应变量 Y_i 相关, 则模型可写为

$$\begin{cases} Y_i \sim \mathrm{NB}(\alpha, \mu_i), \\ \log(\mu_i) = \beta_0 + \beta_1 x_{i1} + \cdots + \beta_p x_{ip}. \end{cases}$$

接下来用一个马蹄蟹的例子 (Brockmann, 1996) 来说明负二项回归建模过程. Agresti (2012) 在他书的 4.3 节基于传统的频率 GLM 方法分析了该数据. 在这项研究中, 每只雌性马蹄蟹的窝里都有一只雄性马蹄蟹, 这项研究调查了影响雌蟹是否有其他雄蟹 (称为 "卫星") 居住在附近的因素. 本研究考虑的解释变量包括雌蟹的颜色 (COLOR)、脊柱状况 (SPINE)、重量 (WEIGHT) 和甲壳宽度 (WIDTH), 响应变量为每只雌蟹的卫星数 (SATELLITES). 变量的代码见表 4.4. 在这项研究中有 173 只雌蟹.

从描述性统计和图表开始, 首先检查结果变量的无条件均值和方差:

```
round(c(mean(crab$SATELLITES), var(crab$SATELLITES)), 4)
```

```
[1] 2.9191 9.9120
```

注意到 SATELLITES 的样本均值远低于其方差, 然后进一步根据蟹的颜色类型检查 SATELLITES 的均值和方差.

```
with(crab, tapply(SATELLITES, COLOR, function(x){round(mean(x), 4)}))
```

```
    1       2       3       4
```

表 4.4 crab 数据中变量的代码表.

变量名	描述	代码/值
SATELLITES	雌蟹的卫星数	计数型
COLOR	蟹的颜色	1 = 中等浅色
		2 = 中等
		3 = 中等深色
		4 = 深色
SPINE	蟹的脊柱状况	1 = 两个均好
		2 = 一个破损或断了
		3 = 二个破损或断了
WEIGHT	蟹的重量	千克 (kg)
WIDTH	蟹的甲壳宽度	厘米 (cm)

```
4.0833 3.2947 2.2273 2.0455
```

```
with(crab, tapply(SATELLITES, COLOR, function(x){round(var(x), 4)}))
```

```
      1       2       3       4
 9.7197 10.2739  6.7378 13.0931
```

因为响应变量的均值似乎随 COLOR 而变化, 所以变量 COLOR 是一个对预测 SATELLITES 有影响的变量. 此外, 注意到 COLOR 的每个类别内的方差比每个类别内的均值高得多. 接下来分别画出响应变量 SATELLITES 的直方图和以 COLOR 为条件的条件直方图.

```
(p1 <- ggplot(crab, aes(x=SATELLITES)) +
       geom_histogram(binwidth=1, color="black"))
(p2 <- p1 + facet_wrap(~ COLOR, ncol=2))
```

图 4.4 是 SATELLITES 的直方图 (左图) 和以雌蟹颜色为条件的条件直方图 (右图), 这些直方图证实了从汇总统计量中得出的结论. 探索性分析结果表明, 该数据存在过度分散, 因此可用负二项回归模型分析它.

检查预测变量之间的相关性, 注意到 WEIGHT 和 WIDTH 是高度相关的:

```
round(cor(crab$WEIGHT, crab$WIDTH),4)
```

```
[1] 0.8869
```

为了避免多重共线性, 我们考虑的模型中仅包括预测变量 COLOR, SPINE 和 WIDTH. 首先用传统的极大似然估计来拟合负二项回归:

```
library(MASS)
crab.glm <- glm.nb(SATELLITES ~ COLOR + SPINE + WIDTH, data=crab)
round(coef(summary(crab.glm)), 4)
```

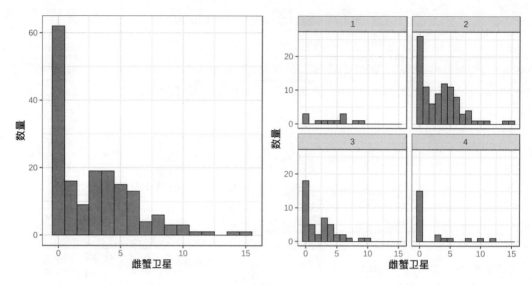

图 **4.4** crab 数据中响应变量雌蟹的卫星数 (SATELLITES) 的直方图和以雌蟹颜色 (COLOR) 为条件的条件直方图.

	Estimate	Std. Error	z value	Pr(>|z|)
(Intercept)	-0.3213	0.5637	-0.5700	0.5687
COLOR2	-0.3206	0.3725	-0.8607	0.3894
COLOR3	-0.5954	0.4159	-1.4317	0.1522
COLOR4	-0.5788	0.4643	-1.2467	0.2125
SPINE2	-0.2411	0.3934	-0.6130	0.5399
SPINE3	0.0425	0.2479	0.1713	0.8640
WIDTH	0.6925	0.1656	4.1826	0.0000

以下命令是用 INLA 拟合负二项回归:

```
crab.inla1 <- inla(SATELLITES ~ COLOR + SPINE + WIDTH, data = crab,
                family = "nbinomial",
                control.compute = list(dic = TRUE, cpo = TRUE))
round(crab.inla1$summary.fixed, 4)
```

	mean	sd	0.025quant	0.5quant	0.975quant	mode	kld
(Intercept)	-0.3158	0.5963	-1.4858	-0.3169	0.8592	-0.3187	0
COLOR2	-0.3216	0.3922	-1.1199	-0.3122	0.4244	-0.2941	0
COLOR3	-0.5988	0.4292	-1.4643	-0.5915	0.2257	-0.5775	0
COLOR4	-0.5814	0.4900	-1.5577	-0.5772	0.3708	-0.5691	0
SPINE2	-0.2467	0.3912	-1.0038	-0.2508	0.5346	-0.2587	0
SPINE3	0.0392	0.2527	-0.4661	0.0419	0.5287	0.0471	0

```
WIDTH          0.7001 0.1839       0.3457   0.6976       1.0691  0.6927   0
```

可见 MLE 方法和 INLA 方法的结果非常接近, 其中 WIDTH 参数的后验均值为 0.7001, 后验标准差为 0.1839, 0.025 和 0.975 分位数都是正的, 这表明 WIDTH 的影响极有可能是正的. 所有其他预测变量的 95% 可信区间都包含零, 因此我们无法根据数据确定这些影响是正的还是负的.

在 INLA 中, 参数 α 表示为 $\alpha = \exp(\theta)$, 且扩散伽马分布是定义在 θ 上的. 默认情况下, 输出的是 α 后验估计的汇总统计量:

```
round(crab.inla1$summary.hyperpar, 4)
```

	mean	sd	0.025quant
size for the nbinomial observations (1/overdispersion)	0.9289	0.1572	0.6612

	0.5quant	0.975quant	mode
size for the nbinomial observations (1/overdispersion)	0.915	1.2703	0.883

如果我们对过度分散参数 φ, 即参数 α 的倒数感兴趣, 可使用函数 inla.tmarginal 对整个后验分布进行变换:

```
overdisp_post <- inla.tmarginal(fun=function(x) 1/x, marg=crab.inla1$
    ↪ marginals.hyperpar[[1]])
```

φ 的后验均值可由函数 inla.emarginal 得到, 它计算的是作用于边际分布 marg 的函数 fun 的期望值:

```
round(inla.emarginal(fun=function(x) x, marg=overdisp_post), 4)
```

```
[1] 1.108
```

为了得到 φ 的可信区间, 可使用函数 inla.qmarginal:

```
round(inla.qmarginal(c(0.025, 0.975), overdisp_post), 4)
```

```
[1] 0.7610 1.5468
```

以上 φ 的后验汇总统计量表明数据集中存在一定程度的过度分散. 我们可能想比较一下使用泊松回归与负二项模型的结果:

```
crab.inla2 <- inla(SATELLITES ~ COLOR + SPINE + WIDTH, data = crab,
                   family = "poisson",
                   control.compute = list(dic = TRUE, cpo = TRUE))
round(crab.inla2$summary.fixed, 4)
```

	mean	sd	0.025quant	0.5quant	0.975quant	mode	kld
(Intercept)	-0.0491	0.2535	-0.5499	-0.0481	0.4457	-0.0461	0
COLOR2	-0.2695	0.1678	-0.5916	-0.2720	0.0673	-0.2770	0

COLOR3	-0.5232 0.1941	-0.9003 -0.5246	-0.1384 -0.5275	0
COLOR4	-0.5434 0.2253	-0.9866 -0.5430	-0.1023 -0.5423	0
SPINE2	-0.1615 0.2115	-0.5892 -0.1571	0.2420 -0.1483	0
SPINE3	0.0924 0.1195	-0.1393 0.0913	0.3297 0.0893	0
WIDTH	0.5475 0.0732	0.4028 0.5478	0.6901 0.5485	0

尽管截距的估计值有很大差异, 但预测变量的后验均值估计没有太大变化. 然而, 泊松回归的后验标准差要比负二项回归的后验标准差小得多. 对于过度分散的数据, 泊松回归低估了系数的标准误差, 由此导致可信区间过窄, 并有可能导致不正确的结果 (Wang, 2012). 我们可进一步比较负二项模型和泊松模型的 DIC:

```
c(crab.inla1$dic$dic, crab.inla2$dic$dic)
```

[1] 761.2103 918.9907

负二项模型的 DIC 比泊松模型的 DIC 小得多, 说明负二项模型对 crab 数据的拟合较好.

4.4   比率数据建模

在许多应用中, 对某一事件的计数是在一段暴露时间或量下观察的. 例如, 每年的交通事故, 或每个年龄组的死亡计数, 通常称这类数据为比率数据 (rate). 比率是事件的计数除以该单位的暴露 (exposure) 量 (一个特定的观察单位). 与从 0 到 1 的比例不同, 比率可以取任何非负值. 泊松或负二项回归通常适用于比率数据的建模. 在泊松模型或负二项模型中, 它是作为补偿 (offset) 量处理的, 相应的暴露变量位于方程的右侧, 但参数估计 (对于暴露的对数) 限制为 1.

下面的对数连接模型中比率是预测变量 $(x_1, \ldots, x_p)$ 的函数:

$$\log(\mu_i/e_i) = \beta_0 + \beta_1 x_{i1} + \cdots + \beta_p x_{ip},$$

其中 μ_i 是事件计数均值, e_i 是第 i 次观测值的暴露量. 上面的公式可改写为

$$\log(\mu_i) = \log(e_i) + \beta_0 + \beta_1 x_{i1} + \cdots + \beta_p x_{ip},$$

则模型变成泊松模型或负二项模型, 其中右边的附加项 $\log(e_i)$, 即暴露的对数, 就是补偿项.

接下来是一个车险索赔数据的例子 (Aitkin 等, 2005). 该数据包括一家保险公司面临风险的投保人数量, 以及这些投保人在 1973 年第三季度进行的汽车保险索赔额. 该数据包括三个四级分类预测变量, 变量的代码见表 4.5.

使用带有补偿项的泊松回归拟合比率数据, 并对索赔率与三个解释变量 District,

表 4.5 车险索赔数据变量代码表.

变量名	描述	代码/值
District	投保人居住地区	1 = 乡村
		2 = 小镇
		3 = 大镇
		4 = 大城市
Group	根据发动机容量划分汽车种类	<1 升
		1–1.5 升
		1.5–2 升
		>2 升
Age	投保人的年龄分组	<25
		25–29
		30–35
		> 35
Holders	投保人的数量	计数型
Claims	索赔数量	计数型

Group 和 Age 之间的关系建模. 我们仍从传统的极大似然估计法开始分析:

```
library(MASS)
data(Insurance, package = "MASS")
insur.glm <- glm(Claims ~ District + Group + Age + offset(log(Holders)),
             data = Insurance, family = poisson)
round(summary(insur.glm)$coefficients, 4)
```

```
            Estimate Std. Error  z value Pr(>|z|)
(Intercept)  -1.8105     0.0330 -54.9102   0.0000
District2     0.0259     0.0430   0.6014   0.5476
District3     0.0385     0.0505   0.7627   0.4457
District4     0.2342     0.0617   3.7975   0.0001
Group.L       0.4297     0.0495   8.6881   0.0000
Group.Q       0.0046     0.0420   0.1103   0.9121
Group.C      -0.0293     0.0331  -0.8859   0.3757
Age.L        -0.3944     0.0494  -7.9838   0.0000
Age.Q        -0.0004     0.0489  -0.0073   0.9942
Age.C        -0.0167     0.0485  -0.3452   0.7299
```

注意到, 为了正确指定函数 glm, 必须将 log(Holders) 作为系数为 1 的解释变量, 即在模型公式中通过指定 "offset(log(Holders))" 将 log(Holders) 作为模型中的补偿项.

　　当使用 inla 函数拟合贝叶斯模型时, 补偿项需要由参数 E = holders 指定:

```
insur.inla1 <- inla(Claims ~ District + Group + Age, data = Insurance,
```

```
                       family = "poisson", E = Holders)
round(insur.inla1$summary.fixed, 4)
```

	mean	sd	0.025quant	0.5quant	0.975quant	mode	kld
(Intercept)	-1.8122	0.0330	-1.8774	-1.8120	-1.7479	-1.8117	0
District2	0.0259	0.0430	-0.0588	0.0259	0.1101	0.0261	0
District3	0.0385	0.0505	-0.0612	0.0387	0.1372	0.0391	0
District4	0.2342	0.0617	0.1118	0.2346	0.3541	0.2355	0
Group.L	0.4296	0.0495	0.3320	0.4298	0.5262	0.4301	0
Group.Q	0.0043	0.0420	-0.0787	0.0044	0.0862	0.0047	0
Group.C	-0.0294	0.0331	-0.0943	-0.0294	0.0356	-0.0295	0
Age.L	-0.3943	0.0494	-0.4900	-0.3947	-0.2961	-0.3956	0
Age.Q	-0.0002	0.0489	-0.0964	-0.0001	0.0956	0.0000	0
Age.C	-0.0164	0.0485	-0.1116	-0.0164	0.0787	-0.0163	0

从上面的输出中可以看到主要影响城市为 District4, 均值为 0.2342, 95% 的可信区间为 (0.1118, 0.3541). 结果解释如下: 在发动机种类和年龄的影响是固定的假设下, 大城市的索赔率的估计值为 $26.36\% = \exp(0.234) - \exp(0)$, 可信区间为 $(11.83\%, 42.49\%) = (\exp(0.1118) - \exp(0), \exp(0.3541) - \exp(0))$, 高于乡村地区的索赔率. 对于其他两种重要的效应 Group.L 和 Age.L 也可以作类似的说明.

为了检查泊松模型的有效性, 在频率分析中经常用 Pearson 残差来进行模型诊断:

$$\hat{\varepsilon}_i = (y_i - \hat{\mu}_i)/\sqrt{\hat{\mu}_i}, i = 1, \dots, n,$$

其中 $\hat{\mu}_i$ 是极大似然估计. 若指定模型正确, 则该残差近似服从标准正态分布. 类比经典的模型检验, 定义贝叶斯 Pearson 残差为

$$r_i = (y_i - \mu_i)/\sqrt{\mu_i} = \frac{y_i - g^{-1}(\boldsymbol{x}_i, \boldsymbol{\beta})}{\sqrt{g^{-1}(\boldsymbol{x}_i, \boldsymbol{\beta})}}, i = 1, \dots, n.$$

每个 r_i 是一个未知参数的函数, 其后验分布可直接计算 (更多贝叶斯残差的讨论见第 3 章). 绘制 r_i 的后验均值或中位数与观测值索引或拟合值之间的关系, 可判断模型假设是否合理.

我们在 brinla 软件包中写了一个方便使用的函数 bri.Pois.resid, 用于计算泊松回归中的贝叶斯 Pearson 残差 (后验均值). 当在函数中指定参数 plot = TRUE 时, 就可绘制出各案例对应的残差图.

```
insur.bresid <- bri.Pois.resid(insur.inla1, plot = TRUE)
abline(1.96, 0, lty=2); abline(-1.96, 0, lty=2)
qqnorm(insur.bresid$resid); qqline(insur.bresid$resid)
```

图 4.5 的左图是按各案例绘制的残差图 (索引图), 其中观察到一个带有随机变化点的水平带. 图 4.5 的右图是残差的正态分布 Q-Q 图, 表明残差非常符合标准正态分布. 因此, 车险索赔数据的泊松模型假设较为合理.

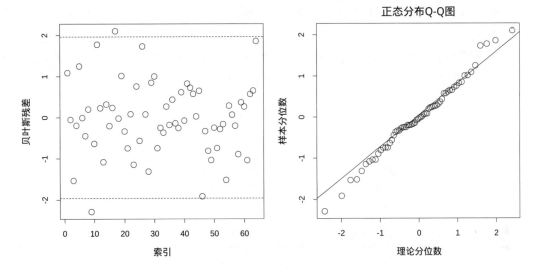

图 4.5 车险索赔数据泊松模型的贝叶斯 Pearson 残差图, 左图是按各案例绘制的残差图, 右图是残差的正态分布 Q-Q 图.

4.5 偏态数据的伽马回归

泊松模型和负二项模型在实践中非常流行, 但还有一些其他的 GLM, 它们对特定类型的数据非常有用. 伽马 GLM 可用于连续但有偏的响应数据, 分析此类数据的最常见方法是对响应数据进行 log 变换. 然而, 在 GLM 框架中通过伽马分布对偏态数据进行建模可能会有更好的可解释性. 因为伽马回归参数可以用响应的均值来解释. 伽马分布的密度函数为

$$f(y) = \frac{b^a}{\Gamma(a)} y^{a-1} \exp(-by), \qquad a > 0, b > 0, y > 0,$$

其中 a 是形状参数, b 是分布的刻度参数, 故 $E(y) = a/b$, $\mathrm{Var}(y) = a/b^2$. 为了实施伽马 GLM, INLA 采用了以下重参数化方法:

$$\mu = a/b, \quad \phi = \mu \frac{b^2}{a},$$

其中 μ 是均值参数, ϕ 是精度参数 (或 $\varphi = 1/\phi$ 是分散参数), 它在重参数化下对应的密度函数为

$$f(y) = \frac{1}{\Gamma(\phi)} \left(\frac{\phi}{\mu}\right)^{\phi} y^{\phi-1} \exp\left(-y\phi/\mu\right).$$

线性预测因子 η 默认使用对数连接函数与 μ 相联系, 即 $\mu = \exp(\eta)$. 超参数是精度参数 ϕ, 表示为 $\phi = \exp(\theta)$, 对 θ 使用分散的伽马先验.

Myers 和 Montgomery (1997) 介绍了半导体制造过程中的一个组数据, 理论上有四个因素会影响晶体的电阻率, 因此对每个因素进行了两个水平的全析因实验. Faraway (2016b) 用不同的频率模型分析了该数据. 表 4.6 列出了晶体数据的变量代码表.

表 **4.6** 晶体数据的变量代码表.

变量名	描述	代码/值
x1	因子, 水平为 "–" "+"	"–" = 水平 1; "+" = 水平 2
x2	因子, 水平为 "–" "+"	"–" = 水平 1; "+" = 水平 2
x3	因子, 水平为 "–" "+"	"–" = 水平 1; "+" = 水平 2
x4	因子, 水平为 "–" "+"	"–" = 水平 1; "+" = 水平 2
resist	晶体电阻率	数值型

我们先查看响应变量 `resist` 的分布:

```
library(faraway)
data(wafer)
hist(wafer$resist, prob=T, col="grey", xlab= "resist", main = "")
lines(density(wafer$resist), lwd=2)
```

图 4.6 表明变量 `resist` 明显服从一个有偏的分布. 现在我们对此数据用传统的极大似然估计拟合伽马 GLM:

```
formula <- resist ~ x1 + x2 + x3 + x4
wafer.glm <- glm(formula, family = Gamma(link = log), data = wafer)
round(coef(summary(wafer.glm)), 4)
```

```
            Estimate Std. Error t value Pr(>|t|)
(Intercept)   5.4455     0.0586 92.9831   0.0000
x1+           0.1212     0.0524  2.3129   0.0411
x2+          -0.3005     0.0524 -5.7364   0.0001
x3+           0.1798     0.0524  3.4323   0.0056
x4+          -0.0576     0.0524 -1.0990   0.2952
```

分散参数的估计值为:

```
round(summary(wafer.glm)$dispersion, 4)
```

```
[1] 0.011
```

现在用 INLA 拟合该伽马 GLM:

```
wafer.inla1 <- inla(formula, family = "gamma", data = wafer)
round(wafer.inla1$summary.fixed, 4)
```

	mean	sd	0.025quant	0.5quant	0.975quant	mode	kld
(Intercept)	5.4465	0.0656	5.3170	5.4461	5.5785	5.4454	0
x1+	0.1212	0.0571	0.0073	0.1212	0.2349	0.1212	0
x2+	-0.3005	0.0572	-0.4144	-0.3005	-0.1867	-0.3005	0
x3+	0.1798	0.0573	0.0657	0.1798	0.2938	0.1798	0
x4+	-0.0576	0.0572	-0.1715	-0.0576	0.0562	-0.0576	0

输出精度参数的结果:

```
round(wafer.inla1$summary.hyperpar, 4)
```

	mean	sd	0.025quant	0.5quant
Precision parameter for the Gamma observations	90.5665	34.0182	37.3194	86.0918

	0.975quant	mode
Precision parameter for the Gamma observations	168.9319	76.625

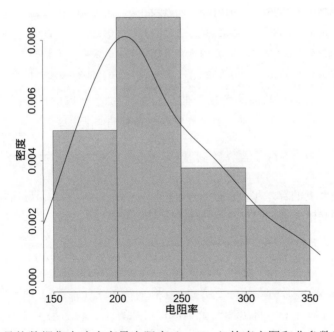

图 4.6 晶体数据集中响应变量电阻率 (resist) 的直方图和非参数密度估计.

我们用以下命令提取分散参数 φ 的后验均值:

```
disp_post <- inla.tmarginal(fun=function(x) 1/x,
```

```
                                                wafer.inla1$marginals.hyperpar[[1]])
round(inla.emarginal(function(x) x, marg = disp_post),4)
```

0.0129

在这个例子中, 使用频率方法和 INLA 得到的回归系数的估计值非常相似, 标准误差和离散参数估计值也很接近. 使用 INLA 的好处是, 可以很容易地计算出分散参数的可信区间, 这通过以下代码可以得到:

```
round(inla.qmarginal(c(0.025, 0.975), disp_post), 4)
```

[1] 0.0058 0.0275

为偏态连续数据建模的常用方法是作对数变换后进行线性回归, 下面比较线性模型的结果:

```
wafer.inla2 <- inla(log(resist) ~ x1 + x2 + x3 + x4,
                    family = "gaussian", data = wafer)
round(wafer.inla2$summary.fixed, 4)
```

	mean	sd	0.025quant	0.5quant	0.975quant	mode	kld
(Intercept)	5.4405	0.0598	5.3213	5.4405	5.5595	5.4405	0
x1+	0.1228	0.0535	0.0162	0.1228	0.2293	0.1228	0
x2+	-0.2999	0.0535	-0.4064	-0.2999	-0.1934	-0.2999	0
x3+	0.1784	0.0535	0.0719	0.1784	0.2849	0.1784	0
x4+	-0.0561	0.0535	-0.1627	-0.0561	0.0503	-0.0561	0

可以看到系数的后验估计与前两个模型非常相似, 然而, 对数变换后线性回归的解释与伽马 GLM 的解释有很大的不同. 在对数变换后的线性回归中,

$$E[\log(Y)] = \beta_0 + \beta_1 X_1 + \beta_2 X_2 + \beta_3 X_3 + \beta_4 X_4,$$

它可以用对数刻度上的算术平均的变化来解释. 例如, $x_1 = +$ (x_1 每增加一个单位), 对数结果的期望值变化为 0.1228. 在伽马 GLM 模型中

$$\log(E[Y]) = \beta_0 + \beta_1 X_1 + \beta_2 X_2 + \beta_3 X_3 + \beta_4 X_4.$$

这意味着 $E[Y] = \exp(\beta_0 + \beta_1 X_1 + \beta_2 X_2 + \beta_3 X_3 + \beta_4 X_4)$, 它假设了预测变量对原始结果产生乘法效应. $x_1 = +$ (x_1 每增加一个单位), 对数算术平均结果增加 0.1212, 取幂指数 $\exp(0.1212) = 1.1289$ 后表示原始刻度上的平均结果, 当其他预测变量固定时, $x_1 = +$ 是原始刻度上 $x_1 = -$ 的 1.1289 倍.

4.6 比例响应变量

不同领域的许多研究都涉及在开区间 $(0,1)$ 上的比例回归分析. 这样的数据通常是连续的, 但在单位区间上是异方差的: 它们在均值附近显示出较大的变化, 而在接近区间的下限和上限时, 它们的变化较小. 为该类数据建模的典型方法是对响应变量作变换, 然后应用标准的线性回归分析. 一种常用的变换为 logit 变换, 即 $\tilde{y} = \log(y/(1-y))$. 然而, 对比率或比例的 logit 变换常常是不对称的. 因此, 基于高斯推断的区间估计和假设检验在小样本下可能是不准确的. 此外, 类似伽马 GLM, 回归参数需用 $\tilde{y}$ 的均值来解释, 而不是用 y 的均值来解释.

Beta 回归模型在 GLM 框架中是一种对定义在开区间 $(0,1)$ 内的连续响应数据建模的方案. Beta 回归中的回归参数可以用 y 的均值来解释, 模型自然是异方差的, 且模型中允许出现不对称 (Ferrari 和 Cribari-Neto, 2004; Wang, 2012).

Beta 分布的密度函数为 $f(y; p, q) = y^{p-1}(1-y)^{q-1}/B(p,q)$, 其中 $p, q > 0$, $B(p,q) = \Gamma(p)\Gamma(q)/\Gamma(p,q)$ 是 Beta 函数. 若记 $\mu = p/(p+q)$, $\tau = p+q$, 则密度函数重新参数化为

$$f(y; \mu, \tau) = \frac{1}{B(\mu\tau, (1-\mu)\tau)} y^{\mu\tau-1}(1-y)^{(1-\mu)\tau-1}, \tag{4.3}$$

其中 $\mu \in (0,1)$, $\tau > 0$. 记随机变量 Y 是密度函数为 (4.3) 的 Beta 分布, 即 $Y \sim \text{Beta}(\mu, \tau)$, 可知 $E(Y) = \mu$, $\text{Var}(Y) = \mu(1-\mu)/(1+\tau)$. 因为分布的方差随着 τ 的减少而增加, 因此参数 τ 可以量化数据的分散程度.

图 4.7 展示了几个不同的 Beta 密度函数以及相应的均值和分散参数的值. 值得注意的是, 根据两个参数的不同, Beta 分布族涵盖了各种不同的形状. Beta 分布可以是 "U-型" 或 "J-型" 的, 如图 4.7 所示. 因此, Beta 回归为取值在 $(0,1)$ 内的连续数据提供了一种非常灵活的建模方式.

在 Beta 回归中, 连接函数有几种可能的选择, 最常用的为 logit 连接, 即 $g(\mu) = \log(\mu/(1-\mu))$, 也可以使用 probit 函数 $g(\mu) = \Phi^{-1}(\mu)$, 其中 $\Phi(\cdot)$ 是标准的正态累积分布函数, 或者 log-log 连接 $g(\mu) = -\log(-\log(\mu))$. 特别有用的连接函数是 logit 连接, 因为 Beta 回归中的系数可以用优势比 (odds ratio) 解释. 在 INLA 包中, Beta 回归用的是 logit 连接函数.

具体来说, 假设一个 p 维解释变量 $(x_{i1}, \ldots, x_{ip})$ 与响应数据 $Y_i \in (0,1)$ 相关, 则 Beta 模型为

$$\begin{cases} Y_i \sim \text{Beta}(\mu_i, \tau), \\ \text{logit}(\mu_i) = \beta_0 + \beta_1 x_{i1} + \cdots + \beta_p x_{ip}. \end{cases}$$

接下来使用来自 Prater (1956) 的汽油产量数据集, 关于该数据集的详细讨论见 Ferrari 和 Cribari-Neto (2004). 该数据集的因变量是原油经过蒸馏和分馏后转化为

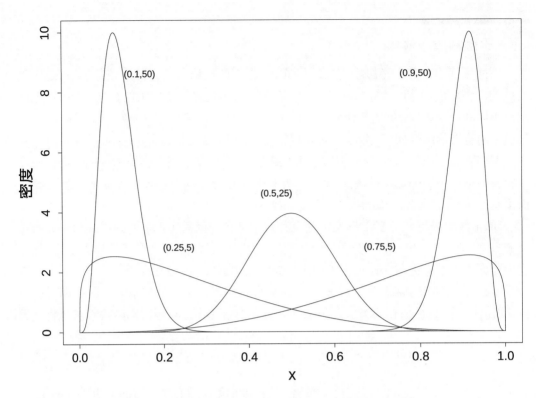

图 4.7　均值和分散参数的不同组合下的 Beta 密度函数.

汽油的比例 (yield), 包含的 4 个解释变量为: 原油比重度 (gravity), 原油的蒸汽压 (pressure), 10% 的原油蒸发的温度 (temp10), 所有汽油蒸发的温度 (temp). 汽油产量数据中变量的代码见表 4.7.

表 4.7　汽油产量数据中变量的代码表.

变量名	描述	代码/值
yield	原油经过蒸馏和分馏后转化为汽油的比例	比例
gravity	原油比重度	API 刻度
pressure	原油的蒸汽压	lbf/in2
temp10	10% 的原油蒸发的温度	华氏度
temp	所有汽油蒸发的温度	华氏度
batch	因子, 表明 gravity, pressure 和 temp10 的唯一的一组条件	水平从 1 到 10

首先看一下响应变量的分布:

```
library(betareg)
data(GasolineYield)
hist(GasolineYield$yield, prob=T, col="grey", xlab= "yield",
```

```
        main = "", xlim =c(0,1))
lines(density(GasolineYield$yield), lwd=2)
```

图 4.8 展示了响应变量 yield 的直方图和非参数密度估计. 可以看到这个变量的分布是右偏的, 它的范围是 0 到 0.5. 由于响应变量是一个比例, 很自然使用 Beta 回归. 我们先用传统的最大似然估计拟合 Beta 回归:

```
gas.glm <- betareg(yield ~ gravity + pressure + temp10 + temp,
                   data = GasolineYield)
coef(summary(gas.glm))
```

$mean

	Estimate	Std. Error	z value	Pr(>|z|)
(Intercept)	-2.694942189	0.7625693428	-3.5340290	4.092761e-04
gravity	0.004541209	0.0071418995	0.6358545	5.248712e-01
pressure	0.030413465	0.0281006512	1.0823046	2.791172e-01
temp10	-0.011044935	0.0022639670	-4.8785761	1.068544e-06
temp	0.010565035	0.0005153974	20.4988154	2.205984e-93

$precision

	Estimate	Std. Error	z value	Pr(>|z|)
(phi)	248.2419	62.0162	4.002856	6.258231e-05

现在通过在 INLA 中指定 family = "beta" 来拟合 Beta 回归.

```
gas.inla <- inla(yield ~ gravity + pressure + temp10 + temp,
                 data = GasolineYield, family = "beta")
round(gas.inla$summary.fixed, 4)
```

	mean	sd	0.025quant	0.5quant	0.975quant	mode	kld
(Intercept)	-2.6607	1.3041	-5.2760	-2.6476	-0.1210	-2.6235	0
gravity	0.0045	0.0122	-0.0195	0.0045	0.0286	0.0045	0
pressure	0.0297	0.0480	-0.0634	0.0290	0.1265	0.0278	0
temp10	-0.0109	0.0039	-0.0184	-0.0110	-0.0031	-0.0110	0
temp	0.0104	0.0009	0.0087	0.0104	0.0121	0.0104	0

```
round(gas.inla$summary.hyperpar, 4)
```

	mean	sd	0.025quant	0.5quant
precision parameter for the beta observations	88.9334	22.1599	50.869	87.077

	0.975quant	mode
precision parameter for the beta observations	137.2354	83.0305

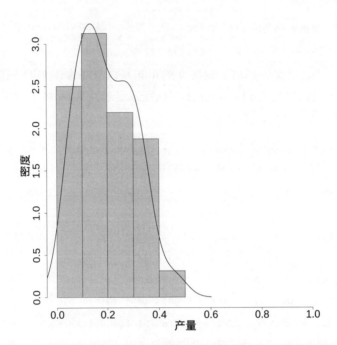

图 4.8　汽油产量数据集中响应变量产量 (yield) 的直方图和非参数密度估计.

　　两种方法下模型参数的估计值几乎相同. 值得注意的是, INLA 下分散参数估计值比极大似然法的要小得多, 造成这种差异的原因需要进一步研究, 我们把它作为一个开放的问题留给读者.

　　下面进行模型诊断以检查模型的拟合度. 在此, 我们介绍一种贝叶斯残差图解工具, 用于检测与假设模型的偏离情况及有影响的观测值. Ferrari 和 Cribari-Neto (2004) 定义了 Beta 回归的标准化残差:

$$\varepsilon_i = \frac{y_i - \hat{\mu}_i}{\sqrt{\widehat{\mathrm{Var}}(y_i)}}, i = 1, \ldots, n,$$

其中 $\hat{\mu}_i = g^{-1}(\boldsymbol{x}_i^T \hat{\boldsymbol{\beta}})$, $\widehat{\mathrm{Var}}(y_i) = \hat{\mu}_i(1 - \hat{\mu}_i)/(1 + \hat{\tau})$, 这里 $(\hat{\boldsymbol{\beta}}, \hat{\tau})$ 是极大似然估计. 与泊松回归相似, 定义 Beta 回归的贝叶斯标准化残差为

$$r_i = \frac{y_i - \mu_i}{\sqrt{\mathrm{Var}(y_i)}} = \frac{y_i - g^{-1}(\boldsymbol{x}_i^T \boldsymbol{\beta})}{\sqrt{g^{-1}(\boldsymbol{x}_i^T \boldsymbol{\beta})(1 - g^{-1}(\boldsymbol{x}_i^T \boldsymbol{\beta}))/(1 + \tau)}}, i = 1, \ldots, n.$$

残差的后验样本由 $\boldsymbol{\beta}$ 和 τ 的后验分布代替得到, 然后可以检查 r_i 的后验均值或中位数与观测值索引的关系. 我们在 brinla 包中定义了一个方便使用的函数 bri.beta.resid, 用来计算 Beta 回归中的贝叶斯 Pearson 残差 (后验均值). 当在函数中指定参数 plot = TRUE 时, 我们将绘制出相应的残差图:

```
gas.inla1.resid <- bri.beta.resid(gas.inla1, plot = TRUE, ylim = c(-2,2))
abline(1.96, 0, lty=2); abline(-1.96, 0, lty=2)
```

图 4.9 展示了该 Beta 回归的贝叶斯残差. 如图所示, 我们观察到一个带有贝叶斯残差随机变化的水平带, 水平带外只有一个数据点.

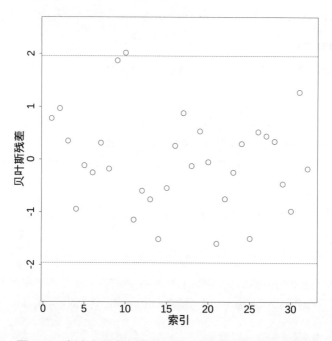

图 4.9 汽油产量数据集中 Beta 模型的贝叶斯残差图.

在模型拟合中, temp10 和 temp 的 95% 可信区间不包含零, 而 gravity 和 pressure 的可信区间包含零. 我们建立一个具有显著变量 (在贝叶斯意义下) temp10 和 temp 的简化模型:

```
gas.inla2 <- inla(yield ~ temp10 + temp, data = GasolineYield,
                  family = "beta",
                  control.compute = list(dic = TRUE, cpo = TRUE))
round(gas.inla2$summary.fixed, 4)
```

	mean	sd	0.025quant	0.5quant	0.975quant	mode	kld
(Intercept)	-1.7802	0.3695	-2.5082	-1.7809	-1.0498	-1.7821	0
temp10	-0.0134	0.0015	-0.0164	-0.0134	-0.0105	-0.0134	0
temp	0.0105	0.0008	0.0089	0.0105	0.0121	0.0105	0

```
round(gas.inla2$summary.hyperpar, 4)
```

	mean	sd	0.025quant	0.5quant	0.975quant	mode

```
precision parameter
for the beta observations 92.9781 22.4935    54.1396   91.1616     141.828 87.1999
```

均值响应 (原油转化为汽油的比例) 与 10% 的原油蒸发的温度之间存在负相关, 与所有
汽油蒸发的温度之间存在正相关. 接下来比较前一个模型和当前模型的 DIC:

```
c(gas.inla1$dic$dic, gas.inla2$dic$dic)
```

```
[1] -126.8995 -131.2635
```

因此, 我们更倾向于简化模型, 因为它的 DIC 更小, 然后进一步研究简化模型的贝叶斯
残差图.

```
gas.inla2.resid <- bri.beta.resid(gas.inla2, plot = TRUE, ylim = c(-2,2))
abline(1.96, 0, lty=2); abline(-1.96, 0, lty=2)
```

　　图 4.10 也显示了一种随机的模式, 所有的残差都在水平范围内. 因此, 对汽油产量
数据进行 Beta 回归是有效的.

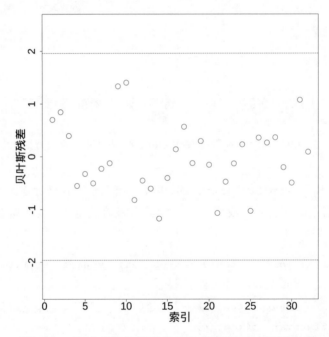

图 4.10　汽油产量数据集中简化模型的贝叶斯残差图.

4.7　零膨胀数据建模

　　在统计学中, 零膨胀回归通常用于对有过多零值的数据进行建模的问题. 该模型基
于零膨胀的概率分布, 即允许频繁出现零值观测的分布. 零膨胀的情况在建立计数数据

模型时经常发生. 例如, 对面临某种风险的保险, 索赔数量将因那些没有为该风险投保因而无法索赔的人产生零膨胀. INLA 允许用户用泊松、二项、负二项和 Beta-二项分布拟合零膨胀模型.

零膨胀模型除了允许过度分散外, 还提供了一种混合建模方法来对多余的零值建模. 对每个观测值有两种可能的数据生成过程, 使用哪个过程由伯努利试验的结果来确定. 对于第 i 个观测值, 第一个过程以概率 ϕ 产生 0, 而第二个过程以概率 $1 - \phi$ 从一个特定的参数分布, 比如泊松或负二项分布, 产生结果 (Lambert, 1992). 具体来说, 一个零膨胀模型可以表述为

$$Y_i \sim \begin{cases} 0, & \text{概率为 } \phi, \\ g(y_i | \boldsymbol{x}_i), & \text{概率为 } 1 - \phi, \end{cases} \tag{4.4}$$

其中 $g(\cdot)$ 是某个概率质量或密度函数, 对应的概率为 $p(Y_i = y_i | \boldsymbol{x}_i)$:

$$p(Y_i = y_i | \boldsymbol{x}_i) = \phi \cdot I_{\{y_i = 0\}} + (1 - \phi) \cdot g(y_i | \boldsymbol{x}_i).$$

在 INLA 中, 上述零膨胀模型 (4.4) 定义为 "Type 1" 零膨胀模型. INLA 还提供了 "Type 0" 零膨胀模型的选项, 其中的似然定义为

$$p(Y_i = y_i | \boldsymbol{x}_i) = \phi \cdot I_{\{y_i = 0\}} + (1 - \phi) \cdot g(y_i | y_i > 0, \boldsymbol{x}_i).$$

在这里只关注使用 "Type 1" 零膨胀泊松模型和负二项模型对带有过多零值的计数数据进行建模的一个例子, 其他情况也是类似的. `articles` 数据来自 Long (1997), 此研究调查了诸如性别 (`fem`)、婚姻状况 (`mar`)、幼童数量 (`kid5`)、研究项目的声望 (`phd`) 和科学家的导师发表的文章数量 (`ment`) 如何影响科学家发表的文章数量 (`art`). 表 4.8 展示了 `articles` 数据中变量的代码.

表 4.8 `articles` 数据中变量的代码表.

变量名	描述	代码/值
fem	性别	0 = 男, 1 = 女
ment	科学家的导师发表的文章数量	整数
phd	研究项目的声望	正数值
mar	婚姻状况	0 = 否, 1 = 是
kid5	幼童数量	正整数
art	科学家发表的文章数量	正整数

使用以下的 R 命令可以查看发表每个观察到的文章数量的科学家的频率和比例:

```
data(articles, package = "brinla")
table(articles$art)
```

```
 0   1   2   3   4   5   6   7   8   9  10  11  12  16  19
```

```
275 246 178 84 67 27 17 12  1  2  1  1  2  1  1
```

```
round(prop.table(table(articles$art)),3)
```

```
     0     1     2     3     4     5     6     7     8     9    10    11    12
 0.301 0.269 0.195 0.092 0.073 0.030 0.019 0.013 0.001 0.002 0.001 0.001 0.002
    16    19
 0.001 0.001
```

观察到的未发表文章的科学家比例为 0.301, 说明响应变量中存在大量的零. 因此, 我们拟合了零膨胀泊松模型和零膨胀负二项模型. 在下面的语句中, family = "zeroinflatedpoisson1" 表示零膨胀泊松模型.

```
articles.inla1 <- inla(art ~ fem + mar + kid5 + phd + ment,
                       data = articles, family = "zeroinflatedpoisson1",
                       control.compute = list(dic = TRUE, cpo = TRUE))
round(articles.inla1$summary.fixed, 4)
```

	mean	sd	0.025quant	0.5quant	0.975quant	mode	kld
(Intercept)	0.5504	0.1139	0.3262	0.5506	0.7734	0.5509	0
fem1	-0.2315	0.0586	-0.3468	-0.2315	-0.1167	-0.2313	0
mar1	0.1322	0.0661	0.0026	0.1321	0.2619	0.1320	0
kid5	-0.1706	0.0433	-0.2559	-0.1705	-0.0860	-0.1703	0
phd	0.0028	0.0285	-0.0531	0.0028	0.0587	0.0027	0
ment	0.0216	0.0022	0.0173	0.0216	0.0258	0.0216	0

```
round(articles.inla1$summary.hyperpar, 4)
```

	mean	sd	0.025quant	0.5quant
zero-probability parameter for zero-inflated poisson_1	0.1556	0.0204	0.1156	0.1555

	0.975quant	mode
zero-probability parameter for zero-inflated poisson_1	0.196	0.1554

从结果来看, phd 是唯一一个在贝叶斯意义下不显著的变量, 估计的零概率参数为 0.1556, 95% 可信区间为 (0.1156, 0.196).

通过指定 family = "zeroinflatednbinomial1", 可以类似地拟合零膨胀负二项模型:

```
articles.inla2 <- inla(art ~ fem + mar + kid5 + phd + ment,
                       data = articles,
                       family = "zeroinflatednbinomial1",
```

```
                          control.compute = list(dic = TRUE, cpo = TRUE))
round(articles.inla2$summary.fixed, 4)
```

	mean	sd	0.025quant	0.5quant	0.975quant	mode	kld
(Intercept)	0.2745	0.1391	0.0008	0.2747	0.5470	0.2750	0
fem1	-0.2177	0.0724	-0.3598	-0.2177	-0.0757	-0.2177	0
mar1	0.1493	0.0818	-0.0112	0.1493	0.3099	0.1493	0
kid5	-0.1761	0.0529	-0.2802	-0.1760	-0.0727	-0.1758	0
phd	0.0147	0.0359	-0.0558	0.0146	0.0851	0.0146	0
ment	0.0288	0.0034	0.0221	0.0287	0.0356	0.0287	0

```
round(articles.inla2$summary.hyperpar, 4)
```

	mean	sd	0.025quant	0.5quant
size				
for nbinomial zero-inflated observations	2.3923	0.2973	1.8543	2.3773
zero-probability parameter				
for zero-inflated nbinomial_1	0.0110	0.0093	0.0010	0.0085

	0.975quant	mode
size		
for nbinomial zero-inflated observations	3.0209	2.3510
zero-probability parameter		
for zero-inflated nbinomial_1	0.0353	0.0028

比较两个模型的结果, 预测因子的后验平均估计值很接近, 但零膨胀负二项模型的后验标准差通常比零膨胀泊松模型的大. 特别是变量 mar 的 95% 可信区间在零膨胀泊松模型中是 (0.0026, 0.2619), 而在零膨胀负二项模型中是 (−0.0112, 0.3099). 在零膨胀负二项模型中, mar 为一个不显著的变量 (在贝叶斯意义下), 估计的零概率参数为 0.0110, 这比零膨胀泊松模型的参数小得多.

正如在前几节所讨论的, 对于过度分散的计数数据, 在泊松模型中, 参数的估计标准误差往往较低, 这是因为泊松分布假定其方差等于其均值. 负二项分布在实践中往往是更好的选择, 接下来进一步检查这两个模型的 DIC.

```
c(articles.inla1$dic$dic, articles.inla2$dic$dic)
```

3255.584 3137.209

根据 DIC, 零膨胀负二项模型是更好的. 下面我们进一步提取了负二项分布的过度分散参数的后验均值和 95% 的可信区间.

```
overdisp_post <- inla.tmarginal(fun = function(x) 1/x,
                marg = articles.inla2$marginals.hyperpar[[1]])
```

```
round(inla.emarginal(fun=function(x) x, marg=overdisp_post), 4)
```

[1] 0.4457

```
round(inla.qmarginal(c(0.025, 0.975), overdisp_post), 4)
```

[1] 0.3507 0.5590

后验均值为 0.4457, 表明该数据集存在轻度到中度的过度分散.

从零膨胀负二项模型的结果来看, 女性科学家发表的文章比男性科学家少, 幼童数量与科学家发表的文章数量呈负相关, 而科学家的导师发表的文章数量对科学家发表的文章数量有正向影响. 然而, 婚姻状况和研究项目的声望与科学家发表的文章数量在95% 的可信度水平上没有关联.

第 5 章

线性混合模型和广义线性混合模型

在线性和广义线性模型中, 我们假设响应变量在给定线性预测因子的条件下是独立的. 当数据具有分组或分层结构, 或者有多个关于个体的观测值时, 我们会得到相依的响应数据. 本章讨论如何扩展 LM 和 GLM 来处理这种类型的响应数据. 首先用一个简单的分组结构来扩展 LM, 这个结构可以推广到更复杂的模型. 接下来我们考查一个个体被纵向测量的例子. GLM 也可以扩展到广义线性混合模型 (generalized linear mixed model, GLMM).

5.1 线性混合模型

线性混合模型 (linear mixed model, LMM) 的特点是高斯响应变量 y, 再加上固定效应和随机效应的混合, 模型可写成如下形式:

$$y = X\beta + Zu + \varepsilon,$$

其中 X 是一个列由预测变量构成的矩阵, 通常包括截距项. 参数 β 称为固定效应, 如果没有 Zu 项, 这只是一个线性模型. Z 也是一个由预测变量构成的矩阵, 其中一些元素可能与 X 相同. u 是随机效应. 在这个模型的频率学派的形式中, β 是固定参数, 而 u 则是随机的, 服从均值为零、协方差待估的多元正态分布. 这种固定和随机效应的混合就是混合模型名字的由来. 从贝叶斯的角度来看, 所有的参数都有分布, 所以它们都是随机的, 混合模型的术语就不那么合适了. 然而, 我们将以不同的方式对待这两组参数, 所以将保留固定和随机的称谓.

通常, 在构造或解释模型时, 对随机部分使用 Zu 形式是不方便的. 相反, 使用潜在高斯模型 (latent Gaussian model, LGM) 的形式:

$$\mu_i = \alpha + \sum_j \beta_j x_{ij} + \sum_k f^{(k)}(u_{ij}), \tag{5.1}$$

其中 $E(Y_i) = \mu_i$, 误差 ε_i 服从 i.i.d. 正态分布. 我们可以用各种不同的方式构造 $f^{(k)}(u_{ij})$ 项, 通过它在响应变量中引入不同的相关模式, 以适应特定应用的需要. 常见的结构有:

- **分组或聚类**: 案例被分成若干组, 组内的响应变量是相互关联的. 有时, 这些组代表着被重复测量的同一个个体, 或属于同一组的不同的个体.

- **分层**: 案例属于不同的组, 这些组又属于更广泛的组. 例如, 学生属于一个班级, 一个学校由不同的班级组成. 模型中可以有多个层次结构, 就像学校可以属于一个地区, 等等.

- **纵向**: 一个个体可依时间在不同的场合被跟踪测量. 这是一个前面已经提到的分组的例子, 但纵向数据需要有一个特殊的描述, 我们将在本章中探讨.

很难精确地定义 LMM 中预测变量的范围, 但我们可以对响应变量进行明确的定义, 它服从高斯分布. 如果想用二项、泊松或其他分布来表示响应变量, 则需要本章后面描述的广义的 LMM, 即 GLMM. 我们将从最简单的混合模型开始, 通过一系列的例子来阐述适用于 LMM 的 INLA 方法.

5.2   单一随机效应

Hawkins (2005) 报告了英国剑桥三个不同地点的芦苇的氮含量数据, 芦苇是支持各种蛾子的生态系统的一部分, 人们对不同地点的氮含量如何变化很感兴趣. 首先加载数据并对数据进行汇总:

```
data(reeds, package="brinla")
summary(reeds)
```

```
 site      nitrogen
 A:5   Min.    :2.35
 B:5   1st Qu.:2.62
 C:5   Median :3.06
       Mean    :3.03
       3rd Qu.:3.27
       Max.    :3.93
```

每个地点有五个观测值, 这些地点被标记为 A、B 和 C. 我们对某一特定地点的氮水平没有太大的兴趣, 更感兴趣的是整个地区氮含量的变化情况, 以及如果从一个新的地点取样, 预测其氮含量是多少. 为此, 将观测点视为随机效应而非固定效应更有意义, 这意味着在式 (5.1) 的 LGM 中没有 β 这一项. 我们使用如下形式的模型:

$$y_{ij} = \alpha + u_i + \varepsilon_{ij}, \quad i = 1, \ldots, a, \quad j = 1, \ldots, n,$$

其中 u_i 和 ε_{ij} 服从均值为 0、方差分别为 σ_u^2 和 σ_ε^2 的正态分布. σ_u^2 和 σ_ε^2 是超参数, 并且只有一个单一的 "固定" 参数 α.

为了便于比较, 我们使用 lme4 R 软件包进行标准的基于似然的分析:

```
library(lme4)
mmod <- lmer(nitrogen ~ 1+(1|site), reeds)
summary(mmod)
```

```
Random effects:
 Groups    Name          Variance Std.Dev.
 site      (Intercept)   0.1872   0.433
 Residual                0.0855   0.292
Number of obs: 15, groups:  site, 3
```

```
Fixed effects:
             Estimate Std. Error t value
(Intercept)    3.029      0.261     11.6
```

可以看到, 观测点之间的估计差异 ($\hat{\sigma}_u = 0.433$) 略大于观测点内部的估计差异 ($\hat{\sigma}_\varepsilon = 0.292$).

在本章, 我们需要 INLA 软件包, 也会用到 brinla 软件包. 从现在开始, 我们假设它们已经加载了. 若忘记加载将会得到 "function not found" 的错误信息.

```
library(INLA); library(brinla)
```

这里有三个参数 α, σ_u^2 和 σ_ε^2 需要指定先验分布. 我们将讨论 INLA 使用的默认先验, 它们基本是无信息先验. 同时还需要指定 u_i 是独立同分布的, 这在模型公式中是使用 model="iid" 实现的. 我们来查看这些先验下的结果:

```
formula <- nitrogen ~ 1 + f(site, model="iid")
imod <- inla(formula,family="gaussian", data = reeds)
summary(imod)
```

```
Fixed effects:
               mean     sd 0.025quant 0.5quant 0.975quant   mode kld
(Intercept) 3.0293 0.1829     2.6627   3.0293     3.3958 3.0293   0
```

```
Random effects:
Name          Model
 site    IID model
```

```
Model hyperparameters:
                               mean     sd 0.025quant 0.5quant 0.975quant    mode
Precision for the Gaussian obs 13.25  5.205      5.486    12.49      25.55  10.972
Precision for site             20.35 25.119      1.936    12.81      84.52   5.086
```

```
Expected number of effective parameters(std dev): 1.912(0.7592)
Number of equivalent replicates : 7.845
```

```
Marginal log-Likelihood:  -20.88
```

α 的后验均值为 3.03, 95% 的可信区间为 [2.66, 3.40]. INLA 使用精度描述分布, 精度是方差的倒数, 这对于理论和计算来说是方便的, 但是对于解释来说不为人们所熟悉. 我们是通过将精度转换到标准差 (SD) 来获得 σ_u 和 σ_ε 的后验分布的汇总统计量的:

```
invsqrt <- function(x) 1/sqrt(x)
sdt <- invsqrt(imod$summary.hyperpar[,-2])
row.names(sdt) <- c("SD of epsilson","SD of site")
sdt
```

	mean	0.025quant	0.5quant	0.975quant	mode
SD of epsilson	0.27468	0.42695	0.28294	0.19785	0.30190
SD of site	0.22169	0.71862	0.27942	0.10877	0.44343

将精度的 SD 转换为标准差的 SD 需要一个不同的变换, 所以我们在计算中省略了这一点. 遗憾的是, 均值和众数在尺度变换下并不是不变的. 分位数, 如中位数, 对单调变换是不变的. 这意味着上面的均值和众数是不正确的, 故必须首先推导出变换后的后验分布, 然后重新计算这些汇总统计量. 对均值可如下处理:

```
prec.site <- imod$marginals.hyperpar$"Precision for site"
prec.epsilon <- imod$marginals.hyperpar$"Precision for the Gaussian
    ↪ observations"
c(epsilon=inla.emarginal(invsqrt,prec.epsilon),
  site=inla.emarginal(invsqrt,prec.site))
```

```
epsilon    site
0.29083 0.31355
```

还可以计算后验众数:

```
sigma.site <- inla.tmarginal(invsqrt, prec.site)
sigma.epsilon <- inla.tmarginal(invsqrt, prec.epsilon)
c(epsilon=inla.mmarginal(sigma.epsilon),
  site=inla.mmarginal(sigma.site))
```

```
epsilon    site
0.26655 0.22174
```

这两个分量的后验分布是相当不对称的 (与 α 相比), 因此均值、中位数和众数表现出一些差异. 如果我们将其与上面使用最大似然估计的 lme4 输出进行比较, 众数的比较很自然, 我们会看到结果有一些差异. 如果使用平坦先验, 后验众数和最大似然估计在大多数情况下应是相近的. 由贝叶斯计算得到的观测点的标准差更小, 表明默认的先验值倾向于较小的取值.

INLA 软件包中有一个函数, 使标准差汇总统计量的计算更为容易:

```
inla.contrib.sd(imod)$hyper
```

	mean	sd	2.5%	97.5%
sd for the Gaussian observations	0.29196	0.059868	0.202465	0.44965
sd for site	0.31652	0.162710	0.098207	0.71926

该函数的工作原理是对精度的后验分布进行抽样, 再将样本变换为标准差的样本, 然后计算汇总统计量, 这比直接构造标准差的后验效率低, 但该技术可以用于其他量. 例如, 组内相关系数 (intraclass correlation coefficient, ICC) 定义为

$$\rho = \frac{\sigma_u^2}{\sigma_u^2 + \sigma_\varepsilon^2}.$$

它用来衡量组内相对于组间的响应变量差异有多大. 我们使用 inla.hyperpar.sample() 从联合后验分布中抽样, 求逆得到方差, 然后计算每个样本的 ICC. 我们构造了 1000 个采样的 ICC 的汇总统计量.

```
sampvars <- 1/inla.hyperpar.sample(1000,imod)
sampicc <- sampvars[,2]/(rowSums(sampvars))
quantile(sampicc, c(0.025,0.5,0.975))
```

```
    2.5%      50%     97.5%
0.096973 0.493498 0.891028
```

我们看到 ICC 后验分布的中位数为 0.49, 但 95% 的可信区间很宽. 请注意, 尽管基于 MCMC 的建模方法也会自然地使用样本, 但基于 INLA 的采样与之是完全不同的, 因为它可以快速而轻松地完成. 这些样本是独立的, 并且可以快速生成.

由于我们通常希望用标准差而不是精度来概括超参数, 结果可以如上所示精确计算得到, 在 brinla 软件包中有一个方便使用的、可以产生这个汇总结果的函数:

```
bri.hyperpar.summary(imod)
```

	mean	sd	q0.025	q0.5	q0.975	mode
SD for the Gaussian observations	0.2907	0.057994	0.19832	0.28274	0.42528	0.26654
SD for site	0.3128	0.155914	0.10906	0.27884	0.71091	0.22178

虽然汇总统计量是有用的, 但没有好的替代方法来查看后验分布图. 模型的固定效应有一个单一的分量 α:

```
alpha <- data.frame(imod$marginals.fixed[[1]])
library(ggplot2)
ggplot(alpha, aes(x,y)) + geom_line() +
  geom_vline(xintercept = c(2.66, 3.40)) +
  xlim(2,4)+xlab("nitrogen")+ylab("density")
```

图 5.1 的左图显示了截距项 α 的 95% 可信区间, 我们看到一个对称的正态的后验分布.
模型的两个随机分量可以提取出来并转换为标准差刻度:

```
x <- seq(0,1,len=100)
d1 <- inla.dmarginal(x,sigma.site)
d2 <- inla.dmarginal(x,sigma.epsilon)
rdf <- data.frame(nitrogen=c(x,x),sigma=gl(2,100,
                    labels=c("site","epsilon")),density=c(d1,d2))
ggplot(rdf, aes(x=nitrogen, y=density, linetype=sigma))+geom_line()
```

结果如图 5.1 的右图所示. 我们看到 σ_ε 的后验分布更集中, 这并不奇怪, 因为有 15 个
观测结果提供了关于这个参数的信息, 而对于 σ_u 却只有 3 个观测点.

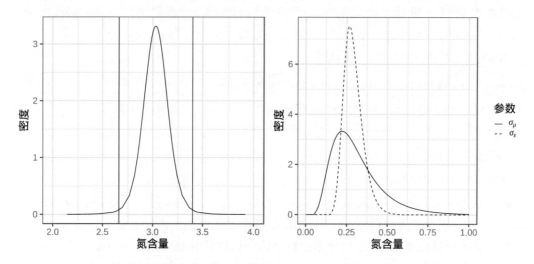

图 5.1　芦苇中氮含量数据单一随机效应模型的后验密度. 左图展示了截距项 α 的
95% 可信区间, 观测点和误差的两个标准差 (σ_ε 和 σ_u) 显示在右图.

我们可能会问, 这些地点之间是否存在差异. 在频率学派中, 这个问题被表述为
$\sigma_u = 0$ 的原假设. 从图 5.1 可以看出, 其后验分布的支撑从 $\sigma_u = 0$ 分离了出来. 我们非
常确信观测点之间存在差异. 考虑到两个标准差接近, 我们可以说两个观测点之间的差
异与来自同一个观测点的两个样品之间的差异大致相同.
我们写了一个方便使用的函数, 用于更直接地生成这个图:

```
bri.hyperpar.plot(imod)
```
我们可以对此图进行个性化处理, 由此了解如上所示图形的细节.

5.2.1 先验的选择

到目前为止, 我们一直使用默认先验, 但值得对这些默认先验作进一步的考查, 这些默认先验包括:

- 截距项 α 用不恰当的先验 $N(0, \infty)$, 它被称为不恰当是因为 $N(0, \infty)$ 的方差是无穷的, 它并不是一个真实分布. 对应的观点是: 截距项可以取任何值.
- 固定效应参数 β 的先验分布为 $N(0, 1000)$.
- σ_u^2 和 σ_ε^2 的先验在 INLA 的内部是根据对数精度定义的, 服从对数伽马分布. 对应的伽马分布 $\Gamma(a, b)$ 的均值为 a/b, 方差为 a/b^2. 默认先验中使用 $a = 1$, $b = 10^{-5}$.

在这个例子中, 我们可以更明确地指定固定效应的先验. 响应变量是一个百分比, 取值位于 $[0, 100]$. 一些基本的生物学知识可以提出植物氮含量的合理范围, 我们可以建立一个包含这些信息的先验. 然而, 经验表明, 除非指定一个与数据相矛盾的极端先验, 否则这将不会对后验分布产生很大的影响. 对于这类模型的截距, 人们通常倾向于默认的平坦先验.

在这个特定的模型中, 除了截距项, 没有固定效应. 值得注意的是, 若变量的大小与 1 并不大相径庭, 则系数 β 的先验 $N(0, 1000)$ 作为平坦分布是有效的. 如果数据的大小差异很大, 那么较大的 β 值并不会显得不合理, 默认的先验信息就显得是有信息而不可取的. 在这样的例子中, 要么调整数据, 要么适当地修改先验.

指定 σ_u^2 的先验是重要的. 每一个观测结果都提供了 σ_ε^2 的信息, 因此这个超参数的先验选择就不那么重要了. 相反, 数据中可能有相对较少的组, 因此关于 σ_u^2 的信息较少. 这意味着这个参数的先验将对结果产生更大的影响, 需要我们在所有的先验中给予最大的关注. 伽马分布的形状参数 $a = 1$ 时先验就简化为简单的指数分布, b 值较小意味着精度的先验同时具有较大的均值和方差.

惩罚性复杂度先验: Simpson 等 (2017) 介绍了一类惩罚性复杂度 (penalized complexity, PC) 先验, 它们基于先验构造的一般原则. 对于高斯随机效应, PC 先验以标准差上指数分布的形式出现 (与默认先验中是精度上指数分布形成对比). 统计学中使用的奥卡姆剃刀原理, 促使我们倾向于选择更简单的模型. 就现在的问题而言, 应倾向于选择一个没有随机效应的模型, 即 $\sigma_u = 0$. 在标准差上的指数先验赋予这个选择 ($\sigma_u = 0$) 最大的权重, 相反, 默认的先验没有对无限精度 (即 $\sigma_u = 0$) 施加权重. 另外, PC 先验要求指定某个缩放比例 (scaling). 如果采取默认的方法使先验非常平坦, 就会失去标准差上的指数先验所体现的倾向于简单性的原则. 我们需要使用响应变量刻度的信息来为先验提供一个合理的缩放比例. 我们希望给出弱信息先验——我们不希望它对后验有强烈影响, 但应该利用可用的信息来获得有效的先验.

为了校准随机效应先验的缩放比例, 我们设定 U 和 p 使得 $P(\sigma_u > U) = p$. 我们设

定 $p = 0.01$ 和 $U = 3SD(y)$. 理想情况下, 可以根据背景知识选择 U, 但如果做不到这一点, 可以取没有固定效应下模型的残差标准差. 在这个例子中, 它是响应变量的标准差. 于是, 我们校准先验, 使得随机效应的标准差是响应变量的标准差的三倍的概率非常小. 因此, 我们允许 σ_u 可能比数据建议的更大, 但也并不能大得过分. 所以我们称此为弱信息先验是有依据的. 在 PC 先验下, 运行代码如下:

```
sdres <- sd(reeds$nitrogen)
pcprior <- list(prec = list(prior="pc.prec", param = c(3*sdres,0.01)))
formula <- nitrogen ~ f(site, model="iid", hyper = pcprior)
pmod <- inla(formula, family="gaussian", data=reeds)
```

固定效应汇总统计信息为:

```
pmod$summary.fixed
```

	mean	sd	0.025quant	0.5quant	0.975quant	mode	kld
(Intercept)	3.0293	0.3029	2.4097	3.0293	3.6496	3.0293	2.6993e-08

这与默认先验下模型的输出非常相似. 下面考虑超参数:

```
bri.hyperpar.summary(pmod)
```

	mean	sd	q0.025	q0.5	q0.975	mode
SD for the Gaussian observations	0.28643	0.055213	0.19808	0.27897	0.41419	0.26369
SD for site	0.46552	0.217727	0.18267	0.41674	1.02417	0.33783

这时误差部分的标准差与默认先验下模型的结果略有不同, 但我们看到观测点的标准差与默认先验下模型的结果有实质性的不同, 它们的后验分布如图 5.2 的左图所示, 可以看到 σ_u 的后验分布要随机地大于默认先验下的后验分布.

```
bri.hyperpar.plot(pmod)
```

用户自定义先验: 我们也可以使用 INLA 定义自己的先验. 对于标准差, 半柯西分布是一个常用的选择, 但在 INLA 中没有提供. 刻度参数为 λ 的半柯西分布的密度函数为

$$p(\sigma|\lambda) = \frac{2}{\pi\lambda(1 + (\sigma/\lambda)^2)}, \qquad \sigma \geqslant 0.$$

我们需要选择一个合适的 λ, 如果使用与 PC 先验相同的理由, 就有:

```
(lambda <- 3*sdres/tan(pi*0.99/2))
```

[1] 0.022066

INLA 内部是用精度定义的, 计算使用精度 τ 的对数密度

$$\log p(\tau|\lambda) = -\frac{3}{2}\log\tau - \log(\pi\lambda) - \log(1 + 1/(\tau\lambda^2)).$$

这样, 半柯西先验如下定义:

```
halfcauchy <- "expression:
            lambda = 0.022;
            precision = exp(log_precision);
            logdens = -1.5*log_precision-log(pi*lambda)-
                          log(1+1/(precision*lambda^2));
            log_jacobian = log_precision;
            return(logdens+log_jacobian);"
```

引号内的代码看起来像 R, 但是实际是在 muparser 软件包中写的. 这个包能将数学表达式解析为能在 INLA 中运行的 C++ 代码. 它所能理解的表达式相比 R 要有限得多, 但对于我们定义先验来说已经足够了. 如果想定义另一个先验, 可参考 muparser 网站来发现哪些函数可用. 还需将尺度参数 λ 硬编码到表达式中, 内部表示使用 $\log \tau$, 所以必须通过加上雅可比矩阵以解释变量的变动.

现在我们给随机效应的标准差设定此先验:

```
hcprior <- list(prec = list(prior = halfcauchy))
formula <- nitrogen ~ f(site, model="iid", hyper = hcprior)
hmod <- inla(formula, family="gaussian", data=reeds)
bri.hyperpar.summary(hmod)
```

	mean	sd	q0.025	q0.5	q0.975	mode
SD for the Gaussian observations	0.28763	0.056198	0.19809	0.28006	0.41769	0.26436
SD for site	0.42336	0.231601	0.14712	0.36566	1.03014	0.28080

结果与之前的 PC 先验相当.

我们不能说这一先验、PC 先验、默认先验或任何其他先验, 哪个是最好的. 在某些情况下, 可以说结果对先验的选择不敏感. 对于截距项和误差标准差这是一个合理的要求, 对于随机效应标准差, 先验确实有影响. 这并不奇怪, 因为只有三个组, 而且用这么少的信息估计标准差肯定会有相当大的不确定性. 先验和似然模型的选择需要主观判断, 这是不可避免的. 既然必须选择, 我们就选择 PC 先验, 理由是它使用的信息和原则是合理的. 半柯西先验类似于 PC 先验, 是个好的替代, 但默认先验就难说明其合理性.

5.2.2 随机效应

虽然我们对三个地点没有特别的兴趣, 但可以提取 u_1、u_2 和 u_3 的后验分布. 它们有时称为随机效应, 可以从 INLA 运行结果中提取出来. 我们在同一个网格上计算密度, 这样就可以将它们绘制在一起, 如图 5.2 所示, 各观测点的氮含量大小顺序为 B < A < C, 即使分布中有一些重叠但有理由相信这个顺序的合理性. 使用 PC 先验的模型为

```
reff <- pmod$marginals.random
```

```
x <- seq(-1.5,1.5,len=100)
d1 <- inla.dmarginal(x, reff$site[[1]])
d2 <- inla.dmarginal(x, reff$site[[2]])
d3 <- inla.dmarginal(x, reff$site[[3]])
rdf <- data.frame(nitrogen=x,density=c(d1,d2,d3),site=gl(3,100,
                  labels=LETTERS[1:4]))
ggplot(rdf, aes(x=nitrogen, y=density, linetype=site))+geom_line()
```

使用下面的代码可以得到几乎相同的图:

```
bri.random.plot(pmod)
```

我们可能对地点 C 的氮含量是否比地点 A 的多感兴趣, 我们可利用如图 5.2 所示的随机效应的边际分布来计算这一概率. 但随机效应后验之间存在一定的相关性, 所以这个计算是不正确的. 我们可以从联合后验分布抽取样本来回答这种性质的问题. 之前曾使用 inla.hyperpar.sample() 来获取超参数的样本, 但现在还需要潜变量的样本. 我们抽取 1000 个样本, 并且有必要重新计算模型以获得重采样所需的信息:

```
sdres <- sd(reeds$nitrogen)
pcprior <- list(prec = list(prior="pc.prec", param = c(3*sdres,0.01)))
formula <- nitrogen ~ f(site, model="iid", hyper = pcprior)
pmod <- inla(formula, family="gaussian", data=reeds,
             control.compute=list(config = TRUE))
psamp <- inla.posterior.sample(n=1000, pmod)
psamp[[1]]
```

```
$hyperpar
Precision for the Gaussian observations                    Precision for site
                        13.5261                                        8.5909


$latent
             sample1
Predictor:01 3.07707
Predictor:02 3.08278
...excised...
Predictor:15 3.26561
site:A       0.19414
site:B      -0.31424
site:C       0.37918
(Intercept)  2.88533
```

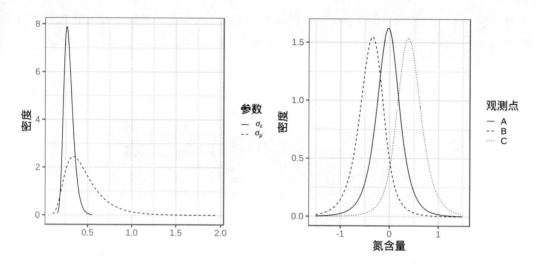

图 5.2 左图为随机部分的标准差后验密度, 右图为三个观测点氮含量随机效应的后验密度.

潜变量包含所有 15 个预测因子, 但我们对问题涉及的观测点感兴趣:

```
lvsamp <- t(sapply(psamp, function(x) x$latent))
colnames(lvsamp) <- row.names(psamp[[1]]$latent)
mean(lvsamp[,'site:C'] > lvsamp[,'site:A'])
```

[1] 0.987

可以看到, 地点 C 比地点 A 含有更多的氮的概率非常大. 由于这两个随机效应之间存在正相关关系, 因此这个概率比人们从图中所期望的还要大. 这种方法可以用来回答有关超参数和潜变量的各种问题.

5.3 纵向数据

对个体随时间观察的数据被称为纵向数据. 对某一特定个体的观察不会是独立的, 但可能会显示出一些随时间变化的共同模式. 个体的响应可能依赖于其观测特征, 但也可能显示出该个体特有的无法解释的异质性. Singer 和 Willett (2003) 报告了 89 名学生在 Peabody 个体学习成绩测试 (Peabody individual achievement test, PIAT) 中的阅读分数, 受试年龄分别为 6.5 岁、8.5 岁和 10.5 岁. 加载此数据并画图:

```
data(reading, package="brinla")
ggplot(reading, aes(agegrp, piat, group=id)) + geom_line()
```

从图 5.3 中可以看出, 阅读分数随着时间的推移而增加. 尽管有一些差异, 但可以看到那些一开始成绩好的学生, 会继续取得好成绩, 反之亦然. 这表明个体内部的观察并不是独立的. 我们需要一个反映这种结构的模型, 最简单的方法是采用带有随机截距项的模型.

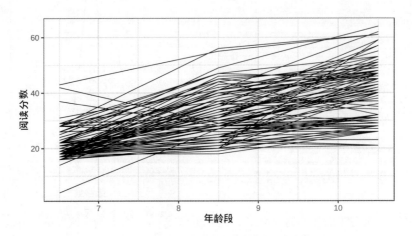

图 5.3 89 名学生的阅读分数在三个年龄阶段有所不同.

5.3.1 随机截距

模型为:

$$y_{ij} = \beta_0 + \beta_1 t_j + \alpha_i + \varepsilon_{ij} \qquad i = 1, \ldots, 89, \quad j = 1, 2, 3.$$

该研究有三个测量时间点 (在这个例子中是年龄), t_1, t_2, t_3. 参数 β_0 和 β_1 是固定效应, 是所有的学生的公共的截距项和斜率, 对它们可使用高斯先验. 随机部分是 $\alpha_i \sim N(0, \sigma_\alpha^2)$, $\varepsilon_{ij} \sim N(0, \sigma_\varepsilon^2)$. 超参数 σ_α^2 和 σ_ε^2 要求指定先验.

在使用 INLA 拟合模型之前, 先考虑相应的基于似然的方法:

```
library(lme4)
lmod <- lmer(piat ~ agegrp + (1|id), reading)
summary(lmod)
```

```
Random effects:
 Groups    Name        Variance Std.Dev.
 id        (Intercept) 29.8     5.46
 Residual              44.9     6.70
Number of obs: 267, groups:  id, 89


Fixed effects:
            Estimate Std. Error t value
(Intercept) -11.538      2.249    -5.13
```

```
agegrp          5.031       0.251   20.04
```

现在使用 INLA 来拟合模型, 拟合中使用默认的先验 (随后的分析表明这些已经足够了):

```
formula <- piat ~ agegrp + f(id, model="iid")
imod <- inla(formula, family="gaussian", data=reading)
```

随机截距项用 f(id, model="iid") 设定, 其中 id 用来区分学生, 使用 model="iid" 是因为我们相信学生之间是独立的并且有共同的方差. 我们看一下得到的固定效应的汇总信息:

```
imod$summary.fixed
```

	mean	sd	0.025quant	0.5quant	0.975quant	mode	kld
(Intercept)	-11.5350	2.25815	-15.9727	-11.5351	-7.1013	-11.5350	5.8942e-13
agegrp	5.0306	0.25258	4.5341	5.0306	5.5265	5.0306	7.3789e-13

由于固定效应后验分布近似为高斯分布, 因此均值、中位数和众数是相同的. 我们看到, 均值和标准差实际上与预期的似然模型相同. 阅读分数每年增加 5 分, 这一点非常确定, 因为标准差很小. 很有趣的是超参数, 我们使用 brinla 软件包中的 bri.hyperpar.summary() 函数将 INLA 内部使用的精度转换为可解释的标准差:

```
bri.hyperpar.summary(imod)
```

	mean	sd	q0.025	q0.5	q0.975	mode
SD for the Gaussian observations	6.7131	0.35476	6.0481	6.7001	7.4415	6.6752
SD for id	5.2960	0.62761	4.1430	5.2681	6.6050	5.2263

这些后验分布是不对称的, 所以均值、中位数和众数都有一些差异. 极大似然是众数, 因此使用它来与 lme4 的输出进行比较, 可以看到 INLA 值略小些. 对每个人有三个观察结果, 因此估计 σ_ε^2 的信息大约是 σ_α^2 的三倍. 可以看到, 前者第 2.5 个百分位数和第 97.5 个百分位数之间的距离要小一些. σ_α 的后验均值约为 5——类似于 β_1 的后验均值. 因此可以看到, 在一个给定的时间点, 学生之间的差异与他们在一年里可能期望提高的量相当. 最后, 我们看到 σ_α^2 明显大于 0. 所以, 尽管存在一些测量误差, 但我们不能说这 89 名学生的阅读得分都是相同的. 我们可用以下方法来查看一下后验密度 (图形从略):

```
bri.hyperpar.plot(imod)
```

我们可能对个别学生感兴趣, 关于个体的信息可以在 α_i 的后验分布中得到. 有时它们称为随机效应, 可以通过 imod$summary.random$id 得到. 我们看一下它们的后验均值的汇总:

```
summary(imod$summary.random$id$mean)
```

```
       Min. 1st Qu.  Median    Mean 3rd Qu.    Max.
     -7.890  -2.940  -0.145   0.000   2.650  14.000
```

给定模型描述, 正如所预期的, 均值为零. 从分位数可以看到大约一半学生的平均分数在总体平均 $[-3,3]$ 范围内, 有一名学生比平均分高出 14 分. 接下来我们可以检验随机效应的整个后验分布:

```
bri.random.plot(imod)
```

这个图 (从略) 有太多的个体, 难以单独识别, 但很难说大多数学生之间存在差异.

5.3.2 随机斜率和截距项

从图 5.3 我们可以看到, 斜率也是变化的, 故将其纳入模型中, 具体如下所示:

$$y_{ij} = \beta_0 + \beta_1 t_j + \alpha_{0i} + \alpha_{1i} t_j + \varepsilon_{ij}, \quad i = 1, \dots, 89, \quad j = 1, 2, 3,$$

其中加入衡量斜率变化的量 $\alpha_{1i} \sim N(0, \sigma_{\alpha_1}^2)$. 为了便于比较, 基于 lme4 的模型为:

```
reading$cagegrp <- reading$agegrp - 8.5
lmod <- lmer(piat ~ cagegrp + (cagegrp|id), reading)
summary(lmod)
```

```
Random effects:
 Groups   Name        Variance Std.Dev. Corr
 id       (Intercept) 35.72    5.98
          cagegrp      4.49    2.12     0.83
 Residual             27.04    5.20
Number of obs: 267, groups:  id, 89


Fixed effects:
            Estimate Std. Error t value
(Intercept)   31.225      0.709    44.0
cagegrp        5.031      0.297    16.9
```

我们将年龄关于均值 8.5 中心化, 这使得对截距项的解释更有用. 因为它表示 8.5 岁时的响应变量的值, 而不是像以前那样表示 0 岁时的响应变量的值. 该模型包含了斜率和截距项的随机效应之间的相关性, 估计值为 0.83. 事实上, 可以从数据图中看到, 具有更高截距项的学生往往也有更大的斜率, 所以这是模型的必要组成部分. 为了确保建立的 INLA 模型也有这个特点, 我们必须创建另一组学生标签, 每个学生都有一个, 但和原来的一组标签不同.

```
nid <- length(levels(reading$id))
reading$numid <- as.numeric(reading$id)
```

```
reading$slopeid <- reading$numid + nid
```

学生标签为 1 到 89, 用于截距项部分. 我们再为斜率部分创建另一组标签, 从 90 到 178, 对应的是相同的学生, 相同的顺序. 现在我们可以拟合 INLA 模型了:

```
formula <- piat ~ cagegrp + f(numid, model="iid2d", n = 2*nid)
                    + f(slopeid, cagegrp, copy="numid")
imod <- inla(formula, family="gaussian", data=reading)
```

使用 model="iid2d" 可将 $(\alpha_{0i}, \alpha_{1i})$ 设定为二元正态变量. 随机效应项的总数是 n=2*nid, 为学生数的两倍. f(slopeid, cagegrp, copy="numid") 实现了对 cagegrp 的线性相依性. copy 部分确保两个随机效应之间的相关性建模, 如果省略这部分, 将不包括相关性. 注意, 术语 copy 有点用词不当, 因为这两个随机效应是不同的, 只是相关的.

首先, 查看固定效应汇总信息:

```
imod$summary.fixed
```

	mean	sd	0.025quant	0.5quant	0.975quant	mode	kld
(Intercept)	31.2241	0.69742	29.8516	31.2241	32.5950	31.2241	1.1102e-12
cagegrp	5.0305	0.29246	4.4551	5.0305	5.6052	5.0305	1.1838e-12

我们可以将此结果与仅有随机截距项的模型的结果进行比较. 因为我们对年龄进行了中心化, 所以固定效应截距项是不同的. 当只改变随机结构时, 后验均值与通常情况下就差不多. 注意, 由于在这个模型中使用了更多的参数, 后验分布有点更分散了. 我们还可以得到随机部分的汇总信息:

```
bri.hyperpar.summary(imod)
```

	mean	sd	q0.025	q0.5	q0.975	mode
SD for the Gaussian observations	5.5126	0.304548	4.94350	5.5008	6.13965	5.47820
SD for numid (component 1)	5.6930	0.556589	4.67245	5.6657	6.85768	5.61643
SD for numid (component 2)	1.9150	0.258807	1.44888	1.9000	2.46409	1.87329
Rho1:2 for numid	0.9439	0.047314	0.81548	0.9572	0.98661	0.97448

个体间斜率的标准差的后验均值为 1.92, 我们可以将其与 5.03 的总斜率进行比较. 它可以让我们了解每名学生在阅读分数提高的速度上有多大的差异. 注意到这个标准差的可信区间使分布远离零, 所以确信在这一方面个体之间存在差异.

斜率和截距项的标准差之间的相关性为 0.94, 这意味着高于平均水平的学生随着时间的推移, 其阅读分数的增长速度往往会高于阅读能力较差的学生, 此项的可信区间让我们确信这种相关性很强.

我们在 imod$summary.random$numid 中可以得到 $(\alpha_{0i}, \alpha_{1i})$ 的后验分布的信息. 有趣的是, 将此信息与在 imod$summary.fixed 中发现的固定效应的后验分布中的信息结

合起来, 可以获得单个学生的预测均值. 我们下面来提取、整合并绘制这些预测均值:

```
postmean <- matrix(imod$summary.random$numid[,2],nid,2)
postmean <- sweep(postmean,2,imod$summary.fixed$mean,"+")
p <- ggplot(reading, aes(cagegrp, piat, group=id)) +
     geom_line(col=gray(0.95)) + xlab("centered age")
p + geom_abline(data=postmean,intercept=postmean[,1],slope=postmean[,2])
```

结果如图 5.4 所示. 可以看到, 那些一开始就取得好分数的学生比那些分数不好的学生进步更快. 若需要, 我们也可以为特定的学生提取完整的后验信息. 我们也可以画出超参数的分布:

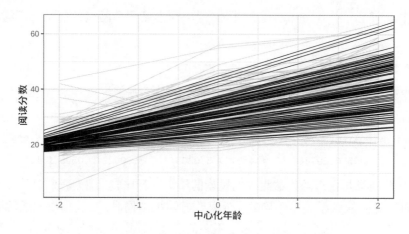

图 5.4   个体的后验预测均值显示为实线, 数据显示为灰线.

```
library(gridExtra)
sd.epsilon <- bri.hyper.sd(imod$internal.marginals.hyperpar[[1]],
                      internal=TRUE)
sd.intercept <- bri.hyper.sd(imod$internal.marginals.hyperpar[[2]],
                      internal=TRUE)
sd.slope <- bri.hyper.sd(imod$internal.marginals.hyperpar[[3]],
                      internal=TRUE)
p1 <- ggplot(data.frame(sd.epsilon),aes(x,y))+geom_line()+
      ggtitle("Epsilon")+xlab("piat")+ylab("density")
p2 <- ggplot(data.frame(sd.intercept),aes(x,y))+geom_line()+
      ggtitle("Intercept")+xlab("piat")+ylab("density")
p3 <- ggplot(data.frame(sd.slope),aes(x,y))+geom_line()+
      ggtitle("Slope")+xlab("piat")+ylab("density")
p4 <- ggplot(data.frame(imod$marginals.hyperpar[[4]]),aes(x,y))+
```

```
    geom_line()+ggtitle("Rho")+ylab("density")
grid.arrange(p1,p2,p3,p4,ncol=2)
```

几乎相同的图可以用以下方法更快地得到：

```
bri.hyperpar.plot(imod, together=FALSE)
```

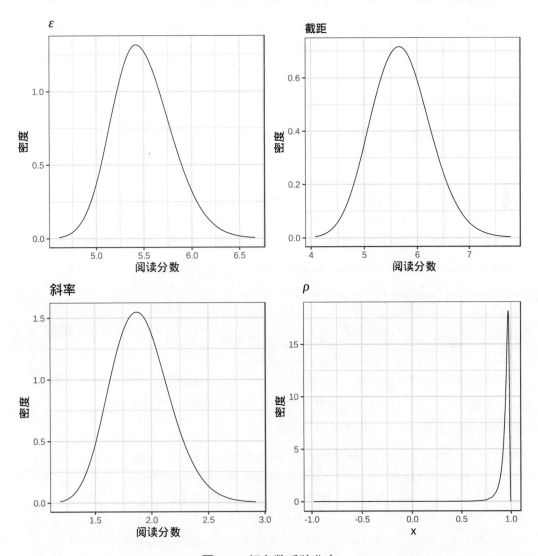

图 5.5 超参数后验分布.

结果见图 5.5. 标准差的刻度不同, 所以没有把它们画在一起. 在这个数据集中有 89 个
个体, 故看到后验值相对紧凑并呈正态形状不足为奇. 我们清楚地看到很强的相关性.
可以看到, 在考虑绝对意义上的阅读分数时, 能力强的学生随着年龄的增长能力会更强.
考虑响应变量的对数, 在相对意义上我们可提出同样的问题, 并重新拟合模型, 查看相关

性的后验分布:

```
formula <- log(piat) ~ cagegrp + f(numid, model="iid2d", n = 2*nid)
                      + f(slopeid, cagegrp, copy="numid")
imod <- inla(formula, family="gaussian", data=reading)
bri.density.summary(imod$marginals.hyperpar[[4]])
```

mean	sd	q0.025	q0.5	q0.975	mode
0.059009	0.112198	-0.162033	0.058883	0.275997	0.060206

可以看到, 由两个极端分位数构建的 95% 的可信区间包括零. 虽然有一些微弱的迹象表明存在正相关, 但并不能确定这一点. 这与之前的未取对数的响应模型形成对比, 后者相关性非常强. 基于此我们可以有理由地说, 能力较强的学生相对于能力较弱的学生可保持稳定的相对优势. 富人会更富是不无道理的.

5.3.3 预测

将预测变量的已知值和响应变量的缺失值添加到原始数据的数据框中, 我们就可以对新个体进行预测. 假设有一个新学生, 他在前两个测量点得了 18 分和 25 分, 我们感兴趣的是他在最后一个测量点的得分. 我们用这些信息创建一个小数据框, 并将其添加到原始数据集中 (重新加载该数据集以清除在上面创建的额外变量):

```
data(reading, package="brinla")
reading$id <- as.numeric(reading$id)
newsub <- data.frame(id=90, agegrp = c(6.5,8.5,10.5),
                     piat=c(18, 25, NA))
nreading <- rbind(reading, newsub)
```

由于要添加一个标签为 90 的新个体, 如果把学生的 id 指定为数值型而不是因子型会更容易. 现在我们像之前一样重新拟合模型:

```
formula <- piat ~ agegrp + f(id, model="iid")
imod <- inla(formula, family="gaussian", data=nreading,
             control.predictor = list(compute=TRUE))
pm90 <- imod$marginals.fitted.values[[270]]
p1 <- ggplot(data.frame(pm90),aes(x,y))+geom_line()+xlim(c(20,60))
```

在此数据中有 $90 \times 3 = 270$ 个样本, 其中只有最后一个的响应变量未知, 我们保存并绘制此拟合值 (线性预测因子) 的后验分布 (因为计划添加另一个预测, 所以还没有显示出来). 请注意, 在模型的构建中使用两个新样本, 如果此学生与原始集合是可交换的, 那么这是讲得通的. 但在某些情况下, 我们可能希望仅根据原始数据 (不包括来自新个体的部分信息) 进行预测, 可以通过在 inla() 函数中适当地使用 weights 参数来实现这一点. 在这个例子中, 因为在原始数据中有 89 名学生, 而只考虑增加一个学生, 所以采用哪个选项不会有太大的区别.

    另一种预测会涉及一个未知的新学生, 我们可以通过将该学生的所有三个响应变量设置为缺失值来实现:

```
newsub=data.frame(id=90, agegrp = c(6.5,8.5,10.5), piat=c(NA, NA, NA))
nreading <- rbind(reading, newsub)
```

我们重新拟合模型并进行预测, 把其和之前的预测放在一起, 如图 5.6 所示:

```
formula <- piat ~ agegrp + f(id, model="iid")
imodq <- inla(formula, family="gaussian", data=nreading,
              control.predictor = list(compute=TRUE))
qm90 <- imodq$marginals.fitted.values[[270]]
p1 + geom_line(data=data.frame(qm90),aes(x,y),linetype=2)+
    xlab("PIAT")+ylab("density")
```

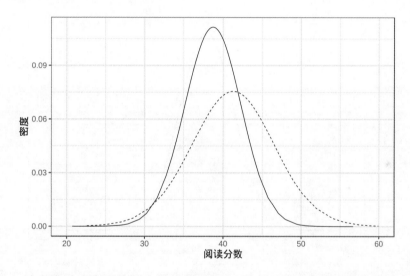

图 5.6 有部分响应变量值的个体的预测分布 (实线) 和没有响应变量值的个体的
预测分布 (虚线).

可以看到, 对于第一个个体, 他在前两个时间点取得了相对较低的阅读分数, 预测分布在 10.5 岁时低于约 41 分的预期总体平均. 相反, 对于没有已知响应变量值的个体, 预测分布集中在这个预期的均值上. 对于前一个分布, 有一些关于学生的信息, 所以预测更好 (分布更集中). 在后一种情况下没有信息, 所以预测分布有较大的分散度.

    上面的预测分布仅指线性预测因子, 所以我们只表示该分量中的不确定性. 未来的观测将在线性预测因子上增加 ε, 这要求了解 ε 的不确定性, 有两种方法可以实现这一点. 更方便的是, 未来 ε 应该独立于线性预测因子. 我们通过分布精度的相应超参数的后验来了解其分布. 原则上, 可以结合这两个密度来得到完整的预测分布, 在实际实现时要费点劲, 需借助于抽样来实现. 我们可以从线性预测因子和 ε 的后验分布中进行采样, 加上样本, 由此就可以估计密度. 这种方法不诱人但有效.

我们抽取 10000 个样本, 这比需要的要多, 但是计算速度很快, 就是奢侈点儿. 我们从误差精度 $1/\sigma_{\varepsilon}^2$ 的后验中抽取样本, 把它转换成标准差, 然后用这些随机得到的标准差从正态分布密度中取样. 我们把这些随机产生的新的 ε 与之前计算的平均响应的后验样本结合起来 (在这里我们有关于学生的部分信息). 我们计算出密度, 并将其添加到我们之前计算的平均响应的密度图中, 如图 5.7 所示:

```
nsamp <- 10000
randprec <- inla.hyperpar.sample(nsamp, imod)[,1]
neweps <- rnorm(nsamp, mean=0, sd=1/sqrt(randprec))
newobs <- inla.rmarginal(nsamp, pm90) + neweps
dens <- density(newobs)
p1 + geom_line(data=data.frame(x=dens$x,y=dens$y),aes(x,y),linetype=2)
```

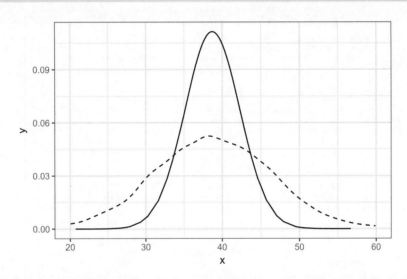

图 5.7 具有部分响应信息的个体的后验预测密度. 平均响应的密度用实线表示, 新观测的密度用虚线表示.

我们看到, 新响应的预测密度有较大的方差. 在这种情况下, 可以用正态分布来近似预测密度, 但在一般情况下需要小心. 新的 ε 的分布不是正态的, 因为标准差是随机的.

5.4 经典 Z 矩阵模型

在 5.1 节, 我们引入了模型

$$\boldsymbol{y} = \boldsymbol{X}\boldsymbol{\beta} + \boldsymbol{Z}\boldsymbol{u} + \boldsymbol{\varepsilon}. \tag{5.2}$$

在后面的例子中, 我们没有直接使用 $\boldsymbol{Z}$ 矩阵, 而是使用能更明确表示随机效应的方法. 接下来我们展示如何通过指定 $\boldsymbol{Z}$ 矩阵来直接拟合一些混合效应模型. 我们称之为经典方法, 因为它可以追溯到 Henderson (1982), 是他引入了这种表示. lme4 软件包提供了一个有用的构造 $\boldsymbol{X}$ 和 $\boldsymbol{Z}$ 矩阵的方法, 我们使用本章的第一个例子来演示:

```
library(lme4)
mmod <- lmer(nitrogen ~ 1+(1|site), reeds)
Z <- getME(mmod, "Z")
X <- getME(mmod, "X")
```

这里需要创建一个索引变量 id.z, 使用 f() 中 model="z" 选项选择 $\boldsymbol{Z}$ 矩阵模型.

```
n <- nrow(reeds)
formula <- y ~ -1 + X +  f(id.z, model="z",  Z=Z)
imodZ <- inla(formula, data = list(y=reeds$nitrogen, id.z = 1:n, X=X))
```

尽管可以为随机效应提供更多的结构, 但这里我们使用默认设置. 向量 $\boldsymbol{u}$ 的长度为 m, 服从正态分布 $N(0, \tau C)$, 其中 τ 是精度, $\boldsymbol{C}$ 是一个固定的 $m \times m$ 的矩阵. 在这个例子中 $\boldsymbol{C}$ 是单位矩阵. 和往常一样, 看标准差比看精度更容易:

```
bri.hyperpar.summary(imodZ)
```

	mean	sd	q0.025	q0.5	q0.975	mode
SD for the Gaussian observations	0.29079	0.05833	0.19817	0.28283	0.42608	0.26647
SD for id.z	0.31313	0.15740	0.10893	0.27909	0.71369	0.22175

这与之前在 5.1 节中看到的结果相同. 我们可以提取关于随机效应的汇总信息:

```
imodZ$summary.random
```

$id.z

ID	mean	sd	0.025quant	0.5quant	0.975quant	mode	kld
1 1	-0.0041086	0.085306	-0.209637	0.00016443	0.156661	-0.00015857	0.0052616
... ditto ...							
6 6	-0.0504086	0.147214	-0.530901	-0.00406940	0.025792	-0.00097854	0.0010167
... ditto ...							
11 11	0.0533301	0.154185	-0.027216	0.00339512	0.557732	0.00069156	0.0015510
... ditto ...							
16 16	-0.0041052	0.085314	-0.209677	0.00018201	0.156701	-0.00016665	0.0052413
17 17	-0.0503191	0.147077	-0.530555	-0.00406628	0.025763	-0.00099760	0.0010821
18 18	0.0531454	0.153943	-0.027167	0.00337379	0.557112	0.00069253	0.0016927

我们删除了五组随机效应中除第一组之外的所有随机效应, 因为它们在每组中都是相同的. INLA 内部使用一个 "扩充"(augmented) 模型, 前 n 个值是随机效应 $\boldsymbol{v} \sim$

$N_n(\boldsymbol{Zu}, \kappa\boldsymbol{I})$, 其中 κ 是一个固定的高精度, 剩下的 m 个值是 $\boldsymbol{u}$. 因此, 在本例中, 最后三种情况基本上重复了前面看到的随机效应. 在其他例子中, 情况可能并非如此.

我们没有从 5.1 节的数据分析中获得任何新的东西, 但现在有了一个不同的工具来拟合混合效应模型, 它允许我们实现一些新的功能. 我们可以实现 5.3.1 节中描述的随机截距模型, 但不能实现 5.3.2 节中的随机斜率和截距模型, 该模型需要截距项和斜率的超参数以及它们之间的相关性. $\boldsymbol{Z}$ 矩阵的表示只允许一个超参数. 尽管如此, 我们在下一节中会看到这个模型的其他用途.

5.4.1 岭回归

在线性回归模型 $\boldsymbol{y} = \boldsymbol{Zu} + \boldsymbol{\varepsilon}$ 中, 当 $\boldsymbol{Z}$ 具有高度相关性时, 参数的最小二乘估计 $\boldsymbol{u}$ 会不稳定. 为了减少这种不稳定性, 通过最小化下式来惩罚 $\boldsymbol{u}$ 的大小:

$$(\boldsymbol{y} - \boldsymbol{Zu})^T(\boldsymbol{y} - \boldsymbol{Zu}) + \lambda\sum_{j=1}^{p} u_j^2,$$

其中第二部分就是惩罚项, 用于防止 $\boldsymbol{u}$ 过大. 这种方法称为岭回归. 参数 λ 控制惩罚的程度, 在频率学派的框架中 λ 可以使用交叉验证进行选择. 我们已经在 3.7 节中介绍了岭回归的一种方法.

我们可以通过在 $\boldsymbol{u}$ 上添加先验信息来达到类似的效果. 在 (5.2) 的混合效应模型中, $\boldsymbol{Zu}$ 是通常的线性模型预测因子, 而 $\boldsymbol{X\beta}$ 只是一个截距项. 我们设置先验 $\boldsymbol{u} \sim N(0, \sigma_u^2\boldsymbol{I})$ 和 $\boldsymbol{\varepsilon} \sim N(0, \sigma^2\boldsymbol{I})$, 对应 $\lambda = \sigma^2/\sigma_u^2$. 接下来通过一个例子来看看它是如何工作的.

本例总共测量了 215 个碎肉样品, 对于每个样品, 以脂肪含量作为响应变量, 有 100 个预测变量, 它们是在一个频率范围内的吸光度. 由于通过分析化学来测定脂肪含量很耗时, 故我们建立一个模型, 使用 100 个更容易测量的吸光度来预测新样品的脂肪含量. 有关数据来源的更多信息, 请参阅 Thodberg (1993), 有关相同数据的其他分析, 请参阅 Faraway (2014).

任何模型的真正性能都很难仅仅根据对现有数据的拟合来确定, 我们需要看看该模型在模型构建时没有使用的新数据上的表现如何. 为此, 我们将把数据分成两部分: 一个训练样本, 包括将用来建立和估计模型的前 172 个观测值, 以及一个测试样本, 包括剩下的 43 个观测值.

```
data(meatspec, package="brinla")
trainmeat <- meatspec[1:172,]
testmeat <- meatspec[173:215,]
wavelengths <- seq(850, 1050, length=100)
```

通过比较, 对训练数据拟合一个标准线性模型, 并对测试数据预测值的 RMSE 进行评估:

```
modlm <- lm(fat ~ ., trainmeat)
```

```
rmse <- function(x,y) sqrt(mean((x-y)^2))
rmse(predict(modlm,testmeat), testmeat$fat)
```

[1] 3.814

我们绘制了这个线性模型的估计系数, 如图 5.8 的左图所示:

```
plot(wavelengths,coef(modlm)[-1], type="l",ylab="LM Coefficients")
```

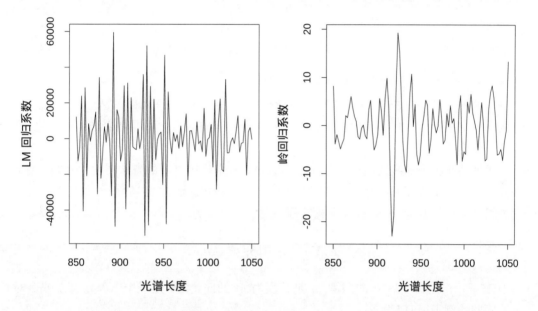

图 5.8　拟合碎肉光谱数据的模型系数. 左图使用线性模型, 右图使用岭回归.

随着波长的变化, 我们预期效应会有一些连续性, 但最小二乘估计的变化很大, 表明存在由强共线性引起的不稳定性.

我们可以通过创建相应的 X 和 Z 矩阵来基于贝叶斯模型实现岭回归. 在本例中, X 只是由 1 构成的列, 表示截距项. 公式中包含 -1, 因为模型中已经包含这个截距项, Z 是预测变量的值构成的矩阵. 我们假设测试集中响应变量的值是未知的, 因而对于它们, y 是缺失的. 我们需要将测试集纳入计算中, 以便使用 control.predictor = list(compute=TRUE) 选项生成这些响应变量的预测分布, 测试集实际上并不用于拟合模型. 如果将响应变量调整到大约 $[-1, 1]$ 范围, 则使用该方法的效果会更好.

```
n <- nrow(meatspec)
X <- matrix(1,nrow = n, ncol= 1)
Z <- as.matrix(meatspec[,-101])
y <- meatspec$fat
y[173:215] <- NA
scaley <- 100
```

```
formula <- y ~ -1 + X +  f(idx.Z, model="z", Z=Z)
zmod <- inla(formula, data = list(y=y/scaley, idx.Z = 1:n, X=X),
             control.predictor = list(compute=TRUE))
```

现在我们提取后验均值, 并计算预测值的 RMSE (考虑到调整):

```
predb <- zmod$summary.fitted.values[173:215,1]*scaley
rmse(predb, testmeat$fat)
```

[1] 1.9028

RMSE 是普通线性模型的一半. 我们还可以绘制系数的后验均值, 如图 5.8 的右图所示.

```
rcoef <- zmod$summary.random$idx.Z[216:315,2]
plot(wavelengths, rcoef, type="l", ylab="Ridge Coefficients")
```

与线性模型相比, 可以看到变化已经大大减少 (甚至允许调整), 而且随着波长的变化, 系数有一些连续性.

线性预测因子的线性组合. 我们可以在 INLA 中使用不同的方法实现岭回归. 接下来介绍的方法值得了解, 因为它可以在其他情况下使用. 通常, 我们有一个取决于线性预测因子的响应变量, 但假设这个线性预测因子取决于另一个线性组合, 具体表示为

$$E(\boldsymbol{Y}) = \boldsymbol{\eta}' \text{ 且 } \boldsymbol{\eta}' = \boldsymbol{A}\boldsymbol{\eta},$$

其中 $\boldsymbol{Y}$ 和 $\boldsymbol{\eta}'$ 是长度为 n 的向量, $\boldsymbol{\eta}$ 是长度为 m 的向量, $\boldsymbol{A}$ 是一个 $n \times m$ 的矩阵. 对于岭回归的例子, 可以设置:

$$\boldsymbol{A} = [\boldsymbol{X}:\boldsymbol{Z}], \boldsymbol{\eta} = \begin{pmatrix} \beta_0 \\ \boldsymbol{u} \end{pmatrix}.$$

我们需要 β_0, $\boldsymbol{u}$ 和 $\boldsymbol{\varepsilon}$ 的先验, 它们可通过精度来设置:

```
int.fixed <- list(prec = list(initial = log(1.0e-9), fixed=TRUE))
u.prec <- list(prec = list(param = c(1.0e-3, 1.0e-3)))
epsilon.prec <- list(prec = list(param = c(1.0e-3, 1.0e-3)))
```

对于截距项, 先验设置在对数精度上, 把这个精度设得非常小, 表示截距项的信息非常少. 将此精度固定, 我们不会产生额外的超参数, 并接受这个精度为固定值. 对于 $\boldsymbol{u}$ 和 $\boldsymbol{\varepsilon}$, 设定弱信息的对数伽马先验.

现在我们为 β_0 和 $\boldsymbol{u}$ 创建索引集. $\boldsymbol{\eta}$ 的长度为 101, 第一个元素对应于 β_0, 其余 100 个元素与 $\boldsymbol{u}$ 相对应.

```
idx.X <- c(1, rep(NA,100))
idx.Z <- c(NA, 1:100)
```

将该模型拟合如下:

```
scaley <- 100
formula <- y ~ -1 + f(idx.X, model="iid", hyper = int.fixed)
               + f(idx.Z, model="iid", hyper = u.prec)
amod <- inla(formula, data = list(y=y/scaley, idx.X=idx.X, idx.Z=idx.Z),
             control.predictor = list(A=cbind(X, Z),compute=TRUE),
             control.family = list(hyper = epsilon.prec))
```

并使用以下方法检查预测的性能:

```
predb <- amod$summary.fitted.values[173:215,1]
rmse(predb, testmeat$fat/scaley)*scaley
```

```
[1] 1.9019
```

性能与基于混合效应模型的方法非常相似, 尽管两者之间的先验并不完全一致.

   岭回归也可以用线性回归模型在 INLA 中实现, 在该模型中直接对系数施加更多的有信息的先验. 此方法的缺点是我们必须指定这些先验的信息量有多大, 而在我们所采取的方法中, 系数的收缩程度是在模型拟合过程中建立的. 关于混合效应 Z 模型的另一种用法, 请参见 11.1.1 节.

5.5   广义线性混合模型

   广义线性混合模型 (generalized linear mixed model, GLMM) 是将第 4 章中的 GLM 思想与本章前面的混合模型思想相结合. 假定响应变量 Y_i, $i = 1, \ldots, n$ 服从均值为 $E(Y_i) = \mu_i$ 的指数族分布, 并通过连接函数 g 与线性预测因子 η 相联系, 即 $\eta_i = g(\mu_i)$.

   设随机效应 u 有相应的设计矩阵 Z, 则

$$\eta = X\beta + Zu.$$

假如我们给 β 设定高斯先验, 并设随机效应 u 服从高斯分布, 那么模型就满足使用 INLA 所需的潜在高斯模型框架的要求. GLMM 模型在使用极大似然法拟合时可能比较棘手, 而贝叶斯方法在似然法遇到困难的地方可提供可接受的解决方案.

5.5.1   泊松 GLMM

   Davison 和 Hinkley (1997) 报道了对除草剂硝基酚的研究结果. 由于担心对动物生命的影响, 50 只雌性水蚤被分成五组, 每组 10 只, 用不同浓度的除草剂处理, 记录每只水蚤随后三窝的后代数量. 我们首先加载 boot 软件包中的数据:

```
data(nitrofen, package="boot")
```

```
head(nitrofen)
```

	conc	brood1	brood2	brood3	total
1	0	3	14	10	27
2	0	5	12	15	32
3	0	6	11	17	34
4	0	6	12	15	33
5	0	6	15	15	36
6	0	5	14	15	34

构造每行一个响应值的数据框更方便. 我们去掉 total 变量, 并添加一个水蚤的标识符:

```
library(dplyr)
library(tidyr)
lnitrofen <- select(nitrofen, -total) %>%
             mutate(id=1:nrow(nitrofen)) %>%
             gather(brood,live,-conc,-id) %>%
             arrange(id)
lnitrofen$brood <- factor(lnitrofen$brood,labels=1:3)
head(lnitrofen)
```

	conc	id	brood	live
1	0	1	1	3
2	0	1	2	14
3	0	1	3	10
4	0	2	1	5
5	0	2	2	12
6	0	2	3	15

绘制数据图, 如图 5.9 所示. 需要将浓度在水平方向上偏移 (offset) 一点, 以区分各窝点. 此外, 还需进行一些垂直扰动 (jittering), 以避免具有相同响应的情况出现重叠. 可以看到, 对于第一窝, 后代的数量保持相对稳定, 而对于第二窝和第三窝, 后代的数量似乎随着硝基酚浓度的增加而减少.

```
lnitrofen$jconc <- lnitrofen$conc + rep(c(-10,0,10),50)
ggplot(lnitrofen, aes(x=jconc,y=live, shape=brood)) +
     geom_point(position = position_jitter(w = 0, h = 0.5)) +
     xlab("Concentration")
```

由于响应变量是计数型的, 因此泊松模型是一个自然的选择. 我们期望响应的速率随窝点和浓度水平而变化, 数据图表明这两个预测变量可能有交互作用, 对一只水蚤的三个观察结果可能是相关的. 我们若期望一只特定的水蚤在一生中产生更多或更少的后代,

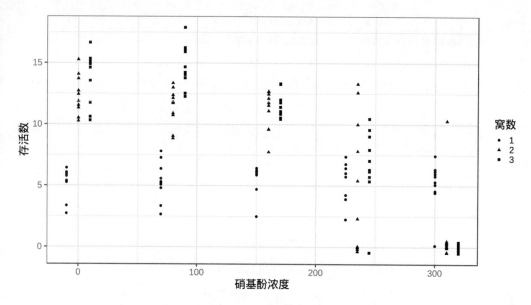

图 5.9 存活后代的数量随硝基酚浓度和窝数的变化情况.

可以添加一个随机效应来建模, 其线性预测因子为

$$\eta_i = \boldsymbol{x}_i^T \boldsymbol{\beta} + u_{j(i)}, \quad i = 1, \dots, 150, \quad j = 1, \dots 50,$$

其中 $\boldsymbol{x}_i$ 是设计矩阵中反映第 i 个观测值信息的向量, 而 u_j 是与第 j 个水蚤相关的随机效应, 响应变量的分布为 $Y_i \sim \text{Poisson}(\exp(\eta_i))$.

为了便于比较, 使用 lme4 软件包中的惩罚拟似然 (PQL) 拟合模型:

```
library(lme4)
glmod <- glmer(live ~ I(conc/300)*brood + (1|id), nAGQ=25,
               family=poisson, data=lnitrofen)
summary(glmod)
```

```
Random effects:
 Groups Name        Variance Std.Dev.
 id     (Intercept) 0.0911   0.302
Number of obs: 150, groups:  id, 50
```

```
Fixed effects:
               Estimate Std. Error z value Pr(>|z|)
(Intercept)      1.6386     0.1367   11.99  < 2e-16
I(conc/300)     -0.0437     0.2193   -0.20     0.84
brood2           1.1688     0.1377    8.48  < 2e-16
```

```
brood3                    1.3512      0.1351   10.00  < 2e-16
I(conc/300):brood2 -1.6730      0.2487   -6.73  1.7e-11
I(conc/300):brood3 -1.8312      0.2451   -7.47  7.9e-14
```

我们通过除以 300 (最大值为 310) 来对浓度进行了调整, 以避免使用 glmer() 时遇到的缩放问题. 这在任何情况下都是有帮助的, 因为它将所有参数估计放在一个相同的刻度上. 第一窝是参考水平, 这一组的斜率估计为 −0.0437, 在统计上不显著, 证实了从图中得到的结论. 我们看到, 当除草剂浓度为 0 时, 第二窝和第三窝的后代数量显著增加, 分别为 1.1688 和 1.3512. 但随着浓度的增加, 我们看到后代数量显著减少, 相对于第一窝, 斜率分别为 −1.6730 和 −1.8312. 个体标准差的估计值为 0.302, 明显小于上面的估计值, 说明窝点和浓度效应大于个体差异.

具有默认先验的同一模型可以用 INLA 拟合为:

```
formula <- live ~ I(conc/300)*brood + f(id, model="iid")
imod <- inla(formula, family="poisson", data=lnitrofen)
```

固定效应汇总信息为:

```
imod$summary.fixed
```

	mean	sd	0.025quant	0.5quant	0.975quant	mode
(Intercept)	1.639493	0.13601	1.36772	1.640988	1.90288	1.644054
I(conc/300)	-0.041413	0.21791	-0.47273	-0.040485	0.38426	-0.038687
brood2	1.164071	0.13757	0.89773	1.162776	1.43766	1.160183
brood3	1.346245	0.13496	1.08541	1.344819	1.61515	1.341962
I(conc/300):brood2	-1.664137	0.24824	-2.15576	-1.662707	-1.18086	-1.659822
I(conc/300):brood3	-1.821494	0.24470	-2.30637	-1.819992	-1.34536	-1.816964

后验均值与 PQL 估计值非常相似. 我们还可以查看随机效应标准差的汇总:

```
bri.hyperpar.summary(imod)
```

	mean	sd	q0.025	q0.5	q0.975	mode
SD for id	0.29399	0.056598	0.19169	0.29058	0.41462	0.28463

结果依然与似然方法的输出非常相似, 尽管我们注意到, 与 PQL 结果相比, INLA 还提供了估计值不确定性的评估. 我们只要查看一下汇总统计量就可得出一些关于这些效应强度的结论, 但最好检查它们的后验密度, 见图 5.10:

```
library(reshape2)
mf <- melt(imod$marginals.fixed)
cf <- spread(mf,Var2,value)
names(cf)[2] <- 'parameter'
ggplot(cf,aes(x=x,y=y)) + geom_line()
```

```
+ facet_wrap(~ parameter, scales="free")
+ geom_vline(xintercept=0) + ylab("density")
```

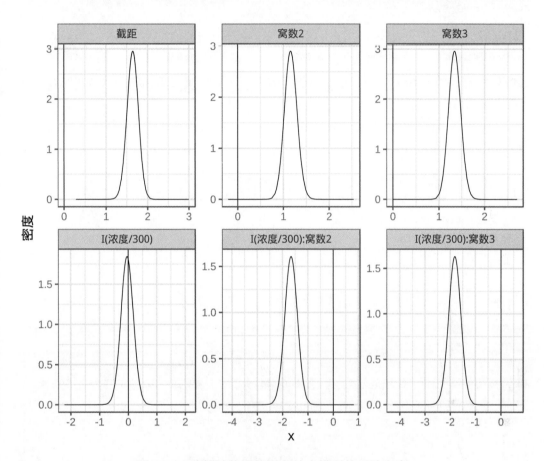

图 5.10 硝基酚数据的固定效应模型的后验密度.

几乎同样的图可以用下列方法制作 (图没有显示):

```
bri.fixed.plot(imod)
```

或者在一个面板上绘出 (这是可行的, 因为参数的刻度是相似的):

```
bri.fixed.plot(imod,together=TRUE)
```

我们看到, 在浓度为 0 时, 第二窝和第三窝显然有更多的后代, 密度与 0 有很大的差距, 所以这一点是毫无疑问的. 我们还注意到第二窝和第三窝的斜率显然是负的, 表明随着浓度的增加, 相对于第一窝而言, 后代数量大大减少. 我们还看到零点正好落在第一窝斜率的密度的正中间, 表明随着浓度的变化, 这窝的后代数量基本保持不变.

由于泊松模型默认使用对数连接函数, 因此需对参数进行指数计算, 以改善随机效应的可解释性:

```
multeff <- exp(imod$summary.fixed$mean)
names(multeff) <- imod$names.fixed
multeff[-1]
```

I(conc/300)	brood2	brood3	I(conc/300):brood2	I(conc/300):brood3
0.95943	3.20294	3.84296	0.18935	0.16178

我们看到第二窝和第三窝的后代数量是原来的三到四倍, 而这些窝的后代数量从没有硝基酚到使用最高浓度时下降了 80% 以上.

我们还应该检查一下模型中唯一的超参数 —— 即水蚤随机效应的精度 —— 的后验. 通常, 更方便的是将其表示为标准差, 如图 5.11 的左图所示:

```
sden <- data.frame(bri.hyper.sd(imod$marginals.hyperpar[[1]]))
ggplot(sden,aes(x,y)) + geom_line() + ylab("density") +
  xlab("linear predictor")
```

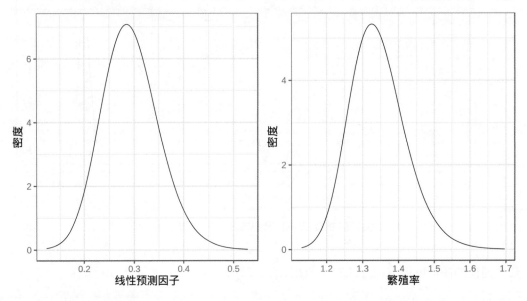

图 5.11   超参数的后验密度. 左图为线性预测尺度上的标准差的密度, 右图为繁殖率上的标准差的密度.

更简单的绘制方法为:

```
bri.hyperpar.plot(imod)
```

与固定效应相同, 通过将其转换为泊松比率的乘数可以更容易地解释这一点. 我们可以计算并绘制此后验分布, 如图 5.11 的右图所示:

```
mden <- data.frame(inla.tmarginal(function(x) exp(1/sqrt(x)),
                 imod$marginals.hyperpar[[1]]))
```

```
ggplot(mden,aes(x,y)) + geom_line() + ylab("density") +
  xlab("multiplicative")
```

我们发现典型的水蚤效应大约有 30% 的后代.

考虑到在后验密度中看到的效应的显著性, 似乎没有理由尝试简化模型. 即便如此, 我们可能会质疑浓度效应的线性性质, 并考虑是否使用在此预测变量对数尺度下的模型来预测可能更可取. 我们可以通过计算并对比模型的 DIC 来考查这种可能性:

```
formula <- live ~ I(conc/300)*brood + f(id, model="iid")
imod <- inla(formula, family="poisson", data=lnitrofen,
              control.compute=list(dic=TRUE))
formula <- live ~ log(conc+1)*brood + f(id, model="iid")
imod2 <- inla(formula, family="poisson", data=lnitrofen,
              control.compute=list(dic=TRUE))
c(imod$dic$dic,  imod2$dic$dic)
```

```
[1]  785.90 841.97
```

我们看到原始模型给出的 DIC 更小, 所以将继续使用它. 请注意, 有必要指定计算 DIC, 因为默认情况下不会计算它.

有没有观察到不寻常的水蚤? 对于每个 u_j 都可查看其完整的后验分布, 但为了方便起见, 我们可以提取出后验均值, 我们需要检查异常大或小的值. 由于我们预期这些后验均值近似正态, 因此 Q-Q 图是一种自然的检验工具, 如图 5.12 所示:

```
mreff <- imod$summary.random$id$mean
qqnorm(mreff)
qqline(mreff)
```

我们发现没有特别不寻常的水蚤, 它们产生的后代差不多, 没有一个是突出的.

我们可以用两种方法来检查个体的观察结果. 首先考虑条件预测坐标 (CPO) 统计量 $P(y_i|y_{-i})$, 它使用 "留一法"(leave-one-out) 拟合后的预测度量, 其较小的值应引起注意. 在 INLA 中需要我们指定这些要计算的统计量, 我们在对数刻度上绘制出这些统计量, 那些特别接近于零的数值就容易辨别出来.

```
formula <- live ~ I(conc/300)*brood + f(id, model="iid")
imod <- inla(formula, family="poisson", data=lnitrofen,
              control.compute=list(cpo=TRUE))
plot(log(imod$cpo$cpo),ylab="log(CPO)")
```

图 5.12 的第二个图展示了几个概率很小的点, 其中最小的点为:

```
lnitrofen[which.min(imod$cpo$cpo),]
```

```
    conc id brood live
```

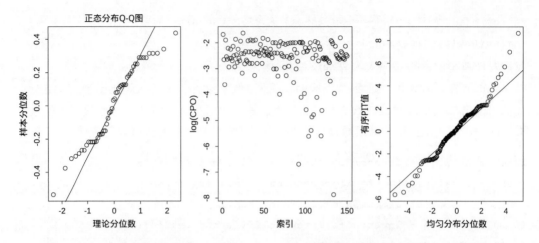

图 5.12　对硝基酚模型的诊断检查: 第一个图是随机效应后验均值的 Q-Q 图, 第二个图是 CPO 统计量的值在对数尺度上的索引图, 第三个图是由 PIT 统计量的值绘出的在 logit 尺度上的均匀分布 Q-Q 图.

```
134   310 45      2    10
```

我们认为它是所有其他高浓度第二窝观察中的一个样本:

```
lnitrofen %>% filter(brood == 2, conc==310)
```

```
   conc id brood live
1   310 41     2     0
2   310 42     2     0
3   310 43     2     0
4   310 44     2     0
5   310 45     2    10
6   310 46     2     0
7   310 47     2     0
8   310 48     2     0
9   310 49     2     0
10  310 50     2     0
```

可以看到另外 9 只水蚤没有后代, 而这只水蚤有 10 个后代, 这当然是不寻常的.

我们也可以计算概率积分变换 (PIT) 统计量 $P(y_i^{new} \leqslant y_i | y_{-i})$. 我们希望这些值在假定的模型下是近似均匀分布的, 并对接近 0 或 1 的数值特别感兴趣. 为了放大这些感兴趣点的显著性, 我们将 PIT 值与均匀顺序统计量在 logit 尺度上进行了绘图:

```
pit <- imod$cpo$pit
n <- length(pit)
uniquant <- (1:n)/(n+1)
```

```
logit <- function(p) log(p/(1-p))
plot(logit(uniquant), logit(sort(pit)), xlab="uniform quantiles",
     ylab="Sorted PIT values")
abline(0,1)
```

相对于 CPO, PIT 的一个优点是偏差有方向性. 在此例中, 我们看到更多不寻常的情况发生在后代比预期多的地方. 其中, 最极端的 PIT 值为:

```
which.max(pit)
```

`[1] 134`

这与用 CPO 统计量发现的情况相同.

在使用 CPO 或 PIT 统计量时, 需要注意一些问题. 在计算 "留一法"(leave-one-out) 统计量时, 人们希望避免重新拟合模型 n 次来明确地计算出这些统计量的值. 但这确实意味着需要一些近似. 我们可以使用 `imod$cpo$failure` 来检查这些近似的质量, 其中非零值表示一定程度的可疑性. 在本例中, 这些统计量的值都是零, 所以没有任何值得顾虑的. 如果出现上述问题, 就要使用 `inla.cpo()` 函数来改进近似.

我们也可以考查一下改变先验产生的影响. 通常不值得麻烦去改变固定效应参数上默认的平坦先验. 我们可以考虑超参数的默认先验之外的其他先验. 这里, 我们来看看使用惩罚复杂度先验的影响:

```
sdu <- 0.3
pcprior <- list(prec = list(prior="pc.prec", param = c(3*sdu,0.01)))
formula <- live ~ I(conc/300)*brood
                  + f(id, model="iid", hyper = pcprior)
imod2 <- inla(formula, family="poisson", data=lnitrofen)
bri.hyperpar.summary(imod2)
```

	mean	sd	q0.025	q0.5	q0.975	mode
SD for id	0.30993	0.056161	0.20885	0.3064	0.42992	0.30017

我们通过对随机效应的标准差进行猜测来校准先验, 然后调整指数先验使实际标准差大于其 3 倍的概率为 0.01. 根据之前的似然模型拟合, 我们选取标准差的猜测值为 0.3. 在实践中, 最好是根据收集数据之前征求的专家意见来做出这种猜测.

碰巧的是, 后验密度与之前从默认先验得出的结果非常相似, 稍微做一下实验就会发现, 后验对先验真的很不敏感, 这一点让人放心. 这种先验的选择通常不太重要, 除非我们有一个小的数据集或者随机效应变化相对较小.

我们可以通过添加一些过度分散来推广泊松模型, 我们将线性预测因子修改为:

$$\eta_i = \boldsymbol{x}_i^T \boldsymbol{\beta} + u_{j(i)} + \varepsilon_i, \quad i = 1, \ldots, 150, \quad j = 1, \ldots 50,$$

其中 $\varepsilon_i \sim N(0, \sigma_\varepsilon^2)$. 因此, 每个线性预测因子都添加了一个独立的随机分量 ε. 我们为观测值创建一个索引变量, 并将其合并到模型中:

```
lnitrofen$obsid <- 1:nrow(nitrofen)
formula <- live ~ I(conc/300)*brood + f(id, model="iid")
                 + f(obsid, model="iid")
imodo <- inla(formula, family="poisson", data=lnitrofen)
bri.hyperpar.summary(imodo)
```

	mean	sd	q0.025	q0.5	q0.975	mode
SD for id	0.293803	0.056124	0.195348	0.2898453	0.415022	0.2835296
SD for obsid	0.010284	0.006119	0.003764	0.0085126	0.026903	0.0062088

可以看到, 增加的随机分量的标准差比水蚤的标准差小得多, 虽然我们有点确信它不是零, 但它小到我们可以合理地忽略它. 因此, 似乎没有实质性的过度分散存在.

1996 年, 美国和欧盟禁止使用硝基酚, 因为它有致畸潜在危险.

5.5.2 二元 GLMM

Fitzmaurice 和 Laird (1993) 报告了俄亥俄州六个城市的 537 名 7—10 岁儿童的数据, 响应变量是二元的——儿童是否患有哮喘 (表明肺部是否有问题), 1 表示有, 0 表示没有. 在 7 岁、8 岁、9 岁和 10 岁时, 每四年报告一次这种状况. 还有一个关于儿童的母亲是否是吸烟者的示性变量. 因为对每个儿童都有四个二元响应变量, 我们预期这些响应变量是相关的, 我们的模型也需要反映这一点.

我们把吸烟和不吸烟的母亲人数加起来:

```
data(ohio, package="brinla")
table(ohio$smoke)/4
```

```
  0   1
350 187
```

用下面的命令来查看按年龄和母亲吸烟状况分类的哮喘儿童的比例:

```
xtabs(resp ~ smoke + age, ohio)/c(350,187)
```

```
     age
smoke   -2    -1     0     1
    0 0.160 0.149 0.143 0.106
    1 0.166 0.209 0.187 0.139
```

年龄已经调整, 0 代表 9 岁. 我们发现哮喘病似乎随着年龄的增长而减少, 母亲吸烟的儿童可能更容易患有哮喘病. 但是这些影响的原因还不清楚, 我们需要通过建模来确定这些结论.

一个合理的模型使用一个带下面线性预测因子的 logit 连接函数:

$$\eta_{ij} = \beta_0 + \beta_1 age_j + \beta_2 smoke_i + u_i, \quad i = 1, \ldots, 537, \quad j = 1, 2, 3, 4,$$

其中

$$P(Y_{ij} = 1) = \frac{\exp(\eta_{ij})}{1 + \exp(\eta_{ij})}.$$

随机效应 u_i 反映了儿童 i 哮喘的倾向, 儿童的健康状况可能会有变化, 这种效应使我们能够将这种未知的变化纳入模型中. 因为 u_i 被添加到对儿童的所有四个观测值中, 故可以很自然地得出这四个响应值之间的正相关. 响应变量服从伯努利分布, 也就是试验规模为 1 的二项分布.

作为参考, 我们先使用 lme4 软件包的惩罚准似然法来拟合模型:

```
library(lme4)
modagh <- glmer(resp ~ age + smoke + (1|id), nAGQ=25,
                family=binomial, data=ohio)
summary(modagh)
```

```
Random effects:
 Groups Name        Variance Std.Dev.
 id     (Intercept) 4.69     2.16
Number of obs: 2148, groups:  id, 537


Fixed effects:
            Estimate Std. Error z value Pr(>|z|)
(Intercept) -3.1015     0.2191   -14.16   <2e-16
age         -0.1756     0.0677    -2.60   0.0095
smoke        0.3986     0.2731     1.46   0.1444
```

与 INLA 一样, 这种方法也需要一些数值积分, 因此计算速度不如只需要数值优化的似然方法快.

在 INLA 中, 我们可以将此模型拟合为:

```
formula <- resp ~ age + smoke + f(id, model="iid")
imod <- inla(formula, family="binomial", data=ohio)
```

id 变量表示儿童, 我们使用 iid 模型表示 u_i 变量在儿童之间是独立同分布的. 固定效应分量的后验汇总统计量如下:

```
imod$summary.fixed
```

```
            mean       sd 0.025quant 0.5quant 0.975quant     mode       kld
```

```
(Intercept) -2.99250 0.201804  -3.409624 -2.98495  -2.618752 -2.96974 1.5266e-13
age         -0.16665 0.062817  -0.290565 -0.16646  -0.043913 -0.16607 1.7805e-14
smoke        0.39133 0.239456  -0.077747  0.39069   0.863404  0.38946 1.2226e-12
```

固定效应的后验趋于正态分布, 因此均值、中位数和众数之间几乎没有差别, 后验均值也与 PQL 的输出结果非常相似. 从 2.5% 和 97.5% 的分位数可以看出, 随着年龄的增长, 哮喘病的风险明显降低. 参数是以 logit 为尺度的, 所以需要借助某个变换来帮助解释. 例如, 截距项表示 age = 0, smoke = 0 时 (即一个不吸烟母亲的 9 岁孩子) 的响应变量的值. 经 logit 变换我们可得到:

```
ilogit <- function(x) exp(x)/(1 + exp(x))
ilogit(imod$summary.fixed[1,c(3,4,5)])
```

```
            0.025quant 0.5quant 0.975quant
(Intercept)   0.031996  0.04811    0.067941
```

将其与在前面计算得到的数据中看到的 0.143 的比例进行比较, 在这种情况下, 我们的模型似乎并没有拟合得很好. 这里的一个技术问题是, 单调变换 (如逆 logit 变换) 将保留变换后的密度的分位数, 这对均值和众数都不起作用. 我们需要首先在变换后的尺度上重新计算密度, 然后找到均值和众数. 通常, 对原始的汇总统计量进行变换不会有太大的差别, 但是谨慎是明智的.

我们通过取指数来更好地解释回归参数:

```
exp(imod$summary.fixed[-1, c(3,4,5)])
```

```
        0.025quant 0.5quant 0.975quant
age        0.74784  0.84666    0.95704
smoke      0.92520  1.47800    2.37122
```

我们发现, 儿童年龄增加 1 岁, 患哮喘病的概率是原来的 0.85 倍, 即减少 15%. 90% 置信区间的两个分位数在这个表述中提供了不确定性的度量. 然而, 我们看到其上分位数仍然低于 1, 这表明我们可以有理由相信哮喘随着年龄的增长而减少. 一个吸烟母亲的小孩患哮喘病的概率会是普通儿童的 1.48 倍或增加 48%. 然而, 90% 置信区间的下分位数低于 1, 这表明不能完全确定母亲吸烟是否会增加儿童哮喘的概率. 但我们也看到上分位数相当大, 概率增加达到 137%. 因此, 虽然我们不能否定吸烟母亲无害的可能性, 但我们也应该关注它可能具有相当的危害性. 我们需要更多的数据. 当然, 我们应该对声称母亲吸烟导致儿童哮喘的说法持谨慎态度, 因为它可能只是与其他风险因素有关, 而这些因素才是真正的因果变量.

σ_u 的后验分布也很有趣:

```
bri.hyperpar.summary(imod)
```

```
        mean       sd q0.025 q0.5 q0.975   mode
```

```
SD for id 1.9256 0.15987 1.6269 1.92 2.2554 1.9127
```

与固定效应一样, 该变量更容易在概率尺度上进行解释 (只需要对分位数作变换):

```
exp(bri.hyperpar.summary(imod)[3:5])
```

```
[1] 5.0879 6.8213 9.5395
```

可以看到, 一个标准差会使概率乘以 7 (或等可能地除以 7). 这意味着在这个例子中, 个体效应非常强. 我们构造一个表, 记录所有 537 个个体在四个时间点上哮喘的总次数:

```
table(xtabs(resp ~ id, ohio))
```

```
  0   1   2   3   4
355  97  44  23  18
```

可以看到有 355 个儿童从来不哮喘. 该模型与此一致, 因为大的随机效应意味着一些儿童出现哮喘的概率一直很低, 而另一些儿童出现哮喘的概率为中等大小.

我们在一个图上绘制出所有的后验分布, 如图 5.13 所示.

```
library(gridExtra)
p1 <- ggplot(data.frame(imod$marginals.fixed[[1]]),aes(x,y)) +
    geom_line()+xlab("logit")+ylab("density")+ggtitle("Intercept")
p2 <- ggplot(data.frame(imod$marginals.fixed[[2]]),aes(x,y)) +
    geom_line()+xlab("logit")+ylab("density")+ggtitle("age")
p3 <- ggplot(data.frame(imod$marginals.fixed[[3]]),aes(x,y)) +
    geom_line()+xlab("logit")+ylab("density")+ggtitle("smoke")
sden <- data.frame(bri.hyper.sd(imod$marginals.hyperpar[[1]]))
p4 <- ggplot(sden,aes(x,y)) + geom_line() + xlab("logit") +
    ylab("density")+ggtitle("SD(u)")
grid.arrange(p1,p2,p3,p4,ncol=2)
```

我们看到, 所有的后验密度都是近似正态的, 因此, 前面的数据汇总用于解释是充分的. 尽管如此, 还是值得检查一下以验证这一点. 我们看到, 吸烟系数的密度有一小块区域延伸到零以下, 我们可计算出这个面积:

```
inla.pmarginal(0,imod$marginals.fixed$smoke)
```

```
[1] 0.051348
```

尽管很像 p 值, 但这不是 p 值. 一个反对意见是, 在通常的双边对立假设下, 需要将这个值翻倍. 但更重要的反对意见涉及这个概率的意义. 它是母亲吸烟与儿童哮喘状态之间存在负相关的概率. 这是一个比 p 值的含义更易认可的陈述, p 值所涉及的是在无吸烟效应的原假设下观察到这种结果即更极端的结果的概率.

鉴于在贝叶斯模型下没有很好的理由去模仿频率学派的结论, 人们可能会问为什么要计算这个概率. 鉴于零作为 "无效应" 的特殊含义, 衡量后验密度离零有多远是一个有用的概括. 在此例中, 上面的概率是对母亲吸烟与儿童哮喘关系评估的一个有用的概括. 事实上, 有些人将其称为 "贝叶斯 p 值", 尽管定义不同, 所以在传达这一信息时最好清楚地说明所计算的量.

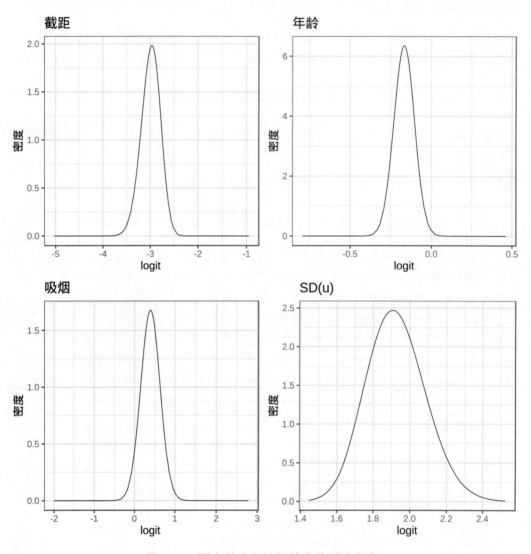

图 **5.13**　固定效应和随机效应的后验密度.

我们在前面注意到, 一个输入组合的预测概率与观察到的比例不一致. 事实上, 只要看一下年龄和母亲吸烟的八个组合的所有观察比例, 我们就会怀疑年龄的影响不是线性的. 我们可以通过拟合更复杂的模型来考查这一点, 并使用诸如 DIC 和 WAIC 等标准来比较这些模型. 我们考虑一个模型, 将年龄作为一个因子, 以便每个年龄水平的影响可以自由变化. 我们还考虑了一个模型, 该模型考虑了年龄和母亲吸烟之间的交互作

用, 这就涵盖了固定效应的所有可能性, 因为任何更复杂的东西都会使模型饱和. INLA
明确要求我们计算 DIC 和 WAIC 的值:

```
formula <- resp ~ age + smoke + f(id, model="iid")
imod <- inla(formula, family="binomial", data=ohio,
             control.compute=list(dic=TRUE,waic=TRUE))
formula <- resp ~ factor(age) + smoke + f(id, model="iid")
imod1 <- inla(formula, family="binomial", data=ohio,
              control.compute=list(dic=TRUE,waic=TRUE))
formula <- resp ~ factor(age)*smoke + f(id, model="iid")
imod2 <- inla(formula, family="binomial", data=ohio,
              control.compute=list(dic=TRUE,waic=TRUE))
```

第一个模型和我们的原始模型是一样的, 但是需要重新计算得到 DIC 和 WAIC. 首先,
考虑三个模型的 DIC:

```
c(imod$dic$dic, imod1$dic$dic, imod2$dic$dic)
```

```
[1] 1466.2 1463.1 1463.4
```

再考虑 WAIC:

```
c(imod$waic$waic, imod1$waic$waic, imod2$waic$waic)
```

```
[1] 1418.9 1416.2 1417.6
```

我们看到, 在这两种情况下, 将年龄作为一个因素但没有母亲吸烟交互作用的模型得到
了最小值. 幸运的是, 这两个标准之间没有分歧, 但如果必须做出选择, Gelman, Hwang
等 (2014) 认为应该选择 WAIC. 我们来检查一下所选模型的输出, 出于之前解释过的原
因, 将其转换为概率尺度:

```
exp(imod1$summary.fixed[-1, c(3,4,5)])
```

	0.025quant	0.5quant	0.975quant
factor(age)-1	0.74516	1.08376	1.57721
factor(age)0	0.65627	0.95966	1.40220
factor(age)1	0.38380	0.57798	0.86368
smoke	0.92485	1.48199	2.38534

7 岁是基线, 对于 8 岁和 9 岁, 中位数的概率相对变化足够接近 1 (意味着没有变化). 在
10 岁时, 哮喘的概率下降了 42%. 母亲吸烟的结果和解释几乎与原始模型相同, 这个效
果很奇怪, 值得解释一下.

　　鉴于我们没有发现年龄效应是线性的, 考虑将随机效应项从当前的常数效应推广到
包括线性效应是没有意义的. 即便如此, 我们可能会想, 受试者的随机效应是否每年都

有很大的变化, 我们想要一个模型来考查这种效应. 我们可以引入一个自回归模型来反映这种个体的随机效应:

$$u_{it} = \rho u_{i,t-1} + \varepsilon_t, \quad \varepsilon_t \sim N(0, \sigma^2), \quad t = 2, 3, 4.$$

另一个自回归模型见 3.8 节. 对第一个时间段, 我们有

$$u_{i1} \sim N(0, \sigma^2/(1-\rho^2)).$$

因此, 每个个体都有其短暂、独立的时间序列, 但有相同的超参数 σ 和 ρ. 我们可以用以下方法来拟合这个模型:

```
ohio$obst <- rep(1:4,537)
ohio$repl <- ohio$id + 1
formula <- resp ~ factor(age) + smoke
                + f(obst, model="ar1", replicate = repl)
imod <- inla(formula, family="binomial", data=ohio)
```

我们需要为每个个体创建 t 索引, 该索引被保存在 obst 变量中, model="ar1" 创建 obst 索引下的时间序列. 参数 replicate = repl 确保短的四个值的时间序列被复制 (replicate). 若没有这一项, 每个受试者会产生各自独立的数对 (σ, ρ), 我们不希望这样.

我们可以使用之前的概率来观察固定效应:

```
exp(imod$summary.fixed[-1, c(3,4,5)])
```

	0.025quant	0.5quant	0.975quant
factor(age)-1	0.74423	1.08460	1.58173
factor(age)0	0.65320	0.95871	1.40587
factor(age)1	0.37913	0.57424	0.86225
smoke	0.92542	1.48603	2.39704

这些和之前的模型非常相似. 现在随机效应为:

```
bri.hyperpar.summary(imod)
```

	mean	sd	q0.025	q0.5	q0.975	mode
SD for obst	1.97247	0.169661	1.66322	1.96316	2.32947	1.9445
Rho for obst	0.98471	0.014741	0.94559	0.98874	0.99854	0.9966

标准差和前面的差不多, ρ 的后验值接近 1, 这表明个体效应在四年的时间内没有太大的变化. 我们可以把这解释为儿童的基本健康状况在这段时间保持相对不变.

5.5.3 近似的改进

正如 Fong 等 (2010) 所讨论的, INLA 对于二元数据可能是不准确的, 可以在 Ferk-ingstad 和 Rue(2015) 中找到对这个问题的改进. 该方法对 INLA 中使用的拉普拉斯近似采用基于 copula 的校正. 我们可以把它应用到二元 GLMM 例子中:

```
cmod <- inla(formula, family="binomial", data=ohio,
             control.inla = list(correct = TRUE))
cmod$summary.fixed
```

	mean	sd	0.025quant	0.5quant	0.975quant	mode	kld
(Intercept)	-3.10775	0.213101	-3.548285	-3.09976	-2.713114	-3.08369	1.1735e-13
age	-0.17115	0.063615	-0.296643	-0.17096	-0.046861	-0.17056	1.6932e-14
smoke	0.40486	0.252137	-0.088977	0.40416	0.902016	0.40280	1.2035e-12

我们看到了固定效应的微小差异. 校正的效果在 σ_u 的后验分布上更为明显, 前一个值为 1.93.

```
bri.hyperpar.summary(cmod)
```

	mean	sd	q0.025	q0.5	q0.975	mode
SD for id	2.0618	0.16657	1.7498	2.0562	2.4043	2.0486

当由于稀疏性而难以近似时, 校正会产生很大的差别. 二元 GLMM 特别具有挑战性, 但在其他情况下, 如本章中的泊松 GLMM 例子, 校正的影响很小. 由于校正只承担了很少的额外计算成本, 并且往往会改善结果 (虽然有时不会有很大的改善), 因此我们推荐对所有 GLMM 进行校正 (但不是对其他模型). 可预期的是, 校正方案未来将成为默认选择, 因此那时在您阅读该建议时可能会发现它是多余的.

第 6 章

生存分析

生存分析是一类用于分析生存数据的统计方法, 其响应变量是直到感兴趣的事件发生的时间. 它可用于研究医学、经济学、工程学以及社会学中许多不同类型的事件, 包括死亡、疾病发作、设备故障、工作终止、退休以及婚姻等. 人们可能对给定人群的 "事件发生时间"(time-to-event) 数据的分布特征感兴趣, 也可能对不同组之间的响应变量比较或者对响应变量与其他协变量的关系建模感兴趣.

在大多数应用中, 生存数据是在有限的时间段内收集的. 例如, 在一项癌症研究中, 一些患者可能直到研究结束时尚未达到研究感兴趣的终点 (死亡). 因此, 这些患者的确切生存时间尚不清楚. 唯一的信息是生存时间大于患者在研究中的时间. 在生存分析中, 我们称这些患者的生存时间是删失的, 这给分析此类数据带来了困难.

自从 Cox (1972) 引入后, 比例风险回归, 也称为 Cox 回归模型, 已经成为处理事件发生时间数据 (time-to-event data) 时的默认选择. 按其基本形式, 它描述的是由基线风险函数 (未指定) 和一组具有线性效应的协变量所表示的到达终点的概率 (称为风险). 传统的分析依赖于基于局部似然的参数估计, 而针对事件发生时间数据的贝叶斯方法允许我们使用完全似然来估计模型中的所有未知元素.

6.1 引言

假设生存时间 T 是一个连续随机变量. T 的分布可以用常见的累积分布函数来描述:

$$F(t) = P(T \leqslant t), \quad t \geqslant 0,$$

它表示在时间 t 之前总体中的一个个体死亡 (或对于一个个体感兴趣的特定事件发生) 的概率. T 对应的密度函数为 $f(t) = dF(t)/dt$.

在生存分析中, 通常使用生存函数

$$S(t) = 1 - F(t) = P(T > t),$$

它表示随机选择的个体存活到时间 t 或更长时间的概率. 生存函数 $S(t)$ 是一个时间的非递增函数, 在 $t = 0$ 处取值为 1. 对于一个随机变量 T, $S(\infty) = 0$, 这意味着每个个体最终都会经历该事件. 显然, 如果 T 是一个连续型随机变量, 那么 $S(t)$ 和 $f(t)$ 之间存在一一对应的关系:

$$f(t) = -\frac{dS(t)}{dt}.$$

在分析生存数据时, 我们还会对评估那些在特定时间仍处于活动状态的个体在哪些时间段存在高风险或低风险感兴趣. 描述此类风险的合适方法是风险函数 $h(t)$, 定义为

$$h(t) = \lim_{s \to 0} \frac{P(t \leqslant T \leqslant t+s | T \geqslant t)}{s}.$$

它是个体在时间 t 还活着的条件下, 在时间 t 的瞬时死亡率 (经历事件). 风险函数的定义意味着

$$h(t) = \frac{f(t)}{S(t)} = -\frac{d}{dt} \log S(t).$$

一个与此相关的量是累积风险函数 $H(t)$, 定义为

$$H(t) = \int_0^t h(u)du = -\log(S(t)).$$

因此,

$$S(t) = \exp\{-H(t)\} = \exp\left\{-\int_0^t h(u)du\right\}.$$

当感兴趣的响应变量是可能删失的生存时间时, 最广泛使用的回归方法是 Cox 比例风险模型 (Cox, 1972). 在经典的生存研究中, 样本容量为 n 的数据由三元数组 $(t_i, \delta_i, \boldsymbol{x}_i)$ 组成, $i = 1, \ldots, n$, 其中 t_i 是第 i 个个体的研究时间, δ_i 是第 i 个个体是否经历事件的示性变量 (如果时间是右删失的, 则 $\delta_i = 0$; 如果事件已经发生, 则 $\delta_i = 1$), $\boldsymbol{x}_i = (x_{i1}, \ldots, x_{ip})^T$ 是由第 i 个个体的 p 维协变量值构成的向量.

令 $h(t|\boldsymbol{x})$ 为一个个体在给定协变量向量 $\boldsymbol{x} = (x_1, \ldots, x_p)^T$ 下在时间 t 的风险函数. Cox (1972) 提出的基本模型如下:

$$h(t|\boldsymbol{x}) = h_0(t) \exp(\beta_1 x_1 + \cdots + \beta_p x_p), \tag{6.1}$$

其中 $h_0(t)$ 是基线风险函数, β_i 是要估计的未知回归参数. 很容易看出, 模型 (6.1) 使两个个体之间的风险比随着时间的推移保持不变, 这是因为

$$\frac{h(t|\boldsymbol{x}_a)}{h(t|\boldsymbol{x}_b)} = \frac{\exp(\beta_1 x_{a1} + \cdots + \beta_p x_{ap})}{\exp(\beta_1 x_{b1} + \cdots + \beta_p x_{bp})},$$

其中 $\boldsymbol{x}_a$ 和 $\boldsymbol{x}_b$ 是两个个体 a 和 b 的协变量值向量. 因此, 模型 (6.1) 称为比例风险模型.

根据关于基线风险函数 $h_0(t)$ 的假设, 我们可以定义不同类型的比例风险模型.

6.2 半参数模型

6.2.1 分段常数基线风险模型

在贝叶斯生存分析中, 半参数比例风险模型给基线风险函数分配一个非参数先验, 最方便的一种方法是为 $h_0(t)$ 构建一个分段常数基线风险模型 (Breslow, 1972).

考虑形如 (6.1) 的比例风险模型. 我们从时间轴的一个有限分割开始构建半参数模型, 我们将时间轴划分为 K 个区间, 分割点为 $0 = s_0 < s_1 < s_2 < \cdots < s_K$, $s_K < \max\{t_i, i = 1, \ldots, n\}$. 然后我们假设基线风险在每个区间上是常数

$$h_0(t) = \lambda_k, \quad t \in (s_{k-1}, s_k), \ k = 1, \ldots, K.$$

因此, 个体 i 在时间 $t_i \in (s_{k-1}, s_k]$ 处的风险率为

$$\begin{aligned} h(t_i) &= h_0(t_i) \exp\left(\beta_1 x_{i1} + \cdots + \beta_p x_{ip}\right) \\ &= \exp\left(\log(\lambda_k) + \beta_1 x_{i1} + \cdots + \beta_p x_{ip}\right), \quad t_i \in (s_{k-1}, s_k]. \end{aligned}$$

记 $\eta_{ik} = \log(\lambda_k) + \beta_1 x_{i1} + \cdots + \beta_p x_{ip}$, 则第 i 个观测值的对数似然函数可以写成

$$\begin{aligned} \log\left[h(t_i)^{\delta_i} S(t_i)\right] &= \delta_i \log h(t_i) - \int_0^{t_i} h(u) du \\ &= \delta_i \eta_{ik} - (t_i - s_k) \exp(\eta_{ik}) - \sum_{j=1}^{k-1} (s_{j+1} - s_j) \exp(\eta_{ij}). \end{aligned} \tag{6.2}$$

INLA 方法并不能直接应用于该模型. 然而 Martino 等 (2011) 指出, 这种半参数模型在重写后仍然可满足 INLA 框架. 注意到, (6.2) 等价于 k 个服从泊松分布的 "扩增数据点" 的对数似然, 其中 (6.2) 右侧的前两项可以看作均值为 $(t_i - s_k) \exp(\eta_{ik})$ 的泊松分布在 δ_i 的观测值为 0 或 1 下的对数似然, (6.2) 右侧的第三项也可以看作均值为 $(s_{j+1} - s_j) \exp(\eta_{ij})$ 的泊松分布在观测值为零处的对数似然.

在 INLA 中, 每个原始数据点 (t_i, δ_i), $t_i \in (s_{k-1}, s_k]$ 可间接地由扩增数据集中的 k 个泊松分布数据点重建. 这种数据扩增方法让我们仍然可使用 INLA 算法的潜在高斯模型解决生存分析问题.

要在 INLA 中对事件发生时间数据执行回归分析, 我们需要定义一个类对象 "inla.surv". 它创建一个生存对象, 用作各种生存模型的 inla 函数中模型公式的响应变量.

让我们看一个分析艾滋病临床试验研究 (ACTG 320) 的例子, 该数据包含 1151 名受试者. 该数据集由 Hosmer 等 (2008) 给出, 来自一项双盲、安慰剂对照试验, 该试验比较了 HIV 感染者中英地那韦 (Indinavir)、开放标签齐多夫定 (Zidovudine) 或司他

夫定 (Stavudine) 和拉米夫定 (Lamivudine) 的三药方案 (有英地那韦组) 与齐多夫定
(Zidovudine) 或司他夫定 (Stavudine) 和拉米夫定 (Lamivudine) 的两药方案 (无英地那
韦组) (Hammer 等, 1997). 如果患者每立方毫米的 CD4 细胞不超过 200 个并且之前接
受过至少三个月的齐多夫定治疗, 则他有资格参加试验. 这项研究检查了几个因素, 例
如治疗、年龄、性别和 CD4 细胞数, 这些因素可能会影响到由艾滋病所决定的事件或死
亡的生存时间. 我们在此处使用的具体变量及其数据代码见表 6.1.

表 6.1   艾滋病临床试验研究 (ACTG 320) 中的变量描述.

变量名	描述	代码/值
id	识别码	1-1151
time	艾滋病诊断或死亡时间	天数
censor	定义诊断或死亡的艾滋病事件指标	1 = 艾滋病定义诊断或死亡
		0 = 否则
tx	治疗指标	1 = 治疗中包含英地那韦
		0 = 对照组 (不包含英地那韦)
sex	性别	1 = 男性
		2 = 女性
cd4	基线 CD4 计数	细胞数/毫升
priorzdv	先前使用齐多夫定的月数	月数
age	登记年龄	年数

本研究的主要目的是检验新的三药治疗方案与标准的两药方案相比在提高 HIV 感
染者生存率方面的有效性. 基于比较的目的, 我们使用 R 中的 survival 软件包从传统
的局部似然法开始分析. 我们拟合了一个包含五个变量的模型: 治疗 (tx)、年龄 (age)、
性别 (sex) 和先前使用齐多夫定的月数 (priorzdv):

```
data(ACTG320, package = "brinla")
library(survival)
ACTG320.coxph <- coxph(Surv(time, censor) ~ tx + age + sex + priorzdv,
                  data = ACTG320)
round(coef(summary(ACTG320.coxph)), 4)
```

```
          coef exp(coef) se(coef)        z Pr(>|z|)
tx1     -0.6807    0.5063   0.2151 -3.1652   0.0015
age      0.0218    1.0220   0.0110  1.9843   0.0472
sex2     0.0144    1.0145   0.2837  0.0507   0.9595
priorzdv -0.0033   0.9967   0.0039 -0.8497   0.3955
```

结果表明 tx 和 age 显著, 而 sex 和 priorzdx 不显著. 请注意, age 在 0.05 水平下
只是略微显著 $(p = 0.047)$. 我们现在使用 INLA 与默认先验拟合模型:

```
ACTG320.formula = inla.surv(time, censor) ~ tx + age + sex + priorzdv
```

```
ACTG320.inla1 <- inla(ACTG320.formula,  family = "coxph", data = ACTG320,
                      control.hazard = list(model = "rw1",
                                            n.intervals = 20),
                      control.compute = list(dic = TRUE))
```

在上述命令中, `inla.surv` 创建了一个生存对象, 其中第一个参数是右删失数据的后续时间, 第二个参数是个体是否经历事件的示性变量 (1 = 观测到事件, 0 = 右删失事件). 为了实现半参数 Cox 回归, 我们需要在 `inla` 函数中指定参数 `family = "coxph"`. 分段常数基线风险模型通过 `control.hazard` 指定. 这里, 我们将时间轴划分为 $K = 20$ 个区间. 对于 $(\log(\lambda_1), \ldots, \log(\lambda_{20}))$, 我们分配一个具有内在一阶随机游动 (RW1) 模型的高斯先验 (见 Rue 和 Held, 2005, 第 3 章). RW1 模型是通过假设增量满足

$$\log(\lambda_{k+1}) - \log(\lambda_k) \sim N(0, \tau^{-1}), \quad k = 1, \ldots, K-1$$

来构建的, 我们分配给 τ 一个扩散的伽马先验. INLA 包还允许我们为程序中的基线风险指定一个二阶 (RW2) 随机游动模型. 更多关于随机游动模型的讨论见本书的第 7 章.

模型拟合结果如下:

```
round(ACTG320.inla1$summary.fixed, 4)
```

	mean	sd	0.025quant	0.5quant	0.975quant	mode	kld
(Intercept)	-8.4711	0.4797	-9.4193	-8.4691	-7.5354	-8.4649	0
tx1	-0.6879	0.2151	-1.1181	-0.6852	-0.2730	-0.6798	0
age	0.0214	0.0110	-0.0006	0.0215	0.0426	0.0218	0
sex2	0.0187	0.2836	-0.5664	0.0286	0.5483	0.0487	0
priorzdv	-0.0033	0.0039	-0.0115	-0.0031	0.0039	-0.0028	0

使用 INLA 的结果表明, 治疗效果的后验均值为 -0.6879, 其 95% 可信区间为 $(-1.1181, -0.2730)$. 因此, 后验风险比及其 95% 可信区间分别为 $\widehat{HR} = \exp(-0.6879) = 0.5026$ 和 $(\exp(-1.1181), \exp(-0.2730)) = (0.3269, 0.7611)$. 对结果的解释是, 使用三药方案的 HIV 感染者发展为艾滋病或死亡的比率是使用两药方案感染者的 0.5026 倍; 假设其他协变量是固定的, 这个比率可能低至 0.3269 倍或高达 0.7611 倍的可信度为 95%. 使用 INLA 的结果与使用传统局部似然分析的结果相似. 然而, 结果中的一个差异是 `age` 效应. 它的 95% 可信区间是 $(-0.0006, 0.0426)$, 这表明年龄变得不显著 (在贝叶斯意义上, 95% 可信集包括 0). INLA 的输出中有对 "Intercept" 的估计, 而在 `coxph` 函数中没有. 这是由于 INLA 中的基线风险函数使用了随机游动模型.

6.2.2 分层比例风险模型

在对 Cox 比例风险模型进行建模时, 最重要的假设是比例风险. 这意味着, 对于具有某些协变量的任何两个个体, 风险比不依赖于时间. 有多种检验风险比的方法, 包括图形方法和检验程序 (Hosmer 等, 2008). 在许多实际研究中, 某些协变量可能不符合比例风险假设. 在这种情况下, 可以对该变量进行分层并应用分层比例风险模型. 具体来说, 假设受试者被分层为 S 个不相交的组. 每个组都有不同的基线风险函数, 但协变量有共同的影响. 再次假设基线风险 h_{0j} 在每个时间间隔 (s_{k-1}, s_k), $k = 1, \ldots, K$ 内是分段常数:

$$h_{0j}(t) = \lambda_{kj}, \quad t \in (s_{k-1}, s_k), \ k = 1, \ldots, K, \ j = 1, \ldots, S.$$

我们假设 $(\log(\lambda_{1j}), \ldots, \log(\lambda_{Kj}))$, $j = 1, \ldots, S$ 采用具有共同精度的 RW1 先验:

$$\log(\lambda_{k+1,j}) - \log(\lambda_{k,j}) \sim N(0, \tau^{-1}), \quad k = 1, \ldots, K - 1, j = 1, \ldots, S.$$

因此, 属于层 $j = 1, \ldots, S$ 的受试者 i 在时间点 $t_i \in (s_{k-1}, s_k]$ 的风险为

$$h(t_i) = h_{0j}(t_i) \exp\left(\beta_1 x_{i1} + \cdots + \beta_p x_{ip}\right).$$

这种分层模型可以很容易地在 INLA 中实现. 在 ACTG 320 研究中, 基线 CD4 计数对 HIV 感染者生存率的影响是众所周知的. 具有不同基线 CD4 计数的不同感染者通常具有不同的基线风险 (Hammer 等, 1997). 因此, 我们根据观察到的 CD4 四分位数创建一个组变量, 并对其进行分层:

```
ACTG320$cd4group <- as.numeric(cut(ACTG320$cd4,
    breaks=c(-Inf, quantile(ACTG320$cd4, probs = c(.25,.5,.75)), Inf),
                            labels=c("1","2","3","4")))
```

然后, 我们通过在 `control.hazard` 参数中指定 `strata.name = "cd4group"` 来拟合 INLA 中的分层比例风险模型:

```
ACTG320.formula2 = inla.surv(time, censor) ~ tx + age + sex + priorzdv
ACTG320.inla2 <- inla(ACTG320.formula2, family = "coxph",
                      data = ACTG320,
                      control.hazard = list(model = "rw1",
                                            n.intervals = 20,
                                            strata.name = "cd4group"))
round(ACTG320.inla1$summary.fixed, 4)
```

	mean	sd	0.025quant	0.5quant	0.975quant	mode	kld
(Intercept)	-8.9584	0.5067	-9.9625	-8.9553	-7.9725	-8.9491	0
tx1	-0.6625	0.2152	-1.0930	-0.6598	-0.2474	-0.6544	0

age	0.0242	0.0110	0.0021	0.0243	0.0455	0.0245	0
sex2	0.0443	0.2838	-0.5412	0.0542	0.5743	0.0743	0
priorzdv	-0.0019	0.0038	-0.0099	-0.0017	0.0051	-0.0013	0

后验估计与之前的模型相比略有不同. 我们可以为估计的基线风险函数生成图像, 在 brinla 软件包中, 我们编写了一个便于使用的函数 bri.basehaz.plot 来绘制基线风险图:

```
library(brinla)
bri.basehaz.plot(ACTG320.inla2)
```

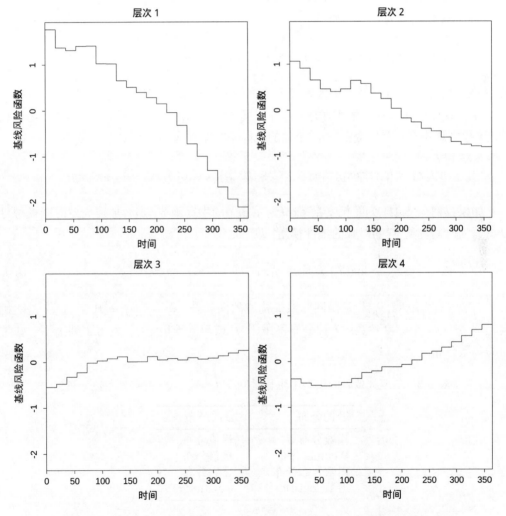

图 6.1 ACTG 320 数据的分层比例风险模型中估计的基线风险函数.

图 6.1 显示, 每个分层组的基线风险函数的变化趋势是不同的. 第 1 组和第 2 组的

基线风险函数随时间减少, 而第 3 组和第 4 组的基线风险函数随时间增加. 这些发现表明, 对 CD4 变量进行分层似乎是必要的. 检查两个模型的 DIC 也显示分层模型比未分层模型拟合得更好:

```
c(ACTG320.inla1$dic$dic, ACTG320.inla2$dic$dic)
```

[1] 1316.253 1274.168

6.3　加速失效时间模型

参数模型在贝叶斯生存分析中发挥着重要作用. 我们在本节中考虑的所有参数模型都是加速失效时间 (AFT) 模型, 其对数时间由线性模型表示.

AFT 模型定义为

$$S(t|\boldsymbol{x}, \beta_1, \ldots, \beta_p) = S_0\big(t \cdot \exp(\beta_1 x_1 + \cdots + \beta_p x_p)\big), \tag{6.3}$$

其中 $\exp(\beta_1 x_1 + \cdots + \beta_p x_p)$ 称为加速因子. 该模型表明, 具有协变量 $\boldsymbol{x}$ 的个体在时间 t 的生存函数与具有基线生存函数的个体在时间 $t \cdot \exp(\beta_1 x_1 + \cdots + \beta_p x_p)$ 的生存函数相同. 该模型意味着具有协变量 $\boldsymbol{x}$ 的个体的风险率与基线风险率有如下关系:

$$h(t|\boldsymbol{x}) = h_0\big(t \cdot \exp(\beta_1 x_1 + \cdots + \beta_p x_p)\big) \times \exp(\beta_1 x_1 + \cdots + \beta_p x_p).$$

如果我们令 $S_0(t)$ 为随机变量 $\exp(\gamma_0 + \sigma\varepsilon)$ 的生存函数, 那么加速失效时间模型可以重写为时间变量 T 的对数的线性模型, 即

$$\log(T) = \gamma_0 + \gamma_1 x_1 + \cdots + \gamma_p x_p + \sigma\varepsilon, \tag{6.4}$$

其中 $\boldsymbol{\gamma} = (\gamma_0, \gamma_1, \ldots, \gamma_p)^T$ 是由回归系数构成的向量, $\gamma_j = -\beta_j$, $j = 1, \ldots, p$, ε 是随机误差项, σ 是一个刻度参数. 多种分布可用于 T 或等效地用于 ε. 表 6.2 列出了一些常用的参数分布.

表 **6.2**　加速失效时间模型中生存时间 T (等效于 ε) 的常见参数分布.

T 的分布	ε 的分布
指数分布	极值分布
Weibull 分布	极值分布
对数正态分布	正态分布
对数 logistic 分布	logistic 分布

在这里, 我们重点讨论 Weibull 回归. Weibull 分布是一种非常灵活的寿命数据模型, 它给出的风险率可以是单调递增、递减或恒定的. 它是一个参数模型, 具有比例风险

表示和加速失效时间表示. Weibull 分布的生存函数为

$$S(t|\alpha, \lambda) = \exp(-\lambda t^\alpha), \quad \alpha > 0, \lambda > 0,$$

它的密度函数是

$$f(t|\alpha, \lambda) = \alpha t^{\alpha-1} \lambda \exp(-\lambda t^\alpha).$$

风险率表示为

$$h(t) = \lambda \alpha t^{\alpha-1},$$

其中参数 α 是一个形状参数. 请注意, 当 $\alpha = 1$ 时, Weibull 分布退化为指数分布.

如果我们用 $\sigma = 1/\alpha$ 和 $\mu = -\frac{1}{\alpha} \log \lambda$ 来重新定义参数, 那么生存时间的对数变换 $\log(T)$ 遵循对数线性模型,

$$\log(T) = \mu + \sigma \varepsilon,$$

其中 ε 服从极值分布, 密度函数为 $f_\varepsilon(x) = \exp(x - \exp(x))$. 为了建立带有协变量的 Weibull 回归模型, 我们设

$$\mu = \gamma_0 + \gamma_1 x_1 + \cdots + \gamma_p x_p, \tag{6.5}$$

从而得到了对数时间的线性模型 (6.4).

请注意, 这相当于由对数连接函数通过 λ 将协变量引入 Weibull 分布中, 即

$$\log(\lambda) = \theta_0 + \theta_1 x_1 + \cdots + \theta_p x_p,$$

其中 $\theta_0 = -\gamma_0/\sigma$, $\theta_j = -\gamma_j/\sigma$, $j = 1, \ldots, p$. 这就得到了一个具有 Weibull 基线风险的生存时间比例风险模型. 给定协变量 $\boldsymbol{x} = (x_1, \ldots, x_p)^T$, 其风险率为

$$h(t|\boldsymbol{x}) = \alpha t^{\alpha-1} \exp\left(\theta_0 + \sum_{j=1}^p \theta_j x_j\right) = h_0(t) \exp\left(\sum_{j=1}^p \theta_j x_j\right),$$

其中 $h_0(t) = \alpha \lambda_0 t^{\alpha-1}$, $\lambda_0 = \exp(-\gamma_0/\sigma)$.

使用 Weibull 模型的加速失效时间表示, 其风险率为

$$h(t|\boldsymbol{x}) = \exp\left(\sum_{j=1}^p \beta_j x_j\right) \cdot h_0\left(t \exp\left(\sum_{j=1}^p \beta_j x_j\right)\right), \tag{6.6}$$

其中 $\beta_0 = -\gamma_0 = \theta_0/\alpha$, $\beta_j = -\gamma_j = \theta_j/\alpha$, $j = 1, \ldots, p$. $\exp\left(\sum_{j=1}^p \beta_j x_j\right)$ 是加速因子.

假设我们观察到独立的生存时间 $\boldsymbol{t} = (t_1, \ldots, t_n)^T$, 每个都服从 Weibull 分布, $D = (\boldsymbol{t}, \boldsymbol{X}, \boldsymbol{\delta})$ 表示模型的观测数据, $\boldsymbol{X}$ 是 $n \times (p+1)$ 设计矩阵, $\boldsymbol{\delta} = (\delta_1, \ldots, \delta_n)^T$. 则未知参

数 $(\alpha, \boldsymbol{\beta}) = (\alpha, \beta_0, \beta_1, \ldots, \beta_p)$ 的似然函数为

$$L(\alpha, \boldsymbol{\beta}|D) = \prod_{i=1}^{n} f(t_i|\alpha, \boldsymbol{\beta})^{\delta_i} S(t_i|\alpha, \boldsymbol{\beta})^{1-\delta_i}. \tag{6.7}$$

在这个基本的生存模型中, 我们有一个线性预测因子 $\eta_i = \beta_0 + \beta_1 x_{1i} + \cdots + \beta_p x_{pi}$. 我们将高斯先验分配给 $\boldsymbol{\beta} = (\beta_0, \beta_1, \ldots, \beta_p)$ 中的所有元素, 因此可以看出此模型是一个潜在高斯模型. 我们给超参数 α 分配一个扩散的伽马先验. 似然 (6.7) 仅通过预测因子 η_i 依赖于潜在场, 因此 INLA 方法可以直接应用于此类模型.

类似地, 可以使用 INLA 方法求解其他有参数的生存模型. R 中的 INLA 软件包目前支持四种流行的参数生存回归模型, 即指数、Weibull、对数正态和对数 logistic 模型. 它们在调用 inla 时分别对应于设定 family = "exponentialsurv"、"weibullsurv"、"lognormalsurv" 和 "loglogistic".

我们使用男性喉癌的数据说明 AFT 模型, 该模型已在 Klein 和 Moeschberger (2005) 中进行了研究. 该数据集由 Kardaun (1983) 首次报告, 其中包括 1970 年至 1978 年期间在荷兰医院诊断出患有喉癌的 90 名男性, 记录了第一次治疗与死亡或研究结束之间的患者存活时间. 美国癌症分期联合委员会将患者划分到四个阶段中的一个. 数据集还记录了其他变量, 包括患者在诊断时的年龄以及诊断的年份. 表 6.3 给出了 larynx 数据中的变量描述.

表 6.3 larynx 数据中的变量描述.

变量名	描述	代码/值
stage	疾病阶段	1=1 期, 2=2 期, 3=3 期, 4=4 期
time	死亡时间或在研时间	月数
age	喉癌的诊断年龄	年数
diagyr	喉癌的诊断年份	年份
delta	死亡状况	0= 生存, 1= 死亡

我们首先考虑一个自变量是 age 和 stage 的 Weibull 模型. 在使用 INLA 来拟合模型之前, 让我们应用相应的频率方法:

```
data(larynx, package = "brinla")
larynx.wreg <- survreg(Surv(time, delta)~ as.factor(stage) + age,
                   data=larynx, dist="weibull")
round(summary(larynx.wreg)$table, 4)
```

```
                   Value Std. Error       z      p
(Intercept)       3.5288     0.9041  3.9030 0.0001
as.factor(stage)2 -0.1477    0.4076 -0.3624 0.7171
```

```
as.factor(stage)3 -0.5866      0.3199 -1.8333 0.0668
as.factor(stage)4 -1.5441      0.3633 -4.2505 0.0000
age               -0.0175      0.0128 -1.3667 0.1717
Log(scale)        -0.1223      0.1225 -0.9987 0.3179
```

现在我们在默认先验下使用 INLA 拟合 AFT 模型.

```
formula = inla.surv(time, delta) ~ as.factor(stage) + age
larynx.inla1 <- inla(formula, control.compute = list(dic = TRUE),
                     family = "weibullsurv", data = larynx)
round(larynx.inla1$summary.fixed, 4)
```

	mean	sd	0.025quant	0.5quant	0.975quant	mode	kld
(Intercept)	-3.9348	1.0129	-5.9852	-3.9131	-2.0045	-3.8692	0
as.factor(stage)2	0.1620	0.4608	-0.7827	0.1761	1.0285	0.2046	0
as.factor(stage)3	0.6598	0.3554	-0.0339	0.6584	1.3607	0.6556	0
as.factor(stage)4	1.7059	0.4094	0.8896	1.7101	2.4983	1.7185	0
age	0.0197	0.0142	-0.0077	0.0196	0.0481	0.0192	0

这里需要指出的是, 来自 `survreg` 对象和 `inla` 对象输出的估计值之间存在符号差异. (6.5) 中 γ_j 的估计值是使用 `survreg` 函数计算的, 而 (6.6) 中 β_j 的估计值是使用 `inla` 函数计算的. 因此在 INLA 输出中, 风险系数的正值反映了 Weibull 模型的较差生存率, 这与使用 INLA 的 Cox 模型一致.

在此结果中我们可以看到 4 期患者的表现显著 (在贝叶斯意义上, 95% 可信区间不包括 0) 比 1 期患者差. 与 1 期患者相比, 4 期患者的加速因子为 $\exp(1.7059) = 5.5063$, 可信区间为 $(\exp(0.8896), \exp(2.4983)) = (2.4344, 12.1618)$. 因此, 该结果意味着 1 期患者的中位寿命估计为 4 期患者的 5.5063 倍.

6.4 模型诊断

检查拟合模型的充分性在生存回归分析中非常重要. 检查模型的残差是回归诊断的常用方法. 在标准线性回归设置中, 很容易定义拟合模型的残差 (参见第 3 章). 生存模型中残差的定义并不明确. 在生存分析文献中, 研究者已经从模型的不同方面提出了许多类型的残差.

我们在这里介绍的第一种是所谓的*Cox-Snell* 残差. 假设 Θ 是由模型中所有未知参数构成的向量. Cox 和 Snell (1968) 将残差定义为

$$r^*_{C_i} = H_i(t_i, \hat{\Theta}|\boldsymbol{x}_i) = -\log(S(t_i, \hat{\Theta}|\boldsymbol{x}_i)), \quad i = 1, \ldots, n,$$

其中 $\hat{\Theta}$ 是 Θ 的极大似然估计. 也就是说, 残差是在给定协变量的情况下观察到的生存时间的累积风险的极大似然估计.

在贝叶斯分析中, Chaloner (1991) 定义了残差的贝叶斯版本:

$$r_{C_i} = H_i(t_i, \Theta | \boldsymbol{x}_i) = -\log(S(t_i, \Theta | \boldsymbol{x}_i)), \quad i = 1, \ldots, n. \tag{6.8}$$

每个 r_{C_i} 只是未知参数的一个函数, 因此后验分布很容易计算. 例如, 可以从 Θ 的后验分布中抽取样本, 然后将这些样本代入 (6.8) 以从残差的后验分布中生成样本. 可以计算和评估 r_{C_i} 的后验均值或中位数. 更简单地说, Wakefield (2013) 建议可以直接代入 Θ 的后验均值或中位数来获得近似的贝叶斯残差.

对于 Cox 半参数模型, 贝叶斯 Cox–Snell 残差为

$$r_{C_i} = H_0(t_i) \exp \left(\sum_{j=1}^{p} \beta_j x_j \right), \quad i = 1, \ldots, n,$$

其中 $H_0(t_i) = \int_0^{t_i} h(u) du$ 是 t_i 时刻基线累积风险率的估计值. 对于 Weibull 模型, 贝叶斯 Cox–Snell 残差为

$$r_{C_i} = \lambda_0 t_i^{\alpha} \exp \left(\sum_{j=1}^{p} \theta_j x_j \right) = \lambda_0 t_i^{\alpha} \exp \left(\alpha \sum_{j=1}^{p} \beta_j x_j \right), \quad i = 1, \ldots, n.$$

对于指数模型, 贝叶斯 Cox–Snell 残差为

$$r_{C_i} = \lambda_0 t_i \exp \left(\sum_{j=1}^{p} \theta_j x_j \right) = \lambda_0 t_i \exp \left(\sum_{j=1}^{p} \beta_j x_j \right), \quad i = 1, \ldots, n.$$

如果模型拟合良好且后验均值 $\hat{\beta}_j$ 接近 β_j $(j = 1, \ldots, p)$ 的真实值, 则 r_{C_i} 的后验均值或中位数应该看起来像来自单位指数分布的删失样本. 为了检查 r_{C_i} 是否表现得像来自单位指数分布的样本, 我们可以计算 r_{C_i} 的累积风险率的 Nelson–Aalen 估计, 其定义为

$$\tilde{H}(t) = \sum_{r_{C_i} \leqslant t} \frac{d_i}{m_i},$$

其中 d_i 是 r_{C_i} 的事件数, m_i 是在时间 r_{C_i} 之前处于风险中 (即生存且未删失) 的个体总数. 如果指数分布可以拟合残差, 估计应该非常接近单位指数模型的真实累积风险率, 即 $H(t) = t$. 因此, 我们可以检查所谓的 *Cox-Snell* 残差图, 即残差 r_{C_i} 对 Nelson–Aalan 估计 $\tilde{H}(r_{C_i})$ 的散点图. 如果模型拟合良好, 则该图上的点应落在一条通过原点、斜率为 1 的直线附近.

让我们回到喉癌数据的例子. 我们检查 Weibull 模型是否可拟合此数据并将其与其他模型进行比较. 我们用指数模型和 Cox 半参数模型重新拟合数据:

```
larynx.inla2 <- inla(formula, control.compute = list(dic = TRUE),
                     family = "exponential.surv", data = larynx)
round(larynx.inla2$summary.fixed, 4)
```

	mean	sd	0.025quant	0.5quant	0.975quant	mode	kld
(Intercept)	-3.7700	0.9901	-5.7761	-3.7483	-1.8845	-3.7043	0
as.factor(stage)2	0.1475	0.4601	-0.7960	0.1617	1.0125	0.1903	0
as.factor(stage)3	0.6505	0.3551	-0.0427	0.6491	1.3509	0.6463	0
as.factor(stage)4	1.6301	0.3985	0.8343	1.6346	2.4001	1.6438	0
age	0.0197	0.0142	-0.0077	0.0196	0.0481	0.0192	0

```
larynx.inla3 <- inla(formula, control.compute = list(dic = TRUE),
                     family = "coxph", data = larynx,
                     control.hazard=list(model="rw1", n.intervals=20))
round(larynx.inla3$summary.fixed, 4)
```

	mean	sd	0.025quant	0.5quant	0.975quant	mode	kld
(Intercept)	-3.7693	0.9903	-5.7756	-3.7476	-1.8835	-3.7036	0
as.factor(stage)2	0.1477	0.4601	-0.7958	0.1619	1.0127	0.1905	0
as.factor(stage)3	0.6506	0.3551	-0.0426	0.6491	1.3509	0.6463	0
as.factor(stage)4	1.6310	0.3986	0.8350	1.6355	2.4013	1.6447	0
age	0.0197	0.0142	-0.0077	0.0196	0.0481	0.0192	0

比较三个模型, 协变量的系数估计值似乎非常接近. 我们的 brinla 库提供了一个方便使用的 R 函数 bri.surv.resid 来计算贝叶斯 Cox–Snell 残差. 我们现在分别计算三个模型的残差:

```
larynx.inla1.res <- bri.surv.resid(larynx.inla1, larynx$time,
                                   larynx$delta)
larynx.inla2.res <- bri.surv.resid(larynx.inla2, larynx$time,
                                   larynx$delta)
larynx.inla3.res <- bri.surv.resid(larynx.inla3, larynx$time,
                                   larynx$delta)
```

bri.surv.resid 函数中需要的参数有: 拟合的 INLA 生存模型对象、右删失数据的随访时间和生存状态示性指标. 然后我们可以使用 brinla 软件包中的 bri.csresid.plot 函数生成 Cox–Snell 残差图:

```
bri.csresid.plot(larynx.inla1.res, main = "Weibull model")
bri.csresid.plot(larynx.inla2.res, main = "Exponential model")
bri.csresid.plot(larynx.inla3.res, main = "Cox model")
```

结果在图 6.2 中展示. 这些图表明三个模型拟合得都不坏. 然而, 对于 Weibull 模型, 除了在尾部累积风险估计的可变性很大, 其他估计的累积风险率高于 45° 线. 似乎指数模型在三个模型中拟合得最好.

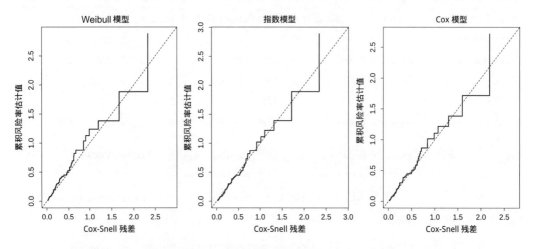

图 6.2 用于拟合 `larynx` 数据的不同模型的 Cox–Snell 残差图.

基于贝叶斯 Cox–Snell 残差, 我们可以计算另外两种类型的残差. 鞅残差 (martingale residuals) (Barlow 和 Prentice, 1988) 的贝叶斯版本定义为

$$r_{M_i} = \delta_i - r_{C_i}, \quad j = 1, \ldots, n.$$

这个量为我们提供了衡量特定个体是否经历感兴趣事件的示性指标与此个体会经历感兴趣事件的期望数量之间的差异的度量.

鞅残差是对 Cox–Snell 残差的重新分配, 对于未删失的观测值, 其均值为零, 因此它们具有与线性回归分析中的残差类似的性质. 为了评估模型的拟合好坏, 我们可以构建一个鞅残差对某个协变量的关系图或残差图的样本路径图 (index plot). 然而, 对于删失观测, 其鞅残差可取负值, 残差的最大可能值为 $+1$ 但最小可能值为 $-\infty$. 因此, 在实践中, 鞅残差通常不会关于零呈对称分布, 这使得鞅残差图难以解释.

偏差残差 (deviance residuals) (Therneau 等, 1990) 的贝叶斯版本用于获得比鞅残差更有正态性的残差, 其定义为

$$r_{D_i} = \mathrm{sgn}(r_{M_i})[-2\{r_{M_i} + \delta_i \log(\delta_i - r_{M_i})\}]^{1/2}, \quad i = 1, \ldots, n,$$

其中 $\mathrm{sgn}(\cdot)$ 是符号函数. 请注意, 当 r_{M_i} 为 0 时, r_{D_i} 的值为 0. 当 r_{M_i} 接近 1 时, 对数倾向于扩大残差的值; 而对于 r_{M_i} 的较大负值会收缩残差的值.

`bri.surv.resid` 函数可为拟合的 INLA 生存模型对象输出贝叶斯鞅残差和贝叶斯偏差残差. 我们现在分别为三个模型构建偏差残差对协变量 `age` 的散点图. `brinla` 软

件包中的 `bri.dresid.plot` 函数就可用于生成偏差残差图:

```
par(mfrow=c(1,3))
bri.dresid.plot(larynx.inla1.res, larynx$age, xlab = "age",
                main = "Weibull model")
bri.dresid.plot(larynx.inla2.res, larynx$age, xlab = "age",
                main = "Exponential model")
bri.dresid.plot(larynx.inla3.res, larynx$age, xlab = "age",
                main = "Cox model")
```

所有残差图均显示随机模式 (见图 6.3), 这表明三个模型都具有良好的拟合度. `bri.dresid.plot` 函数中的第二个参数指定想要与残差一起绘制的协变量. 如果该参数缺失, 将生成一个残差的样本路径图.

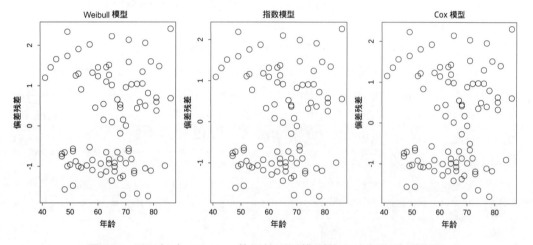

图 6.3　用于拟合 `larynx` 数据的不同模型的贝叶斯偏差残差图.

在实践中, 鞅残差通常用于确定给定协变量的函数形式, 以通过 Cox、Weibull 或指数模型最好地解释其对生存的影响. 假设协变量向量 $\boldsymbol{x} = (x_1, x_2, \ldots, x_p)^T$ 可以划分为一个 $p-1$ 维向量 $\boldsymbol{x}^* = (x_2, \ldots, x_p)^T$, 对此我们有一个已知的 Cox、Weibull 或指数模型的适当函数形式, 以及一个单独的协变量 x_1, 对此我们不确定要使用 x_1 的哪种函数形式. 假设 $g(x_1)$ 是 x_1 的最佳形式, 且 x_1 与 $\boldsymbol{x}^*$ 独立, 则最优的 Cox、Weibull 或指数模型为

$$H(t|\boldsymbol{x}^*, x_1) = H_0(t) \exp\left(\sum_{j=2}^{p} \beta_j x_j\right) \exp\{g(x_1)\}.$$

为了找到合适的 g 函数, 我们按如下方式构建鞅残差图: 首先, 我们根据 $\boldsymbol{x}^*$ 对数据拟合 Cox、Weibull 或指数模型并计算贝叶斯鞅残差 r_{M_i}, $i = 1, \ldots, n$. 然后, 我们为第 i 个观测值绘制 r_{M_i} 与 x_1 值的散点图, 并添加光滑拟合曲线. 这里可以使用多种光滑化

技术, 例如二阶随机游动模型 (我们将在第 7 章中讨论)、局部多项式回归、样条曲线等. 曲线表示函数 g 的形式. 例如, 如果曲线是线性的, 我们直接使用 x_1; 如果存在一些变点或阈值, 则表示要用协变量离散化. 如果存在某种非线性形式, 则可以对协变量作变换, 例如可以使用 $\log(x_1)$, x_1^2. 请注意, 上述方法不能用于具有对数正态或对数 logistic 分布的加速失效时间模型, 因为这两个模型不存在模型的比例风险表示.

在喉癌数据示例中, 上述三个模型没有将变量 diagyr 作为协变量. 如果我们想将它添加到模型中, 我们需要先检查一下 diagyr 的最佳函数形式. brinla 软件包中的 bri.mresid.plot 函数可如下生成贝叶斯鞅残差图:

```
bri.mresid.plot(larynx.inla1.res, larynx$diagyr, smooth = TRUE,
                xlab = "diagyr", main = "Weibull model")
bri.mresid.plot(larynx.inla2.res, larynx$diagyr, smooth = TRUE,
                xlab = "diagyr", main = "Exponential model")
bri.mresid.plot(larynx.inla3.res, larynx$diagyr, smooth = TRUE,
                xlab = "diagyr", main = "Cox model")
```

bri.mresid.plot 函数中的第三个参数 smooth = TRUE 是在残差图上添加具有 95% 可信区间的光滑曲线. 图 6.4 展示了由拟合喉癌数据的三种生存模型生成的贝叶斯鞅残差图. 这些曲线包括在 INLA 中用二阶随机游动模型拟合得到的光滑拟合曲线 (实线) 及 95% 可信区间 (灰色带). 这些图表明, 对三个模型, 在回归方程中使用 diagyr 变量的线性形式就足够了.

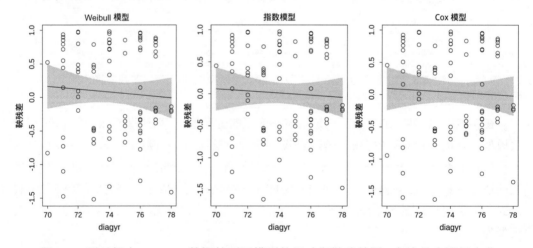

图 6.4 用于拟合 larynx 数据的不同模型的贝叶斯鞅残差图. 实线是光滑拟合曲线, 灰色带是它们的 95% 的可信区间.

6.5 区间删失数据

区间删失出现在许多实际环境中, 例如, 在临床研究中定期评估受试者的疾病进展. 在区间删失的情况下, 观察到的生存时间 T 仅位于区间 $[t^{\mathrm{lo}}, t^{\mathrm{up}}]$ 中. 寿命数据的另一个特征是左截断. 生存分析中的左截断意味着一些个体直到时间起点之后的一个已知时间段后才进入风险集. 例如, 在一项疾病死亡率研究中, 感兴趣的结果是从诊断开始的存活率, 许多患者可能直到诊断后几个月或几年才被纳入研究. 我们说, 如果仅报告了高于已知截断时间 t^{tr} 的值, 则观察被左截断了.

在更一般的生存数据框架中, 观测值可以用五元数组 $(t^{\mathrm{lo}}, t^{\mathrm{up}}, t^{\mathrm{tr}}, \delta, \boldsymbol{x})$ 来描述. 第 i 个观察的一般对数似然由下式给出:

$$l_i = \delta_i \log(h_i(t_i^{\mathrm{up}}|\boldsymbol{x})) - \int_{t_i^{\mathrm{tr}}}^{t_i^{\mathrm{up}}} h_i(u|\boldsymbol{x})du + \log\left\{1 - \exp\left(-\int_{t_i^{\mathrm{lo}}}^{t_i^{\mathrm{up}}} h_i(u|\boldsymbol{x})du\right)\right\}. \quad (6.9)$$

我们给所有未知的固定效应分配高斯先验. 因此, 就像右删失数据一样, (6.9) 中的似然仅通过线性预测因子 $\boldsymbol{x}_i^T\boldsymbol{\beta}$ 依赖于潜在高斯场. 这样, 我们就可以将 INLA 算法直接应用于具有区间删失数据的加速失效时间模型上.

然而, 对于具有分段常数基线风险的半参数模型, 在区间删失情况下的对数似然不允许我们使用在 6.2.1 节中讨论的数据扩充技巧. 因此, INLA 无法处理这种带有区间删失的半参数模型的情况.

让我们探究 Signal Tandmobiel 的研究 (`tooth24`), 这是 1996 年至 2001 年期间在比利时进行的一项前瞻性口腔健康研究. 该研究包含一组随机抽样的学童, 他们学习之初就读于小学一年级. 原始数据集已由 Bogaerts 和 Lesaffre (2004) 以及 Gomez 等 (2009) 描述和研究. 在这里, 我们将分析范围限制在左上第一颗永久性前臼齿 (欧洲牙科符号中的 24 号牙齿) 出现时的年龄. 由于恒牙在 5 岁之前不会出现, 所以所有分析的起始时间都定为 5 岁(Gomez 等, 2009). 感兴趣的协变量包括 `GENDER` (0 = 男孩, 1 = 女孩) 和 `DMF` (这颗牙齿的前代牙齿的状态: 如果前代牙齿完好记为 0, 如果它已经腐烂、因龋齿而缺失或补过则记为 1). 数据中的变量及其代码显示在表 6.4 中.

我们从 `brinla` 软件包中加载数据并简洁地展示此 R 数据框的结构.

```
data(tooth24, package = "brinla")
str(tooth24)
```

```
'data.frame':        4386 obs. of  5 variables:
$ ID   : int  1 2 3 4 5 6 7 8 9 10 ...
$ LEFT : num  2.7 2.4 4.5 5.9 4.1 3.7 4.9 5.4 4 5.9 ...
$ RIGHT: num  3.5 3.4 5.5 999 5 4.5 5.8 6.5 4.9 6.7 ...
$ SEX  : Factor w/ 2 levels "0","1": 2 1 2 2 2 1 1 2 2 2 ...
```

表 6.4　Signal Tandmobiel 研究中的变量描述 (tooth24).

变量名	描述	代码/值
ID	受试者识别码	唯一的整数
LEFT	牙齿出现的下限	5 岁以来的年份
RIGHT	牙齿出现的上限	5 岁以来的年份
SEX	儿童的性别	0 = 男孩
		1 = 女孩
DMF	前代牙齿的状态	0 = 完好
		1 = 腐烂、缺失或补过

```
$ DMF  : Factor w/ 2 levels "0","1": 2 2 1 1 2 2 2 2 2 1 ...
```

该数据集包含 5 个变量的 4386 个观测值. 首先, 需要将一个新的删失变量添加到数据框 tooth24 中:

```
tooth24$cens <- with(tooth24, ifelse(RIGHT == 999, 0, 3))
```

变量 cens 用于定义数据删失的类型, 右删失为 0, 区间删失为 3.

　　我们考虑一个具有对数 logistic 分布的区间删失数据的加速失效时间模型. 对数 logistic 分布的累积分布函数为

$$F(t|\alpha, \beta) = \frac{1}{1 + (t/\gamma)^{-\alpha}},$$

其中 $\alpha, \gamma > 0$. 参数 γ 与协变量 $(x_1, \ldots, x_p)$ 有如下关系:

$$\log(\gamma) = \beta_0 + \beta_1 x_1 + \cdots + \beta_p x_p.$$

参数 α 是一个形状参数. 有时, 由 $s = 1/\alpha$ 给出对数 logistic 分布的另一种参数化.

　　为了用传统的极大似然方法拟合模型, 我们需要使用 survival 软件中的 R 函数 survreg. survreg 函数需要创建一个所谓的 Surv 对象, 它由所有包含生存时间及其删失状态信息的向量构成. 使用我们的数据, Surv 对象可以定义如下:

```
library(survival)
sur24 <- with(tooth24, Surv(LEFT, RIGHT, cens, type = "interval"))
sur24[1:5]
```

```
[1] [2.7, 3.5] [2.4, 3.4] [4.5, 5.5] 5.9+        [4.1, 5.0]
```

对象 sur24 包含观察到的 4386 名儿童恒牙 24 号的出现时间间隔, 其中五个如上所示. 请注意, 我们对 $T_i - 5$ 而不是 T_i 建模. 因此 sur24 中的值 [2.7, 3.5] 对应于 7.7 岁和 8.5 岁. 符号 + 表示它是一个右删失观察. 例如, 值 5.9+ 表示第 4 个儿童的恒牙 24 号在 $5 + 5.9 = 10.9$ 岁时的最后一次牙科检查时还未出现.

我们考虑模型中的两个协变量 SEX 和 DMF, 并用 R 函数 survreg 拟合模型:

```
tooth24.survreg <- survreg(sur24 ~ SEX + DMF, data = tooth24,
                           dist="loglogistic")
```

模型拟合结果存储在对象 tooth24.survreg 中. 让我们仔细看看估计的参数:

```
round(summary(tooth24.survreg)$table, 4)
```

	Value	Std. Error	z	p
(Intercept)	1.7718	0.0069	257.2276	0
SEX1	-0.0719	0.0082	-8.7980	0
DMF1	-0.0896	0.0082	-10.8993	0
Log(scale)	-1.9913	0.0164	-121.1760	0

根据此结果, SEX 和 DMF 都非常显著. 两个参数估计值的负号表明, 平均而言, 女孩 (标签为 1 的类别) 且恒牙 24 号的前代牙齿有腐烂、缺失或补过的儿童牙齿长出的时间更短. 输出中的 Log(scale) 报告了对 s 对数的估计值. 我们可以直接从拟合结果中提取 s 的估计值:

```
round(summary(tooth24.survreg)$scale, 4)
```

```
[1] 0.1365
```

现在我们使用 INLA 拟合模型. 我们首先定义模型公式:

```
tooth24.formula = inla.surv(LEFT, cens, RIGHT) ~ SEX + DMF
```

请注意, 在对象 inla.surv 中, 我们需要指定区间的开始时间 LEFT、状态示性指标 cens 和区间的结束时间 RIGHT. 模型拟合结果存储在对象 tooth24.inla 中, 我们输出估计值:

```
tooth24.inla <- inla(tooth24.formula,  family = "loglogistic",
                     data = tooth24)
round(tooth24.inla$summary.fixed, 4)
```

	mean	sd	0.025quant	0.5quant	0.975quant	mode	kld
(Intercept)	1.7732	0.0071	1.7592	1.7732	1.7872	1.7731	0
SEX1	-0.0726	0.0084	-0.0892	-0.0726	-0.0560	-0.0726	0
DMF1	-0.0903	0.0085	-0.1070	-0.0903	-0.0737	-0.0903	0

与极大似然法比较发现, INLA 的结果与它非常接近. 对于两个协变量, 95% 可信区间中的所有值都在零的同一侧 (全为负).

我们可以用加速因子来解释结果. 例如, 比较具有相同 DMF 值的女孩和男孩, 女孩牙齿出现的生存时间与男孩相比 "加速" 了 $\exp(-0.073) = 0.930$, 也就是说, 女孩牙齿出现的中位时间 (从 5 岁开始) 是男孩的 0.930 倍.

我们现在提取超参数的结果:

```
round(tooth24.inla$summary.hyper, 4)
```

	mean	sd	0.025quant	0.5quant	0.975quant	mode
alpha parameter for loglogistic	7.0231	0.1063	6.819	7.0224	7.2307	7.021

注意 `inla` 报告的是对数 logistic 模型中参数 α 的估计, 而 `survreg` 输出的是刻度参数 (即 α 的倒数) 的估计.

我们在这里使用了对数 logistic 模型, 此模型是在所有加速失效时间模型中唯一具有比例优势 (proportional odds) 形式的模型, 它不再是比例风险模型. 为了得到优势比解释, 我们首先将模型的生存函数表示为

$$S(t_i|\boldsymbol{x}_i) = \frac{1}{1 + \left(t\exp(-\boldsymbol{x}_i^T\boldsymbol{\beta})\right)^{1/\sigma}}, \quad i = 1, \ldots, n.$$

通过一些简单的代数运算, 可以证明

$$\log\left(\frac{S(t_i|\boldsymbol{x}_i)}{1 - S(t_i|\boldsymbol{x}_i)}\right) = \beta_0^* + \beta_1^* x_{i1} + \cdots + \beta_p^* x_{ip} - \sigma^{-1}\log(t_i),$$

其中 $\beta_j^* = \beta_j/\sigma$, $j = 0, 1, \ldots, p$. 这只不过是一个 logistic 回归模型, 其截距项取决于时间. 由于 $S(t)$ 是个体生存到时间 t 的概率, 所以比率 $S(t)/(1 - S(t))$ 通常被称为生存比率 (survival odds), 即到时间 t 时存活的概率; 比率 $(1 - S(t))/S(t)$ 通常被称为失效比率 (failure odds), 即到时间 t 时事件 (失效) 发生的概率.

在其他协变量固定的情况下, 如果 x_k 增加一个单位, 则生存优势比 (survival odds ratio) 为

$$\frac{S(t|x_k+1)/(1 - S(t|x_k+1))}{S(t|x_k)/(1 - S(t|x_k))} = \exp(\beta_k^*), \quad \forall\, t \geqslant 0,$$

它是时间的常数. 因此我们有一个比例优势模型 (proportional odds model), $\exp(\beta_k^*)$ 可以解释为 x_k 增加一个单位时的生存优势比, 而 $\exp(-\beta_k^*)$ 可以解释为 x_k 增加一个单位时事件发生的优势比.

回到我们的例子, 我们可以计算 `SEX` 失败优势比的估计, 即 $\exp(-1 \times (-0.073)/(1/7.024)) = 1.67$. 因此在 `DMF` 值相同的情况下, 女孩长牙的概率是男孩的 1.67 倍.

6.6　脆弱性模型

脆弱性 (frailty) 概念提供了一种在生存模型中引入随机效应以解释关联性和未观察到的异质性的合适方法. 简而言之, 脆弱性就是一种未观察到的随机因素, 它以乘法的方式改变对一个人或一群 (类) 人的风险函数.

标准情况下应用生存方法进行研究假设在不同条件下 (例如, 治疗与对照) 我们所研究的总体是同质的. 然后合适的生存模型假设不同患者的生存数据相互独立, 并且在某些固定协变量的条件下, 每个患者的个体生存时间分布是相同的 (即独立同分布的失效时间). 然而生存数据中的异质性在实际中会经常出现. 例如, 在临床试验研究中, 药物、治疗或各种解释变量的影响可能在患者的亚组之间有着很大差异. Vaupel 等 (1979) 将单变量脆弱模型引入异构数据的生存分析中, 其中随机效应 (脆弱性) 对风险具有乘法效应. 脆弱性考虑到了由不同来源引起的未观察到或不可观察的异质性的影响.

具体来说, 令 t_{ij} 为第 i 个类中第 j 个个体的生存时间, $i = 1, \ldots, n$, $j = 1, \ldots, m_i$. 这里的 m_i 代表第 i 个类中的个体数量. 通过假设 t_{ik} 服从 Weibull 分布来考虑 AFT 脆弱模型,

$$t_{ik}|\lambda_{ik} \sim \text{Weibull}(\alpha, \lambda_{ik}), \quad \alpha > 0,$$

其中

$$\log(\lambda_{ik}) = \exp(\boldsymbol{x}_{ik}^T \boldsymbol{\beta} + b_i).$$

b_i 是第 i 类未观察到的脆弱性, $\boldsymbol{x}_{ik} = (1, x_{ik1}, \ldots, x_{ikp})^T$ 是固定效应向量, $\boldsymbol{\beta} = (\beta_0, \beta_1, \ldots, \beta_p)^T$ 是由回归系数构成的向量. 因此, 模型的风险函数为

$$h(t_{ik}) = \alpha t_{ik}^{\alpha-1} \exp(\boldsymbol{x}_{ik}^T \boldsymbol{\beta} + b_i), \tag{6.10}$$

如果 $\alpha = 1$, 则它简化为指数风险函数.

如果我们要考虑半参数比例脆弱模型, 则 (6.10) 中的风险函数被替换为

$$h(t_{ik}) = h_0(t_{ik}) \exp(\boldsymbol{x}_{ik}^T \boldsymbol{\beta} + b_i),$$

其中基线风险函数 $h_0(t)$ 可以通过分段常数模型来建模.

通常假设脆弱项 b_i 具有高斯分布 $N(0, \tau_b^{-1})$. 将扩散高斯先验分配给 $\boldsymbol{\beta}$, 而将扩散伽马先验分配给 τ_b 和 α. 因此, 脆弱模型就可简化为潜在高斯模型, 从而可以应用 INLA 方法来求解模型.

让我们看一个肾脏感染数据的例子 (McGilchrist 和 Aisbett, 1991). 该研究涉及使用便携式透析设备的肾病患者在插入导管时感染的复发时间. 数据包括 38 名患者肾脏感染第一次和第二次复发前的时间. 每个患者恰好有 2 个观测值. 每个生存时间是从插入导管到感染的时间, 同一患者的生存时间很可能是相关的, 因为存在一个描述患者的共同效应的共享脆弱性. 导管可能会因感染以外的原因被移除, 在这种情况下观测值就是删失的. 数据集中大约有 24% 的删失观测值. 这个数据集可以在 R 的 `survival` 软件包中找到.

表 6.5 展示了 `kidney` 导管数据中的变量描述. 风险变量包括 `age`、`sex` 和 `disease`. 我们首先使用传统的极大似然法拟合 Weibull 脆弱性模型:

表 6.5　`kidney` 导管数据中的变量描述.

变量名	描述	代码/值
id	患者的识别码	整数
time	感染时间	天数
status	事件状态	1 = 发生感染, 0 = 删失
age	年龄	年数
sex	性别	1 = 男性, 2 = 女性
disease	疾病类型	0=GN, 1=AN, 2=PKD, 3= 其他

```
data(kidney, package = "survival")
kidney.weib <- survreg(Surv(time,status) ~ age + sex + disease + frailty.
   ↪ gaussian(id), dist='weibull', data = kidney)
round(summary(kidney.weib)$table, 4)
```

```
              Value Std. Error       z      p
(Intercept)  2.1153    0.7612  2.7787 0.0055
age         -0.0030    0.0127 -0.2368 0.8128
sex          1.5620    0.3518  4.4393 0.0000
diseaseGN   -0.1571    0.4563 -0.3441 0.7307
diseaseAN   -0.5586    0.4565 -1.2237 0.2211
diseasePKD   0.6378    0.6346  1.0050 0.3149
Log(scale)  -0.5987    0.1278 -4.6842 0.0000
```

`frailty.gaussian` 函数允许我们将一个简单的高斯随机效应项添加到 `survreg` 模型中. 我们可以提取随机效应标准差的估计:

```
round(kidney.weib$history$`frailty.gaussian(id)`$theta, 4)
```

```
[1] 0.6279
```

现在我们使用 INLA 方法拟合模型:

```
formula = inla.surv(time, status) ~ age + sex + disease
                              + f(id, model = "iid",
             hyper = list(prec = list(param=c(0.1, 0.1))))
kidney.inla <- inla(formula, family = "weibullsurv", data = kidney)
round(kidney.inla$summary.fixed, 4)
```

```
               mean     sd 0.025quant 0.5quant 0.975quant    mode kld
(Intercept) -2.4536 0.9511    -4.4148  -2.4222    -0.6680 -2.3593   0
age          0.0028 0.0146    -0.0256   0.0027     0.0320  0.0024   0
sex         -1.8765 0.4616    -2.8145  -1.8672    -0.9920 -1.8506   0
```

```
diseaseGN    0.1308 0.5305   -0.9146   0.1298    1.1828  0.1296   0
diseaseAN    0.6031 0.5293   -0.4254   0.5971    1.6672  0.5867   0
diseasePKD  -1.0839 0.7883   -2.6456  -1.0822    0.4682 -1.0773   0
```

这里带有参数 `model="iid"` 的函数 `f()` 用于指定个体水平的脆弱项. 我们在 `f()` 中使用参数 `hyper = list(prec = list(param=c(0.1, 0.1)))` 来为超参数分配一个扩散伽马先验 $\Gamma(0.1, 0.1)$. 固定效应的结果表明, 其 2.5% 和 97.5% 后验分位数在零的同一侧的唯一一个协变量是 `sex`, 这与使用极大似然估计方法的结果一致. 这大概率表明女性患者有较低感染率. 模型中超参数的估计如下:

```
round(kidney.inla$summary.hyper, 4)
```

```
                                mean       sd 0.025quant 0.5quant 0.975quant    mode
alpha parameter for weibullsurv 1.1691  0.1582     0.8491   1.1771     1.4570  1.2229
Precision for id                5.9519 11.9417     0.7387   2.8416    30.3126  1.2416
```

我们可以计算模型中超参数边际后验分布的改进估计. 函数 `inla.hyperpar` 使用网格积分策略来计算超参数更准确的后验估计.

```
kidney.inla.hp <- inla.hyperpar(kidney.inla)
round(kidney.inla.hp$summary.hyper, 4)
```

```
                                mean      sd 0.025quant 0.5quant 0.975quant    mode
alpha parameter for weibullsurv 1.1630 0.1182     0.9562   1.1548     1.4169  1.1416
Precision for id                3.5552 3.3492     0.7266   2.4378    13.5488  1.4124
```

很多时候, 我们对脆弱项的标准差参数 $\sigma_b = \tau_b^{-1/2}$ 的后验估计感兴趣, 而不是对超参数汇总中默认给出的精度 τ_b. `brinla` 软件包中的 R 函数 `bri.hyperpar.summary` 可以以 σ_b 的形式产生超参数的汇总统计量:

```
round(bri.hyperpar.summary(kidney.inla.hp),4)
```

```
                                mean     sd  q0.025    q0.5  q0.975    mode
alpha parameter for weibullsurv 1.1630 0.1182  0.9557  1.1540  1.4161  1.1415
SD for id                       0.6594 0.2323  0.2724  0.6398  1.1674  0.6105
```

σ_b 的后验均值与使用传统极大似然估计方法得到的估计接近. 我们可以使用 `brinla` 软件包中的函数 `bri.hyperpar.plot` 进一步检查 Weibull 分布参数 α 和脆弱项的标准差参数的近似边际后验分布图:

```
bri.hyperpar.plot(kidney.inla.hp, together = F)
```

图 6.5 展示了参数 α 和脆弱项参数 σ_b 的后验密度. α 的分布相对对称, 而 σ_b 的分布是右偏的.

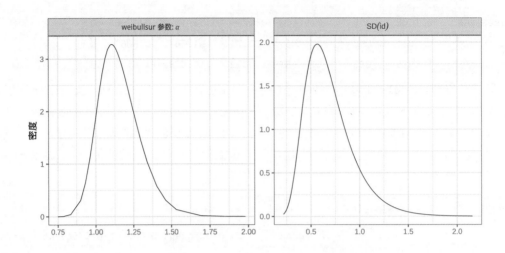

图 **6.5** Weibull 分布参数 α 和脆弱项的标准差参数的近似边际后验分布.

6.7 纵向数据和事件发生时间数据的联合建模

许多临床研究产生两种类型的结果, 一组纵向响应测量以及感兴趣事件 (例如死亡或疾病进一步发展) 发生的时间. 这些研究的一个共同目的是描述纵向响应过程与事件发生时间之间的关系. 这种情况的一个常见例子是艾滋病临床研究, 该研究对感染者进行监测, 直到他们患上艾滋病或死亡, 并使用诸如 CD4 淋巴细胞计数等标记物定期检测他们的免疫系统状况 (Abrams 等, 1994).

有许多模型可以单独分析此类数据, 包括第 5 章中用于纵向数据的线性混合效应模型, 以及本章中用于生存数据的半参数比例风险模型和加速失效时间模型. 然而, 当纵向变量与患者的生存时间相关时, 对纵向数据和事件发生时间数据进行单独建模可能是不合适的. 在此类数据中, 联合建模方法通常更可取 (Tsiatis 和 Davidian, 2004).

Henderson 等 (2000) 提出了一个非常灵活的联合模型, 它允许纵向响应变量和生存时间之间存在非常广泛的依赖关系. 该模型包括纵向数据的固定效应、随机效应、序列相关性和纯测量误差, 并对生存数据使用带脆弱项的半参数比例风险模型. 该方法的关键思想是将纵向过程和生存过程用潜在的二元高斯过程联系起来. 而后, 在给定潜在过程和协变量条件下, 假设纵向数据和事件发生时间数据之间是独立的. Guo 和 Carlin (2004) 提出了这种方法的完全贝叶斯分析, 可通过 MCMC 方法实现. Martino 等 (2011) 展示了如何修改 INLA 以应用于这个复杂的模型. 按照他们的工作, 在本节我们演示使用 INLA 对纵向数据和事件发生时间数据的联合分析.

我们假设在时间区间 $[0, \omega)$ 内跟踪 m 个个体, 第 i 个个体提供了在时刻 $\{s_{ij}, j = 1, \ldots, n_i\}$ 的一组 (可能部分缺失的) 纵向测量数据 $\{y_{ij}, j = 1, \ldots, n_i\}$, 以及到某一终点的 (可能删失的) 生存时间 t_i. 联合模型由两个子模型组成, 每一个对应一类数据. 纵向

数据 y_{ij} 的模型为

$$\begin{cases} y_{ij}|\eta_{ij},\sigma^2 \sim N(\eta_{ij},\sigma^2), \\ \eta_{ij} = \mu_i(s_{ij}) + W_{1i}(s_{ij}), \end{cases} \tag{6.11}$$

其中 $\mu_i(s) = \boldsymbol{x}_{1i}^T\boldsymbol{\beta}_1$ 是平均响应, $W_{1i}(s)$ 包含了特定个体的随机效应. 向量 $\boldsymbol{x}_{1i}$ 和 $\boldsymbol{\beta}_1$ 分别表示可能随时间变化的解释变量及其对应的回归系数.

生存数据可以通过加速失效时间模型或半参数比例模型来建模. 例如, 在加速失效时间模型中, 我们假设第 i 个个体的生存时间服从 Weibull 分布

$$\begin{cases} t_i|\lambda_i(t) \sim \text{Weibull}(\alpha,\lambda_i(t)), \\ \log(\lambda_i(t)) = \boldsymbol{x}_{2i}^T(t)\boldsymbol{\beta}_2 + W_{2i}(t), \end{cases} \tag{6.12}$$

其中向量 $\boldsymbol{x}_{2i}(t)$ 和 $\boldsymbol{\beta}_2$ 表示 (可能是时间相依的) 解释变量及其对应的回归系数. $\boldsymbol{x}_{2i}$ 可能有也可能没有与纵向模型中的 $\boldsymbol{x}_{1i}$ 相同的变量. $W_{2i}(t)$ 的形式类似于 $W_{1i}(s)$, 包括特定个体的协变量效应和截距项 (即脆弱项).

Henderson 等 (2000) 提出通过 $(W_{1i},W_{2i})^T$ 上的潜在零均值二元高斯过程对纵向和生存过程联合建模, 该过程在不同受试者之间是独立的. 具体来说, 联合模型通过以下方式连接 (6.11) 和 (6.12):

$$W_{1i}(s) = U_{1i} + U_{2i}s, \tag{6.13}$$

$$W_{2i}(t) = \gamma_1 U_{1i} + \gamma_2 U_{2i} + \gamma_3(U_{1i} + U_{2i}t) + U_{3i}. \tag{6.14}$$

参数 γ_1、γ_2 和 γ_3 度量了两个子模型之间的关联性, 这种关联性是由随机截距项、斜率和在事件发生时间 $W_{1i}(s)$ 的纵向拟合值分别引起的. 潜变量对 $(U_{1i},U_{2i})^T$ 具有零均值二元高斯分布 $N(0,\Sigma_U)$, U_{3i} 是独立的脆弱项, 假设具有一个高斯分布 $N(0,\sigma_{U_3}^2)$, 独立于 $(U_{1i},U_{2i})^T$.

记 $\tau = \sigma^{-2}$, $\tau_{U_3} = \sigma_{U_3}^{-2}$, $Q_U = \Sigma_U^{-1}$. 如果我们给 τ、τ_{U_3} 和 α 分配伽马先验, 给 Q_U 分配 Wishart 先验, 给 $\boldsymbol{\beta}_1$、$\boldsymbol{\beta}_2$、γ_1、γ_2 和 γ_3 分配扩散高斯先验, 则上述复杂联合模型将简化为潜在高斯场. INLA 方法就可以再次应用于求解此模型. 请注意, 在这个复杂模型中, 并非所有数据点都具有相同的似然. 需要在 `inla` 函数中使用一些编码技巧来处理这些似然.

我们使用在 Guo 和 Carlin (2004) 以及 Martino 等 (2011) 中提供的艾滋病临床试验数据作为示例. 在这项艾滋病研究中, 我们收集了纵向和生存数据, 以比较两种抗逆转录病毒药物在治疗病人上的疗效和安全性, 他们对齐多夫定 (AZT) 治疗或是失败或是不耐受. 共有 467 名 HIV 感染患者符合入组条件 (被诊断为艾滋病或两次 CD4 计数不超过 300, 并且满足齐多夫定不耐受或失败的特定标准). 这些患者被随机分配接受去羟肌苷 (ddI) 或扎西他滨 (ddC). 在进入研究时记录 CD4 计数, 并在 2、6、12 和 18 个

月的随访时再次记录, 死亡时间也被记录下来, 还记录了四个解释变量: DRUG(ddI = 1, ddC = 0), SEX (男性 = 1, 女性 = −1), PREVOI (进入研究时的既往机会性感染即艾滋病诊断 = 1, 无艾滋病诊断 = −1) 和 STRATUM (齐多夫定治疗失败 = 1, 齐多夫定不耐受 = −1). 表 6.6 展示了数据集中的变量及其描述.

表 6.6   艾滋病临床试验数据中的变量描述.

变量名	描述	代码/值
y	CD4 计数的平方根	数字
SURVTIME	死亡时间	月数
CENSOR	死亡状态	1 = 死亡, 0 = 删失
TIME	记录 CD4 计数的时间	月数
DRUG	接受去羟肌苷 (ddI) 或扎西他滨 (ddC)	1 = ddI, 0 = ddC
TIMEDRUG	时间和药物交互作用	范围从 0 到 12 的数字
SEX	性别	1 = 男性, −1 = 女性
PREVOI	进入研究时的既往机会性感染 (艾滋病诊断)	1 = 是, −1 = 否
STRATUM	齐多夫定 (AZT) 治疗失败或不耐受	1 = 失败, −1 = 不耐受
ID	患者识别码	整数

遵循 Guo 和 Carlin (2004) 的建议, 纵向子模型假定为高斯模型, 其均值为

$$\eta_{ij} = \beta_{11} + \beta_{12}\text{TIME}_{ij} + \beta_{13}\text{TIMEDRUG}_{ij} + \beta_{14}\text{SEX}_i$$
$$+ \beta_{15}\text{PREVOI}_i + \beta_{16}\text{STRATUM}_i + W_{1i}(\text{TIME}_{ij}),$$

生存子模型假设生存时间为指数模型, 对数风险函数为

$$\log(\lambda_{ij}) = \beta_{21} + \beta_{22}\text{DRUG}_i + \beta_{23}\text{SEX}_i$$
$$+ \beta_{24}\text{PREVOI}_i + \beta_{25}\text{STRATUM}_i + W_{2i}(\text{SURTIME}_{ij}).$$

Guo 和 Carlin (2004) 提出了多种具有不同形式的潜在过程 $W_1(s)$ 和 $W_2(t)$ 的联合模型, 并使用 DIC 进行比较. 这里我们只演示 INLA 使用于具有最小 DIC 的模型的代码. 即这里考虑 $W_{1i}(s) = U_{1i} + U_{2i}s$ 和 $W_{2i}(t) = \gamma_1 U_{1i} + \gamma_2 U_{2i}$ 的情况. 该研究的更详细的模型比较可以在 Guo 和 Carlin (2004) 以及 Martino 等 (2011) 中找到.

为了在 INLA 中拟合联合模型, 我们需要在使用 inla 函数之前处理数据并准备固定和随机协变量. 让我们首先读取数据集:

```
data(joint, package = "brinla")
longdat <- joint$longitudinal
survdat <- joint$survival
n1 <- nrow(longdat)
n2 <- nrow(survdat)
```

现在我们需要准备响应变量:

```
y.long <- c(longdat$y, rep(NA, n2))
y.surv <- inla.surv(time = c(rep(NA, n1), survdat$SURVTIME),
                     event = c(rep(NA, n1), survdat$CENSOR))
Yjoint <- list(y.long, y.surv)
```

然后我们为模型准备固定协变量和随机协变量:

```
linear.covariate <- data.frame(mu = as.factor(c(rep(1, n1), rep(2, n2))),
                               l.TIME = c(longdat$TIME, rep(0, n2)),
                               l.TIMEDRUG = c(longdat$TIMEDRUG,
                                                rep(0, n2)),
                               l.SEX = c(longdat$SEX, rep(0, n2)),
                               l.PREVOI = c(longdat$PREVOI, rep(0, n2)),
                               l.STRATUM = c(longdat$STRATUM,
                                                rep(0, n2)),
                               s.DRUG = c(rep(0, n1), survdat$DRUG),
                               s.SEX = c(rep(0, n1), survdat$SEX),
                               s.PREVOI = c(rep(0, n1), survdat$PREVOI),
                               s.STRATUM = c(rep(0, n1), survdat$STRATUM)
                                  ↪ )
ntime <- length(unique(longdat$TIME))


random.covariate <- list(U11 = c(rep(1:n2, each = ntime),rep(NA, n2)),
                         U21 = c(rep(n2+(1:n2), each = ntime),
                                   rep(NA, n2)),
                         U12 = c(rep(NA, n1), 1:n2),
                         U22 = c(rep(NA, n1), n2+(1:n2)),
                         U3  = c(rep(NA, n1), 1:n2))
```

我们现在可以最终确定 INLA 程序的联合数据集:

```
joint.data <- c(linear.covariate,random.covariate)
joint.data$Y <- Yjoint
```

   INLA 允许不同观察有不同似然. 在 R 中执行处理原始数据的命令后, 我们就可以像往常一样拟合联合模型:

```
formula = Y ~ mu + l.TIME + l.TIMEDRUG + l.SEX + l.PREVOI + l.STRATUM
            + s.DRUG + s.SEX + s.PREVOI + s.STRATUM - 1
            + f(U11 , model="iid2d", param = c(23,100,100,0),
```

```
              initial = c(-2.7,0.9,-0.22), n=2*n2)
        + f(U21, l.TIME, copy="U11")
        + f(U12, copy="U11", fixed = FALSE, param=c(0,0.01),
              initial = -0.2)
        + f(U22, copy="U11", fixed = FALSE, param = c(0,0.01),
              initial = -1.6)
joint.inla <- inla(formula, family = c("gaussian","exponentialsurv"),
              data = joint.data, control.compute=list(dic=TRUE))
round(joint.inla$summary.fixed, 4)
```

	mean	sd	0.025quant	0.5quant	0.975quant	mode	kld
mu1	8.0493	0.3516	7.3585	8.0494	8.7392	8.0495	0
mu2	-4.0592	0.2081	-4.4830	-4.0537	-3.6663	-4.0424	0
l.TIME	-0.2653	0.0487	-0.3612	-0.2653	-0.1699	-0.2652	0
l.TIMEDRUG	0.0288	0.0692	-0.1071	0.0288	0.1648	0.0288	0
l.SEX	-0.1060	0.3273	-0.7487	-0.1060	0.5364	-0.1061	0
l.PREVOI	-2.3492	0.2412	-2.8230	-2.3492	-1.8758	-2.3491	0
l.STRATUM	-0.1089	0.2375	-0.5754	-0.1089	0.3571	-0.1089	0
s.DRUG	0.2582	0.1777	-0.0900	0.2578	0.6080	0.2571	0
s.SEX	-0.1310	0.1469	-0.4098	-0.1346	0.1678	-0.1418	0
s.PREVOI	0.7544	0.1302	0.5055	0.7521	1.0165	0.7475	0
s.STRATUM	0.0730	0.0979	-0.1185	0.0727	0.2661	0.0720	0

```
round(joint.inla$summary.hyper, 4)
```

	mean	sd	0.025quant	0.5quant	0.975quant	mode
Precision for the Gaussian observations	0.3480	0.0193	0.3114	0.3476	0.3871	0.3469
Precision for U11 (component 1)	0.0648	0.0047	0.0561	0.0647	0.0745	0.0643
Precision for U11 (component 2)	2.5754	0.1987	2.2010	2.5706	2.9804	2.5635
Rho1:2 for U11	-0.0630	0.0541	-0.1705	-0.0624	0.0414	-0.0602
Beta for U12	-0.1933	0.0289	-0.2514	-0.1928	-0.1381	-0.1910
Beta for U22	-1.6047	0.2504	-2.0888	-1.6082	-1.1050	-1.6187

从上述纵向子模型的结果来看, TIME 回归系数的后验均值估计为 -0.2653, 95% 可信区间为 $(-0.3612, -0.1699)$, 表明研究期间 CD4 计数显著减少 (在贝叶斯意义上). PREVOI 也很重要, 估计值为 -2.3492, 95% 可信区间为 $(-2.8230, -1.8758)$. 在生存子模型中, 只有 PREVOI 大概率与生存时间相关 (95% 可信区间不包括 0). 请注意, 通过联

合建模, 关联参数的后验估计为负且与零显著不同, 这为两个子模型之间的关联性提供了强有力的证据. 它表明患者的生存时间与驱动患者纵向数据模式的两个特征有关, 即初始 CD4 水平和 CD4 下降率. 这一发现在临床上是合理的, 因为较高 CD4 计数代表更好的健康状况, 而 CD4 计数下降更快的患者预计生存得会更差.

第 7 章

基于光滑化方法的随机游动模型

光滑化方法在非参数回归中一直发挥着重要作用. 在本章中, 我们介绍一些统计领域广泛使用的光滑化模型, 例如光滑样条、薄板样条和惩罚回归样条 (P-样条). 我们展示这些模型如何在贝叶斯框架下与随机游动 (RW) 先验相关联, 以及在模拟和真实数据示例中如何使用 INLA 对这些模型进行贝叶斯推断.

7.1 引言

让我们先从一般回归问题开始. 给定 $x_1, \ldots, x_n \in \mathbb{R}$, 我们观察到 $y_1, \ldots, y_n$, 并假设其服从模型

$$y_i = f(x_i) + \varepsilon_i, \tag{7.1}$$

其中 ε_i 独立同分布, 其均值为零、方差 σ_ε^2 未知. 我们的目标是估计函数 f, 主要有两种方法: 参数建模和非参数建模.

参数方法是假设 $f(x)$ 属于一个具有有限个参数的函数族 $f(x \mid \beta)$. 例如, 我们假设 $f(x)$ 为线性函数: $f(x \mid \beta) = \beta_0 + \beta_1 x$, 多项式函数: $f(x \mid \beta) = \beta_0 + \beta_1 x + \beta_2 x^2$ 或非线性函数: $f(x \mid \beta) = \beta_0 \exp(\beta_1 x)$. 参数建模方法有几个优点: 当它恰好是正确的模型时, 通常是有效的; 它能减少预测所需的信息; 参数具有更直观的解释. 简而言之, 如果您对合适的模型族有很好的了解, 您会更喜欢参数模型. 然而, 参数方法总是会排除许多似乎合理的函数.

非参数方法是从指定的光滑函数族中选择 f, 数据拟合范围比参数方法更广. 这是一个数据光滑化的过程, 其目的是捕获数据中的重要模式 (信号) 并剔除噪声. 不幸的是, 这种非参数回归模型没有一种公式化的方法来描述预测变量和响应变量之间的关系. 这通常需要以图形方式完成, 因此非参数预测需要更多的数据信息. 但是, 非参数方法的高度灵活性使您不会因使用不正确的模型而犯错. 因此, 在有关适当模型的信息很少时, 非参数模型特别有用.

7.2　光滑样条

假定在模型 (7.1) 下, 我们选择的 f 为自由度是 $2m-1$ 的光滑样条, 以最小化惩罚最小二乘准则:

$$\sum_{i=1}^{n} [y_i - f(x_i)]^2 + \lambda \int \left(f^{(m)}(x) \right)^2 dx, \tag{7.2}$$

其中 $f^{(m)}$ 是 f 的 m 阶导数. m 通常取为 1 或 2, 分别对应线性 (自由度 = 1) 和三次 (自由度 = 3) 光滑样条. (7.2) 中的第一项衡量 f 与数据的接近程度, 第二项称为惩罚函数, 惩罚函数中的粗糙性. 光滑参数 λ 用于建立两者之间的权衡. 当 $\lambda = 0$ 时, f 可以是任何插值函数. 当 $\lambda = \infty$ 时, 最小化 (7.2) 等价于最小二乘线拟合. 从频率学派的观点来看, 最小化 (7.2) 的解可以在再生核 Hilbert 空间中精确地推导出来, 并且 λ 通常可通过交叉验证方法估计出来 (见 Wahba, 1990).

7.2.1　等间距的随机游动 (RW) 先验

我们假设每个 y_i 独立且服从均值为 $f(x_i)$、方差为 σ_ε^2 的正态分布. 不失一般性, 我们假设 x_i 可排序为 $x_1 < \cdots < x_n$, 并定义 $d_i = x_i - x_{i-1}, i = 1, \ldots, n-1$. 让我们从 x_i 等间距的情况开始, 即 $d_i = d$, 其中 d 是某个常数.

在贝叶斯框架下, 要估计 f, 我们需要为 f 取一个先验. 根据 Speckman 和 Sun (2003) 的工作, 我们将 (7.2) 中的惩罚函数近似为

$$\int \left(f^{(m)}(x) \right)^2 dx \approx d^{-(2m-1)} \sum_{i=m+1}^{n} \left[\nabla^m f(x_i) \right]^2,$$

其中假设 d 很小, 且 f 的 m 阶导数是连续的. ∇^m 是 m 阶向后差分算子的符号. 例如, $\nabla^1 f(x) = f(x_i) - f(x_{i-1})$ 和 $\nabla^2 f(x) = f(x_i) - 2f(x_{i-1}) + f(x_{i-2})$ 分别对应 $m = 1$ 和 2. 然后, 我们假设每个差分独立地服从正态分布, 即

$$\nabla^m f(x_i) \stackrel{iid}{\sim} N\left(0, \sigma_f^2\right), \quad i = m+1, \ldots, n.$$

令 $\boldsymbol{f} = (f(x_1), \ldots, f(x_n))^T$ 为由所有函数的观测值构成的向量, 则我们可以证明 $\boldsymbol{f}$ 服从一个奇异的多元正态分布, 其密度函数为

$$\sqrt{\frac{|\boldsymbol{Q}_m|_+}{2\pi\sigma_f^2}} \exp\left(-\frac{1}{2\sigma_f^2} \boldsymbol{f}^T \boldsymbol{Q}_m \boldsymbol{f} \right),$$

其中 $\boldsymbol{Q}_m = \boldsymbol{D}_m^T \boldsymbol{D}_m$; 对于 $m = 1$ 和 2,

$$\boldsymbol{D}_1 = \begin{pmatrix} -1 & 1 & & \\ & -1 & 1 & \\ & & \ddots & \ddots \\ & & & -1 & 1 \end{pmatrix}, \quad \boldsymbol{D}_2 = \begin{pmatrix} 1 & -2 & 1 & & \\ & 1 & -2 & 1 & \\ & & \ddots & \ddots & \ddots \\ & & & 1 & -2 & 1 \end{pmatrix},$$

$|\boldsymbol{Q}_m|_+$ 表示 $\boldsymbol{Q}_m$ 的非零特征值的乘积. 该分布是奇异的, 因为 $\boldsymbol{Q}_m$ 是秩为 $n-m$ 的奇异阵, 且它的零空间是由 m 次多项式张成的. 该分布是一种随机游动 (RW) 先验. 我们可以证明, 在这种先验和高斯似然下, $\boldsymbol{f}$ 的后验均值是 (离散) 贝叶斯版的光滑化样条, 它是 (7.2) 定义的 $\lambda = \sigma_\varepsilon^2 / \sigma_f^2$ 的解 (Speckman 和 Sun, 2003).

要了解这个 RW 先验如何使拟合函数变得光滑, 我们应该先查看一下满条件分布 $p(f(x_i) \mid \boldsymbol{f}_{-i})$, 其中 $\boldsymbol{f}_{-i}$ 表示 $\boldsymbol{f}$ 中除 $f(x_i)$ 之外的所有元素. 这个分布是正态的, 其均值是来自近邻 x_i 的函数值的加权平均. 例如, 一阶和二阶 RW 先验 (分别缩写为 RW1和 RW2) 的满条件分布为

$$\text{RW1:} \quad N\left(\frac{1}{2}\big[f(x_{i-1}) + f(x_{i+1})\big], \ \frac{\sigma_f^2}{2} \right),$$

$$\text{RW2:} \quad N\left(\frac{4}{6}\big[f(x_{i-1}) + f(x_{i+1})\big] - \frac{1}{6}\big[f(x_{i-2}) + f(x_{i+2})\big], \ \frac{\sigma_f^2}{6} \right),$$

其中我们可以看到两个模型的条件独立性: $f(x_i)$ 的均值仅取决于它的一阶或二阶邻域值, 并且条件独立于此邻域之外的其他值. 这种局部结构将光滑性应用于待估函数. 此外, 它使 $\boldsymbol{Q}_m$ 成为一个高度稀疏的矩阵, 这极大地改善了贝叶斯计算效率. 因为, 在该稀疏结构下, 我们可以通过快速分解来计算矩阵的逆 (见 Rue 和 Held, 2005).

如前所述, RW 先验中的 $\boldsymbol{Q}_m$ 是奇异的, 它的零空间由 m 次多项式张成. 因此, 如果模型同时包含多项式和 RW 先验, 则会出现可识别性的问题. 例如, RW1 先验不能用截距项识别, 因为 $\boldsymbol{Q}_1$ 的零空间由元素均为 1 的向量张成; RW2 先验不能用截距项和斜率项来识别, 因为 $\boldsymbol{Q}_2$ 的零空间由 $\boldsymbol{1}$ (由 1 构成的向量) 和向量 $(x_1, \ldots, x_n)$ 张成. 为了解决这个问题, 我们需要在 RW 先验中添加一些线性约束. 它们一般可以写成 $\boldsymbol{A}\boldsymbol{f} = \boldsymbol{0}$, 其中 $\boldsymbol{A}$ 是由 m 次多项式构成的 $m \times n$ 矩阵, $\boldsymbol{0}$ 是由 n 个零构成的向量. 如果模型中包含截距项, 我们则需要 $\boldsymbol{A} = \boldsymbol{1}^T$, 此即所谓的零和约束 $f(x_1) + \cdots + f(x_n) = 0$, 以保证 $\boldsymbol{f}$ 可识别. 如果还考虑斜率, 我们还需要一个约束条件, 其中 $\boldsymbol{A} = (\boldsymbol{1}, \boldsymbol{x})^T$. 这种有约束的 RW 先验可以通过对其不受约束的对应的先验进行简单调整来构建 (见 Rue 和 Held, 2005, 2.3 节).

示例: 模拟数据

这里我们来检验在估计光滑曲线时 RW 模型的性能. 首先, 我们从下面的模型中生成模拟数据:

$$y_i = \sin^3(2\pi x_i^3) + \varepsilon_i, \quad \varepsilon_i \sim N(0, \sigma_\varepsilon^2),$$

其中 $x_i \in [0,1]$ 是等间距分割的, $\sigma_\varepsilon^2 = 0.04$. 我们模拟 $n = 100$ 个数据点:

```
library(INLA); library(brinla)
set.seed(1)
n <- 100
x <- seq(0, 1,, n)
f.true <- (sin(2*pi*x^3))^3
y <- f.true + rnorm(n, sd = 0.2)
```

我们设置了随机数生成器的种子, 因此如果您重复此操作将获得相同的结果. 为了比较, 我们将使用 RW1 和 RW2 模型拟合该组模拟数据:

```
data.inla <- list(y = y, x = x)
formula1 <- y ~ -1 + f(x, model = "rw1", constr = FALSE)
result1 <- inla(formula1, data = data.inla)
formula2 <- y ~ -1 + f(x, model = "rw2", constr = FALSE)
result2 <- inla(formula2, data = data.inla)
```

我们使用 "-1" 来从模型中删除截距项. constr 参数是一个逻辑选项, 它决定是否对拟合函数施加零和约束. 此选项在此处是关闭的, 但如果模型中包含截距项, 则应将其打开 (这是默认选项).

基于 RW1 模型的函数估计的后验汇总统计量保存在 result1$summary.random$x 中, 部分结果展示如下:

```
round(head(result1$summary.random$x), 4)
```

	ID	mean	sd	0.025quant	0.5quant	0.975quant	mode	kld
1	0.0000	-0.0637	0.1147	-0.2883	-0.0641	0.1627	-0.0649	0
2	0.0101	-0.0177	0.0993	-0.2132	-0.0177	0.1775	-0.0177	0
3	0.0202	-0.0177	0.0969	-0.2082	-0.0178	0.1729	-0.0179	0
4	0.0303	0.1023	0.0994	-0.0924	0.1020	0.2982	0.1014	0
5	0.0404	0.0527	0.0953	-0.1348	0.0527	0.2400	0.0526	0
6	0.0505	-0.0061	0.0972	-0.1976	-0.0060	0.1845	-0.0057	0

它包括 x_i (ID) 的值以及每个 $f(x_i)$ 的后验均值、标准差、分位数和众数. 然后我们提取后验均值和分位数以建立 95% 可信区间:

```
fhat <- result1$summary.random$x$mean
f.lb <- result1$summary.random$x$'0.025quant'
f.ub <- result1$summary.random$x$'0.975quant'
```

我们将它们与真实均值曲线和数据点一起绘制在图 7.1(a) 中:

```
library(ggplot2)
data.plot <- data.frame(y = y, x = x, f.true = f.true, fhat = fhat,
                        f.lb = f.lb, f.ub = f.ub)
ggplot(data.plot, aes(x = x, y = y)) +
  geom_line(aes(y = fhat)) +
  geom_line(aes(y = f.true), linetype = 2) +
  geom_ribbon(aes(ymin = f.lb, ymax = f.ub), alpha = 0.2) +
  geom_point(aes(y = y)) + theme_bw(base_size = 20)
```

类似地, 我们将使用 RW2 提取出函数的估计并将它们绘制在图 7.1(b) 中. 我们看到基于 RW1 模型的线性光滑样条由于缺乏光滑度而过于摆动, 而基于 RW2 模型的三次光滑样条的拟合似乎要好得多, 尽管它没有捕捉到 $x = 0.75$ 附近的拐点以及 $x = 0.9$ 附近的最小值. 这个问题的难点在于真实函数具有可变的光滑度, 而模型却假定它是常数. 这就解释了对于函数中有较大变动的部分会出现欠拟合.

基于 RW1 和 RW2 先验得到的模型的超参数的后验汇总统计量为:

```
result1$summary.hyperpar
```

	mean	sd	0.025quant
Precision for the Gaussian observations	43.6093549	10.2886132	26.8688002
Precision for x	0.6434155	0.2154812	0.3142227
	0.5quant	0.975quant	mode
Precision for the Gaussian observations	42.4460104	67.066242	40.219754
Precision for x	0.6132653	1.149254	0.556862

```
result2$summary.hyperpar
```

	mean	sd	0.025quant
Precision for the Gaussian observations	28.262015420	4.683383372	2.006346e+01
Precision for x	0.002233327	0.001396881	5.741318e-04
	0.5quant	0.975quant	mode
Precision for the Gaussian observations	27.927836236	38.410270375	27.307608331
Precision for x	0.001905561	0.005837633	0.001348256

注意, 它们是精度参数, 在输出中用 $1/\sigma_\varepsilon^2$ 表示 "高斯观测的精度", 用 $1/\sigma_f^2$ 表示 "x 的精度". 我们可以使用 bri.hyperpar.summary() 来获得 σ_ε 和 σ_f 的后验汇总统计量, 以

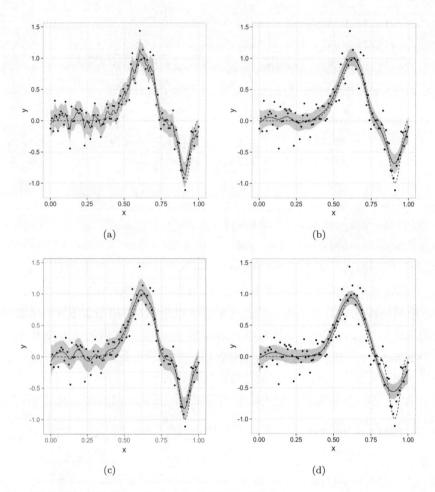

图 7.1 模拟示例: 数据点 (点)、真实均值函数 (虚线) 以及分别使用 (a) RW1、(b) RW2、(c) 三次光滑样条和 (d) 低秩薄板样条的后验均值 (实线) 和 95% 可信区间 (灰色).

及两个标准差 (SD), 它们通常更容易解释:

```
round(bri.hyperpar.summary(result1), 4)
```

	mean	sd	q0.025	q0.5	q0.975	mode
SD for the Gaussian observations	0.1545	0.0178	0.1224	0.1534	0.1924	0.1514
SD for x	1.2982	0.2151	0.9350	1.2763	1.7784	1.2321

```
round(bri.hyperpar.summary(result2), 4)
```

	mean	sd	q0.025	q0.5	q0.975	mode
SD for the Gaussian observations	0.19	0.0156	0.1616	0.1892	0.2228	0.1875
SD for x	24.06	7.2510	13.1515	22.8833	41.4569	20.7169

这两个模型给出了 σ_f 非常不同的估计, 因为它们具有不同的光滑度. RW2 模型得到 σ_ε (回想一下它的真实值是 0.2) 更好的估计, 表明在这种情况下使用它更合适. RW1 中 σ_ε 较小的值解释了其粗糙的拟合, 因为它认为误差太小, 真实的函数比数据实际变化趋势更粗糙.

现在我们将 INLA 与其他可以在 R 中实现的样条光滑化方法进行比较. 我们首先尝试了 smooth.spline(), 它拟合了一个三次光滑样条, 使用了广义交叉验证 (GCV) 来选择 (7.2) 中定义的光滑参数 λ.

```
fit.ss <- smooth.spline(x, y)
```

为了解释函数估计中的不确定性, 我们可以基于 "jackknife" 残差构建 95% 可信区间 (Green 和 Silverman, 1994):

```
res <- (fit.ss$yin - fit.ss$y)/(1 - fit.ss$lev)
```

然后提取拟合曲线, 并计算可信区间的上下限:

```
fhat <- fit.ss$y
f.lb <- fhat - 2*sd(res)*sqrt(fit.ss$lev)
f.ub <- fhat + 2*sd(res)*sqrt(fit.ss$lev)
```

我们将它们绘制在图 7.1(c) 中. 注意, 我们使用 2 (而不是 1.96) 作为构建区间的乘数. 这是因为相关量并非恰好是正态分布, 而可能是具有灵活自由度的 t 分布. 此外, 使用 1.96 会让人觉得我们假设的是正态, 但使用 2 则会让人觉得它是一个近似值.

使用 smooth.spline() 给出的拟合比我们预期的 RW1 拟合更光滑, 但比 RW2 拟合更粗糙. 这可以通过其对 λ 的估计来解释:

```
(fit.ss$lambda)
```

```
[1] 8.579964e-06
```

它比 RW2 中的对应项要小:

```
result2$summary.hyperpar$mean[2]/result2$summary.hyperpar$mean[1]
```

```
[1] 7.902222e-05
```

因此, 它在函数的变化较大的部分优于 RW2, 而在变化较小的部分则表现不佳.

接下来我们尝试 mgcv 软件包中的 gam():

```
library(mgcv)
fit.gam <- gam(y ~ s(x))
res.gam <- predict(fit.gam, se.fit = TRUE)
```

它拟合了一个低秩薄板样条 (low-rank thin-plate spline), 该样条是在完全薄板样条 (参见 7.3 节) 的基函数和惩罚项上开始构建的, 然后以最佳方式对基函数进行截断以获得

低秩光滑样条 (Wood, 2003). 注意, predict() 用于根据 fit.gam 中参数的贝叶斯后验协方差矩阵计算标准误差. 然后, 我们提取拟合曲线并计算 95% 可信限:

```
fhat <- res.gam$fit
f.lb <- res.gam$fit - 2*res.gam$se.fit
f.ub <- res.gam$fit + 2*res.gam$se.fit
```

我们将它们绘制在图 7.1(d) 中. gam() 给出的拟合是最光滑的: 它在平坦的部分非常接近真实函数, 但却完全错过了在 $x = 0.75$ 附近的拐点而且离最小值太远. 似乎真实函数中可变的光滑度给我们在这里尝试的所有方法带来了麻烦, 因为它们只适用于恒定光滑度. 在 7.6 节中, 我们将介绍一种自适应光滑化方法来解决这个问题.

7.2.2　σ_ε^2 和 σ_f^2 的先验选择

我们希望 σ_ε^2 和 σ_f^2 有合理的先验, 因为这些参数共同控制了函数拟合的光滑程度. 我们需要注意的是, INLA 将先验赋给精度 $\delta = 1/\sigma_\varepsilon^2$ 和 $\tau = 1/\sigma_f^2$, 而不是原始方差. 这两个精度具有相同的默认先验, INLA 内部定义为对数伽马分布. 对应的伽马分布 $\Gamma(a, b)$ 具有均值 a/b 和方差 a/b^2. 默认先验使用的值是 $a = 1$ 和 $b = 5 \times 10^{-5}$, 但这些值得进一步研究.

无信息先验

选择 a 和 b 的值并非易事, 因为很难 (即使并非不可能) 给出这些参数的任何先验信息. 为了让数据自己说话, 在这种情况下通常使用弱信息先验或无信息先验. 例如, 设置 $a = \varepsilon_1$ 和 $b = \varepsilon_2$, 其中 ε_1 和 ε_2 是较小的正数, 会产生一个具有大方差的伽马分布 (作为默认先验); 设置 $a = -1$ 和 $b = 0$ 对应于一个平坦先验, 给出经验贝叶斯方法中带约束的最大似然估计; Gelman (2006) 建议设置 $a = -0.5$ 和 $b = 0$ 作为实际工作中的标准选择; 设置 $a = b = 0$ 就得到所谓的 Jeffreys 先验, 这是客观贝叶斯推断的流行选择.

由于上面提到的一些先验存在不恰当的密度函数, 相应的联合后验分布也可能不恰当, 从而导致贝叶斯推断无效. Sun 等 (1999), Speckman 和 Sun (2003), Sun 和 Speckman (2008) 以及 Fahrmeir 和 Kneib (2009) 研究了贝叶斯非参数回归模型和广义可加模型 (参见第 9 章) 后验的恰当性. 他们的工作表明, Jeffreys 先验只能用于 δ, 否则后验分布将是不恰当的. 其他先验可用于 δ 和 τ, 并且在较弱的条件下会得到恰当的后验分布. 他们建议使用 $\Gamma(\varepsilon_1, \varepsilon_2)$, 因为它在 $(\varepsilon_1, \varepsilon_2)$ 的选择方面提供了稳健的性能, 并且比其他先验产生更稳定的精度的估计.

我们可以在 INLA 中对 δ 和 τ 使用默认值之外的先验. 假设我们对 δ 采用 Jeffreys 先验 ($a_1 = b_1 = 0$):

```
a1 <- 5e-5
b1 <- 5e-5
```

```
lgprior1 <- list(prec = list(param = c(a1, b1)))
```

对 τ 采用 Gelman 推荐的先验 ($a_2 = -0.5, b_2 = 0$):

```
a2 <- -0.5
b2 <- 5e-5
lgprior2 <- list(prec = list(param = c(a2, b2)))
```

注意, 按照 INLA 的要求, 我们对 a_1、b_1 和 b_2 没有用 0, 而是用了一个很小的数代替. 然后, 我们将这两个先验应用于 7.2.1 节模拟示例中使用的 RW2 模型:

```
formula <- y ~ -1 + f(x, model = "rw2", constr = FALSE, hyper = lgprior2)
result <- inla(formula, data = data.inla,
               control.family = list(hyper = lgprior1))
```

这里 control.family 用于指定 δ 的先验, f()中的 hyper 用于指定 τ 的先验. 尽管 τ 的先验设置比 δ 的先验设置相对更重要, 但我们发现得到的后验分布与默认先验给出的分布没有太大区别.

先验调整

我们以一个例子开始本节. 按照 7.2.1 节中的模拟示例, 我们先如下模拟数据:

```
set.seed(1)
n <- 100
t <- 0.1
x <- seq(0, t,, n)
f.true <- (sin(2*pi*(x/t)^3))^3
y <- f.true + rnorm(n, sd = 0.2)
```

我们将 x 的范围从 $[0, 1]$ 改为 $[0, 0.1]$, 而其他一切保持不变. 然后, 我们在 INLA 中拟合模型:

```
data.inla <- list(y = y, x = x)
formula1 <- y ~ -1 + f(x, model = "rw2", constr = FALSE)
result1 <- inla(formula1, data = data.inla)
```

并在图 7.2(a) 中绘制拟合曲线和 95% 可信区间:

```
p <- bri.band.ggplot(result1, name = 'x', type = 'random')
p + geom_line(aes(y = f.true), linetype = 2)
```

这里, 我们看到通过线性拟合给出的 RW2 模型完全失败. 高斯噪声和 RW2 模型中 SD 的后验汇总统计量如下:

```
round(bri.hyperpar.summary(result1), 4)
```

	mean	sd	q0.025	q0.5	q0.975	mode
SD for the Gaussian observations	0.4662	0.0326	0.4062	0.4646	0.5342	0.4612
SD for x	0.0100	0.0059	0.0037	0.0083	0.0261	0.0061

与真实值的 0.2 相比, 噪声的 SD 被显著高估了. 此结果是基于 RW2 中精度 τ (SD^2 的倒数) 使用默认先验 $\log\Gamma(1, 5e\text{-}5)$.

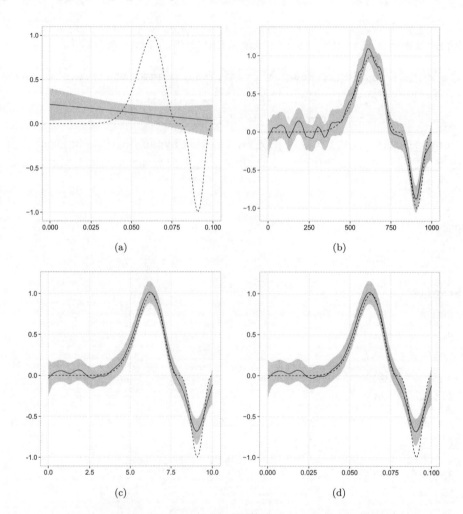

图 7.2　RW 模型: 真实均值函数 (虚线)、后验均值 (实线) 和 95% 可信区间 (灰色线) 当 (a) $t = 0.1$, 未调整先验; (b) $t = 1000$, 未调整先验; (c) $t = 10$, 未调整先验; (d) $t = 0.1$, 调整先验.

我们现在尝试更大的刻度 $t = 1000$, 但使用相同的数据、相同的模型和相同的先验. 拟合结果如图 7.2(b) 所示, 我们看到它比预期的起伏更大. 让我们看一下后验 SD (这里不显示 R 代码):

	mean	sd	q0.025	q0.5	q0.975	mode
SD for the Gaussian observations	0.1702	0.0145	0.1438	0.1693	0.2009	0.1676

```
SD for x                    0.0027 0.0004 0.0020 0.0027 0.0036 0.0026
```

我们看到噪声的 SD 现在被低估了, 模型的 SD(0.0027) 远小于 $t = 0.1$ 时模型的 SD(0.009). 我们最后尝试 $t = 10$, 更接近于 $t = 1$ 的刻度, 并获得与之前相同的拟合 (见图 7.2(c)), 但正如我们所预料的, x 的 SD 的估计却不同:

```
                                  mean      sd q0.025   q0.5 q0.975    mode
SD for the Gaussian observations 0.1900 0.0156 0.1616 0.1892 0.2228 0.1875
SD for x                         0.7609 0.2293 0.4159 0.7238 1.3109 0.6554
```

显然, 当 x 的尺度太小 ($t = 0.1$) 或太大 ($t = 1000$) 时, 对 τ 使用默认的超先验就不适合. 这是因为 RW 类型的模型 (不仅仅是 RW2) 会在一定程度上惩罚局部偏差, 而选择的超先验会影响该局部偏差的大小. 当然, 不同刻度下的 RW 模型对自身偏差变化范围的要求不同. 默认先验能够在 $t = 1$ 或 $t = 10$ 时提供良好的变程, 但在 $t = 0.1$ 或 $t = 1000$ 时无法提供. 此外, τ 上的超参先验对于不同的 RW 模型具有不相同的解释, 因为它们反映了不同的邻域结构. 因此, 对这些不同的模型分配相同固定的超参先验是不合理的.

为了解决这个问题, Sørbye 和 Rue (2014) 提出对超参先验进行调整, 使其广义方差 (边际方差的几何平均) 等于 1. 结果, 调整的超参先验对于不同尺度下的协变量以及特定模型邻域结构的形状和大小是不变的. 这意味着不同模型中的精度参数具有相似的解释. 这个有用的功能可通过 scale.model 参数在 INLA 中指定:

```
formula2 <- y ~ -1 + f(x, model = "rw2", constr = FALSE,
                       scale.model = TRUE)
result2 <- inla(formula2, data = data.inla)
```

当 $t = 0.1$ 时 SD 的后验汇总统计量如下:

```
round(bri.hyperpar.summary(result2), 4)
```

```
                                  mean      sd q0.025   q0.5 q0.975    mode
SD for the Gaussian observations 0.1900 0.0156 0.1616 0.1892 0.2228 0.1875
SD for x                         1.0006 0.3015 0.5469 0.9516 1.7240 0.8616
```

与未调整版本的结果相比, 我们对噪声 SD 的估计要好得多, 并且该估计与 $t = 10$ 或 $t = 1$ 时的估计相同. 但是, 由于超参先验的调整, x 的 SD 估计不再反映 x 的原始刻度. 我们在图 7.2(d) 中绘制了相应的拟合, 我们看到它与 $t = 10$ 或 $t = 1$ 的拟合完全相同. 我们还尝试了 $t = 1000$ 的调整模型, 并获得了与 $t = 0.1$ 相同的结果.

选项 scale.model 不仅适用于 RW1 和 RW2 模型, 还适用于稍后介绍的 RW2D 和 Besag 模型. 调整的缺点是输出的参数具有新刻度, 但人们可能希望得到在原刻度上的结果. 不幸的是, INLA 没有提供任何方法来实现这一点. 此外, 可能会出现这样的情况, 即人们不希望对先验进行调整, 因为原来的尺度已经很合适了. 这个问题可以通过使用随数据调整的默认先验来更好地解决, 但用数据来说明先验可能不是最好的选择.

7.2.3 非等间距的随机游动模型

上面提到的 RW 模型仅适用于数据位置是等间距的. 我们希望将它们扩展到位置是非等间距的情况. Wahba (1978) 的研究表明光滑样条估计是以下随机微分方程 (SDE) 的解:

$$d^m f(x)/dx^m = \sigma_f dW(x)/dx, \quad m = 1, 2, \tag{7.3}$$

其中 σ_f 控制 $f(x)$ 的刻度, $W(x)$ 是标准的 Wiener 过程. 注意, 在 (7.3) 中, 左侧是 f 的 m 阶导数, 右侧是均值为零、方差为 σ_f^2 的高斯噪声. 方程 (7.3) 具有贝叶斯解析解, 可与高斯过程先验一起使用. 遗憾的是, 该先验的计算量大, 因为它的协方差矩阵是完全稠密的. 为了解决这个问题, 我们用 Rue 和 Held (2005) 以及 Lindgren 和 Rue (2008) 建议的方法 "弱式" 求解 SDE.

令 $x_1 < x_2 < \cdots < x_n$ 为观察到的位置序列, 且 $d_i = x_{i+1} - x_i$. 由 Rue 和 Held (2005) 中的第 3 章可知, RW1 模型可以看作 (7.3) 中 SDE 在 x_i 处的 Wiener 过程的观测值. 令

$$f(x_{i+1}) - f(x_i) \overset{iid}{\sim} N\left(0, d_i \sigma_f^2\right), \quad i = 1, \ldots, n-1.$$

则, $\boldsymbol{f} = (f(x_1), \ldots, f(x_n))^T$ 的先验分布是 (奇异) 多元正态分布, 其均值为零、精度矩阵为 $\sigma_f^{-2} \boldsymbol{Q}_1$. 矩阵 $\boldsymbol{Q}_1$ 是奇异的 (秩 $= n-1$) 并且具有带状结构, 其元素为

$$\boldsymbol{Q}_1[i, j] = \begin{cases} 1/d_{i-1} + 1/d_i, & j = i, \\ -1/d_i, & j = i+1, \\ 0, & \text{其他}, \end{cases}$$

$1 < i < n$, 其中 $\boldsymbol{Q}_1[1, 1] = 1/d_1$, $\boldsymbol{Q}_1[n, n] = 1/d_{n-1}$. 因此, $f(x_i)$ 的满条件分布为

$$N\left(\frac{d_i}{d_{i-1} + d_i} f(x_{i-1}) + \frac{d_{i-1}}{d_{i-1} + d_i} f(x_{i+1}), \ \frac{d_{i-1} d_i}{d_{i-1} + d_i} \sigma_f^2\right).$$

注意, 位置之间的距离会影响分布的均值和方差. 该模型可以解释为一个离散观测的 Wiener 过程, 该过程针对非等间距的位置进行调整. 对任意 i, 若 $d_i = 1$, 则我们获得与等间距 RW1 模型相同的结果.

关于 RW2 模型, 可以找到对应的 SDE (7.3) 的解, 它在增广空间上具有条件独立性, 但计算时间大约是等间距位置 RW2 模型的 9/2 倍 (具体细节见 Rue 和 Held, 2005, 3.5 节). 为了避免增加模型的复杂性, Lindgren 和 Rue (2008) 使用有限元法推导出一个近似于连续时间积分随机游动的高斯模型. 他们首先使用分段线性基展开来逼近 $f(x)$,

然后将 SDE 转化为线性方程组. 它产生了一个带有带状矩阵 $\boldsymbol{Q}_2$ 的 RW2 模型, 其第 i 行的非零元素是

$$\boldsymbol{Q}_2[i, i-2] = \frac{2}{d_{i-2}d_{i-1}(d_{i-2}+d_{i-1})}, \quad \boldsymbol{Q}_2[i, i-1] = -\frac{2}{d_{i-1}^2}\left(\frac{1}{d_{i-2}}+\frac{1}{d_i}\right),$$

$$\boldsymbol{Q}_2[i, i] = \frac{2}{d_{i-1}^2(d_{i-2}+d_{i-1})} + \frac{2}{d_{i-1}d_i}\left(\frac{1}{d_{i-1}}+\frac{1}{d_i}\right) + \frac{2}{d_i^2(d_i+d_{i+1})},$$

由对称性, 我们有 $\boldsymbol{Q}_2[i, i+1] \equiv \boldsymbol{Q}_2[i+1, i]$ 和 $\boldsymbol{Q}_2[i, i+2] \equiv \boldsymbol{Q}_2[i+2, i]$. 对于 $\boldsymbol{Q}_2$ 左上角和右下角的元素, 我们简单地忽略不存在的分量, 或者等价地, 令 $d_{-1} = d_0 = d_n = d_{n+1} = \infty$. 矩阵 $\boldsymbol{Q}_2$ 的秩为 $n-2$, 其零空间由 $(1, \ldots, 1)^T$ 和 $(x_1, \ldots, x_n)^T$ 张成. 它与 Wahba (1978) 中获得的三次光滑样条的结果一致. 该模型的一致性已在 Lindgren 和 Rue (2008) 以及 Simpson 等 (2012) 中得到证明.

示例: 慕尼黑租赁指南

德国的租赁法对租金的增长做出了限制, 并迫使房东将价格保持在由大小、位置和品质相当的公寓界定的范围内. 为了让租户和业主更容易评估公寓的租金是否合适, 根据大量的公寓样本得出的租赁指南应运而生. 我们在此使用 2003 年慕尼黑租赁数据集, 该数据集已在 Rue 和 Held (2005) 中进行了分析. 它是一个有 17 列和 2035 行的数据框. 每列代表一个预测变量, 每行代表一个公寓样本. 慕尼黑 380 个区总共有 $n = 2035$ 套公寓. 感兴趣的响应变量是公寓的 rent (每平方米租金, 单位为欧元), 预测变量有 floor.size (房屋面积, 范围从 17 到 185 平方米), year (建设年份, 范围从 1918 年至 2001 年), 空间位置 (380 个区) 和各种其他示性变量, 如有无集中供暖、有无热水、厨房设备是否精致等的指标. 在 R 中运行 ?Munich 可了解这些变量的详细信息.

根据数据图 (未显示), rent 和 floor.size 之间以及 rent 和 year 之间似乎存在非线性关系. 因此, 我们考虑以下非参数回归模型:

$$\text{rent}_i = f_1(\text{floor.size}_i) + \varepsilon_{1i}, \quad \varepsilon_{1i} \sim N(0, \sigma_{\varepsilon_1}^2),$$

$$\text{rent}_i = f_2(\text{year}_i) + \varepsilon_{2i}, \quad \varepsilon_{2i} \sim N(0, \sigma_{\varepsilon_2}^2),$$

$i = 1, \ldots, n$, 尽管第 9 章中的可加模型显然更合适. 注意, floor.size 和 year 都是非等间距的. 这两个模型都是使用 7.2.3 节中介绍的 RW2 先验构建的, 代码如下所示:

```
formula1 <- rent ~ -1 + f(floor.size, model = 'rw2', constr = FALSE)
formula2 <- rent ~ -1 + f(year, model = 'rw2', constr = FALSE)
```

INLA 能够检测到非等间距预测变量的存在, 所以我们不需要指定它. 然后, 我们通过 INLA 拟合模型:

```
data(Munich, package = "brinla")
```

```
result1 <- inla(formula1, data = Munich)
result2 <- inla(formula2, data = Munich)
```

为了可视化估计的非线性效应, 我们提取两个模型下 f 的后验均值和 95% 的可信区间, 并在图 7.3(a) 和 7.3(b) 中分别绘制它们:

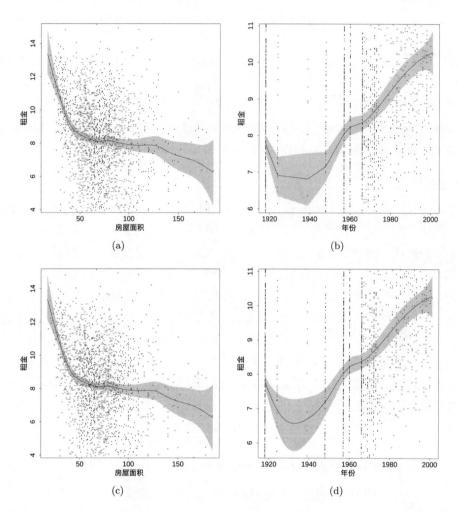

图 **7.3**   使用 RW 模型的慕尼黑租赁指南: 房屋面积 ((a) 和 (c)) 和建设年份 ((b) 和 (d)) 的非线性效应的数据点 (点)、后验均值 (实线) 和 95% 可信区间 (灰色带).

```
bri.band.plot(result1, name = 'floor.size', alpha = 0.05,
              xlab = 'Floor size', ylab = 'Rent', type = 'random')
points(Munich$floor.size, Munich$rent, pch = 20, cex = 0.2)
bri.band.plot(result2, name = 'year', alpha = 0.05,
              xlab = 'Year', ylab = 'Rent', type = 'random')
points(Munich$year, Munich$rent, pch = 20, cex = 0.2)
```

在 `bri.band.plot()` 中, 我们使用 "name" 来指定要绘制的变量; 使用 "alpha" 指定显著性水平; 使用 "type" 指定模型的分量, 可以是随机效应 (random)、拟合值 (fitted) 和线性预测因子 (linear). 我们看到, `floor.size` 和 `year` 都显示出与 `rent` 的显著非线性关系. 由于战争和其他问题, 1920 年至 1950 年之间的数据非常少. 在此期间拟合变为分段线性, 且可信区间较宽.

关于两个模型中的超参数, 其后验均值、标准差 (SD)、分位数和众数汇总如下:

```
round(bri.hyperpar.summary(result1), 4)
```

	mean	sd	q0.025	q0.5	q0.975	mode
SD for the Gaussian observations	2.3386	0.0364	2.2681	2.3381	2.4111	2.3373
SD for floor.size	0.0156	0.0053	0.0078	0.0147	0.0284	0.0131

```
round(bri.hyperpar.summary(result2), 4)
```

	mean	sd	q0.025	q0.5	q0.975	mode
SD for the Gaussian observations	2.3134	0.0360	2.2437	2.3129	2.3851	2.3121
SD for year	0.0236	0.0093	0.0101	0.0221	0.0461	0.0192

在比较两个模型时, 噪声的 SD (Gaussian observations) 是可直接比较的, 因为响应变量是相同的. 相反, 随着预测变量的变化, 响应变量的 SD 取决于预测变量的刻度. 因此, 这两个 SD 不能直接比较.

基于 INLA 的预测

`floor.size` 和 `year` 都是非等间距的. 前者的范围从 17 到 185, 而后者的范围从 1918 到 2001. `year` 观测值存在空白点. 为了填补这些空白, 我们把 1918 到 2001 之间的所有可能的整数做成一个向量. 虽然 `floor.size` 的测量更密集, 但我们也演示了如何在 INLA 中构建预测变量. 我们使用 `f()` 中的 "values" 选项来指定将进行预测的点:

```
formula3 <- rent ~ -1 + f(floor.size, model = "rw2",
                          values = seq(17, 185), constr = FALSE)
formula4 <- rent ~ -1 + f(year, model = "rw2", values = seq(1918, 2001),
                          constr = FALSE)
```

请注意, `values` 中使用的向量必须包含数据中的每个观测值. 然后, 我们拟合相应的模型:

```
result3 <- inla(formula3, data = Munich)
result4 <- inla(formula4, data = Munich)
```

现在, `floor.size` 和 `year` 中的每个可能值都有后验估计, 甚至某些没有观察到的值也有后验估计值. 图 7.3(c) 和 7.3(d) 分别展示了两个模型下的拟合曲线, 以及它们的 95%

可信区间. 与之前的结果相比, 拟合曲线在密集观测区域非常相似, 在较稀疏的区域则更为光滑.

在 INLA 中还有另一种做预测的方法. 假设我们对预测 1925 年、1938 年和 1945 年的租金感兴趣. 因为进行预测与在 INLA 中使用一些缺失数据来拟合模型是相同的, 我们可以简单地将我们想要预测的响应变量设置为 NA:

```
x.new <- c(1925, 1938, 1945)
xx <- c(Munich$year, x.new)
yy <- c(Munich$rent, rep(NA, length(x.new)))
```

并像之前一样拟合模型:

```
data.pred <- list(y = yy, x = xx)
formula5 <- y ~ -1 + f(x, model = 'rw2', constr = FALSE)
result5 <- inla(formula5, data = data.pred,
                control.predictor = list(compute = TRUE))
```

为了获得三个预测的后验汇总统计量, 我们必须先在 INLA 结果中找到它们的索引:

```
ID <- result5$summary.random$x$ID
idx.new <- sapply(x.new, function(x) which(ID==x))
```

然后, 提取相应的输出:

```
round(result5$summary.random$x[idx.new,], 4)
```

	ID	mean	sd	0.025quant	0.5quant	0.975quant	mode	kld
3	1925	6.8328	0.3005	6.2184	6.8430	7.3863	6.8626	0
4	1938	6.7568	0.3603	6.0263	6.7652	7.4436	6.7855	0
6	1945	6.9825	0.2463	6.4854	6.9873	7.4516	6.9968	0

它们的边际密度的估计存储在 result5$marginals.random$x 中, 从中可以计算其他感兴趣的后验量.

上面的预测分布仅指给定年份 (线性预测因子) 的平均租金, 因此我们仅通过其可信区间来表达该成分中的不确定性. 假设一个人想在某一年租一套公寓, 并且需要一个预测区间使得月租 (不是平均租金) 位于该区间的概率为 95%. 这需要在线性预测因子中添加一个误差项 ε, 并给出 ε 的不确定性. 遗憾的是, INLA 并没有直接提供这样的预测区间, 我们必须手动完成. 一种方法是从后验中抽取 100000 个样本以获得误差精度 $(1/\sigma_\varepsilon^2)$, 再将其转换为 SD, 并从具有这些 SD 的正态密度中采样. 据此, 我们从先前计算的线性预测因子的后验中生成样本, 并将它们与这些随机生成的新 ε 结合起来:

```
nsamp <- 10000
pred.marg <- NULL
for(i in 1:length(x.new)){
```

```
error.prec <- inla.hyperpar.sample(nsamp, result5)[,1]
new.eps <- rnorm(nsamp, mean = 0, sd = 1/sqrt(error.prec))
pm.new <- result5$marginals.linear.predictor[[which(is.na(data.pred$y))
    ↪ [i]]]
samp <- inla.rmarginal(nsamp, pm.new) + new.eps
pred.marg <- cbind(samp, pred.marg)
}
```

可以从这些组合样本中手动计算后验量:

```
p.mean <- colMeans(pred.marg)
p.sd <- apply(pred.marg, 2, sd)
p.quant <- apply(pred.marg, 2,
                 function(x) quantile(x, probs = c(0.025, 0.5, 0.975)))
data.frame(ID = x.new, mean = p.mean, sd = p.sd,
           '0.025quant' = p.quant[1,], '0.5quant' = p.quant[2,],
           '0.975quant' = p.quant[3,], check.names = FALSE)
```

```
    ID     mean        sd 0.025quant 0.5quant 0.975quant
1 1925 6.974585 2.331187   2.340086 6.974354   11.52660
2 1938 6.764161 2.353084   2.213512 6.746318   11.41703
3 1945 6.811205 2.332284   2.245040 6.821577   11.34970
```

与新线性预测因子的预测分布相比, 新响应变量的预测分布具有更大的方差, 这可以从其大得多的 SD 和宽得多的 95% 预测区间反映出来.

7.3 薄板样条

在本节, 我们考虑具有两个预测变量的非参数回归模型

$$y_i = f(x_{1i}, x_{2i}) + \varepsilon_i, \quad i = 1, \ldots, n, \tag{7.4}$$

其中 f 是 $\mathbb{R}^2$ 域上的一个未知的光滑化函数, ε_i 是一个均值为零的噪声项. 不失一般性, 我们将 x_1 和 x_2 调整到 $[0, 1]$ 范围内. 三次光滑样条到 $\mathbb{R}^2$ 空间的直观扩展使用薄板样条 (thin-plate splines), 它是最小化以下惩罚最小二乘准则的解:

$$\sum_{i=1}^{n} \left(y_i - f(x_{1i}, x_{2i}) \right)^2 + \lambda P_2(f), \tag{7.5}$$

其中 $P_2(f)$ 是由下式给出的惩罚函数:

$$\iint_{\mathbb{R}^2} \left[\left(\frac{\partial^2 f}{\partial x_1^2} \right)^2 + 2 \left(\frac{\partial^2 f}{\partial x_1 \partial x_2} \right)^2 + \left(\frac{\partial^2 f}{\partial x_2^2} \right)^2 \right] dx_1 \, dx_2, \tag{7.6}$$

光滑参数 λ 用于权衡来自误差平方和的数据保真度 (fidelity) 和来自惩罚函数的光滑度. 在 $\mathbb{R}^2$ 中旋转或平移改变坐标时, 惩罚函数的值不会受到影响. 当且仅当 $f(x_1, x_2)$ 是 x_1 和 x_2 的线性函数时, 它总是非负的并且等于零.

薄板样条具有力学的解释性. 假设一个无限弹性平板对一组点 $[x_i, y_i], i = 1, \dots, n$ 进行插值. 那么平板的 "弯曲能量" 与惩罚 (7.6) 成正比, 最小能量解就是薄板样条.

7.3.1 规则格子上的薄板样条

我们从在规则格子上观察数据的情况开始. 令 $x_{11} < x_{12} < \cdots < x_{1n_1}$ 和 $x_{21} < x_{22} < \cdots < x_{2n_2}$ 是两个等间距位置序列, 它们构造了一个 $n_1 \times n_2$ 格子. 根据 Yue 和 Speckman (2010) 的研究, 在这种情况下, 贝叶斯薄板样条的先验可以通过先在格子上定义一些二阶差分算子来推导:

$$\nabla^2_{(1,0)} f(x_{1i}, x_{2j}) = f(x_{1i}, x_{2j}) - 2f(x_{1,i-1}, x_{2j}) + f(x_{1,i-2}, x_{2j}),$$
$$\nabla^2_{(0,1)} f(x_{1i}, x_{2j}) = f(x_{1i}, x_{2j}) - 2f(x_{1i}, x_{2,j-1}) + f(x_{1i}, x_{2,j-2}),$$
$$\nabla^2_{(1,1)} f(x_{1i}, x_{2j}) = f(x_{1i}, x_{2j}) - f(x_{1,i-1}, x_{2j}) - f(x_{1i}, x_{2,j-1}) + f(x_{1,i-1}, x_{2,j-1}),$$

然后, 令它们独立地服从均值为 0、方差为 σ_f^2 的正态分布. 据此, 我们得到 $\boldsymbol{f} = (f(x_{11}, x_{21}), \dots, f(x_{1n_1}, x_{2n_2}))^T$ 的先验分布也是均值为零、精度矩阵为 $\sigma_f^{-2} \boldsymbol{Q}$ 的多元正态分布. 矩阵 $\boldsymbol{Q}$ 是三个克罗内克积的总和:

$$\boldsymbol{Q} = \boldsymbol{I}_{n_2} \otimes \boldsymbol{B}_{n_1}^{(2)} + \boldsymbol{B}_{n_2}^{(2)} \otimes \boldsymbol{I}_{n_1} + 2\boldsymbol{B}_{n_1}^{(1)} \otimes \boldsymbol{B}_{n_2}^{(1)}, \tag{7.7}$$

其中 $\boldsymbol{I}_n$ 表示 $n \times n$ 单位矩阵, $\boldsymbol{B}_n^{(1)} = \boldsymbol{D}_1^T \boldsymbol{D}_1$, $\boldsymbol{B}_n^{(2)} = \boldsymbol{D}_2^T \boldsymbol{D}_2$, $\boldsymbol{D}_1$ 和 $\boldsymbol{D}_2$ 分别与 7.2.1 节中 RW1 和 RW2 模型中的定义相同. 令 $n = n_1 \times n_2$, $\boldsymbol{Q}$ 是一个秩为 $n - 3$ 的 $n \times n$ 稀疏奇异矩阵, 其零空间由二维二阶多项式张成. 注意, $\boldsymbol{Q}$ 的维数很容易变大, 因此它的稀疏性对于高效的 INLA 计算至关重要. 我们将此先验称为二维二阶 RW 模型 (RW2D), 因为它是 RW2 模型在二维空间的扩展.

使用图形符号, $f(x_{1i}, x_{2j})$ 在格子内部的满条件分布是正态分布, 其均值为

$$\frac{1}{20} \left(8 \begin{smallmatrix} \circ\circ\circ\circ\circ \\ \circ\circ\bullet\circ\circ \\ \circ\bullet\bullet\bullet\circ \\ \circ\circ\bullet\circ\circ \\ \circ\circ\circ\circ\circ \end{smallmatrix} - 2 \begin{smallmatrix} \circ\circ\circ\circ\circ \\ \circ\bullet\circ\bullet\circ \\ \circ\circ\circ\circ\circ \\ \circ\bullet\circ\bullet\circ \\ \circ\circ\circ\circ\circ \end{smallmatrix} - 1 \begin{smallmatrix} \circ\circ\bullet\circ\circ \\ \circ\circ\circ\circ\circ \\ \bullet\circ\circ\circ\bullet \\ \circ\circ\circ\circ\circ \\ \circ\circ\bullet\circ\circ \end{smallmatrix} \right), \tag{7.8}$$

并且其方差为 $\sigma_f^2/20$, 其中 "•" 表示的位置代表 (x_{1i}, x_{2j}) 所依赖的邻居, 每个网格前面的数字表示赋予相应 "•" 位置的权重. 它展示了 RW2D 模型的条件独立性: 每个

$f(x_{1i}, x_{2j})$ 仅通过不同的权重有条件地依赖于它的 12 个邻居, 并且邻居越接近, 其 (绝对) 权重越大.

示例: 模拟数据

设真实的均值函数为由下式定义的二维双峰函数:

$$f(x_1, x_2) = \frac{0.75}{\pi \sigma_{x_1} \sigma_{x_2}} \exp \left[-\frac{1}{\sigma_{x_1}^2}(x_1 - 0.2)^2 - \frac{1}{\sigma_{x_2}^2}(x_2 - 0.3)^2 \right]$$
$$+ \frac{0.45}{\pi \sigma_{x_1} \sigma_{x_2}} \exp \left[-\frac{1}{\sigma_{x_1}^2}(x_1 - 0.7)^2 - \frac{1}{\sigma_{x_2}^2}(x_2 - 0.8)^2 \right],$$

其中 $\sigma_{x_1} = 0.3$, $\sigma_{x_2} = 0.4$. 我们在 R 中将这个函数写为:

```
test.fun <- function(x,z,sig.x,sig.z){.75/(pi*sig.x*sig.z)
            *exp(-(x - .2)^2/sig.x^2-(z - .3)^2/sig.z^2)
          + .45/(pi*sig.x*sig.z)
            *exp(-(x - .7)^2/sig.x^2-(z - .8)^2/sig.z^2)}
```

然后, 我们由以下模型模拟数据:

$$y = f(x_1, x_2) + \varepsilon, \quad \varepsilon \sim N(0, \sigma_\varepsilon^2),$$

给定 $\sigma_\varepsilon^2 = 0.09$. x_1 和 x_2 在 $[0,1]$ 范围内等间距排列, 构建了一个 100×100 的格子. 因此, 我们在该格子上生成函数值:

```
nrow <- 100
ncol <- 100
s.mat <- matrix(NA, nrow = nrow, ncol = ncol)
for(i in 1:nrow){
  for(j in 1:ncol){
    s.mat[i,j] <- test.fun(i/100, j/100, 0.3, 0.4)
  }
}
```

再在这些观测值中添加高斯噪声来模拟数据:

```
set.seed(1)
noise.mat <- matrix(rnorm(nrow*ncol, sd = 0.3), nrow, ncol)
y.mat <- s.mat + noise.mat
```

INLA 中的所有索引都是一维的, 因此需要一个适当的映射以将数据矩阵映射到 INLA 内部定义的数据格式. 这可以通过 `inla.matrix2vector()` 函数来完成, 该函数将矩阵转换为具有正确顺序的向量:

```
y <- inla.matrix2vector(y.mat)
```

然后, 我们使用 RW2D 先验拟合贝叶斯薄板样条模型:

```
formula <- y ~ -1 + f(x, model="rw2d", nrow=nrow, ncol=ncol, constr=F)
data <- data.frame(y = y, x = 1:(nrow*ncol))
result <- inla(formula, data = data)
```

函数估计的后验汇总统计量保存在 result$summary.random.x 中. 图 7.4 绘制了真实均值函数 (左图):

```
persp(s.mat, theta = 25, phi = 30, expand = 0.8, xlab='', ylab='',
     zlab='', ticktype = 'detailed')
```

以及真实均值函数与其估计之间的平方误差 (右图):

```
fhat <- result$summary.random$x$mean
fhat.mat <- inla.vector2matrix(fhat, nrow, ncol)
persp((fhat.mat - s.mat)^2, theta = 25, phi = 30, expand = 0.8,
     xlab = '', ylab = '', zlab = '', ticktype = 'detailed')
```

这里我们需要 inla.vector2matrix() 函数将 fhat 向量转换为 fhat.mat 矩阵, 以便生成图像. 我们看到, 由于平方误差较小, 估计的函数非常接近于真实的函数.

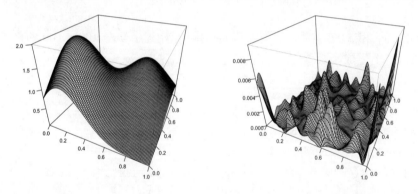

图 7.4   薄板样条: 真实均值函数 (左) 和真实均值函数与薄板样条估计之间的平方误差 (右).

σ_ε 和 σ_f 的后验汇总统计量为:

```
round(bri.hyperpar.summary(result), 4)
```

	mean	sd	q0.025	q0.5	q0.975	mode
SD for the Gaussian observations	0.3026	0.0021	0.2985	0.3026	0.3069	0.3026
SD for x	0.0251	0.0019	0.0216	0.0250	0.0291	0.0248

我们可以看到 σ_ε 的估计值 (0.3026) 非常接近真实值 (0.3).

7.3.2 不规则间距位置的薄板样条

RW2D 模型仅适用于规则格子上的数据. 我们希望有一个更灵活的模型, 能够将薄板样条光滑应用于不规则间距位置的数据.

(7.6) 中的薄板样条惩罚函数可以表示为

$$\iint \left[\left(\partial^2/\partial x_1^2 + \partial^2/\partial x_2^2 \right) f \right]^2 dx_1 dx_2,$$

其中 f 的可积导数在无穷远处消失 (Wahba, 1990; Yue 和 Speckman, 2010). 该惩罚项启发 Yue 等 (2014) 通过求解以下随机偏微分方程 (SPDE) 来获得薄板样条估计:

$$\left(\partial^2/\partial x_1^2 + \partial^2/\partial x_2^2 \right) f(\boldsymbol{x}) = \sigma_f dW(\boldsymbol{x})/d\boldsymbol{x}, \tag{7.9}$$

其中 σ_f 是尺度参数, $dW(\boldsymbol{x})/d\boldsymbol{x}$ 是空间高斯白噪声. 注意, 该 SPDE 可以看作 (7.3) 中用于光滑样条的 SDE 的二维扩展. SPDE 在三角网格上通过有限元法求解, 得到的薄板样条 (TPS) 先验具有均值为 0、精度矩阵为 $\sigma_f^{-2}\boldsymbol{Q}$ 的多元正态分布, 由于该方法中使用的基函数的局部性质, 它是一个高度稀疏的矩阵. 该 TPS 先验是 RW2D 先验的推广. 事实上, 当位置在规则格子上时, 这两个先验本质上是相同的. 这里我们仅通过一个简单示例来演示如何使用 INLA 实现该方法, 读者可参考 Yue 等 (2014) 和 Lindgren 等 (2011) 了解更多详细信息.

示例: SPDE 演示数据

首先, 我们加载数据并查看其结构:

```
data(SPDEtoy)
str(SPDEtoy)
```

```
'data.frame':        200 obs. of  3 variables:
 $ s1: num   0.0827 0.6123 0.162 0.7526 0.851 ...
 $ s2: num   0.0564 0.9168 0.357 0.2576 0.1541 ...
 $ y : num   11.52 5.28 6.9 13.18 14.6 ...
```

该数据是由高斯过程模拟的由三列元素构成的 `data.frame`. 前两列是坐标, 第三列是在这些位置上模拟的响应变量. 图 7.5(a) 展示了使用以下命令绘制的数据图像:

```
library(fields)
quilt.plot(SPDEtoy$s1, SPDEtoy$s2, SPDEtoy$y)
```

我们可以看到数据观测的位置是不规则排列的. 我们在位置 (x_{1i}, x_{2i}), $i = 1, \ldots, n$ 上观察到 y_i, 在此示例中 $n = 200$.

要使用 TPS 先验, 我们首先需要通过将 $\mathbb{R}^2$ 域细分为一组不相交的三角形来构建一个三角网格, 其中任何两个三角形最多在一个公共边或角处相遇. 这一步类似于在数

值积分算法中选择积分点, 必须谨慎进行选择 (具体讨论见 Lindgren 和 Rue, 2015):

```
coords <- as.matrix(SPDEtoy[,1:2])
mesh <- inla.mesh.2d(loc=coords, max.edge=c(0.15, 0.2), cutoff=0.02)
```

`loc=coords` 指定将观测位置 coords 用作初始三角剖分节点. `max.edge=c(0.15, 0.2)` 指定内部域的最大三角形边长为 0.15, 外部扩展的最大三角形边长为 0.2. 指定的长度必须与坐标的比例单位相同. 这两个参数是强制性的. 为了进一步控制三角形的形状, 我们使用 `cutoff=0.02` 参数来定义点与点之间允许的最小距离. 这意味着距离小于 0.02 的点会被单个顶点替换. 因此, 它避免了在聚集的输入位置周围构建过多小三角形. 关于其他参数的使用, 建议读者参考 R 中的 `help(inla.mesh.2d)` 或 Blangiardo 和 Cameletti (2015) 中的第 6 章. 图 7.5(b) 展示了生成的网格:

```
plot(mesh, main='')
```

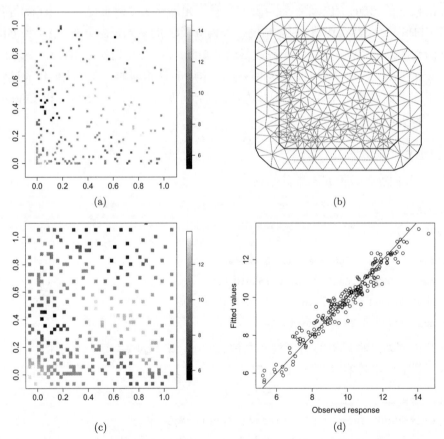

图 7.5　SPDE 示例: (a) 模拟数据; (b) 三角网格; (c) 网格位置上函数估计的后验均值; (d) 响应与其拟合值的关系图.

网格看起来不错, 因为它的三角形比较规则, 并且在观测点密集的地方三角形更小, 而在观测点比较稀疏的地方则比较大. 注意, 我们并不要求测量位置必须作为节点包含在网格中. 网格可以根据不同的原则来设计, 例如与精确测量位置无关的网格点.

给定上面构建的网格, 我们可以定义一个 TPS 先验:

```
tps <- bri.tps.prior(mesh, theta.mean = 0, theta.prec = 0.001)
```

其中 "theta.mean = 0" 和 "theta.prec = 0.001" 为 $\theta = \log(\sigma_f^{-2})$ 指定了一个默认的正态先验, 其均值为 0、精度为 0.001. 这也是先验的默认选择. 然后我们用 INLA 来拟合模型:

```
formula <- y ~ -1 + f(x, model = tps, diagonal = 1e-6)
data.inla <- list(y = SPDEtoy$y, x = mesh$idx$loc)
result <- inla(formula, data = data.inla,
               control.predictor = list(compute = TRUE))
```

注意, 我们使用 diagonal 选项在 TPS 模型的精度矩阵的对角线上添加一个额外的常数, 以保证矩阵是非奇异的. 在图 7.5(c) 中, 我们展示了网格顶点位置的薄板样条估计 (后验均值):

```
fhat <- result$summary.random$x$mean
quilt.plot(mesh$loc[,1:2], fhat)
```

需要注意的是, 网格位置通常与数据位置不同. 因此, 我们需要从 result$summary.fitted 中提取数据位置的后验估计. 我们将响应变量的观测值与其估计值绘制成图, 如图 7.5(d) 所示:

```
yhat <- result$summary.fitted$mean
plot(SPDEtoy$y, yhat, ylab='Fitted values', xlab='Observed response')
abline(0,1)
```

我们看到两者之间有很好的匹配. 来自 TPS 先验的 σ_ε^{-2} (误差精度) 和 θ 的后验估计汇总统计量如下:

```
round(result$summary.hyperpar[,1:5], 3)
```

	mean	sd	0.025quant	0.5quant	0.975quant
Precision for the Gaussian observations	2.814	0.499	1.961	2.772	3.915
Theta1 for x	-3.545	0.107	-3.757	-3.545	-3.335

预测. 当我们在某些位置收集空间数据时, 我们希望预测未观察到位置 (例如细网格) 上的响应变量的值. 假设我们对三个目标位置的预测感兴趣: $(0.1, 0.1)$, $(0.5, 0.55)$, $(0.7, 0.9)$, 它们在 R 中以矩阵形式表示为:

```
loc.pre <- rbind(c(0.1, 0.1), c(0.5, 0.55), c(0.7, 0.9))
```

在贝叶斯推断中, 随机函数的预测通常是与参数估计过程共同完成的. 这种方法是通过计算随机函数在目标位置上的边际后验分布来实现的. 要在 INLA 中做到这一点, 我们首先需要创建 y.pre, 这是一个目标位置的 "缺失" 数据的向量, 然后将其与观察到的数据合并成 y2:

```
y.pre <- rep(NA, dim(loc.pre)[1])
y2 <- c(y.pre, SPDEtoy$y)
```

我们还需要将目标位置与观察到的位置结合起来, 并在这个位置组合的基础上建立一个网格:

```
coords2 <- rbind(loc.pre, coords)
mesh2 <- inla.mesh.2d(coords2, max.edge = c(0.15, 0.2), cutoff = 0.02)
```

然后, 我们用新的网格构建一个 TPS 先验:

```
tps2 <- bri.tps.prior(mesh2)
```

并对这个联合模型进行如下拟合:

```
formula <- y ~ -1 + f(x, model = tps2)
data2.inla <- list(y = y2, x = mesh2$idx$loc)
result2 <- inla(formula, data = data2.inla,
                control.predictor = list(compute = TRUE))
```

要提取关于三个预测的后验量, 我们必须首先知道它们在 y2 中的索引:

```
(idx.pre <- which(is.na(y2)))
```

```
[1] 1 2 3
```

这表示它们是向量中的前三个元素. 然后, 我们提取它们的后验汇总统计量:

```
round(result2$summary.fitted[idx.pre,], 3)
```

	mean	sd	0.025quant	0.5quant	0.975quant	mode
fitted.Predictor.001	10.389	0.516	9.381	10.387	11.410	10.383
fitted.Predictor.002	12.733	0.835	11.101	12.730	14.384	12.723
fitted.Predictor.003	6.474	1.001	4.503	6.475	8.439	6.477

这是result2$summary.fitted的前三行. 我们还可以提取每个预测因子的后验样本, 如下所示:

```
pm.samp1 <- result2$marginals.fitted[[idx.pre[1]]]
pm.samp2 <- result2$marginals.fitted[[idx.pre[2]]]
pm.samp3 <- result2$marginals.fitted[[idx.pre[3]]]
```

基于这些样本, 我们能够计算出这些预测因子的最高后验密度 (HPD) 区间, 例如 95% HPD 区间为:

```
inla.hpdmarginal(0.95, pm.samp1)
```

```
            low      high
level:0.95 9.37652 11.40327
```

```
inla.hpdmarginal(0.95, pm.samp2)
```

```
            low       high
level:0.95 11.09404 14.37404
```

```
inla.hpdmarginal(0.95, pm.samp3)
```

```
             low      high
level:0.95 4.503045 8.436388
```

我们可以看到, HPD 区间与分位数给出的可信区间非常相似. 这是因为估计的边际分布接近对称.

7.4 Besag 空间模型

一种重要的空间数据类型是所谓的区域数据 (areal data), 其观测结果与具有邻接信息的地理区域 (例如美国各州) 相关. 为了光滑化这类数据, 我们需要构建一个邻接结构. 如果两个区域共享一个共同的边界, 我们就说它们是相邻的, 但也可以使用其他方法定义两个区域的相邻关系. 受 RW 模型的启发, 我们在相邻区域 i 和 j 之间定义一个高斯增量:

$$f(\boldsymbol{x}_i) - f(\boldsymbol{x}_j) \sim N\left(0, \sigma_f^2/w_{ij}\right),$$

其中 $\boldsymbol{x}_i$ 和 $\boldsymbol{x}_j$ 代表区域的重心, w_{ij} 是正的且对称的权重. 如果我们认为区域 i 均匀地依赖于它的邻居, 则可以让 $w_{ij} = 1$; 如果我们认为不同相邻区域的贡献不同, 则可以令 w_{ij} 为区域重心之间欧几里得距离的逆. 假定该增量是独立的, 则 $\boldsymbol{f} = (f(\boldsymbol{x}_1), \ldots, f(\boldsymbol{x}_n))^T$ 的密度函数是均值为 0、精度阵为 $\sigma_f^{-2}\boldsymbol{Q}$ 的多元正态分布, 其中 $\boldsymbol{Q}$ 是稀疏的, 其元素为

$$\boldsymbol{Q}[i,j] = \begin{cases} w_{i+}, & i = j, \\ -w_{ij}, & i \sim j, \\ 0, & \text{其他}, \end{cases}$$

其中 $w_{i+} = \sum_{j:j\sim i} w_{ij}$ 是对区域 i 的相邻区域的权重求和. 由于 $\boldsymbol{Q}$ 的每一行的总和为零, 因此 $\boldsymbol{Q}$ 是秩为 $n-1$ 的奇异阵. 我们可以证明 $f(\boldsymbol{x}_i)$ 的满条件分布是正态的:

$$f(\boldsymbol{x}_i) \mid f(\boldsymbol{x}_{-i}), \tau \sim N\left(\frac{\sum_{j\sim i} w_{ij} f(\boldsymbol{x}_j)}{w_{i+}}, \frac{\sigma_f^2}{w_{i+}}\right),$$

其中 $f(\boldsymbol{x}_i)$ 的条件均值通过权重 w_{ij} 依赖于其相邻节点 $f(\boldsymbol{x}_j)$, 其条件方差取决于权重总和 w_{i+}. 我们称此先验为 Besag 模型, 因为它是 Besag 和 Kooperberg (1995) 引入的内在 (intrinsic) 自回归模型的特例.

示例: 慕尼黑租赁指南

众所周知, "位置" 是影响公寓租金的一个重要因素. 因此, 我们使用以下模型研究 rent 的潜在空间效应:

$$\text{rent}_i = \beta_0 + f(\text{location}_i) + \varepsilon_i, \quad \varepsilon_i \sim N\left(0, \sigma_f^2\right), \tag{7.10}$$

$i = 1, 2, \ldots, n$, location_i 表示第 i 个区域. Besag 模型是空间效应上的一种直观先验. 关于邻域结构, 我们将任何两个有共享边界的区域定义为相邻区域 (neighbors). 它可以通过一个图形文件来定义, 在 INLA 中可以被直接调用:

```
data(Munich, package = "brinla")
g <- system.file("demodata/munich.graph", package = "INLA")
g.file <- inla.read.graph(g)
str(g.file)
```

```
List of 4
 $ n   : int 380
 $ nnbs: num [1:380] 5 6 4 6 3 2 4 5 5 1 ...
 $ nbs :List of 380
  ..$ : int [1:5] 92 136 137 138 298
  ..$ : int [1:6] 3 25 263 264 265 366
  ..$ : int [1:4] 2 263 366 369
  .. [list output truncated]
 $ cc  :List of 3
  ..$ id   : int [1:380] 1 1 1 1 1 1 1 1 1 1 ...
  ..$ n    : int 1
  ..$ nodes:List of 1
  .. ..$ : int [1:380] 1 2 3 4 5 6 7 8 9 10 ...
 - attr(*, "class")= chr "inla.graph"
```

这里 n 是图的大小, nnbs 是由每个节点相邻区域的数量所构成的向量, nbs 是由每个节点的相邻区域构成的列表. cc 是自动生成的由连接组件信息构成的列表, 其中 id 是由每个节点连接组件的 id 构成的向量, n 是连接组件的数量, nodes 是由属于每个连接组件的节点构成的列表. 这样理解上面的图形文件, 它有 n=380 个区域 (节点); 第一个区域有 nnbs=5 个邻居, 第二个区域有 nnbs=6 个邻居, 依此类推; 第一个区域的相邻区域的索引为 nbs=92,136,137,138,298.

自己制作一个图形文件也很容易. 它可以使用 ascii (美国信息交换标准码) 文件定义, 格式如下. 第一个条目是图中的节点数 n. 图中的节点被标记为 1,2,...,n. 接下来的条目为每个节点指定相邻区域的数量, 然后是这些相邻区域的索引. 因此上述图形文件的前几行应该是这样的:

```
380
1    5 92 136 137 138 298
2    6 3  25  263 264 265 366
3    4 3  25  263 264 265 366
     ...
```

除了将其存储在文件中, 我们还可以将图形指定为文件中一行接一行的字符串:

```
g <- inla.read.graph("380 1 5 92 136 137 138 298 2 6 3 25 263 264...")
```

在 R 中键入 ?inla.graph 可以找到有关制作图形文件的更多详细信息.

给定图形文件, 我们可以使用 INLA 轻松拟合模型 (7.10):

```
formula <- rent ~ 1 + f(location, model = "besag", graph = g)
result <- inla(formula, data = Munich, control.predictor = list(compute =
    ↪   TRUE))
```

β_0 (截距项) 的后验汇总统计量为:

```
round(result$summary.fixed, 4)
```

```
              mean      sd 0.025quant 0.5quant 0.975quant    mode kld
(Intercept) 8.4973 0.0645     8.3712   8.4971     8.6245 8.4967   0
```

其中 β_0 的后验均值为 $\hat{\beta}_0 = 8.497$, 标准差为 sd = 0.0645, 95% 可信区间为 (8.371, 8.625). 每个区域空间效应的后验汇总统计量保存在 result$summary.random $location 中. 让我们绘制后验均值 (图 7.6(a)):

```
fhat <- result$summary.random$location$mean
map.munich(fhat)
```

和后验标准差 (图 7.6(b)):

```
fhat.sd <- result$summary.random$location$sd
map.munich(fhat.sd)
```

结果表明, 慕尼黑市中心和伊萨尔河沿岸及公园附近的一些热门地区的租金很高. 相比之下, 在慕尼黑边界的一些地区发现了显著的负面效应. 关于不确定性, 边境地区的租金往往比中心地区的租金方差更大.

图 7.6　使用 Besag 模型的慕尼黑租赁指南: (a) 空间效应的后验均值; (b) 空间效应的后验标准差.

7.5　惩罚回归样条 (P-样条)

自从由 Eilers 和 Marx (1996) 引入以来, 惩罚回归样条 (P-样条) 方法因其灵活性和高效计算性能已经成为非参数回归中的主流方法之一. 该方法将 B-样条 (De Boor, 1978) 与估计系数的不同的惩罚相结合, 以获得有吸引力的特性. 更具体地说, 我们先用一个有等间距节点 $x_{\min} < t_1 < \cdots < t_r < x_{\max}$ 的 d 次 B-样条来近似未知函数 $f(x)$, 即

$$f(x) = \sum_{j=1}^{p} \beta_j B_j(x), \tag{7.11}$$

其中 B_j 是 B-样条基函数, $p = d + r + 1$ 被称为自由度. 注意, B_j 是由节点处连接的分段多项式函数构成的, 并且仅在局部定义, 即它们仅在由 $2 + d$ 个节点张成的域上非零 (见 Eilers 和 Marx, 1996, 第 2 章). 这种函数估计对节点数量和位置的选择很敏感. 遗憾的是, 我们很难自动决定这些问题. 一种解决方案是以某种方式惩罚 β_j, 使得节点的选择远不如光滑参数的选择重要. 正如 P-样条方法中所建议的那样, 一个直观的选择是使用 $\nabla^m \beta_j$, 它如同 7.2.1 节 RW 模型中定义的相邻 β_j, $j = m+1, \ldots, p$ 上的 m 阶差分算子. 由此得到最小化下面 (7.12) 式的惩罚最小二乘估计:

$$\sum_{i=1}^{n} \left[y_i - \sum_{j=1}^{p} \beta_j B_j(x_i) \right]^2 + \lambda \sum_{j=m+1}^{p} (\nabla^m \beta_j)^2. \tag{7.12}$$

显然, 基于 (7.2) 和 (7.12) 之间的相似性, P-样条和光滑样条密切相关, 然而它们在以下方面有所不同. 对于光滑样条, 观察到的唯一 x 值是节点, 仅由 λ 来控制光滑度. 对于 P-样条, 用作 B-样条基的节点数量通常比样本量小得多, 因此它比光滑样条的计算效率

更高. 在实践中, 人们可以根据需要使用尽可能多的节点来确保所需的灵活度, 并使用惩罚项来避免过度拟合.

(7.12) 中的最小化问题在贝叶斯框架下可表示为

$$y \mid \beta, \sigma_\varepsilon^2 \sim N\left(B\beta, \sigma_\varepsilon^2 I\right), \quad \beta \mid \sigma_\beta^2 \sim N\left(0, \sigma_\beta^2 Q_m^-\right), \tag{7.13}$$

其中 $\beta = (\beta_1, \ldots, \beta_p)^T$, B 是 $n \times p$ 设计矩阵, 其元素 $B[i, j] = B_j(x_i)$; Q_m 是 RW 模型中使用的 (奇异) 矩阵; 光滑参数为 $\lambda = \sigma_\varepsilon^2 / \sigma_\beta^2$. 它实际上是一个贝叶斯线性回归模型, 用 B-样条基作为协变量, 对回归系数采用 RW 先验.

示例: 模拟数据

我们在这里使用 P-样条模型来估计非参数函数, 该函数来自 7.2 节中使用的模拟示例. 我们仍从具有高斯误差的模型中模拟 $n = 100$ 个数据点:

```
set.seed(1)
n <- 100
x <- seq(0, 1,, n)
f.true <- (sin(2*pi*x^3))^3
y <- f.true + rnorm(n, sd = 0.2)
```

然后, 我们生成自由度为 $p = 25$ 的三次 B-样条基函数 (包括截距项):

```
library(splines)
p <- 25
B.tmp <- bs(x, df = p, intercept = TRUE)
```

并使生成的设计矩阵 B 与模型 (7.13) 中的相同:

```
attributes(B.tmp) <- NULL
Bmat <- as(matrix(B.tmp, n, p), 'sparseMatrix')
```

注意, 我们在这里将一个 100×25 的稀疏矩阵 Bmat 转换成特别稀疏的格式供 INLA 使用. 然后, 我们拟合一个带有 RW1 惩罚项的 P-样条模型, 并让 INLA 通过 compute = TRUE 计算线性预测因子:

```
data.inla <- list(y = y, x = 1:p)
formula <- y ~ -1 + f(x, model = 'rw1', constr = FALSE)
result <- inla(formula, data=data.inla,
               control.predictor = list(A = Bmat, compute = TRUE))
```

模型 (7.13) 中 β 的后验汇总统计量保存在 summary.random 中, 而 $B\beta$ 的汇总保存在以 Apredictor 开头的 summary.linear.predictor 的行中. 它们在前 $n = 100$ 行, 紧接的 $p = 25$ 行是 β 估计:

```
round(head(result$summary.linear.predictor), 3)
```

	mean	sd	0.025quant	0.5quant	0.975quant	mode	kld
Apredictor.001	-0.081	0.147	-0.369	-0.080	0.207	-0.080	0
Apredictor.002	-0.019	0.096	-0.208	-0.019	0.170	-0.019	0
Apredictor.003	0.020	0.090	-0.157	0.020	0.197	0.020	0
Apredictor.004	0.043	0.083	-0.120	0.043	0.206	0.043	0
Apredictor.005	0.055	0.078	-0.097	0.055	0.208	0.055	0
Apredictor.006	0.062	0.076	-0.088	0.062	0.213	0.062	0

我们将结果绘制在图 7.7(a) 中:

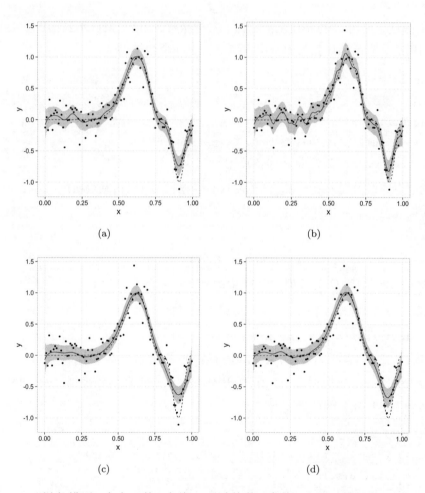

图 **7.7** P-样条模型: 真实函数 (虚线)、后验均值 (实线) 和四种情景的 95% 可信区间 (灰色): (a) 自由度为 25 的 RW1 惩罚; (b) 自由度为 80 的 RW1 惩罚; (c) 自由度为 25 的 RW2 惩罚; (d) 自由度为 80 的 RW2 惩罚.

```
p <- bri.band.ggplot(result, ind = 1:n, type = 'linear')
```

```
p + geom_point(aes(y = y, x = 1:n)) + geom_line(aes(y = f.true, x = 1:n),
    ↪  linetype = 2)
```

`ind = 1:n` 指定要绘制的函数部分的索引. 我们可以看到, 该模型对于平坦部分拟合有点过于粗糙, 但很好地捕捉到了最大值和最小值.

为了找出 P-样条拟合对节点数的选择有多敏感, 我们拟合了相同的模型, 但自由度设为 80, 并在图 7.7(b) 中绘制了估计值. 我们可以看到明显的过拟合, 尽管它比之前的模型更好地捕获了最小值. 这是因为 RW1 惩罚项不能为系数提供足够的收缩. 出于比较目的, 我们还在 INLA 中使用以下公式拟合带有 RW2 惩罚项的 P-样条模型:

```
formula <- y ~ -1 + f(x, model = 'rw2', constr = FALSE)
```

图 7.7(c) 和 7.7(d) 分别展示了自由度为 25 和 80 的结果. 与使用 RW1 惩罚项的拟合相比, 使用 RW2 惩罚项的拟合更光滑: 它们在平坦部分表现更好, 但在极端情况下表现更差. 拟合也不像使用 RW1 惩罚项的那些对节点数那样敏感, 尽管更多的节点似乎能捕获函数更多的局部特征.

7.6 自适应光滑样条

尽管光滑样条和 P-样条方法很受欢迎, 但众所周知, 它们在估计具有尖顶、跳跃或频繁曲率转换的波动很大的函数时表现平平. 这些显著的缺点源于它们使用单个光滑参数, 且该参数在函数域中保持恒定的光滑度. 因此, 为了使这些样条光滑方法 "自适应", 大量的研究表明要根据数据的需要, 对函数空间使用不同的光滑度. 尽管存在各种各样的方法, 我们在此主要介绍 Yue 等 (2014) 提出的可以在 INLA 中实现的方法.

该方法的基本思想是使用随空间变化的光滑化函数而不是光滑参数来扩展 SDE (7.3). 更具体地说, 我们考虑

$$d^2\lambda(x)f(x)/dx^2 = dW(x)/dx, \tag{7.14}$$

其中光滑化函数 $\lambda(x)$ 可以看作一个瞬时方差或局部缩放比例. 较小的 λ 会压缩刻度从而产生快速振荡, 而较大的 λ 会拉伸函数并降低粗糙度. 注意, 我们这里只考虑三次光滑样条, 即 (7.3) 中 $m = 2$ 的情形, 因为已知它可提供最佳的综合性能 (见 Green 和 Silverman, 1994). 根据 Yue 等 (2014) 的讨论, (7.14) 的 (弱) 解是均值为零、精度矩阵 Q_λ 依赖于未知函数 λ 的多元正态分布.

为了完全实现贝叶斯推断, 我们需要设置光滑化函数 $\lambda(x)$ 的先验. 假设先验是连续且可微的, 并且必须是恰当的以保证恰当的后验分布 (Yue 等, 2012). 由于 $\lambda(x)$ 为正的, 因此我们在其对数尺度 $\nu(x) = \log(\lambda(x))$ 上对 $\lambda(x)$ 建模, 然后对 $\nu(x)$ 取一个光滑的先验. 根据 Yue 等 (2014) 的工作, 我们在节点 $t'_1, t'_2, \ldots, t'_q$ 处使用 B-样条展开

$$\nu(x) = \gamma_k \sum_{k=1}^{q} B_k(x),$$

并假设随机权重 $\boldsymbol{\gamma} = (\gamma_1, \ldots, \gamma_q)^T$ 服从一个均值为 0、精度矩阵为 $\theta\boldsymbol{R}$ 的多元正态分布, 其中 θ 是固定的刻度参数. 为了确保有恰当的后验分布, $\boldsymbol{R}$ 必须是一个正定矩阵. 一个简单的选择是单位矩阵 $\boldsymbol{R} = \boldsymbol{I}$, 这相当于对 γ_k 取独立的高斯先验. 遗憾的是, 这种选择尽管计算容易但会使得函数估计对节点很敏感. 为了缓解这个问题, 我们可以使用 Lindgren 等 (2011) 引入的更复杂的 SPDE 先验, 它将 $\boldsymbol{R}$ 设定为稀疏矩阵 (具体细节见 Yue 等, 2014). 有了这样的双层样条先验, 该模型在估计函数时就能用上数据驱动的自适应光滑度.

示例: 模拟数据

出于比较目的, 我们将自适应光滑模型应用于前面示例中用于光滑样条和 P-样条中的模拟数据:

```
set.seed(1)
n <- 100
x <- seq(0, 1,, n)
f.true <- (sin(2*pi*x^3))^3
y <- f.true + rnorm(n, sd = 0.2)
```

我们使用两种类型的 $\boldsymbol{R}$ (独立和 SPDE) 和两种节点数 (5 和 10), 尝试四种不同的场景. 下面, 我们将介绍如何在 INLA 中实现 5 节点 SPDE 模型的场景. 我们首先构建自适应光滑先验:

```
adapt <- bri.adapt.prior(x, nknot = 5, type = 'spde')
```

然后拟合模型:

```
data.inla <- list(y = y, x = adapt$x.ind)
formula <- y ~ -1 + f(x, model = adapt)
result <- inla(formula, data = data.inla)
```

我们提取函数估计的后验均值以及 95% 可信区间, 并将它们绘制在图 7.8 中. 要将自适应光滑模型应用于其他三个场景, 我们只需要更改 bri.adapt.spline() 函数中的 nknot 和 (或) type. 注意 type = indpt 指定模型中使用的独立先验. 结果也展示在图 7.8 中. 我们可以看到, 自适应光滑模型产生了比光滑样条和 P-样条模型更好的整体估计. 与具有独立先验的模型相比, 具有 SPDE 先验的自适应光滑模型产生了更准确且对节点不敏感的估计.

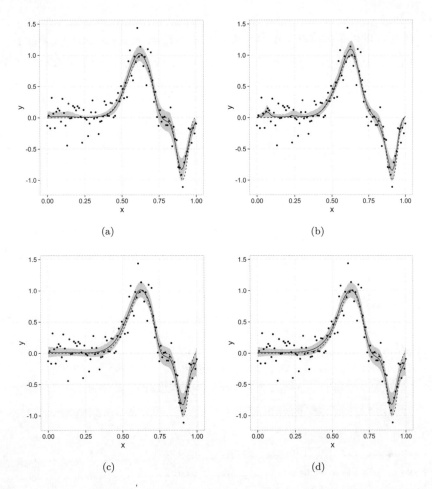

图 7.8 自适应光滑模型: 真实函数 (虚线)、后验均值 (实线) 和四种场景的 95% 可信区间 (灰色): (a) 5 个节点的独立先验; (b) 10 个节点的独立先验; (c) 5 个节点的 SPDE 先验; (d) 10 个节点的 SPDE 先验.

7.7 广义非参数回归模型

广义非参数回归 (GNPR) 模型结合了第 4 章的 GLM 思想和本章前面介绍的非参数回归模型. 假设我们有一个响应变量 Y_i, 它服从指数族分布. 令 $\mu_i = E(Y_i)$, 一个 GNPR 模型定义为

$$g(\mu_i) = f(x_i), \quad i = 1, \ldots, n,$$

其中 f 是未知的光滑化函数. 如果我们对 f 施加一个高斯先验, 则 GNPR 模型就满足 INLA 所需的潜在高斯模型的框架. 基于极大似然方法拟合 GNPR 模型通常是棘手的, 而基于贝叶斯方法会得到可接受的解决方案.

示例: 模拟数据

我们从几个模拟示例开始. 我们令真实基础函数为 $f(x_i) = \sin(x_i)$, $i = 1, \dots, n$, 其中 $x_i \in [0,6]$ 是等间距的, 我们考虑了两种流行的非高斯响应变量分布: 二项分布和泊松分布.

二项响应变量

我们模拟来自以下模型的数据

$$y_i \sim \text{Bin}(n_i, p_i), \quad g(p_i) = \sin(x_i),$$

$i = 1, \dots, 200$, 其中 $\text{Bin}(n, p)$ 表示 n 次试验中成功概率为 p 的二项分布的密度函数. 我们考虑了三种常用的连接函数: logit、probit 和互补 log-log. 数据集生成过程如下:

```
set.seed(2)
n <- 200  #sample size
x <- seq(0, 6,, n)
eta <- sin(x)
Ntrials <- sample(c(1, 5, 10, 15), size = n, replace = TRUE)
prob1 <- exp(eta)/(1 + exp(eta))  ## logit link
prob2 <- pnorm(eta)  ## probit link
prob3 <- 1 - exp(-exp(eta))  ## complementary log-log link
y1 <- rbinom(n, size = Ntrials, prob = prob1)
y2 <- rbinom(n, size = Ntrials, prob = prob2)
y3 <- rbinom(n, size = Ntrials, prob = prob3)
data1 <- list(y = y1, x = x)
data2 <- list(y = y2, x = x)
data3 <- list(y = y3, x = x)
```

我们对三个 GNPR[1] 模型使用 RW2 先验, 并在 INLA 拟合:

```
formula <- y ~ -1 + f(x, model = "rw2", constr = FALSE)
result1 <- inla(formula, family = "binomial", data = data1,
                Ntrials = Ntrials,
                control.predictor = list(compute = TRUE))
result2 <- inla(formula, family = "binomial", data = data2,
                Ntrials = Ntrials,
                control.predictor = list(compute = TRUE),
```

---

[1]译者注: 原文有误, 为 GNPM.

```
                        control.family = list(link = 'probit'))
result3 <- inla(formula, family = "binomial", data = data3,
                Ntrials = Ntrials,
                control.predictor = list(compute = TRUE),
                control.family - list(link = 'cloglog'))
```

这里二项式似乎由 family = "binomial" 指定, 连接函数定义在 control.family = list(link = 'name') 中, 由 name = logit、probit 或 cloglog 指定. 注意, 默认情况下使用 logit. 我们还使用 control.predictor = list(compute = TRUE) 来计算稍后可能需要的拟合值 (μ_i 的估计值).

在图 7.9(a) 中, 我们绘制了真实函数 (虚线)、其后验均值估计 (实线) 和使用 logit 连接函数的 95% 可信区间 (灰色):

```
p1 <- bri.band.ggplot(result1, name = 'x', alpha = 0.05, type = 'random')
p1 + geom_line(aes(y = eta), linetype = 2)
```

图 7.9(b) 和 7.9(c) 分别展示了使用 probit 和互补 log-log 连接函数的估计结果. 我们可以看到, 考虑到样本量相对较小, INLA 对所有三个连接的估计都相当合理. 对于 logit 连接函数, 成功概率 $\hat{p}_i$ 的后验汇总统计量可通过 result1$summary.fitted.values 提取, 对于其他连接函数可进行类似操作.

泊松响应变量

我们考虑以下模型:

$$y_i \sim \text{Poisson}(\lambda_i), \quad \ln(\lambda_i) = \log(E_i) + \sin(x_i),$$

$i = 1, \ldots, 200$, 其中 $x_i \in [0, 6]$ 且是等间距的, E_i 是已知常数. 数据模拟如下:

```
set.seed(2)
n <- 200    #sample size
x <- seq(0, 6,, n)
E <- sample(1:10, n, replace = TRUE)
lambda <- E*exp(sin(x))
y4 <- rpois(n, lambda = lambda)
data4 <- list(y = y4, x = x)
```

然后, 我们在 INLA 中拟合这个泊松 GNPR 模型:

```
formula <- y ~ -1 + f(x, model = "rw2", constr = FALSE)
result4 <- inla(formula, family = "poisson", data = data4, E = E,
                control.predictor = list(compute = TRUE))
```

这里的泊松似然由 `family="poisson"` 指定. 我们在图 7.9(d) 中展示了估计结果. 注意, `result4$summary.fitted.values` 给出了 $\exp[\sin(x)]$ 的后验汇总统计量, 而不是均值 λ 的后验汇总统计量, 因为 E_i 不全是 1. 由于它是一个简单的线性变换, 我们可以很容易地得到 λ 的后验估计 (均值、SD、分位数等), 如下所示:

```
lamb.hat <- E*result4$summary.fitted$mean
yhat.sd <- E*result4$summary.fitted$sd
lamb.lb <- E*result4$summary.fitted$'0.025quant'
lamb.ub <- E*result4$summary.fitted$'0.975quant'
```

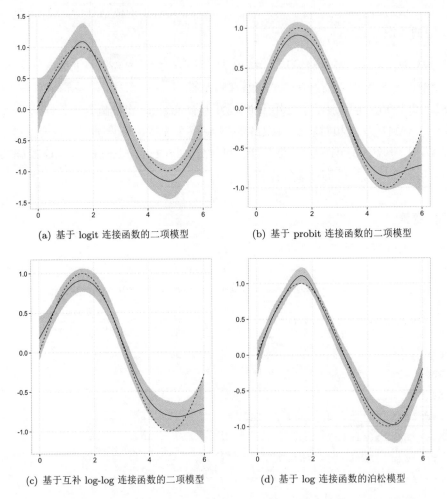

(a) 基于 logit 连接函数的二项模型　　　　　　(b) 基于 probit 连接函数的二项模型

(c) 基于互补 log-log 连接函数的二项模型　　　　(d) 基于 log 连接函数的泊松模型

图 7.9 GNPR 模型的模拟结果: 真实函数 (虚线)、后验均值 (实线) 和 95% 可信区间 (灰色).

示例: 东京降水数据

东京降水数据包含了为期两年的每日降水示性计数值: 1983 年和 1984 年期间, 研究人员每天都记录了东京是否有超过 1 毫米的降水量. 这是一个由三个变量的 366 个观测值构成的数据框: y 是降水天数; n 是总天数; time 是时间, 指一年中的一天. 我们先加载数据集:

```
data(Tokyo, package = 'INLA')
str(Tokyo)
```

```
'data.frame':        366 obs. of  3 variables:
 $ y   : int  0 0 1 1 0 1 1 0 0 0 ...
 $ n   : int  2 2 2 2 2 2 2 2 2 2 ...
 $ time: int  1 2 3 4 5 6 7 8 9 10 ...
```

注意, 对于 time = 60 (对应的是 2 月 29 日), 只有一个二元观测值 (n=1), 而对于所有其他日历时间, 则有两个观测值 (n=2). 我们想估计在指定日期会降水的潜在概率.

我们假设降水量遵循二项分布 $\text{Bin}(n_i, p_i)$, 并将 p_i 通过 logit 连接与循环 RW2 模型 (见 Rue 和 Held, 2005) 联系起来. 这可明确地将时间序列的终点和起点连接起来, 因为我们期望 12 月的最后一周和 1 月的第一周之间是光滑变化的. 然后我们构建模型, 并基于 INLA 方法进行模型拟合:

```
formula <- y ~ -1 + f(time, model = "rw2", cyclic = TRUE)
result <- inla(formula, family = "binomial", Ntrials = n, data = Tokyo,
               control.predictor = list(compute = TRUE))
```

这里 cyclic = TRUE 用于选择循环 RW2 先验. 我们绘制拟合曲线 (后验均值) 和 time 效应的 95% 可信区间 (图 7.10(a)):

```
bri.band.plot(result, name = 'time', alpha = 0.05, type = 'random',
              xlab = 'Day', ylab = '')
```

从图 7.10(a) 中可以看到东京降水有明显的季节性. 我们还绘制了经验的和基于模型的二项概率估计, 及其 95% 后验预测限 (图 7.10(b)):

```
bri.band.plot(result, alpha = 0.05, type = 'fitted', ylim = c(0, 1),
              xlab = 'Day', ylab = 'Probability')
points(Tokyo$time, Tokyo$y/2, cex = 0.5)
```

注意, 经验概率估计是一年中每一天观测到的降水天数的比例. 看起来典型的日降水概率不超过 50%, 并且在 4 月、6 月和 8 月相对较高.

预测. 根据我们已经观察到的数据来预测未来几天的降水概率是很有趣的. 假设我们想根据前两年的数据来看看 1985 年的前三天 (1 月 1 日、2 日和 3 日) 降水的可能性有多大. 此类预测可作为 INLA 拟合过程的一部分来完成. 因此, 我们将这三天作为缺

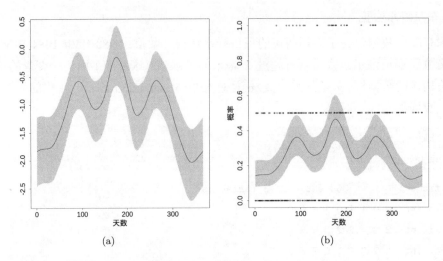

(a)   (b)

图 7.10　东京降水数据: (a) 潜在非参数函数的后验均值及 95% 可信区间; (b) 经验概率估计和基于模型的二项概率估计, 以及 95% 后验预测限. 经验概率估计是一年中每一天观测到的降水天数的比例.

失值纳入原始数据中, 形成一个新的数据集 Tokyo.pred:

```
time.new <- seq(length(Tokyo$time) + 1, length.out = 3)
time.pred <- c(Tokyo$time, time.new)
y.pred <- c(Tokyo$y, rep(NA, length(time.new)))
n.pred <- c(Tokyo$n, rep(1, length(time.new)))
Tokyo.pred <- list(y = y.pred, time = time.pred, n = n.pred)
```

然后, 我们使用与之前相同的模型来拟合新数据:

```
result <- inla(formula, family = "binomial", Ntrials = n,
               data = Tokyo.pred,
               control.predictor = list(compute = TRUE, link = 1))
```

这里我们使用 link = 1 作为下面命令的快捷方式:

```
link <- rep(NA, length(y.pred))
link[which(is.na(y.pred))] <- 1
```

其中我们仅对缺失值将 "link" 定义为模型中指定的第一个 "分布族" (这里是二项分布).

对这三天 time 效应的预测的后验汇总统计量如下:

```
ID <- result$summary.random$time$ID
idx.pred <- sapply(time.new, function(x) which(ID==x))
round(result$summary.random$time[idx.pred,], 4)
```

	ID	mean	sd	0.025quant	0.5quant	0.975quant	mode	kld
367	367	-1.8384	0.3236	-2.4858	-1.8354	-1.2079	-1.8293	0
368	368	-1.8305	0.3236	-2.4772	-1.8277	-1.1995	-1.8222	0
369	369	-1.8231	0.3233	-2.4689	-1.8206	-1.1921	-1.8154	0

相应的日降水概率预测为:

```
round(result$summary.fitted.values[which(is.na(y.pred)),], 4)
```

	mean	sd	0.025quant	0.5quant	0.975quant	mode
fitted.predictor.367	0.1417	0.0392	0.0769	0.1376	0.2300	0.1300
fitted.predictor.368	0.1426	0.0394	0.0775	0.1385	0.2315	0.1308
fitted.predictor.369	0.1435	0.0396	0.0781	0.1394	0.2328	0.1316

我们看到随着时间的推移, 下雨的可能性越来越大, 尽管概率都很小.

7.8 不确定性偏移集

假设我们想在考虑估计不确定性的同时, 找到所研究的函数超过某个水平或不同于某个参考水平的区域. 例如对于来自某个函数 $f(\boldsymbol{x})$ 的观测值 $\boldsymbol{y}$, 我们希望找到一个集合 D, 使得对于给定的水平 u, 以概率 $1 - \alpha$ 满足: 对所有 $\boldsymbol{x} \in D$, $f(\boldsymbol{x}) > u$. 根据 $f(\boldsymbol{x}) \mid \boldsymbol{y}$ 的条件分布我们很容易也很自然去计算边际后验概率 $P(f(\boldsymbol{x}) > u \mid \boldsymbol{y})$, 然后再把下面的 D_m 作为概率超过阈值的集合:

$$D_m = \{\boldsymbol{x} : P(f(\boldsymbol{x}) > u \mid \boldsymbol{y}) \geqslant 1 - \alpha\}. \tag{7.15}$$

然而这个定义中的参数 α 是逐点的 (pointwise) 第一类错误率, 它没有给我们关于整个分布族下的 (familywise) 错误率的信息, 因此不能量化集合中所有点同时超过这个水平的不确定性. 从频率学派的观点来看, 这是多重假设检验的问题, 并且可以通过对 α 进行调整来解决, 例如用第一类错误控制阈值 (Adler, 1981).

遗憾的是, 频率学派的假设检验方法不能转换到贝叶斯分层模型框架下. 因此, 我们希望将有关偏移 (excursion) 的问题表述为关于函数后验分布的性质. 这可以通过使用超过或不同于整个集合中水平的联合概率来实现.

化石数据

Bralower 等 (1997) 报告了通过化石壳中的锶同位素比率来反映数百万年前全球气候的数据. 我们首先加载数据并对其进行汇总:

```
data(fossil, package = 'brinla')
str(fossil)
```

```
'data.frame':          106 obs. of  2 variables:
$ age: num 91.8 92.4 93.1 93.1 93.1 ...
$ sr : num  0.734 0.736 0.735 0.737 0.739 ...
```

该数据框有 106 个对化石壳的观察, 每个壳有两个测量值: 以百万年为单位的化石壳的
年龄 (age) 及其锶同位素比率 (sr). 化石壳是用生物地层学方法测定的, 因此锶的比率
可以作为年龄的函数来研究.

对于非等间距年龄, 使用 RW2 模型比较直观. 然而, 我们观察到一些年龄的间隔太
接近了:

```
min(diff(sort(fossil$age)))/diff(range(fossil$age))
```

```
[1] 9.610842e-05
```

它会使 RW2 的精度矩阵成为病态的 (参见 7.2.3 节), 从而会导致在估计函数时出现奇
异情况. 因此我们使用 inla.group() 将 age 分成 100 个小区间 (bins), 从而得到 54
个不同的值:

```
age.new <- inla.group(fossil$age, n = 100)
(length(unique(age.new)))
```

```
[1] 54
```

有些新的 age 值是重复的. 然后我们把 sr 作为响应变量, age.new 作为预测变量来拟
合一个非参数回归模型:

```
inla.data <- list(y = fossil$sr, x = age.new)
formula <- y ~ -1 + f(x, model = 'rw2', constr = FALSE,
                      scale.model = TRUE)
result <- inla(formula, data = inla.data,
               control.compute = list(config = TRUE))
```

我们使用 control.compute = list(config = TRUE) 将内部 INLA 近似值存储在
result 中以供之后计算时用. 此外, 我们开启 f() 中的 scale.model 选项以对 RW2
模型上的超参先验的刻度进行调整. 根据我们的经验, 这种调整对拟合普通非参数回归
模型没有影响, 然而可能由于存在重复, 这个例子是一个例外. 我们将在第 9 章中发现
此选项在拟合加法模型时更有用, 并在那里给出更多讨论.

图 7.11(a) 绘制了拟合曲线、95% 可信区间和数据点. 我们可以看到年龄与锶同位
素比率之间存在明显的非线性关系: 锶同位素比率从 0.92 亿年前增加到 0.95 亿年前,
并保持这个相对较高的比率直到 1.05 亿年前, 然后大幅下降, 在大约 1.15 亿年前的化
石中出现了最低点, 随后在 1.2 亿年前左右的化石中有所增加. 大约 0.98 亿年前的下降
并不显著, 因为其可信区间太宽了. 基于 INLA 方法发现的这些特征与 Chaudhuri 和
Marron (1999) 的工作相吻合.

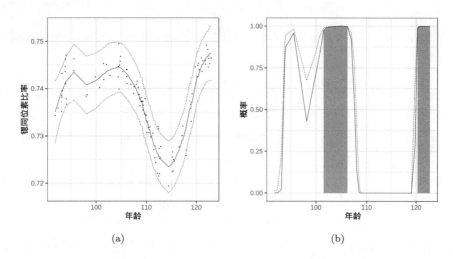

图 7.11 使用 RW2 的化石数据: (a) 拟合曲线 (实线) 及 95% 可信区间 (虚线) 和数据 (点); (b) 偏移函数 (实线)、平均锶同位素比率>0.74 的边际概率 (虚线) 及 5% 水平下的偏移集 (灰色区域).

假设我们想找到锶同位素比率大于 0.74 的年龄, 从而解释估计的不确定性. 我们根据边际后验分布计算每个 $f(\text{age}_i) > 0.74$ 的概率:

```
mar.x <- result$marginals.random$x  #marginal posterior
mar.prob <- 1 - sapply(mar.x, function(x) inla.pmarginal(0.74, x))
```

然后, 我们找到一组年龄, 每个年龄都有至少 95% 的概率使其对应的锶同位素比率大于 0.74:

```
result$summary.random$x$ID[mar.prob > 0.95]
```

```
 [1]  95.58932 101.53700 102.10000 102.81000 104.50698 104.78694 105.34000
 [8] 106.08018 106.19500 106.94000 120.30846 120.58692 120.99231 121.22769
[15] 121.83231 122.19961 122.46423 122.85615
```

这样一组年龄可作为 (7.15) 中定义的 D_m, 其中 $\alpha = 0.05$. 如前所述, 这个 α 只是逐点的第一类错误率, 它没有为我们提供有关分布族下的错误率的信息, 因此不能量化集合中所有点同时超过这个水平的确定性.

这里的统计问题是找到一个年龄的集合 D 使得对所有 $\text{age}_i \in D$, $f(\text{age}_i) > 0.74$ 的概率达到 0.95 或更高. 这样的集合可能有很多, 所以我们想找到其中最大的集合. 它就是所谓的偏移集 (excursion set), 一个比 D_m 更小的集合. 在实践中找到一个偏移集通常是很困难的, 尤其是对于样本量很大的应用场景, 因为它需要涉及大量高维积分的计算. Bolin 和 Lindgren (2015) 为潜在高斯模型引入了一种有效的计算方法. 这种方法基于把将参数族用于偏移集计算与将贯序重要性抽样方法用于联合概率的估计结合起来. 我们在这里只展示如何在 R 中实现他们的方法, 读者可参考他们的论文以获取有关这个方法的详细信息.

使用 excursions.brinla() 可以容易地找到概率至少为 0.95 的年龄的偏移集, 如下所示:

```
res.exc <- excursions.brinla(result, name = 'x', u = 0.74, alpha = 0.05,
                             type = '>', method = 'NI')
```

result 是 INLA 调用返回的对象, name='x' 指定 result 中计算联合概率的函数, u=0.74 显示偏移水平, alpha=0.05 指定显著性水平, type='>' 给出偏移集的类型. 另外两种类型 "<"[1] 和 "≠" 也可以使用. method 参数指定计算方法, 包括: "EB" 表示经验贝叶斯 (Empirical Bayes), "QC" 表示分位数校正 (Quantile correction), "NI" 表示数值积分 (Numerical integration), "NIQC" 表示带有分位数校正的数值积分 (Numerical integration with quantile correction), "iNIQC" 表示带有分位数校正的改进积分 (Improved integration with quantile correction). EB 方法是最简单的, 在许多情况下可能已经足够. QC 方法基于对积分极限的修正, 它和 EB 方法一样容易实现, 并且在大多数情况下表现更好. NI 方法对计算的要求更高, 但也应该是解决高斯似然问题的最精确方法. 对于非高斯似然, 可以使用带 QC 的 NI 和带 QC 的改进 NI 方法来改进结果. 带 QC 的改进 NI 方法在计算上要求略高, 但在实践中对具有非高斯似然的模型也表现得更好. 在我们的案例中, 样本量很小, 因此我们选择 NI 来获得尽可能准确的结果.

生成的偏移集可以用以下代码提取:

```
res.exc$E
```

```
 [1]  95.58932 101.53700 102.10000 102.81000 104.50698 104.78694 105.34000
 [8] 106.08018 106.19500 120.30846 120.58692 120.99231 121.22769 121.83231
[15] 122.19961 122.46423 122.85615
```

它显示 age 的值联合大于 0.74 的概率至少为 0.95. 注意, 这个集合要比从边际后验概率得出的集合小, 理论上也应该这样. 然而, 这样一个偏移集是不充分的, 因为它没有提供任何关于不包含在集合中的年龄的信息. 我们最好有一些类似于 p 值的量, 即超出此水平的边际概率, 但同时具有可解释性. Bolin 和 Lindgren (2015) 因此定义了一个偏移函数来达到这个目的, 该函数的取值在 0 到 1 之间, 其值保存在 res.exc$F 中, 前几个值为:

```
round(head(res.exc$F), 4)
```

```
[1] 0.0001 0.0003 0.0206 0.7921 0.8773 0.9581
```

偏移函数不等于边际概率函数, 前者总是小于后者. 此外, 我们可以使用 res.exc$G 来

---

[1]译者注: 原文有误, 为 ">".

返回一个逻辑变量, 返回 TRUE 表示相应的位置在偏移集中, 返回 FALSE 为其他情况. 我们在图 7.11(b) 中绘制了边际概率、偏移函数和 5% 水平下的偏移集.

```
bri.excursions.ggplot(res.exc)
```

注意, 我们只看到两个用灰条标记的 age 区间 (101.53, 106.19) 和 (120.30, 122.85), 其中 sr 的平均大于 0.74 的联合概率至少为 0.95. 实际上在偏移集中还发现了一个额外的年龄 95.58, 但我们未能在图中显示出这个单个点. 此外, 正如我们预期的那样, 偏离函数 (紧密地) 被边际概率曲线所覆盖.

东京降水数据

假设我们对寻找一年中降水概率超过 0.3 的日子感兴趣, 同时考虑其不确定性. 我们按照 7.7 节中的方法拟合模型:

```
data(Tokyo, package = 'INLA')
formula <- y ~ -1 + f(time, model = "rw2", cyclic = TRUE)
result <- inla(formula, family = "binomial", Ntrials = n, data = Tokyo,
               control.predictor = list(compute=TRUE),
               control.compute = list(config = TRUE))
```

注意, 估计的降水概率来自 INLA 结果中的拟合值. 因此, 我们为每一天计算出该日降水概率大于 0.3 的边际概率, 如下所示:

```
u.fitted <- 0.3
mar.fitted <- result$marginals.fitted.values
mar.prob<- 1-sapply(mar.fitted,function(x) inla.pmarginal(u.fitted,x))
```

让我们找出边际概率至少为 0.95 的日子:

```
Tokyo$time[mar.prob >= 0.95]
```

```
 [1] 163 164 165 166 167 168 169 170 171 172 173 174 175 176 177 178 179 180 181
[20] 182 183 184 185 186 187 188 189 190 191 192 193 194
```

它们是 5 月和 6 月之间连续的 32 天.

我们需要的天数偏移集也与拟合值相关, 然而偏移函数仍然是根据随机效应而不是拟合值来计算的. 所以我们需要先将阈值 0.3 转换为 logit(0.3):

```
u.pred <- log(u.fitted/(1 - u.fitted))
```

然后, 我们在下面的计算中使用这个值:

```
res.exc <- excursions.brinla(result, name = 'time', u = u.pred,
                             type = '>', method = 'NIQC', alpha = 0.05)
```

这里 method = 'NIQC' 用于非高斯数据. 产生的偏移集为:

```
res.exc$E
```

 [1] 165 166 167 168 169 170 171 172 173 174 175 176 177 178 179 180 181
[18] 182 183 184 185 186 187 188 189 190 191 192

这些日子降水量超过 0.3 的概率至少为 0.95. 它们是 5 月和 6 月之间连续的 28 天, 比由边际概率识别的日子少了 3 天.

第 8 章

高斯过程回归

如标题所示, 高斯过程回归 (GPR) 在描述预测变量和响应变量之间关系的函数上设置先验, 其中响应变量满足高斯过程. 我们可以在 INLA 中实现这些方法, 但是需要做出一些妥协以达到合理的计算效率. 在本章中, 我们将介绍该方法并演示一些扩展案例.

8.1 引言

假设我们有一个回归模型:

$$y_i = f(\boldsymbol{x}_i) + \varepsilon_i \quad i = 1, \ldots, n,$$

其中 f 为一个高斯过程, 它的均值为 $m(\boldsymbol{x})$, 协方差为 $k(\boldsymbol{x}, \boldsymbol{x}')$, $\boldsymbol{x}'$ 为预测变量空间中的另一个点. 于是, 我们有

$$f(\boldsymbol{x}) \sim \mathcal{GP}(m(\boldsymbol{x}), k(\boldsymbol{x}, \boldsymbol{x}')),$$

它有个性质: 任意有限个 $f(\boldsymbol{x}_i)$ 服从一个联合高斯分布, 其均值和协方差分别由 $m()$ 和 $k()$ 定义. 关于高斯过程的介绍可参见 Rasmussen 和 Williams (2006).

乍一看, 这个问题似乎很容易用 INLA 解决. $f(\boldsymbol{x}_i)$ 服从高斯分布, 满足潜在高斯模型 (LGM) 的要求, 但存在两个问题. 首先, 我们可能不只是对 f 在观测点 $\boldsymbol{x}_i$ 的情形感兴趣. 其次, 我们需要的不仅仅是一个对 INLA 有效的 LGM. 对多数 $k()$ 的选择而言, $f(\boldsymbol{x})$ 的精度矩阵是稠密的. 除了小样本问题之外, 计算上没有捷径. 因此, 我们必须对 $k()$ 的选择做出限制以实现快速计算. 幸运的是, 目前我们还有一些好的选择来产生一个稀疏的精度矩阵以实现高效计算.

这些问题的解决方案的由来有点意想不到. 考虑如下定义的随机偏微分方程 (SPDE):

$$(\kappa^2 - \Delta)^{\alpha/2}(\tau f(\boldsymbol{x})) = \mathcal{W}(\boldsymbol{x}), \quad \boldsymbol{x} \in \mathbb{R}^d, \tag{8.1}$$

其中 κ 是一个刻度参数, Δ 是拉普拉斯算子, α 是一个影响光滑度的参数, τ 与 f 的方差有关. $\mathcal{W}(\boldsymbol{x})$ 是一个高斯白噪声过程, d 是空间的维数, f 是这个 SPDE 的平稳解. 令

人感到惊奇的是, Whittle (1954) 证明了该平稳解具有 Matérn 协方差

$$\text{Cov}(f(\boldsymbol{0}), f(\boldsymbol{x})) = \frac{\sigma^2}{2^{\nu-1}\Gamma(\nu)}(\kappa\|\boldsymbol{x}\|)^\nu K_\nu(\kappa\|\boldsymbol{x}\|),$$

其中 K_ν 是 Matérn 族中的核 (也称为第二类修正贝塞尔函数), $\nu = \alpha - d/2$, σ^2 是边际方差, 其定义为

$$\sigma^2 = \frac{\Gamma(\nu)}{\Gamma(\alpha)(4\pi)^{d/2}\kappa^{2\nu}\tau^2}.$$

α 的标准选择是 1 和 2, 1 对应于指数核 (看起来像一个双指数分布), 2 是 INLA 的默认选择. 平方指数核或高斯核对应于 $\alpha = \infty$, 但这种选择会导致稠密的精度矩阵, 因为高斯核的支撑是无界的, 这对于基于 INLA 的计算会不切实际. 相反, 在 INLA 中可选择的是 $0 \leqslant \alpha \leqslant 2$, 它们产生的核具有紧支撑.

寻找平稳解需要一个近似. 我们将解限制为以下形式

$$f(\boldsymbol{x}) = \sum_{k=1}^{b} \beta_k B_k(\boldsymbol{x}).$$

B-样条基函数 $B_k(\boldsymbol{x})$ 具有一个紧支撑. 我们选择系数 β_k 来近似 SPDE 的解. 我们需要选择足够大的基函数 b 以获得良好的近似, 但又不能大到给计算带来不必要的负担. 此计算机制要使用有限元方法, 其细节我们在此不做解释, 更多的细节请见 Lindgren 和 Rue (2015).

这种方法要求我们指定三个先验参数: τ、κ 和 ε 的精度 (测量误差). 参数 α 控制核的形状, 我们只需设置该参数即可. τ 和 κ 很难可视化, 所以我们宁愿使用更直观的参数. 令 σ 为 f 的标准差, ρ 为 "变程"(range). 这个距离可使函数中的相关性下降到约 0.13. 选择这个特定值看起来有点奇怪, 但却能得到下面简洁的结构. 通俗地讲, 我们可以考虑 $\boldsymbol{x}$ 有必要的变化, 使其相关性下降到一个较小但不可忽视的值, 即 0.13. 我们可以通过下面的关系把这些参数连接起来:

$$\log\tau = \frac{1}{2}\log\left(\frac{\Gamma(\nu)}{\Gamma(\alpha)(4\pi)^{d/2}}\right) - \log\sigma - \nu\log\kappa,$$
$$\log\kappa = \frac{\log(8\nu)}{2} - \log\rho.$$

可以看到, 对 $\log\sigma$ 和 $\log\rho$ 指定先验是很方便的. 有用的做法是猜测这两个参数的值, 并允许先验围绕这些猜测值变化. 这可通过下式实现:

$$\log\sigma = \log\sigma_0 + \theta_1,$$
$$\log\rho = \log\rho_0 + \theta_2. \tag{8.2}$$

我们现在有两个初始猜测 σ_0 和 ρ_0, 并指定 (θ_1, θ_2) 服从均值为零的联合高斯先验. 我们将在接下来的例子中看到如何做到这一点.

这个案例的数据来自 Bralower 等 (1997), 其报告了大约 9000 万到 1.25 亿年前的白垩纪中期的化石壳中发现的锶同位素比率. 这个数据是用 SiZer 方法分析的, 具体描述请参考 Chaudhuri 和 Marron (1999). 他们重新调整了锶同位素比率, 我们遵循该设置. 加载数据并绘制, 如图 8.1 所示.

```
data(fossil, package="brinla")
fossil$sr <- (fossil$sr-0.7)*100
library(ggplot2)
pf <- ggplot(fossil, aes(age, sr)) + geom_point() + xlab("Age") +
    ylab("Strontium Ratio")
pf + geom_smooth(method="gam", formula = y ~ s(x, bs = "cs"))
```

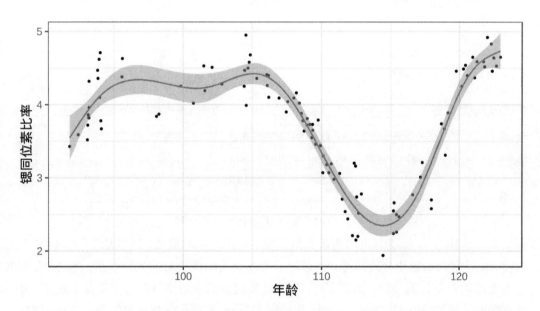

图 8.1 一个化石壳的年龄 (百万年) 和它的 (标准化) 锶同位素比率. 灰色区域表示 95% 逐点置信区间.

我们使用了一个标准 B-样条光滑器并给出其 95% 置信区间. 可以看到, 曲线的形状在较早的那一半没有什么问题, 但在较近的时期, 不确定性大大增加. 在第 7 章中, 这个数据集也用随机游动回归进行了建模.

在 INLA 中拟合一个 GPR 模型需要几个步骤. 一旦明白了这些步骤, 大部分过程就可以自动进行. 但如果我们希望根据实际情况修改程序, 就有必要了解这些步骤.

本章我们需要 INLA 软件包, 同时也使用我们的 brinla 软件包. 从现在开始, 我们默认这些软件包已经被加载. 如果你忘记了, 会得到一个 "function not found" 的错误信息.

```
library(INLA); library(brinla)
```

第一步是建立 B-样条基. 我们选择 $b = 25$ 的基函数:

```
nbasis <- 25
mesh <- inla.mesh.1d(seq(min(fossil$age), max(fossil$age),
                     length.out = nbasis),degree =2)
```

我们选择了一个涵盖数据范围的支撑. B-样条的自由度为 2, 这意味着我们将得到一个比自由度 0 或 1 更光滑的拟合. 如果选择的基函数太少, 拟合函数会缺乏灵活性. 如果选择的基函数太多, 计算的效率就会变低. 在一些回归样条曲线的应用中, b 是用来控制光滑度的. 在这里, ρ 主要起这个作用, 而 b 只需足够大, 以允许拟合具有足够的灵活性. 如果你把 b 设得太大, 会浪费计算时间, 且拟合结果不会有很大的改善.

下一步是创建 SPDE 对象, 这里要设置先验:

```
alpha <- 2
nu <- alpha - 1/2
sigma0 <- sd(fossil$sr)
rho0 <- 0.25*(max(fossil$age) - min(fossil$age))
kappa0 <- sqrt(8 * nu)/rho0
tau0 <- 1 / (4 * kappa0^3 * sigma0^2)^0.5
spde <- inla.spde2.matern(mesh, alpha=alpha,
                        B.tau = cbind(log(tau0), 1, 0),
                        B.kappa = cbind(log(kappa0), 0, 1),
                        theta.prior.prec = 1e-4)
```

我们默认选择 $\alpha = 2$, 这是可用的最光滑的核. ν 只是 α 和维数 (这里是 1) 的函数. 我们将 σ_0 设定为响应变量的标准差. 最好只使用有关响应变量的先验信息, 把这些信息加上专家的意见作为先验. 如果不能, 我们就使用数据中的少量信息来做这个选择. 如果有更好的先验, 应该代替这个选择. 我们将 ρ_0 设定为预测变量变程的四分之一. 同样, 更好的做法是使用先验信息. 我们还要保证, 结果对这些选择不是很敏感. 尽管我们对 σ 和 ρ 设置了先验, 但需要将它们转换为 τ 和 κ 的先验.

现在, 我们需要在 $\log \tau$ 上指定一个模型, 其形式为

$$\log \tau = \gamma_0 + \gamma_1 \theta_1 + \gamma_2 \theta_2.$$

这里 $(\gamma_0, \gamma_1, \gamma_2)$ 的系数由 B.tau 设置为 (log(tau0), 1, 0) (默认选择). 用 B.kappa 为 $\log \kappa$ 指定一个类似的模型. 我们将在后面看到, 这里可以用更复杂的选择. 最后, 我们需要用 theta.prior.prec 为 θ 的高斯先验设置一个精度. 我们在这里选择了一个

非常小的值, 表示对 τ 和 κ 先验的不确定性. 在某些情况下, 我们可能有更多的信息, 在这种情况下, 选择更大的值会更合适.

此时还需要做些进一步的设置. 我们必须指定获取后验分布的点, 这里我们选择观测点, 尽管在某些情况下, 我们可能希望有一个更密集的网格, 或者包括特定的感兴趣的值. 矩阵 A 可允许我们仕这些网格点上根据之前设置的样条基进行计算.

```
A <-  inla.spde.make.A(mesh, loc=fossil$age)
```

在二维问题中, 存在着跟空间相关的烦琐问题, 这可以通过设置一个索引来解决. 在一维问题中, 这个问题没有那么困难, 但我们仍需设置索引 (必须给它一个名字 —— 在本例中是 sinc).

```
 index <- inla.spde.make.index("sinc", n.spde = spde$n.spde)
```

数据堆叠是一个进一步的辅助步骤, 其目的是将矩阵作为向量进行堆叠:

```
st.est <- inla.stack(data=list(y=fossil$sr), A=list(A),
                     effects=list(index),  tag="est")
```

现在, 我们只满足于在观测点上估计曲线, 所以 effects 只是索引点, 为其打上标签 est 供以后参考. 现在我们已经准备好拟合模型了:

```
formula <- y ~ -1 + f(sinc, model=spde)
data <- inla.stack.data(st.est)
result <- inla(formula, data=data,  family="gaussian",
               control.predictor= list(A=inla.stack.A(st.est),
                                        compute=TRUE))
```

这个公式是 spde 类型的, 我们必须使用之前设置的索引的名称. 截距项是多余的, 所以用一个 -1 来消除它. 我们还需要使用 inla.stack.data 做进一步的堆叠.

我们可以绘制后验均值以及 95% 的可信区间的图, 如图 8.2 所示.

```
ii <- inla.stack.index(st.est, "est")$data
plot(sr ~ age, fossil)
tdx <- fossil$age
lines(tdx, result$summary.fitted.values$mean[ii])
lines(tdx, result$summary.fitted.values$"0.025quant"[ii], lty = 2)
lines(tdx, result$summary.fitted.values$"0.975quant"[ii], lty = 2)
```

可以看到在数据稀少的地方, 拟合的结果有些粗糙. 我们还看到, 在这些稀疏的区域, 可信区间比较宽. 将此图与图 7.11 中随机游动模型拟合的左图进行比较. brinla 软件包中的函数 bri.gpr() 将计算结果整合到一个单一的命令中. 我们可以用以下方法重现图 8.2.

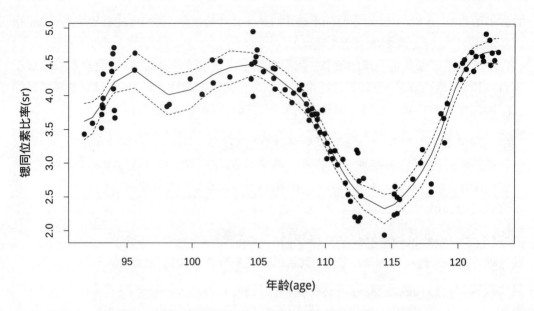

图 8.2　后验均值显示为实线, 95% 的可信区间显示为虚线.

```
fg <- bri.gpr(fossil$age, fossil$sr)
plot(sr ~ age, fossil, pch=20)
lines(fg$xout, fg$mean)
lines(fg$xout, fg$ucb,lty=2)
lines(fg$xout, fg$lcb,lty=2)
```

即便如此, 人们也可能想修改其中的计算, 所以理解计算涉及的步骤是值得的.

8.2　惩罚复杂性先验

Simpson 等 (2017) 提出了一种设置先验的原则方法. 关于如何把该方法应用于 GPR 模型的细节详见 Fuglstad 等 (2015). 这些先验是基于下面的关系通过设定四个常数来指定的:

$$P(\rho < \rho_0) = p_\rho,$$
$$P(\sigma > \sigma_0) = p_\sigma.$$

为了设定这些常数, 我们需要对响应变量和预测变量的刻度有一些了解. 回顾一下, ρ 是使得 $\mathrm{corr}(f(x), f(x+\rho)) \approx 0.13$ 的距离. 我们选择 p_ρ 作为一个小概率, 因此 ρ_0 代表一个小变程, 我们不期望 ρ 低于这个变程, 但我们不排除这种可能性. 因此, ρ_0 反映了我们对函数光滑性的先验信息. 我们的主要目的是提供一些关于相关性的弱信息, 但 ρ 的后验仍有很大的灵活性, 可以与此有很大的不同. 我们对 ρ_0 的选择不是固定的. σ_0 的选择同样是基于我们对 f 方差的预先了解而构建的. 同样, 我们只需要得到正确的一般刻度.

　　使用 PC 先验需要对 SPDE 进行稍微不同的设置, 其余部分都和前面一样. 我们选择 $p_\rho - p_\sigma - 0.05$, 设置 $\rho_0 = 5$, 因为它在这个预测变量刻度上是一个相对较小的距离. 相关性在 500 万年后就迅速下降是不可能的. 我们设定 $\sigma_0 = 2$, 这是相当大的值, f 的标准差超过这个值几乎是不可能的. 响应变量的值从大约 2 到 5 不等, 因此这个选择是相当保守的. 我们重复使用之前的大部分设置, 只留下以下需要修改的命令:

```
spde <- inla.spde2.pcmatern(mesh,alpha=alpha,prior.range=c(5,0.05),
                            prior.sigma=c(2,0.05))
formula <- y ~ -1 + f(sinc, model=spde)
resultpc <- inla(formula, data=data,  family="gaussian",
 control.predictor= list(A=inla.stack.A(st.est), compute=TRUE))
```

　　我们完全按照之前的方法进行绘图. 由于它与图 8.2 极为相似, 我们在此不作展示. brinla 软件包中的函数 bri.gpr() 有一个选项 pcprior, 它允许我们按下面的方式进行整体计算:

```
pcmod <-  bri.gpr(fossil$age, fossil$sr, pcprior=c(5,2))
```

8.3　光滑度可信区间

　　Chaudhuri 和 Marron (1999) 认为图 8.2 中显示的在 9700 万年左右有一个明显凹陷是不重要的. 图中显示的可信区间对回答这个问题没有什么帮助, 因为可以画出大量位于这两条带线之间的曲线——有些相当粗糙, 有些相当光滑. 凹陷的存在在很大程度上取决于我们想要数据有多光滑. 在大多数光滑化方法中, 光滑度的选择要么由用户选择, 要么由一些自动方法决定, 后者会产生最佳选择的点估计. 对于 GPR 模型, 我们可以做得更好.

　　首先提取超参数的后验分布. 我们针对的是误差标准差:

```
errorsd <- bri.hyper.sd(result$marginals.hyperpar[[1]])
```
其余感兴趣的量可以用以下方法提取:

```
mres <- inla.spde.result(result,"sinc",spde)
```
从中我们可以得到 σ 的后验 (需要对方差进行平方根计算):

```
mv <- mres$marginals.variance.nominal[[1]]
sigmad <- as.data.frame(inla.tmarginal(function(x) sqrt(x), mv))
```

对于 ρ 的后验:

```
rhod <- mres$marginals.range.nominal[[1]]
```

把这些结果绘制成图 8.3:

```
plot(y ~ x, errorsd, type="l", xlab="sr", ylab="density")
plot(y ~ x,sigmad, type="l",xlab="sr",ylab="density")
plot(rhod,type="l",xlab="age",ylab="density")
```

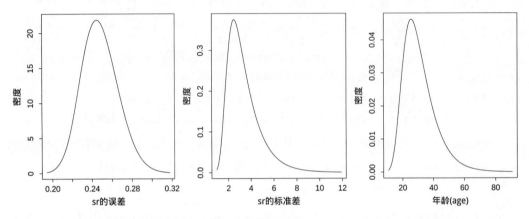

图 8.3 来自化石数据拟合的超参数的后验密度. 第一个图显示 sr 误差标准差,
第二个图显示 sr 的标准差, 第三个图显示了变程.

我们看到误差标准差没有太大的不确定性, 但变程 ρ 却有相当大的不确定性. 我们可以
很容易地推导出 κ (从而有 ρ) 的可信区间:

```
exp(mres$summary.log.kappa[c(4,6)])
```

```
          0.025quant 0.975quant
kappa.1    0.06098    0.21686
```

但该区间很难解释, 也很难判断其对拟合曲线形状的影响.

让我们固定 σ, 即后验中位数值处的函数标准差, 并计算与 ρ 的可信区间的两个端
点相对应的后验平均曲线:

```
kappa0 <- exp(mres$summary.log.kappa['0.025quant'])[,]
sigma02 <- exp(mres$summary.log.variance.nominal['0.5quant'])[,]
tau0 <- 1 / (4 * kappa0^3 * sigma02)^0.5
spde <- inla.spde2.matern(mesh, alpha=alpha, constr = FALSE,
                          B.tau = cbind(log(tau0)),
                          B.kappa = cbind(log(kappa0)))
formula <- y ~ -1 + f(sinc, model=spde)
```

```
resulta <- inla(formula, data=data, family ="gaussian",
                control.predictor = list(A=inla.stack.A(st.est),
                                         compute=TRUE))
```

对 B.tau 和 B.kappa 的指定意味着这些超参数是固定的. 注意, τ_0 取决于 κ_0 和 σ_0, 所以我们必须计算这个值. 我们重复同样的过程计算 κ 的可信区间的上限:

```
kappa0 <- exp(mres$summary.log.kappa['0.975quant'])[,]
sigma02 <- exp(mres$summary.log.variance.nominal['0.5quant'])[,]
tau0 <- 1 / (4 * kappa0^3 * sigma02)^0.5
spde <- inla.spde2.matern(mesh, alpha=alpha, constr = FALSE,
                          B.tau = cbind(log(tau0)),
                          B.kappa = cbind(log(kappa0)))
formula <- y ~ -1 + f(sinc, model=spde)
resultb <- inla(formula, data=data, family="gaussian",
                control.predictor= list(A=inla.stack.A(st.est),
                                        compute=TRUE))
```

我们画出与 κ 的可信区间两端相对应的两个后验均值, 如图 8.4 所示.

```
ii <- inla.stack.index(st.est, "est")$data
plot(sr ~ age, fossil, pch=20)
tdx <- fossil$age
lines(tdx, resulta$summary.fitted.values$mean[ii],lty=2)
lines(tdx, resultb$summary.fitted.values$mean[ii],lty=1)
```

我们看到, 光滑度的不确定性对图中右半部分的曲线形状影响不大, 但对前半部分有很大影响. 特别是, 我们可以看到光滑度在 9700 万年时有一个可以接受的凹陷, 而在拟合的较粗糙的一端, 这个凹陷非常明显. 由于两条带线在这里都含有一个凹陷, 我们得出结论, 在这个年龄段, 曲线确实有一个凹陷. brinla 软件包中的函数 bri.smoothband() 将这些计算集成到一个命令里. 我们可以用以下方法重绘图 8.4:

```
fg <- bri.smoothband(fossil$age, fossil$sr)
plot(sr ~ age, fossil, pch=20)
lines(fg$xout, fg$rcb,lty=1)
lines(fg$xout, fg$scb,lty=2)
```

光滑度可信区间没有告诉我们曲线在任何特定点的位置, 为此我们需要绘制图 8.2 中所示的可信区间. 但是如果我们对曲线形状的不确定性更感兴趣, 这些新的可信区间就更有用了, 更多的讨论请见 Faraway (2016a).

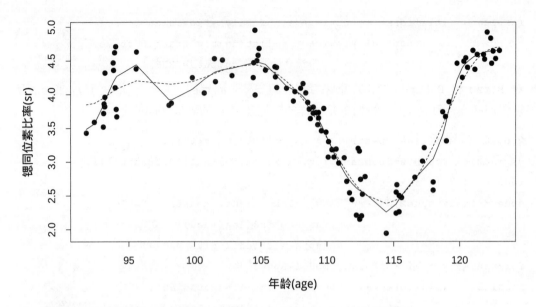

图 8.4 95% 的光滑度可信区间. 实线是对应 ρ 的 97.5% 分位数的后验平均曲线, 而虚线是对应于 2.5% 分位数.

8.4 非平稳场

我们可能希望对定义域上数据变化的幅度和光滑度函数进行建模, 我们可以通过将方程 (8.2) 推广到如下的方程来实现:

$$\log(\sigma(\boldsymbol{x})) = \gamma_0^\sigma(\boldsymbol{x}) + \sum_{k=1}^{p} \gamma_k^\sigma(\boldsymbol{x})\theta_k,$$

$$\log(\rho(\boldsymbol{x})) = \gamma_0^\rho(\boldsymbol{x}) + \sum_{k=1}^{p} \gamma_k^\rho(\boldsymbol{x})\theta_k,$$

其中 $\gamma_k^\sigma()$ 和 $\gamma_k^\rho()$ 是基函数的集合. 系数 θ 在两组之间是相同的, 如果需要的话, 也可以定义两组参数是自由变化的. 下面, 我们说明如何在 INLA 中实现这个过程.

为了证明该方法有效, 我们需要一个具有明显光滑变化的函数. 我们使用与第 7 章中相同的测试函数:

```
set.seed(1)
n <- 100
x <- seq(0, 1, length=n)
f.true <- (sin(2*pi*(x)^3))^3
y <- f.true + rnorm(n, sd = 0.2)
td <- data.frame(y = y, x = x, f.true)
```

数据是由以下模型模拟生成的:

$$y_i = \sin^3(2\pi x_i^3) + \varepsilon_i, \quad \varepsilon_i \sim N(0, \sigma_\varepsilon^2),$$

其中 $x_i \in [0,1]$ 是等距的, $\sigma_c^2 = 0.04$. 我们模拟生成 $n = 100$ 个数据点.

为了便于比较, 我们用平稳场进行拟合. 虽然我们需要改变这个数据的刻度, 但其过程与本章引言中的过程相同:

```
nbasis <- 25
mesh <- inla.mesh.1d(seq(0,1,length.out = nbasis),degree =2)
alpha <- 2
nu <- alpha - 1/2
sigma0 <- sd(y)
rho0 <- 0.1
kappa0 <- sqrt(8 * nu)/rho0
tau0 <- 1 / (4 * kappa0^3 * sigma0^2)^0.5
spde <- inla.spde2.matern(mesh, alpha=alpha,
                          B.tau = cbind(log(tau0), 1, 0),
                          B.kappa = cbind(log(kappa0), 0, 1),
                          theta.prior.prec = 1e-4)
A <-  inla.spde.make.A(mesh, loc=td$x)
index <- inla.spde.make.index("sinc", n.spde = spde$n.spde)
st.est <- inla.stack(data=list(y=td$y), A=list(A),
                     effects=list(index),  tag="est")
formula <- y ~ -1 + f(sinc, model=spde)
data <- inla.stack.data(st.est)
result <- inla(formula, data=data,  family="gaussian",
               control.predictor= list(A=inla.stack.A(st.est),
                                        compute=TRUE))
```

结果展示在图 8.5 的左图中:

```
ii <- inla.stack.index(st.est, "est")$data
plot(y ~ x, td, col=gray(0.75))
tdx <- td$x
lines(tdx, result$summary.fitted.values$mean[ii])
lines(tdx,f.true,lty=2)
```

我们看到, 拟合的函数在左边太粗糙, 在右边太光滑. 这个函数很难拟合, 因为它有不同的光滑度. 由此, 在这个测试函数上做任何平稳光滑的工作都很困难. 现在我们引入非

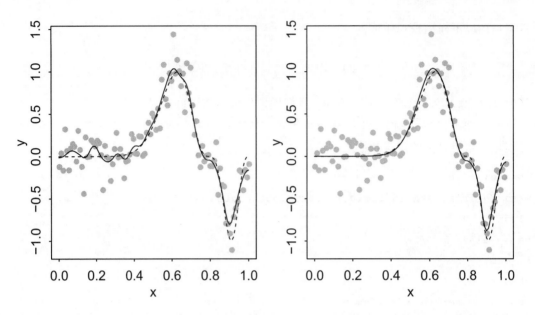

图 8.5　平稳和非平稳的拟合. 后验均值显示为实线, 真实函数显示为虚线.

平稳场:

```
basis.T <-as.matrix(inla.mesh.basis(mesh, type="b.spline",
                    n=5, degree=2))
basis.K <-as.matrix(inla.mesh.basis(mesh, type="b.spline",
                    n=5, degree=2))
spde <- inla.spde2.matern(mesh, alpha=alpha,
                          B.tau = cbind(basis.T[-1,],0),
                          B.kappa = cbind(0,basis.K[-1,]/2),
                          theta.prior.prec = 1e-4)
formula <- y ~ -1 + f(sinc, model=spde)
result <- inla(formula, data=data,  family="gaussian",
               control.predictor= list(A=inla.stack.A(st.est),
                                        compute=TRUE))
```

我们对 τ 和 κ 都使用 B-样条基. 我们不要求太多的灵活性, 所以只使用了五个基函数. 使用五个以上的基函数只会增加这里的计算成本. 指定 B.kappa 时除以 2 是因为 inla.spde2.matern 中使用 $\log(\kappa)$, 而 inla.spde.create 中使用 $\log(\kappa^2)$. 我们在基的设定时使用了一些零, 这样每个部分都有各自 θ 的集合. 我们在图 8.5 的右图中绘制了其后验均值.

```
plot(y ~ x, td, col=gray(0.75))
lines(tdx, result$summary.fitted.values$mean[ii])
```

```
lines(tdx,f.true,lty=2)
```

我们看到, 后验均值很好地拟合了真实函数. 特别是, 它能够贴近测试函数的初始平坦部分, 同时还能捕捉到函数中后来出现的两个最优点和拐点. 我们可以将它与应用于同一问题的随机游动光滑方法得到的图 7.8 相比. 函数 `bri.nonstat()` 可以更方便地执行这些计算, 尽管任何修改都需要通过上述步骤进行. 我们可以用以下方法重现图 8.5 的右图:

```
fg <- bri.nonstat(td$x, td$y)
plot(y ~ x, td, col=gray(0.75))
lines(f.true ~ x, td, lty=2)
lines(fg$xout, fg$mean)
```

8.5 具有不确定性的插值

假设我们从关系 $y = f(\boldsymbol{x})$ 中观测到成对数据 $(\boldsymbol{x}_i, y_i)$, 并且没有 (或至少很少) 测量误差. 乍一看, 这似乎根本就不是一个统计问题, 而是一个函数近似的问题. 常用的非参数回归方法并不适用. 然而, 尽管我们确切地知道观测点上 y 的值, 但我们对这些点之间的 f 并不确定. 我们应该对这种不确定性进行量化. 这是一个应用数学家称为不确定性量化的例子. 在计算机实验中, 观测值 $(\boldsymbol{x}, f(\boldsymbol{x}))$ 需要十分耗时的计算机模拟, 而我们获得的关于 f 的信息有限. 我们想从一个有限的样本中估计 f, 希望有一个关于 f 的不确定性的表达.

我们可以用 GPR 来解决这个问题, 使观测值的误差趋于零. 在适当的场合, 我们也允许观测值有少量的测量误差. 为了说明这个方法是如何操作的, 我们生成一个小型的模拟数据集:

```
x <- c(0,0.1,0.2,0.3,0.7,1.0)
y <- c(0,0.5,0,-0.5,1,0)
td <- data.frame(x,y)
```

解法的第一部分与之前的例子相同. 我们使用大量的基函数, 这会加重计算负担, 但适合于我们这个耗时的例子. 如果你需要这个方法运行得更快, 可能得精简一下.

f 的先验选择对结果至关重要. α 的选择决定了核的形状, $\alpha = 2$ 是我们可用的最光滑的选择. 我们使用惩罚复杂性先验, 因为这使我们更容易指定先验的不确定性. 我们让范围相当小的可能性很小, 这表示更倾向于光滑的拟合. 我们让函数的方差比数据显示的要大得多的概率较小. 最后, 我们设置了矩阵 `A` 来计算观测点上的拟合:

```
nbasis <- 100
alpha <- 2
mesh <- inla.mesh.1d(seq(0,1,length.out = nbasis),degree = 2)
```

```
spde <- inla.spde2.pcmatern(mesh, alpha=alpha,
                            prior.range=c(0.05,0.1),
                            prior.sigma=c(5,0.05))
A   <-  inla.spde.make.A(mesh, loc=td$x)
```

　　这个分析的目的是考查观测点之间的 f, 所以我们需要在这个范围内进行估计. 我们指定一个由 101 个点组成的精细网格, 并定义一个矩阵 A 来实现网格和这些点之间的转换. 这种方法适用于需要在不只是观测点的位置进行估计的例子. 我们现在需要跟踪两组估计值——一组是观测点的, 另一组是网格的. 我们使用堆叠函数来跟踪:

```
ngrid <- 101
Ap <-  inla.spde.make.A(mesh, loc=seq(0,1,length.out = ngrid))
index <- inla.spde.make.index("sinc", n.spde = spde$n.spde)
st.est <- inla.stack(data=list(y=td$y), A=list(A),
                     effects=list(index),  tag="est")
st.pred <- inla.stack(data=list(y=NA), A=list(Ap),
                      effects=list(index),  tag="pred")
formula <- y ~ -1 + f(sinc, model=spde)
sestpred <- inla.stack(st.est,st.pred)
```

　　现在我们已经准备好拟合这个函数. 我们指定与观测误差相关的超参数有一个非常大的固定精度. 这就迫使观测误差降到了零.

```
result <- inla(formula, data=inla.stack.data(sestpred),
               family="gaussian",
               control.predictor= list(A=inla.stack.A(sestpred),
                                       compute=TRUE),
               control.family(hyper=list(prec = list(fixed = TRUE,
                                         initial = 1e8))))
```

　　现在绘制拟合结果. 我们在网格上使用预测的响应变量. 后验均值以及 95% 的可信区间展示在图 8.6 所示的左图中. 我们对观测点上的函数持肯定态度, 但这些点之间存在相当大的不确定性.

```
ii <- inla.stack.index(sestpred, tag='pred')$data
plot(y ~ x, td,pch=20,ylim=c(-2,2))
tdx <- seq(0,1,length.out = ngrid)
lines(tdx, result$summary.linear.pred$mean[ii])
lines(tdx, result$summary.linear.pred$"0.025quant"[ii], lty = 2)
lines(tdx, result$summary.linear.pred$"0.975quant"[ii], lty = 2)
```

如果需要, 我们可以提取网格上任何一点的后验分布. 例如, 我们可以得到 $x = 0.5$ 的

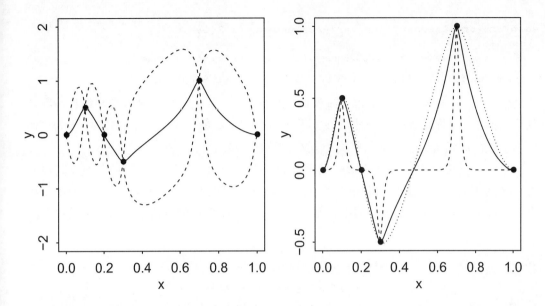

图 8.6 左图实线表示后验均值, 虚线表示该函数的 95% 的可信区间. 右图实线再次表示后验均值, 而虚线表示范围内 95% 的可信区间最粗糙的一端, 点虚线表示该区间最光滑的一端.

分布:

```
jj <- which(tdx == 0.5)
margpred <- result$marginals.linear[ii]
plot(margpred[[jj]],type="l", ylab="Density")
```

我们没有显示该图, 因为它是我们在这里预想到的一般的钟形后验.

对于一个小数据集, 结果可能对先验更敏感. 读者可能会发现我们上面的选择对试验是有帮助的. 当 α 的选择不同时, 结果会有很大的不同, 而对范围和标准差的先验做适度改变时, 影响相对较小.

我们还可以构建可信区间来表达拟合函数光滑度的不确定性. 我们可以获得关于变程的后验汇总统计量:

```
mres <- inla.spde.result(result,"sinc",spde)
exp(mres$summary.log.range.nominal[c(2,4,5,6,7)])
```

	mean	0.025quant	0.5quant	0.975quant	mode
range.nominal.1	0.1327	0.033269	0.14456	0.3462	0.18881

我们需要进行指数化处理, 因为原始汇总是在对数刻度上的. 正如我们上面所选择的那样, 对一些汇总统计量进行指数化才是有意义的. 我们看到范围的后验中位数是 0.145, 但 95% 的可信区间相当宽. 我们可以得到关于函数标准差的类似信息:

```
sqrt(exp(mres$summary.log.variance.nominal[c(2,4,5,6,7)]))
```

	mean	0.025quant	0.5quant	0.975quant	mode
variance.nominal.1	0.52937	0.30277	0.53804	0.857	0.56354

和之前一样, 我们选择了要报告的统计量进行指数化. 我们还取了平方根来得到标准差刻度上的结果 (行标题有误导性). 我们看到, 这个 95% 的可信区间相对较窄, 因为我们的六个观测值确实给了我们一些关于方差的好的信息.

直观地看这种不确定性的影响是很难的, 因此, 与上一节一样, 我们发现绘制对应可信区间两端的估计函数是有帮助的. 我们固定变程和标准差的超参数, 首先使用变程可信区间的下限, 对标准差使用中位数. 这将使我们在变程的可信区间内得到最粗糙的拟合.

```
spde <- inla.spde2.pcmatern(mesh,alpha=alpha,
                            prior.range=c(0.033269,NA),
                            prior.sigma=c(0.53804,NA))
resultl <- inla(formula, data=inla.stack.data(sestpred),
                family="gaussian",
                control.predictor= list(A=inla.stack.A(sestpred),
                                        compute=TRUE),
                control.family(hyper=list(prec = list(fixed = TRUE,
                                          initial = 1e8))))
```

针对区间的上限我们重复计算:

```
spde <- inla.spde2.pcmatern(mesh,alpha=alpha,
                            prior.range=c(0.3462,NA),
                            prior.sigma=c(0.53804,NA))
resulth <- inla(formula, data=inla.stack.data(sestpred),
                family="gaussian",
                control.predictor= list(A=inla.stack.A(sestpred),
                                        compute=TRUE),
                control.family(hyper=list(prec = list(fixed = TRUE,
                                          initial = 1e8))))
```

绘制结果, 如图 8.6 所示.

```
plot(y ~ x, td,pch=20)
tdx <- seq(0,1,length.out = ngrid)
lines(tdx, result$summary.linear.pred$mean[ii])
lines(tdx, resultl$summary.linear.pred$mean[ii],lty=2)
lines(tdx, resulth$summary.linear.pred$mean[ii],lty=3)
```

我们看到, 最粗糙的拟合意味着那些相隔很远的点之间的相关性为零. 如图所示, 这是通过一个常数拟合实现的. 点虚线所代表的拟合函数上下移动以捕捉观测结果, 但很快又回到了常数. 虚线所代表的最光滑的拟合显然比后验均值拟合更光滑. 该图给我们提供了一个有关不确定性的与前一个图不同的结果. 在第一幅图中, 我们得出真正的函数有 95% 的概率位于两条带线之间 (在逐点意义上). 在第二幅图中, 我们得到的是关于真实函数的光滑性而不是它的位置.

8.6　生存响应变量

在前面的例子中, 响应变量服从一个高斯分布. 我们可以通过将 GPR 纳入线性预测因子中来推广到其他分布. 考虑 6.3 节中描述的具有 Weibull 响应的加速失效时间模型. 方程 (6.5) 描述了平均响应变量和协变量之间的参数化线性关系, 我们可以将其替换为

$$\log \lambda = f(x),$$

其中 λ 是 Weibull 分布的比率参数, $f(x)$ 是 GPR 项. 我们可以根据需要增加参数或额外的 GPR 项来容纳其他的预测变量.

考虑 6.3 节中介绍的喉癌案例. 我们只用年龄这个协变量对生存时间进行建模. SPDE 解的构造与之前的例子非常相似. 我们使用 8.2 节中描述的惩罚复杂性先验. 这需要对数据中的刻度有一定的概念, 其中关于变程的先验取决于所观察到的年龄范围, 关于 sigma 的先验取决于生存时间. 我们在这两种情况下都做了保守的选择. 我们还需要在 inla.surv 中设置生存响应变量, 这需要时间和删失变量 (1 = 完整观测, 0 = 删失的).

```
data(larynx, package="brinla")
nbasis <- 25
alpha <- 2
xspat <- larynx$age
mesh <- inla.mesh.1d(seq(min(xspat), max(xspat), length.out = nbasis),
                 degree = 2)
spde <- inla.spde2.pcmatern(mesh,alpha=alpha, prior.range=c(20,0.1),
                        prior.sigma=c(10,0.05))
A <-  inla.spde.make.A(mesh, loc=xspat)
index <- inla.spde.make.index("sinc", n.spde = spde$n.spde)
st.est <- inla.stack(data=list(time=larynx$time,censor=larynx$delta),
                  A=list(A),  effects=list(index),  tag="est")
formula <- inla.surv(time,censor) ~  0 + f(sinc, model=spde)
data <- inla.stack.data(st.est)
```

```
result <- inla(formula, data=data, family="weibull.surv",
               control.predictor= list(A=inla.stack.A(st.est),
                                        compute=TRUE))
```

　　风险函数和生存函数等所需的量可以通过线性预测因子计算出来. 这里我们展示
了平均生存时间的计算, 以及 95% 的可信区间. 索引告诉我们需要从线性预测因子对
象中获得哪些观测来构建估计. 形状参数 α 是一个超参数, 用来根据 λ 计算生存时间.
图 8.7 的左图显示了所得到的估计值和可信区间. 我们可以看到, 参数模型中使用的年
龄线性项是一个合理的选择, 因为没有强有力的证据表明存在非线性.

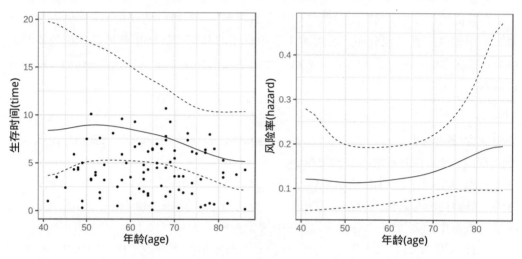

图 8.7　左边显示的是随年龄变化的平均生存时间, 右边显示的是随年龄变化的风
险率. 两者都显示了 95% 的可信区间.

```
ii <- inla.stack.index(st.est, "est")$data
lcdf <- data.frame(result$summary.linear.predictor[ii,],larynx)
alpha <- result$summary.hyperpar[1,1]
lambda <- exp(lcdf$mean)
lcdf$exptime <- lambda^(-1/alpha)*gamma(1/alpha + 1)
lambda <- exp(lcdf$X0.025quant)
lcdf$lcb <- lambda^(-1/alpha)*gamma(1/alpha + 1)
lambda <- exp(lcdf$X0.975quant)
lcdf$ucb <- lambda^(-1/alpha)*gamma(1/alpha + 1)
p <- ggplot(data=lcdf,aes(x=age,y=time)) + geom_point()
p + geom_line(aes(x=age,y=exptime)) +
  geom_line(aes(x=age,y=ucb),linetype=2) +
  geom_line(aes(x=age,y=lcb),linetype=2)
```

我们还可以计算和绘制风险率的 95% 的可信区间. 由于这个模型中没有截距项, 所以基础风险率为 1, 它显示在图 8.7 的第二个图中. 我们可以看到风险率是如何随着年龄的增长而增加的.

```
lambda <- exp(lcdf$mean)
lcdf$hazard <- alpha * lcdf$age^(alpha-1) * lambda
lambda <- exp(lcdf$X0.025quant)
lcdf$hazlo <- alpha * lcdf$age^(alpha-1) * lambda
lambda <- exp(lcdf$X0.975quant)
lcdf$hazhi <- alpha * lcdf$age^(alpha-1) * lambda
ggplot(data=lcdf,aes(x=age,y=hazard)) + geom_line() +
  geom_line(aes(x=age,y=hazlo),lty=2) +
  geom_line(aes(x=age,y=hazhi),lty=2)
```

我们还可以在线性预测因子上增加额外的项, 为更多的协变量建模.

第 9 章

可加与广义可加模型

第 7 章介绍的光滑化方法可以进一步扩展到更高的维数. 但当维数超过 2 时, 计算量会变得相当大. 对于多维数据, 非参数估计的方差估计将成为一个新的挑战. 非参数方法经常受到方差的影响, 方差随着预测变量的数量 p 呈指数级增长; 这被称为维度灾难. 正因为如此, 在模型中引入某种结构往往是可取的. 如果结构不能准确地描述实际情况, 引入结构肯定会带来偏差; 但是, 它可以促使方差急剧减小. 到目前为止, 最常见的方法是引入可加结构, 从而形成所谓的可加与广义可加模型. 在本章中, 我们将展示如何使用 INLA 对这类模型进行贝叶斯推断.

9.1 可加模型

给定响应变量 y 和预测变量 $x_1, \ldots, x_p$, 线性回归模型的形式是

$$y_i = \beta_0 + \sum_{j=1}^{p} \beta_j x_{ij} + \varepsilon_i,$$

$i = 1, \ldots, n$, 其中误差 ε_i 的均值为 0、方差为 σ_ε^2. 为了使这个模型更加灵活, 我们还可以对预测变量进行变换和组合. 由于预测变量可能的变换有多种选择, 因此很难找到一个好的模型. 另外, 我们可以尝试用系统的方法来拟合一系列的变换, 如预测变量的多项式. 但是, 如果引入交互项, 那么模型的项数将变得非常大.

相反, 我们可以尝试用非参数回归的方法来拟合以下模型:

$$y_i = f(x_{i1}, \ldots, x_{ip}) + \varepsilon_i.$$

尽管它避免了对函数 f 的参数化假设, 但对于 p 大于 2 的情况, 拟合这样的模型也是不现实的. 在这两个极端建模方案之间, 一个好的折中办法是可加模型 (Friedman 和 Stuetzle, 1981):

$$y_i = \beta_0 + \sum_{j=1}^{p} f_j(x_{ij}) + \varepsilon_i, \tag{9.1}$$

其中 β_0 为截距项. f_j 可以是参数形式的函数 (如多项式), 也可以简单地指定为基于非参数方法估计的 "光滑函数". 可加模型比线性模型更灵活, 但因为 f_j 可以被绘制出来, 以显示预测变量和响应变量之间的边际关系, 因此还具有可解释性. 使用常规的回归方法在该模型中添加分类变量也很容易. 然而, 当存在强烈的交互效应时, 可加模型的表现就会很差. 在这种情况下, 可以在模型中加入 $f_{ij}(x_i x_j)$ 或 $f_{ij}(x_i, x_j)$ 这样的项. 我们也可以在模型中增加一个因子和连续预测变量之间的交互作用, 做法是为该因子的每个水平拟合不同的函数.

在频率学派的框架里, 可加模型可以作为非参数回归的一种形式, 并使用回溯算法 (backfitting algorithm) 进行拟合 (Buja 等, 1989; Hastie 和 Tibshirani, 1990). 回溯算法允许使用各种光滑化方法 (如光滑样条) 来估计函数, 且可通过 gam 软件包在 R 中实现. 另外, 我们可以先用一系列基函数来表示任意的光滑函数, 然后根据惩罚似然法来估计函数的系数 (Wood, 2006). 这种惩罚光滑化方法允许我们使用广义交叉验证法 (generalized cross validation) 高效地估计模型的光滑度 (Wood, 2008), 并且可以通过 mgcv 软件包在 R 中实现. 相比之下, 回溯算法允许我们对可能使用的光滑化方法有更多的选择, 而惩罚光滑化方法在光滑度方面是自动选择的, 且功能更强大.

贝叶斯可加模型

假设在模型 (9.1) 中的随机误差 $\varepsilon_i \sim N(0, \sigma_\varepsilon^2)$, 并对每个函数 f_j 使用依赖于未知超参数 τ_j 的先验, 即 $p(f_j | \tau_j)$. 那么, 该贝叶斯可加模型的联合后验分布为

$$p(f_1, \ldots, f_p, \boldsymbol{\theta} \mid \boldsymbol{y}) = \mathcal{L}\left(f_1, \ldots, f_p, \sigma_\varepsilon^2, \beta_0; \boldsymbol{y}\right)$$
$$\times p(\beta_0) p(\sigma_\varepsilon^2) \prod_{j=1}^{p} p(f_j \mid \tau_j) p(\tau_j),$$

其中 $\boldsymbol{\theta}$ 表示所有的未知参数, $\mathcal{L}$ 是高斯似然函数, $p(\beta_0)$、$p(\sigma_\varepsilon^2)$ 和 $p(\tau_j)$ 是先验.

贝叶斯回溯算法 (Hastie 和 Tibshirani, 2000) 与 MCMC 模拟相结合, 经常用于对边际后验分布进行采样. 它允许灵活地选择 f_j 的光滑先验, 并通过数据和先验自动选择光滑度. 然而, 众所周知, 这种情况下的马尔可夫链收敛缓慢, 且混合效果差. 这是因为 $f_j(x)$ 的样本依赖于其余的 $f_k(x)$ ($k \neq j$) 的样本. 此外, 当所需的可加模型很复杂时, 一般很难实现 MCMC 算法.

因此, INLA 是拟合可加模型的一个好的替代方案. 当每个 f_j 服从第 7 章和第 8 章中介绍的高斯先验时, 可加模型属于潜在高斯模型的范畴, 因此可以用 INLA 来拟合. 由于 INLA 的近似性, 它不存在 MCMC 方法中的缺点. INLA 的计算效率非常高, 因为模型中使用的所有高斯先验都有稀疏的精度矩阵, 且可以合并为另一个大但却稀疏的高斯先验来便于近似.

模拟数据

我们加载 mgcv 软件包, 并模拟所谓的 "Gu 和 Wahba 4 单变量例子" 中的数据:

```
library(INLA); library(brinla)
library(mgcv)
set.seed(2)
dat <- gamSim(1, n = 400, dist = "normal", scale = 2)
str(dat)
```

```
'data.frame':        400 obs. of  10 variables:
 $ y : num  7.13 2.97 3.98 10.43 14.57 ...
 $ x0: num  0.185 0.702 0.573 0.168 0.944 ...
 $ x1: num  0.6171 0.5691 0.154 0.0348 0.998 ...
 $ x2: num  0.41524 0.53144 0.00325 0.2521 0.15523 ...
 $ x3: num  0.132 0.365 0.455 0.537 0.185 ...
 $ f : num  8.39 7.52 3.31 10.86 14.63 ...
 $ f0: num  1.097 1.609 1.947 1.008 0.351 ...
 $ f1: num  3.44 3.12 1.36 1.07 7.36 ...
 $ f2: num  3.853084 2.786858 0.000331 8.782269 6.923314 ...
 $ f3: num  0 0 0 0 0 0 0 0 0 0 ...
```

该数据框包含 10 个变量的 400 个观测值, 其中 y 是响应变量, xi (i=0, 1, 2, 3) 是预测变量, fi (i=0, 1, 2, 3) 是真实函数, f 是真实的线性预测因子. 噪声是均值为 0、标准差为 2 的高斯分布. 然后, 我们基于以下可加模型拟合数据:

$$y = \beta_0 + f_0(x_0) + f_1(x_1) + f_2(x_2) + f_3(x_3) + \varepsilon, \quad \varepsilon \sim N(0, \sigma_\varepsilon^2),$$

其中对 β_0 采用了扩散正态先验, 对 σ_ε^2 采用了扩散逆伽马先验, 对每个 f_i 函数采用了 RW2 先验. 这些先验的详细解释参见第 7 章中的相关介绍. 该模型在 INLA 中可表述为

```
formula <- y ~ f(x0, model = 'rw2', scale.model = TRUE)
             + f(x1, model = 'rw2', scale.model = TRUE)
             + f(x2, model = 'rw2', scale.model = TRUE)
             + f(x3, model = 'rw2', scale.model = TRUE)
```

其中, 我们对 RW2 先验做出调整, 以适应不同函数可能需要的刻度. 我们还对每个 RW2 先验设置了零和约束 (默认选择), 以使其可以从截距中识别出来. 注意, 有些 x 值过于接近, 不能对其建立 RW2 先验. 因此, 我们先对其做以下分组:

```
n.group <- 50
```

```
x0.new <- inla.group(dat$x0, n = n.group, method = 'quantile')
x1.new <- inla.group(dat$x1, n = n.group, method = 'quantile')
x2.new <- inla.group(dat$x2, n = n.group, method = 'quantile')
x3.new <- inla.group(dat$x3, n = n.group, method = 'quantile')
```

然后用这些分组数据来拟合模型:

```
dat.inla <- list(y = dat$y, x0 = x0.new, x1 = x1.new, x2 = x2.new,
                 x3 = x3.new)
result <- inla(formula, data = dat.inla)
```

β_0 的后验汇总统计量为:

```
round(result$summary.fixed, 4)
```

	mean	sd	0.025quant	0.5quant	0.975quant	mode	kld
(Intercept)	7.7696	0.0995	7.5741	7.7696	7.965	7.7697	0

图 9.1 绘制了每个函数的拟合曲线 (后验均值) 和 95% 的可信区间. 出于比较目的, 我们也绘制了真实函数. 绘制图 9.1(a) 的代码如下, 其他的图也可以类似地绘制:

```
bri.band.plot(result, name = 'x0', type = 'random', xlab='', ylab='')
lines(sort(dat$x0), (dat$f0 - mean(dat$f0))[order(dat$x0)], lty = 2)
```

注意, 我们把每个真实函数放在中心, 以满足零和约束. 可以看到, 这些函数估计得很好, 真实曲线几乎都在可信区间内. 它们与使用 mgcv 软件包估计得到的函数相当 (未显示). 下面给出了各标准差 (SD) 的后验汇总统计量:

```
round(bri.hyperpar.summary(result), 4)
```

	mean	sd	q0.025	q0.5	q0.975	mode
SD for the Gaussian observations	1.9796	0.0713	1.8443	1.9775	2.1246	1.9733
SD for x0	0.2164	0.1072	0.0754	0.1933	0.4893	0.1541
SD for x1	0.1796	0.0986	0.0530	0.1578	0.4318	0.1191
SD for x2	3.7413	0.9482	2.2800	3.5964	5.9867	3.3188
SD for x3	0.0105	0.0063	0.0039	0.0087	0.0276	0.0063

高斯噪声 SD 的估计接近于真实值 $\sigma_\varepsilon = 2$. 每个 f 函数在 RW2 先验中 SD 的估计反映了其光滑度: 估计函数越光滑, 其 SD 估计越大.

慕尼黑租赁指南

我们在第 7 章中用一些非参数模型拟合了该数据集. 我们考虑了房屋面积、建设年份和空间位置等预测变量, 并看到它们各自如何影响房租. 然而, 更好的做法是构建一

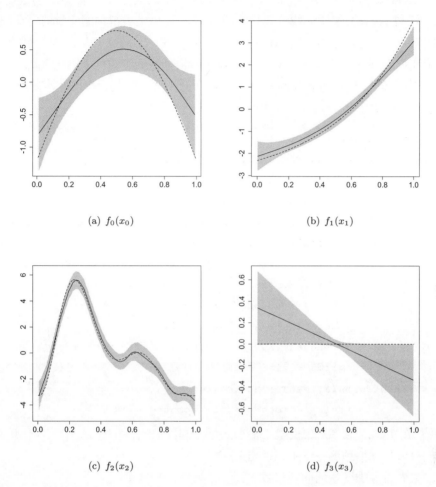

(a) $f_0(x_0)$ (b) $f_1(x_1)$

(c) $f_2(x_2)$ (d) $f_3(x_3)$

图 9.1 使用 RW2 先验的可加模型的模拟结果: 真实函数 (虚线), 后验均值 (实线) 和 95% 可信区间 (灰色).

个包括数据中包含的所有预测变量以及分类预测变量的可加模型. 因此, 我们考虑模型

$$\begin{aligned}
\mathtt{rent} = {} & f_1(\mathtt{location}) + f_2(\mathtt{year}) + f_3(\mathtt{floor.size}) \\
& + (\mathtt{Gute.Wohnlage})\beta_1 + (\mathtt{Beste.Wohnlage})\beta_2 + (\mathtt{Keine.Wwv})\beta_3 \\
& + (\mathtt{Keine.Zh})\beta_4 + (\mathtt{Kein.Badkach})\beta_5 + (\mathtt{Besond.Bad})\beta_6 \\
& + (\mathtt{Gehobene.Kueche})\beta_7 + (\mathtt{zim1})\beta_8 + (\mathtt{zim2})\beta_9 \\
& + (\mathtt{zim3})\beta_{10} + (\mathtt{zim4})\beta_{11} + (\mathtt{zim5})\beta_{12} + (\mathtt{zim6})\beta_{13} \\
& + \varepsilon, \quad \varepsilon \sim N(0, \sigma_\varepsilon^2),
\end{aligned} \tag{9.2}$$

其中 β_i 是线性效应的回归系数, f_1 是 location 中空间效应的未知函数, f_2 和 f_3 分别是 year 和 floor.size 中非线性效应的函数. 注意, 由于虚拟预测变量的存在, 模型中没有使用截距项. 我们对 f_1 采取 Besag 先验, 对 f_2 和 f_3 采取 RW2 先验. 由非参数回归的例子我们看到两个非线性效应和空间效应的精度估计有很大不同. 因此, 我们对它们的先验进行调整, 使得对各先验精度分配相同的伽马先验是合理的. 该模型在 INLA 中的表示与拟合如下:

```
data(Munich, package = "brinla")
g <- system.file("demodata/munich.graph", package = "INLA")
formula <- rent ~ f(location, model = "besag", graph = g,
                scale.model = TRUE)
               + f(year, model = "rw2", values = seq(1918, 2001),
                  scale.model = TRUE)
               + f(floor.size, model = "rw2", values = seq(17, 185),
                  scale.model = TRUE) + Gute.Wohnlage
               + Beste.Wohnlage + Keine.Wwv + Keine.Zh
               + Kein.Badkach  + Besond.Bad
               + Gehobene.Kueche + zim1 + zim2 + zim3 + zim4
               + zim5 + zim6 - 1
result <- inla(formula, data = Munich,
              control.predictor = list(compute = TRUE))
```

注意, 我们在 Besag 和 RW2 模型中都加入了零和约束条件 (INLA 中的默认选择), 以保证它们可以从虚拟预测变量中识别出来.

我们来看看分类变量的回归系数估计:

```
round(result$summary.fixed, 3)
```

	mean	sd	0.025quant	0.5quant	0.975quant	mode	kld
Gute.Wohnlage	0.621	0.109	0.405	0.621	0.834	0.622	0
Beste.Wohnlage	1.773	0.317	1.151	1.773	2.394	1.773	0
Keine.Wwv	-1.942	0.278	-2.488	-1.942	-1.397	-1.942	0
Keine.Zh	-1.373	0.191	-1.747	-1.373	-0.999	-1.373	0
Kein.Badkach	-0.552	0.115	-0.777	-0.552	-0.327	-0.552	0
Besond.Bad	0.493	0.160	0.179	0.493	0.807	0.493	0
Gehobene.Kueche	1.136	0.175	0.793	1.136	1.478	1.136	0
zim1	7.917	0.290	7.347	7.917	8.487	7.917	0
zim2	8.198	0.223	7.760	8.198	8.635	8.199	0
zim3	8.019	0.201	7.624	8.020	8.413	8.020	0
zim4	7.590	0.207	7.182	7.591	7.997	7.591	0

zim5	7.722 0.319	7.094	7.722	8.348	7.722	0
zim6	7.504 0.565	6.395	7.504	8.611	7.504	0

我们看到所有的变量在统计上都是有意义的, 因为它们对应的回归系数 β 的 95% 可信区间不包括零.

模型中有三个随机效应: year, floor.size 和 location. 它们的结果都保存在 result1\$summary.random 中. 现在让我们逐个分析它们. 图 9.2(a) 和 9.2(b) 分别画出了 floor.size 和 year 的拟合曲线和 95% 的可信区间:

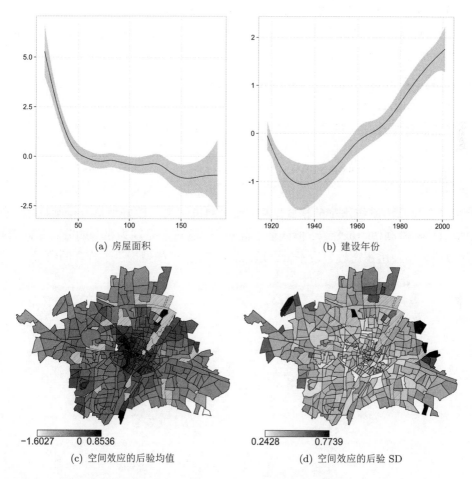

(a) 房屋面积 (b) 建设年份

(c) 空间效应的后验均值 (d) 空间效应的后验 SD

图 9.2 慕尼黑租赁指南: (a) 房屋面积的非线性效应估计及其 95% 的可信区间; (b) 建筑年份的非线性效应估计及其 95% 的可信区间; (c) 空间效应的后验均值; (d) 空间效应的后验 SD.

```
bri.band.ggplot(result, name = 'floor.size', type = 'random')
bri.band.ggplot(result, name = 'year', type = 'random')
```

结果表明, floor.size 对 rent 的影响随着它增加到 50 后减少, 紧接着 rent 从 0 左右到最后是一个平坦的模式. 1920 年到 1960 年之间, `year` 的影响是一个 U 形模式, 然后一直增加到最后. 在图 9.2(c) 和图 9.2(d) 中, 我们展示了基于 R 命令的空间效应的后验均值和 SD 图:

```
map.munich(result$summary.random$location$mean)
map.munich(result$summary.random$location$sd)
```

请注意, `map.munich` 是为慕尼黑租赁指南数据集绘制地图而创建的函数. 它对其他数据集不起作用. 我们可以看到, 慕尼黑中心地区的公寓租金平均高于郊区的租金. 然而, 租金方差却显示出相反的模式, 中心地区的 SD 比郊区的要低.

出于诊断需要, 图 9.3 的左图显示了残差图, 右图显示了观测到的响应变量值与估计的平均响应变量值的对比图, 绘图代码如下:

```
yhat <- result$summary.fitted.values$mean
residual <- Munich$rent - yhat
plot(yhat, residual, ylab = 'Residual', xlab = 'Fitted value')
abline(0,0)
plot(yhat, Munich$rent, ylab = 'Rent', xlab = 'Fitted value')
abline(0,1)
```

残差图没有显示出系统水平的模式, 表明给出的模型可以较好地拟合该数据集. 然而, 该模型似乎稍微高估了低租金, 但低估了高租金. 这可能是因为租金的分布是向右倾斜的, 所以模型中使用正态性假设不太合适. 总的来说, 该模型提供了合理的结果.

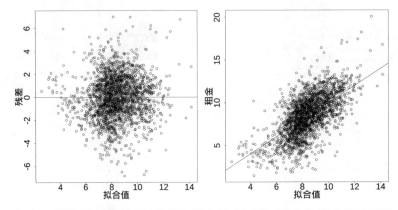

图 9.3 慕尼黑租赁指南: 残差与拟合值 (左图); 租金与拟合值 (右图).

9.2 广义可加模型

广义可加模型 (GAM) 是一个广义线性模型 (GLM) (见第 4 章), 其中线性预测因子依赖于一些预测变量的未知光滑函数. 假设响应变量 y_i, $i = 1, \ldots, n$ 服从指数族的分

布 (如二项或泊松分布), 均值为 $E(y_i) = \mu_i$, 则 GAM 可表示为

$$g(\mu_i) = \eta_i, \quad \eta_i = \beta_0 + \sum_{j=1}^{p} f_j(x_{ij}), \tag{9.3}$$

其中 g 是连接函数, 连接 μ_i 和线性预测因子 η_i. GAM 最初是由 Hastie 和 Tibshirani (1990) 提出的, 目的是将 GLM 的特性与上一节介绍的可加模型相融合. GAM 族相当广泛, 常用的大多数模型都属于该族.

同可加模型一样, GAM 可以用 `mgcv` 和 `gam` 软件包来拟合, 但拟合方法不同. `mgcv` 软件包采用似然法, 借助一些信息准则, 例如广义交叉验证法 (Wood, 2008), 决定每个函数的光滑度. `gam` 软件包使用的是回溯算法, 基于如同在 GLM 中使用的迭代再加权最小二乘拟合算法实现. 我们可以很容易将可加模型的 INLA 拟合方法扩展到 GAM. 实际上, 只需要在算法中加入一个针对非高斯似然的拉普拉斯近似. 在下面的章节中, 我们将使用一些真实的数据例子来演示如何使用 INLA 来拟合 GAM.

9.2.1 二分类响应变量

Bell 等 (1994) 研究了多级胸椎和腰椎椎体切除术的效果, 这是一种常在儿童身上进行的矫正性脊柱手术. 研究数据由 83 名患者的随访测量值组成. 所关注的具体结果是有 (1) 或没有 (0) "脊柱后凸 (Kyphosis)", 它定义为脊柱向前弯曲, 与垂直方向至少有 40 度. 预测变量是手术时的年龄 (以月为单位) (`Age`), 手术中涉及椎体的初始级别 (`StartVert`), 以及涉及的级别数 (`NumVert`). 我们加载数据集:

```
data(kyphosis, package = 'brinla')
str(kyphosis)
```

```
'data.frame':        83 obs. of  4 variables:
 $ Age      : int  71 158 128 2 1 1 61 37 113 59 ...
 $ StartVert: int  5 14 5 1 15 16 17 16 16 12 ...
 $ NumVert  : int  3 3 4 5 4 2 2 3 2 6 ...
 $ Kyphosis : int  0 0 1 0 0 0 0 0 0 1 ...
```

该数据框有 4 个整数变量, 每个变量有 83 个测量值.

因为响应是二元的, 所以我们假设响应观测值服从伯努利分布, 并使用对数连接函数:

$$\texttt{Kyphosis\_i} \sim \text{Bin}(1,\ p_i), \quad \log\left(\frac{p_i}{1 - p_i}\right) = \eta_i,$$

其中 p_i 是第 i 个病人出现 `Kyphosis` 的概率, η_i 是与 p_i 相关的线性预测因子. 因为我们不确定每个预测变量与响应变量有什么样的关系, 所以我们如下所示先用非参数函数

对这三个预测变量进行建模:

$$\eta_i = \beta_0 + f_1(\text{Age}_i) + f_2(\text{StartVert}_i) + f_3(\text{NumVert}_i). \tag{9.4}$$

对 β_0 用 INLA 提供的默认正态先验, 对每个 f 函数使用 RW2 先验. 然后我们构建模型并使用 INLA 进行拟合:

```
formula1 <- Kyphosis ~ 1 + f(Age, model = 'rw2')
                       + f(StartVert, model = 'rw2')
                       + f(NumVert, model = 'rw2')
result1 <- inla(formula1, family='binomial', data = kyphosis,
                control.predictor = list(compute = TRUE),
                control.compute = list(waic = TRUE))
```

默认情况下, logit 连接函数用于二项似然, 并在每个 RW2 先验中添加零和约束, 使其可以从截距项中识别. 我们还要求 INLA 计算 WAIC 指标, 以便进行模型比较. 我们绘制三个非线性效应的拟合曲线和 95% 的可信区间 (见图 9.4(a)、9.4(b) 和 9.4(c)):

```
bri.band.ggplot(result1, name = 'Age', type = 'random')
bri.band.ggplot(result1, name = 'StartVert', type = 'random')
bri.band.ggplot(result1, name = 'NumVert', type = 'random')
```

结果表明脊柱后凸的风险随着 Age 的增加而增加, 直到 120 个月左右达到最大值, 然后随着 Age 的继续增加而下降. 在考虑了可信区间所代表的不确定性之后, 30 个月之前 Age 的影响是负的, 但在 60 和 160 个月之间是正的, 因为在这些区间内, 可信区间并不包括 0. 我们还注意到, 由于缺乏观测值, 可信区间的宽度在 200 个月后急剧增加. 然而, StartVert 和 NumVert 只是显示了与风险相关的线性模式.

为了进一步了解线性预测因子 η 如何影响脊柱后凸的风险, 我们提取 η 的后验均值:

```
eta <- result1$summary.linear.predictor$mean
```

以及 p_i (第 i 个病人出现脊柱后凸的概率) 的后验均值和 95% 的可信区间:

```
phat <- result1$summary.fitted.values$mean
phat.lb <- result1$summary.fitted.values$'0.025quant'
phat.ub <- result1$summary.fitted.values$'0.975quant'
```

并绘制出来:

```
data.plot <- data.frame(eta, phat, phat.lb, phat.ub)
ggplot(data.plot, aes(y = phat, x = eta)) +
  geom_errorbar(aes(ymin = phat.lb, ymax = phat.ub),
```

```
                    width = 0.2, col = 'gray') +
geom_point() + theme_bw(base_size = 20) +
labs(x = 'Linear predictor', y = 'Probability')
```

图 9.4(d) 显示了绘制结果, 我们可以看到风险 (点) 缓慢增加 ($\hat{p} < 0.2$), 直到 $\hat{\eta} = -2$, 然后急剧上升到 1. 由于在高水平观测到的数据稀少, 每个风险水平的可信区间随着 $\hat{\eta}$ 的增加而变宽.

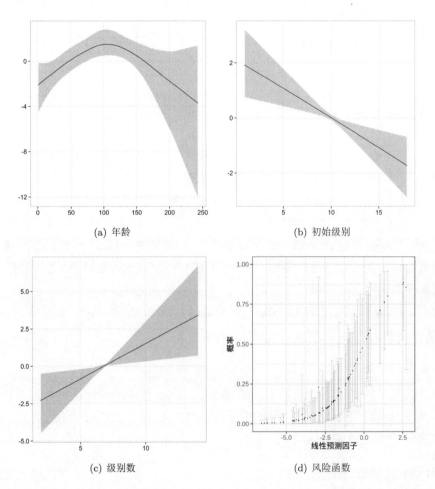

(a) 年龄

(b) 初始级别

(c) 级别数

(d) 风险函数

图 9.4 脊柱后凸的风险因素: (a) 年龄, (b) 初始级别以及 (c) 级别数的后验均值 (黑线) 和 95% 的可信区间 (灰带); (d) 估计的风险函数 (点) 和 95% 的可信区间 (灰色垂直线).

GAM 最好的一点是, 我们可以用它来表示更简单的参数模型, 这在解释性、稳定性、预测和使用的便利性方面都更好. 在本例中, GAM 似乎建议采用以下二次模型:

$$\eta_i = \beta_0 + \text{StartVert}_i\beta_1 + \text{NumVert}_i\beta_2 + \text{Age}_i\beta_3 + \text{Age}_i^2\beta_4. \tag{9.5}$$

这样的模型可以用 INLA 来如下拟合:

```
kyphosis$AgeSq <- (kyphosis$Age)^2
formula2 <- Kyphosis ~ 1 + StartVert + NumVert + Age + AgeSq
result2 <- inla(formula2, family='binomial', data = kyphosis,
                control.predictor = list(compute = TRUE),
                control.compute = list(waic = TRUE))
```

线性效应的后验汇总统计量如下:

```
round(result2$summary.fixed, 4)
```

	mean	sd	0.025quant	0.5quant	0.975quant	mode	kld
(Intercept)	-5.1887	2.0379	-9.5830	-5.0425	-1.5791	-4.7333	0
StartVert	-0.2214	0.0708	-0.3680	-0.2187	-0.0896	-0.2134	0
NumVert	0.5132	0.2191	0.1294	0.4958	0.9899	0.4587	0
Age	0.0899	0.0334	0.0320	0.0870	0.1632	0.0808	0
AgeSq	-0.0004	0.0002	-0.0008	-0.0004	-0.0001	-0.0004	0

β_1 和 β_2 的点估计分别为 -0.2214 和 0.5132. 它们的 95% 的可信区间是 $(-0.3680, -0.0896)$ 和 $(0.1294, 0.9899)$, 其中没有一个包含 0. 因此, 我们得出的结论是, 给定 Age, 增加 StartVert 会减少风险, 但增加 NumVert 会增加风险. 对于 Age 的线性系数和二次系数都是非零的, 因为它们的可信区间也不包括 0. 这表明在 Age 和骨质疏松症的风险之间存在平方关系.

为了比较二次模型 (9.5) 和 GAM (9.4), 我们查看它们的 WAIC 值:

```
c(result1$waic$waic, result2$waic$waic)
```

```
[1] 65.91754 65.46884
```

这表明二次模型的表现略微优于 GAM. 看来, 二次模型的简单性在拟合方面稍稍优于 GAM. 然而, 如果没有 GAM, 我们可能不会想到二次模型, 也不会知道它是正确的选择. 因此, GAM 分析无疑是有用的.

9.2.2　计数响应变量

世界上大多数可进行商业开发的鱼类种群都已被过度开发了. 为了有效地管理鱼群, 我们必须对鱼群进行有效评估, 但任何特定物种可捕数量的计算都是有挑战的. 一种替代解决方案是评估一个种群产生的鱼卵数量, 然后计算出产生这一数量鱼卵所需的成年鱼数量. 这种鱼卵数据是通过派遣科学巡航船, 在鱼群所占区域的一些预先指定的网格站点进行鱼卵取样而获得的.

我们在此考虑有关鲭鱼卵分布的数据, 该数据是作为 1992 年鲭鱼调查的一部分而收集的. 在一些站点, 研究者通过将细网从海面下深处拖到海面上, 对鲭鱼卵进行采样.

研究者从所得的样品中获得了鱼卵的计数数据, 这些数据已被转换为 (第一阶段) 每天每平方米的产卵量——鱼卵密度数据. 在记录鱼卵数的同时, 研究者也记录了其他可能有用的预测变量和识别信息. 为了使用该数据集, 需要安装 gamair R 软件包.

我们先加载数据并查看结构:

```
data(mack, package = 'gamair')
str(mack, vec.len = 2)
```

```
'data.frame':        634 obs. of  16 variables:
 $ egg.count  : num  0 0 0 1 4 ...
 $ egg.dens   : num  0 0 ...
 $ b.depth    : num  4342 4334 ...
 $ lat        : num  44.6 44.6 ...
 $ lon        : num  -4.65 -4.48 -4.3 -2.87 -2.07 ...
 $ time       : num  8.23 9.68 ...
 $ salinity   : num  35.7 35.7 ...
 $ flow       : num  417 405 377 420 354 ...
 $ s.depth    : num  104 98 101 98 101 ...
 $ temp.surf  : num  15 15.4 15.9 16.6 16.7 ...
 $ temp.20m   : num  15 15.4 15.9 16.6 16.7 ...
 $ net.area   : num  0.242 0.242 0.242 0.242 0.242 ...
 $ country    : Factor w/ 4 levels "EN","fr","IR",..: 4 4 4 4 4 ...
 $ vessel     : Factor w/ 4 levels "CIRO","COSA",..: 2 2 2 2 2 ...
 $ vessel.haul: num  22 23 24 93 178 ...
 $ c.dist     : num  0.84 0.859 ...
```

该数据框有 16 列和 634 行. 每一列代表一个预测变量, 每一行对应一个鱼卵的样本. 每个样本的鱼卵数和鱼卵密度分别记录在 egg.count 和 egg.dens 中. 每个站点的位置在 lon (经度) 和 lat (纬度) 中定义. 我们绘制了鲭鱼卵取样的位置, 以及在该位置记录的鲭鱼卵数量和鲭鱼卵密度的相对大小 (用圆圈大小表示):

```
loc.obs <- cbind(mack$lon, mack$lat)
plot(loc.obs, cex = 0.2+mack$egg.count/50, cex.axis = 1.5)
plot(loc.obs, cex = 0.2+mack$egg.dens/150, cex.axis = 1.5)
```

图 9.5 展示了结果. 其他预测变量的信息可以通过在 R 中键入 ?mack 找到.

我们想预测一个种群产生的鲭鱼卵的数量. 正如我们在图 9.5 中看到的, 鱼卵的分布似乎有空间效应. 除了 lon 和 lat, 我们还考虑了鱼卵丰富度预测变量, 如水的咸度 (salinity), 20 米深度的水温 (temp.20m), 以及与 200 米海床等高线的距离 (c.dist). 预测变量 c.dist 反映了生物学家的观点, 即鱼喜欢在大陆架边缘产卵, 通常认为大陆架的边缘为海床深度 200 米. 按照 Wood (2006), 我们假设每个 `egg.count` 服从均值为 λ_i 的泊松分布,

$$\text{egg.count}\_i \sim \text{Poisson}(\lambda_i), \quad \log(\lambda_i) = \eta_i,$$
$$\eta_i = \log(\text{net.area}_i) + \beta_1 \text{salinity}_i + \beta_2 \text{c.dist}_i$$
$$+ f_1(\text{temp.20m}_i) + f_2(\text{lon}_i, \text{lat}_i), \tag{9.6}$$

其中 `net.area` (每个网的面积) 是补偿量, β_1 和 β_2 分别是 `salinity` 和 `c.dist` 的线性效应系数, f_1 是 `temp.20m` 的非线性效应, f_2 是 `(lon,lat)` 的空间效应.

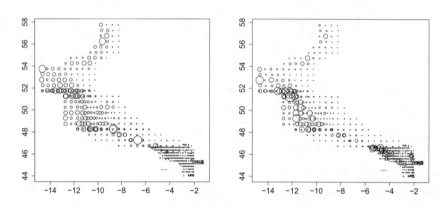

图 9.5 鲭鱼卵调查: 每个采样站的鱼卵数 (左) 和鱼卵密度 (右). 每个圆圈的大小显示了每个观测点所记录数据的相对大小.

我们对线性效应采用 INLA 提供的默认先验, 对非线性效应采用 RW2 先验, 对空间效应采用薄板样条 (TPS) 先验. TPS 先验所需的三角网格构造如下:

```
mesh <- inla.mesh.2d(loc.obs, cutoff = 0.05, max.edge = c(.5,1))
```

这里我们设置 `cutoff=0.05`, 将相距小于 0.05 的点用一个顶点代替, 并设置内外三角形最大的边长为 0.5 和 1, 以获得一个光滑的三角网格图. 然后, 我们使用 INLA 建立 TPS 先验并拟合模型 (9.6):

```
tps <- bri.tps.prior(mesh)
node <- mesh$idx$loc
formula <- egg.count ~ -1 + salinity + c.dist
                        + f(temp.20m, model = 'rw2')
                        + f(node, model = tps, diagonal = 1e-6)
result <- inla(formula, family = 'poisson', data = mack,
                offset = log(net.area))
```

线性效应的后验汇总统计量如下:

```
round(result$summary.fixed, 4)
```

	mean	sd	0.025quant	0.5quant	0.975quant	mode	kld
salinity	0.0058	0.0025	0.0008	0.0058	0.0107	0.0058	0
c.dist	-0.9915	0.5634	-2.1084	-0.9884	0.1068	-0.9821	0

我们可以看到 salinity 具有显著的影响, 其均值为 0.0058, 95% 的可信区间为 (0.0008, 0.0107), 而 c.dist 的影响是不显著的, 因为其可信区间 (−0.988, 0.106) 包含了 0. 对于非线性效应 temp.20m, 我们绘制其拟合曲线和 95% 的可信区间:

```
bri.band.ggplot(result, name = 'temp.20m', type = 'random')
```

图 9.6(a) 显示了结果, 我们看到鱼卵的密度似乎随着温度的升高而慢慢增加, 直到达到 14.5 度左右, 然后急剧下降, 直到 16 度, 接着又增加, 直到 18 度, 最后又大降.

现在我们来看看空间效应. 为了绘制其图像, 我们需要一个新的数据集 mackp, 其提供了一个规则空间网格以及调查所覆盖区域内的一些其他预测变量. 我们加载数据并将空间效应的后验均值投射到该网格上:

```
data(mackp, package = 'gamair')
proj <- inla.mesh.projector(mesh, loc = cbind(mackp$lon, mackp$lat))
spa.mean <- inla.mesh.project(proj, result$summary.random$node$mean)
```

然后用 fields 软件包的 quilt.plot 函数进行绘图:

```
library(fields)
quilt.plot(mackp$lon, mackp$lat, spa.mean,
           nx = length(unique(mackp$lon)),
           ny = length(unique(mackp$lat)))
```

图 9.6(b) 显示了结果, 从中可以看到鱼卵的丰富度是如何依赖于空间位置的.

预测. 本研究的一个主要目的是评估鱼卵的总量. 因此, 有必要绘制预测的鱼卵密度图. 它需要我们用拟合的模型对未观测到的位置的鱼卵数进行预测. INLA 可以将此与估计过程联合起来进行, 具体如下. 我们定义

```
n.pre <- dim(mackp)[1]
y.pre <- c(mack$egg.count, rep(NA, n.pre))
```

分别为预测的个数和一个由 "缺失" 的响应变量构成的向量. 然后, 我们将来自 mack 的变量与来自 mackp 的变量合并:

```
z1.pre <- c(mack$salinity, mackp$salinity)
z2.pre <- c(mack$c.dist, mackp$c.dist)
x.pre <- inla.group(c(mack$temp.20m, mackp$temp.20m), n = 100)
E.pre <- c(mack$net.area, rep(0.25^2, n.pre))
```

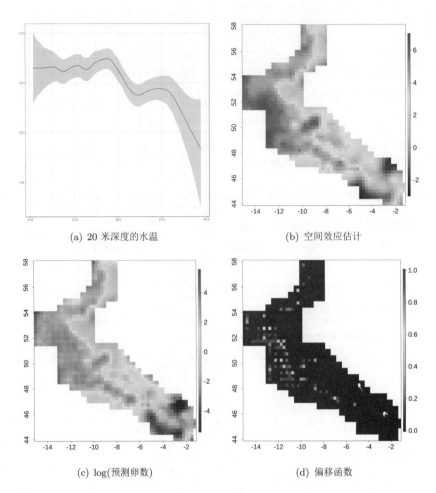

(a) 20 米深度的水温   (b) 空间效应估计

(c) log(预测卵数)   (d) 偏移函数

图 9.6 鲭鱼卵调查: (a) `temp.20m` 效应的后验均值和 95% 的可信区间; (b) 空间效应的后验均值; (c) 鱼卵数对数平均的预测; (d) 在特定地点至少有 10 个鱼卵的概率的偏移函数.

注意, 我们将 `x.pre` 分为 n=100 个箱 (bins), 以去除太接近的值. 我们还需要整合两个数据集的位置来建立一个新的网格, 并基于该网格构建一个 TPS 先验:

```
loc.pre <- rbind(cbind(mack$lon,mack$lat), cbind(mackp$lon,mackp$lat))
mesh2 <- inla.mesh.2d(loc.pre, cutoff = 0.05, max.edge = c(.5, 1))
node2 <- mesh2$idx$loc
tps2 <- bri.tps.prior(mesh2)
```

最后, 在 INLA 中构建一个新的 GAM, 代码如下:

```
mack.pre <- list(egg.count = y.pre, salinity = z1.pre, c.dist = z2.pre,
                 temp.20m = x.pre, node = node2)
formula <- egg.count ~ -1 + salinity + c.dist
```

```
                    + f(temp.20m, model = 'rw2')
                    + f(node, model = tps2, diagonal = 1e-6)
```

在拟合模型之前, 我们需要指定用于预测的连接函数:

```
link <- rep(NA, length(y.pre))
link[which(is.na(y.pre))] <- 1
```

这里 1 是指在 inla 函数中指定的第一个 family, 它为泊松族中使用的对数连接函数. 现在我们已准备好拟合这个 GAM:

```
result2 <- inla(formula, family = 'poisson', data = mack.pre, offset =
    ↪ log(E.pre), control.predictor = list(link = link, compute = TRUE),
    ↪  control.compute = list(config = TRUE))
```

这里我们明确要求 INLA 计算线性预测因子和拟合值的边际 (compute = TRUE), 并存储内部近似值供后面使用 (config = TRUE). 注意, 这种计算要求有点高, 因此结果可能不会很快得到.

关于预测的后验汇总统计量可以如下提取:

```
idx.pre <- which(is.na(y.pre))
res.pre <- result2$summary.fitted.values[idx.pre, ]
```

其中 idx.pre 是预测位置的索引向量. 我们以对数尺度 (log(res.pre$mean)) 将后验均值绘制在图 9.6(c) 中, 可以看到鱼卵密度在调查区的西部边界较高, 而在东南角相对较低. 它的模式与空间效应相似 (见图 9.6(b)), 这意味着鱼卵的丰富度比其他预测变量更依赖于地理位置.

偏移集. 假设我们想要寻找网格中存在 10 个或更多鱼卵的方格 (0.25 度经纬度的方格). 我们可以使用 7.8 节中描述的偏移方法来寻找一个由小方格组成的偏移集, 该集合中至少有 0.95 的联合概率存在很多鱼卵.

```
res.exc <- excursions.brinla(result2, name = 'Predictor', ind = idx.pre,
                             u = log(10), type = '>', alpha = 0.05,
                             method = 'NIQC')
```

注意, 阈值 u 必须在对数尺度上指定, 即 u = log(10), 因为模型中使用了对数连接函数. 我们绘制该偏移函数:

```
quilt.plot(mackp$lon, mackp$lat, res.exc$F,
           nx = length(unique(mackp$lon)),
           ny = length(unique(mackp$lat)))
```

图 9.6(d) 展示了结果, 我们看到, 方块越浅, 越可能有 10 个及以上的鱼卵. 由此产生的偏移集中的方块索引为:

```
res.exc$E
```

```
 [1]   262   264   328   330   382   384   386   392   446   451   452   453   459   512   519   570
[17]   572   574   576   636   638   676   720   722   724   772   774   775   776   777   778   780
[33]   782   818   820   822   854   858   938   988  1092  1112
```

9.3   广义可加混合模型

广义可加混合模型 (GAMM) 是将本章前面提到的 GAM 模型与第 5 章中提到的混合模型思想相结合. 响应变量 y 可以是非高斯的, 具有指数族分布, 且误差项允许数据具有分组和分层排列结构. GAM (9.3) 可很容易扩展为 GAMM, 形式如下所示:

$$g(\mu_i) = \beta_0 + \sum_j f_j(x_{ij}) + \sum_k g_k(u_{ij}), \tag{9.7}$$

其中随机效应 $g_k(u_{ij})$ 可以以各种方式构建, 在响应变量中引入适合特定应用的不同模式的相关性. 第 5 章已经介绍了常见的相关结构. 只要我们对其各个部分指定高斯先验, GAMM (9.7) 就满足 INLA 所要求的潜在高斯模型框架.

布里斯托尔海峡的鳎鱼卵

因为调查成年鱼并不容易, 所以评估鱼类资源是困难的. 为此, 渔业生物学家试图计算鱼卵数, 并追溯产生鱼卵数量所需的成年鱼数量. 本节所涉及的数据来自英格兰西海岸布里斯托尔海峡的一些采样站, 在 4 个可识别的鳎鱼卵发育阶段对每平方米海面做鱼卵密度测量. 这些样本是在产卵期的 5 次巡航研究中采集的.

我们加载数据并查看其结构:

```
data(sole, package = 'gamair')
str(sole)
```

```
'data.frame':          1575 obs. of   7 variables:
 $ la   : num   50.1 50.1 50.1 50.2 50.2 ...
 $ lo   : num   -5.87 -6.15 -6.39 -6.15 -5.9 ...
 $ t    : num   49.5 49.5 49.5 49.5 49.5 49.5 49.5 49.5 49.5 49.5 ...
 $ eggs : num   0 0 0 0 0 0 0 0.147 0.524 0 ...
 $ stage: int   1 1 1 1 1 1 1 1 1 1 ...
 $ a.0  : num   0 0 0 0 0 0 0 0 0 0 ...
 $ a.1  : num   2.4 2.4 2.4 2.4 2.4 2.4 2.4 2.4 2.4 2.4 ...
```

在这个数据集中, la 和 lo 分别是采样站的纬度和经度, t 是巡航中采集这个样本的中点时间, eggs 是每平方米海面的鱼卵密度, stage 是样本涉及的四个阶段, a.0 是这个样本中可能最年轻的鱼卵的年龄, a.1 是最老的.

参照 Wood (2006), 我们计算了相应类别鱼卵的宽度 (off) 和平均年龄 (a):

```
solr <- sole
solr$off <- log(sole$a.1 - sole$a.0)
solr$a <- (sole$a.1 + sole$a.0)/2
```

并在模型中将前者作为补偿项, 后者作为预测变量. 事实证明, 坐标 (lo,la) 和时间 (t) 之间存在着交互效应. 因此, 我们需要在模型中添加一些多项式项, 且为了稳定性必须对一些预测变量做变换和标准化:

```
solr$t <- solr$t - mean(sole$t)
solr$t <- solr$t/var(sole$t)^0.5
solr$la <- solr$la - mean(sole$la)
solr$lo <- solr$lo - mean(sole$lo)
```

我们还需要考虑 "采样站" 的影响, 因为在每个采样站, 四个不同阶段的鱼卵计数都来自同一个渔网样本, 因此一个采样站不同阶段的数据不是独立的. 为此, 我们构建一个 station 变量, 并将其作为模型中的随机效应:

```
solr$station <- as.numeric(factor(with(solr, paste(-la, -lo, -t, sep=""))
    ↪ ))
```

响应变量 eggs 不是原始计数, 而是每平方米海面的鱼卵密度. 因此, 我们把 eggs 乘以 1000, 变成整数, 并相应调整补偿量:

```
solr$eggs <- solr$eggs*1000
solr$off <- solr$off + log(1000)
```

注意, 响应变量中有超过 70% 的零值:

```
length(which(solr$eggs == 0))/length(solr$eggs)
```

[1] 0.7612698

可能存在过度分散的情况. 因此, 我们提出以下基于零膨胀负二项 (ZINB) 似然的 GAMM,

$$\text{eggs}_i \sim \text{ZINB}(\rho, n, p_i), \quad \mu_i = n(1 - p_i)/p_i,$$
$$\log(\mu_i) = \log(\text{off}_i) + \beta_0 + a_i + la_i * t_i + la_i * t_i^2 + lo_i * t_i + lo_i * t_i^2$$
$$+ a_i f_1(t_i) + f_2(lo_i, la_i) + \text{station}_{j(i)}, \tag{9.8}$$

其中 ρ 是零概率参数, n 是过度分散参数, p_i 是第 i 次试验中 "成功" 的概率, μ_i 是第 i 个鱼卵密度的均值.

关于先验, 我们为 station 分配了一个 iid 先验, 为 f_1 分配了一个 RW2 先验, 为

f_2 分配了一个 TPS 先验:

```
loc <- cbind(solr$lo, solr$la)
mesh <- inla.mesh.2d(loc, max.edge = c(0.1, 0.2))
node <- mesh$idx$loc
tps <- bri.tps.prior(mesh, constr = TRUE)
```

其余未知参数采用 INLA 提供的默认先验. 然后我们用 INLA 公式表达这个 ZINB
GAMM:

```
formula1 <- eggs ~ a + I(la*t) + I(la*t^2) + I(lo*t) + I(lo*t^2)
              + f(t, a, model = 'rw2', scale.model = TRUE)
              + f(node, model = tps, diagonal = 1e-6)
              + f(station, model = 'iid')
```

为了了解是否有必要考虑 station 效应, 我们还考虑了以下 GAM (无随机效应):

```
formula0 <- eggs ~ a + I(la*t) + I(la*t^2) + I(lo*t) + I(lo*t^2)
              + f(t, a, model = 'rw2', scale.model = TRUE)
              + f(node, model = tps, diagonal = 1e-6)
```

现在我们拟合这两个 ZINB 模型:

```
result0 <- inla(formula0, family = 'zeroinflatednbinomial0',
             offset = off, data = solr,
             control.predictor = list(compute = TRUE),
             control.compute = list(dic = TRUE, waic = TRUE,
                                        cpo = TRUE))
result1 <- inla(formula1, family = 'zeroinflatednbinomial0',
             offset = off, data = solr,
             control.predictor = list(compute = TRUE),
             control.compute = list(dic = TRUE,
                                        waic = TRUE,
                                        cpo = TRUE))
```

这里我们要求 INLA 计算 DIC 和 WAIC 指标, 以便进行模型比较. 为了了解过度分散
是否存在, 我们还拟合了一个零膨胀泊松 GAMM 模型:

```
result2 <- inla(formula1, family = 'zeroinflatedpoisson0',
             offset = off, data = solr,
             control.predictor = list(compute = TRUE),
             control.compute = list(dic = TRUE, waic = TRUE,
                                        cpo = TRUE))
```

我们将其与前两个模型的 DIC 和 WAIC 结果进行比较:

```
c(result0$dic$dic, result1$dic$dic, result2$dic$dic)
```

```
[1]    7878.029    7814.104 182594.471
```

```
c(result0$waic$waic, result1$waic$waic, result2$waic$waic)
```

```
[1]    7878.994    7813.335 218587.232
```

我们可以清楚地看到, 考虑 station 效应的 ZINB 模型在两个评价指标上都优于其余两个模型, 这表明我们需要在模型中考虑 station 效应, 且需要解释数据中存在的过度分散现象.

我们在这里只展示了 result1 的分析, 因为其表现最好. 固定效应的后验汇总统计量为:

```
result <- result1
round(result$summary.fixed, 4)
```

	mean	sd	0.025quant	0.5quant	0.975quant	mode	kld
(Intercept)	-0.5701	19.0117	-37.8964	-0.5706	36.7251	-0.5701	0
a	-0.1970	0.0335	-0.2610	-0.1975	-0.1323	-0.2012	0
I(la * t)	0.6681	0.2863	0.1063	0.6678	1.2307	0.6672	0
I(la * t^2)	1.4153	0.2928	0.8417	1.4147	1.9906	1.4127	0
I(lo * t)	-0.5884	0.2512	-1.0821	-0.5883	-0.0953	-0.5883	0
I(lo * t^2)	-1.1310	0.2622	-1.6456	-1.1307	-0.6173	-1.1291	0

我们看到 a 对 eggs 有负的线性效应, la 和 t 有正的交互效应, 而 lo 和 t 有负的交互效应. 在图 9.7(a) 中, 我们绘制了 t 的非线性效应:

```
bri.band.ggplot(result, name = 't', type = 'random')
```

我们看到一个凹形的趋势, 在平均时间附近有最大值. 我们还绘制了该估计值的空间效应:

```
proj <- inla.mesh.projector(mesh)
spa.mean <- inla.mesh.project(proj, result$summary.random$node$mean)
library(fields)
image.plot(proj$x, proj$y, spa.mean, xlim=c(-1.5, 2), ylim=c(-1, 1))
points(loc, pch = 19, cex = 0.2)
```

在图 9.7(b) 中, 我们发现来自调查区域东南部站点的鱼卵密度相对较高. 超参数的后验分布用以下方式进行汇总:

```
tmp <- bri.hyperpar.summary(result)
```

```
row.names(tmp) <- c("Overdispersion", "Zero-probability", 'SD for t',
                    'Theta1 for node', 'SD for station')
round(tmp, 4)
```

	mean	sd	q0.025	q0.5	q0.975	mode
Overdispersion	1.9130	0.1623	1.6123	1.9057	2.2480	1.8949
Zero-probability	0.7610	0.0107	0.7395	0.7610	0.7816	0.7613
SD for t	0.0410	0.0235	0.0110	0.0358	0.1011	0.0260
Theta1 for node	-1.1959	0.2890	-1.7800	-1.1909	-0.6482	-1.1685
SD for station	0.5755	0.0701	0.4488	0.5715	0.7239	0.5642

我们发现零概率参数估计值为 $\hat{\rho} = 0.7610$, 这与其经验估计值 0.7612 相当接近.

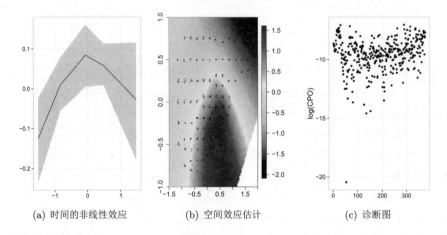

(a) 时间的非线性效应   (b) 空间效应估计   (c) 诊断图

图 9.7 鳀鱼卵调查: (a) 时间效应的拟合曲线和 95% 的可信区间; (b) 空间效应的后验均值图 (黑点为采样站); (c) CPO 统计量在对数尺度下的索引图.

关于诊断, 我们可以用条件预测坐标 (CPO) 统计量来查验单个观测 (见 1.4 节). 其表达式为 $P(y_i \mid y_{-i})$, 它是一种 "留一法" 拟合评价指标, 我们应该注意这个统计量较小的值. 虽然 INLA 在 `result$cpo$cpo` 中直接提供了 CPO 统计量, 但我们应当使用 `result$cpo$failure` 来检查这些值的质量, 其中非零值表示存在一定程度的可疑性 (详见 2.5 节). 事实证明, 在我们的案例中, 有 68 个可疑的 CPO 值违反了 INLA 的假设:

```
length(which(result$cpo$failure > 0))
```

[1] 68

因此, 我们需要用明确的 "留一法" 程序重新计算这些度量中的每一项. 它可以通过以下方式有效实现:

```
improved.result <- inla.cpo(result)
```

在图 9.7(c) 中, 我们将改进后的 CPO 统计量取对数并绘图, 以使其表现更加明显:

```
idx <- which(solr$eggs != 0)
dat.plot <- data.frame(x = 1:length(idx),
                       y = log(improved.result$cpo$cpo[idx]))
ggplot(dat.plot, aes(x = x, y = y)) + geom_point()
```

我们可以看到有一个特别的点, 其概率非常低, 即

```
round(solr[which.min(improved.result$cpo$cpo),], 4)
```

	la	lo	t	eggs	stage	a.0	a.1	off	a	station
664	-0.4486	-0.1237	-0.8377	17048	1	0	2.4	7.7832	1.2	326

考虑此例所在观测站的所有其他观测:

```
solr[solr$station==326, c('eggs', 'stage', 'a', 't')]
```

	eggs	stage	a	t
664	17048	1	1.2	-0.8376579
6611	319	2	2.9	-0.8376579
6621	319	3	4.8	-0.8376579
6631	159	4	7.3	-0.8376579

我们看到其鱼卵数比其他三个观测多得多. 这显然是不寻常的.

第 10 章

自变量有误差的回归

在许多科学领域中, 经常出现有检测误差的测量数据. 标准回归模型假定自变量是准确测量的, 换句话说, 其被观测到的数据是没有误差的. 这些模型只考虑了响应变量的误差, 然而, 自变量测量误差的存在也可导致有偏和不一致的参数估计, 致使标准统计分析得出不同程度的错误结论. 自变量有误差 (errors-in-variables) 的回归模型指的是考虑了预测变量测量误差的回归模型.

10.1 引言

我们先看下面几个涉及测量误差的例子:

- 在医学中: NHANES-I 流行病学研究是一项队列研究, 该研究调查成年女性的营养习惯, 然后评估她们是否有患癌的风险. 该研究主要关注的预测变量是 "长期" 的饱和脂肪摄入量. 众所周知, 饱和脂肪的测量是不精确的. 事实上, NHANES-I 是最早使用测量误差模型方法的研究之一 (Carroll 等, 2006). 后来又有更全面的研究发表, 即 NHANES-II 和 NHANES-III.

- 在生物信息学中: 基因微阵列技术在遗传学研究中非常流行. 微阵列由成千上万个 DNA 分子 (基因) 的微小的点排列而成. RNA 样本中的基因在微阵列上寻找与之匹配的 DNA, 并与之结合. 这些点随后变成荧光, 然后研究者用微阵列扫描仪 "读取" 微阵列中的强度. 在微阵列研究中, 获得荧光强度的整个过程会受到测量误差的影响. 修正测量误差是微阵列数据分析的一个关键步骤.

- 在化学中: 马萨诸塞州的酸雨监测项目是由 Godfrey 等 (1985) 发起的, 他们从大约 1800 个监测点收集水样, 再由 73 个实验室完成化学分析. 在化学中测量值通常会有误差, 因此外部校准验证数据是根据送至实验室的 "已知" 数值的盲样收集的. 在此研究的统计分析中, 我们面临着预测变量具有测量误差的问题. 解决测量误差问题所依据的基本策略是利用外在信息修复隐变量的参数.

- 在天文学中: 大多数天文数据都是有测量误差的. Morrison 等 (2000) 通过对银河系中恒星的大规模调查研究了星系的形成. 调查人员对恒星的速度感兴趣, 这代表了它们早期生命的 "化石记录". 观测到的速度涉及异方差测量误差. 为了验证星系形成理论, 我们要从被污染的数据中估计密度函数, 这些数据能有效地揭示碰撞次数或成分.

- 在计量经济学中: 随机波动率模型在金融时间序列建模方面已经相当成功. 作为分析金融投资风险的基础, 它是金融学中用来模拟资产价格随时间波动的重要手段. 可以证明, 随机波动率模型可以被改写为一个自变量有误差的回归模型 (Comte, 2004). 因此, 测量误差模型中的技术能够被用于解决金融时间序列问题.

忽视测量误差的后果包括会掩盖了数据的重要特征, 使图模型分析变得具有迷惑性; 失去检测变量之间关系的能力; 在函数/参数估计中带来偏差 (Carroll 等, 2006). 在过去的几十年里, 人们提出了许多统计方法来建立模型和纠正测量误差. 这些方法包括矩修正 (Fuller, 1987), 回归校正 (Carroll 和 Stefanski, 1990), 模拟外推 (Cook 和 Stefanski, 1994), 去卷积 (Fan 和 Truong, 1993; Wang 和 Wang, 2011) 和贝叶斯分析 (Richardson 和 Gilks, 1993; Dellaportas 和 Stephens, 1995; Gustafson, 2004) 等. 这些方法当前状态的全面概述见 Carroll 等 (2006) 和 Buonaccorsi (2010).

本章主要介绍自变量有误差的贝叶斯回归模型在 INLA 中的实现. 我们的讨论基于两种类型的测量误差: 经典测量误差和 *Berkson* 测量误差.

指定测量误差模型的一个基本问题是, 在给定真值的情况下, 是否对观测值的分布进行假设, 或者反之亦然. 在一个经典的测量误差模型中, 感兴趣的预测变量 X 不能被直接观测到, 而是被有误差地测量. 可观测到的是独立样本 $w_1, \ldots, w_n$. 一般来说, 任何类型的回归模型都可以用于发现 W 和 X 是如何联系起来的. 历史上最常用的模型是经典测量误差模型,

$$w_i = x_i + u_i, \quad i = 1, \ldots, n,$$

其中 u_i 是均值为零的测量误差, x_i 和 u_i 是相互独立的. 所以, $E(W|X = x) = x$, W 对于未观测到的 x 是无偏的.

Berkson 测量误差是由 Berkson (1950) 引入的. 在该误差下, 实验者试图得到一个目标值 w, 但得到的真实值是 x. 该模型假定

$$x_i = w_i + u_i, \quad i = 1, \ldots, n,$$

其中 w_i 和 u_i 相互独立.

忽视测量误差会导致有偏的估计, 并在数据分析中产生错误的结论. 让我们看一个简单的测量变量有误差的线性回归模型. 给定观测样本 (w_i, y_i), $i = 1, \ldots, n$, 模型为

$$\begin{cases} y_i = \beta_0 + \beta_1 x_i + \varepsilon_i, \\ w_i = x_i + u_i, \end{cases} \tag{10.1}$$

其中 u_i 是经典的可加测量误差, $u_i \sim N(0, \sigma_U^2)$, 而 ε_i 是回归模型的随机噪声, $\varepsilon_i \sim$

$N(0, \sigma_\varepsilon^2)$. Y 对 W 的回归可以通过重写模型 (10.1) 得到,

$$\begin{cases} y_i = \beta_0 + \beta_1 w_i + \eta_i, \\ \eta_i = \varepsilon_i - \beta_1 u_i, \end{cases}$$

β_1 的最小二乘估计为

$$\hat{\beta}_1 = \frac{\sum_{i=1}^n (w_i - \bar{w})(y_i - \bar{y})}{\sum_{i=1}^n (w_i - \bar{w})^2},$$

其中 $\bar{w} = \sum_{i=1}^n w_i/n$, $\bar{y} = \sum_{i=1}^n y_i/n$. 注意 W 和 η 是相关的,

$$\mathrm{Cov}(W, \eta) = \mathrm{Cov}(X + U, \varepsilon - \beta_1 U) = -\beta_1 \sigma_u^2 \neq 0.$$

因此, 最小二乘估计 $\hat{\beta}_1$ 并不是 β_1 的一致估计, 其概率极限为

$$\mathrm{plim}\ \hat{\beta}_1 = \beta_1 + \frac{\mathrm{Cov}(X, U)}{\mathrm{Var}(X)} = \beta_1 - \frac{\sigma_U^2}{\sigma_X^2 + \sigma_u^2}\beta_1 = \frac{\sigma_X^2}{\sigma_X^2 + \sigma_U^2}\beta_1,$$

其中 σ_X^2 是 X 的方差. 这种偏差被称为衰减偏差 (attenuation bias). 这个结论也可以扩展到多变量线性回归模型. 我们应该注意到, 在多变量回归的情况下, 即使只有一个预测变量也是容易出错的, 所有预测变量的系数一般都有偏差.

　　在本章, 我们介绍使用 INLA 对自变量有误差的广义线性混合模型 (GLMM) 进行贝叶斯分析. 这种自变量有误差的模型的边际后验分布是通过 MCMC 抽样来估计的, 见 Richardson 和 Gilks (1993). 然而, 特定模型的实现通常是具有挑战性的, 而且 MCMC 的计算也非常耗时. Muff 等 (2015) 扩展了 INLA 方法, 在 GLMM 中构建高斯测量误差模型. 他们讨论了多个实际应用, 并展示了如何获得不同测量误差模型的参数估计, 包括具有异方差测量误差的经典模型和 Berkson 误差模型. 在此, 我们参考 Muff 等 (2015) 的建模框架及其编程技巧与特点.

10.2　经典自变量有误差的模型

　　让我们考虑一个一般的自变量有误差的 GLMM. 假设响应变量 $\boldsymbol{y} = (y_1, \ldots, y_n)^T$ 的分布有指数族形式, 其均值 $\mu_i = E(y_i)$ 与线性预测因子 η_i 通过下式相关联:

$$\begin{cases} \mu_i = h(\eta_i), \\ \eta_i = \beta_0 + \beta_x x_i + \tilde{\boldsymbol{x}}_i \boldsymbol{\alpha} + \boldsymbol{z}_i \boldsymbol{\gamma}, \\ w_i = x_i + u_i, \end{cases} \tag{10.2}$$

其中 $h(\cdot)$ 是一个已知的单调可逆连接函数, x_i 是易出错 (未观测到的) 变量, w_i 是 x_i 的代理观测 (observed proxy), $\tilde{\boldsymbol{x}}_i$ 是一个无误差预测变量构成的向量. $\boldsymbol{z}_i$ 也是一个无误差

预测变量构成的向量, 其中部分可能与 $\tilde{x}_i$ 相同. 参数 $(\beta_0, \beta_x, \boldsymbol{\alpha})$ 为固定效应, $\boldsymbol{\gamma}$ 为随机效应. 如果没有 $z_i\gamma$ 这一项, GLMM (10.2) 就变成了一个自变量有误差的 GLM. 下面我们讨论两个常用的数据带经典测量误差的模型.

10.2.1 自变量有异方差误差的简单线性模型

让我们回到自变量有误差的简单线性回归. 通常我们假定易出错变量 $x_i \sim N(\lambda, \sigma_X^2)$, $i = 1, \ldots, n$, 它可视为 Gustafson (2004) 提出的暴露模型的特例. 考虑以下模型:

$$\begin{cases} y_i = \beta_0 + \beta_1 x_i + \varepsilon_i, & \varepsilon_i \sim N(0, \sigma_\varepsilon^2), \\ w_i = x_i + u_i, & u_i \sim N(0, d_i\sigma_u^2), \\ x_i = \lambda + \xi_i, & \xi_i \sim N(0, \sigma_X^2), \end{cases} \tag{10.3}$$

注意这里我们考虑的是异方差误差结构 $w_i|x_i \sim N(x_i, d_i\sigma_u^2)$, $i = 1, \ldots, n$, 因为在实践中, 测量误差的分布可能随每个主体甚至每个观测点的不同而变化, 因此误差可能是异方差的 (Wang 等, 2010). 权重 d_i 是已知的, 正比于依赖 x_i 的个体误差方差 $\sigma_u^2(x_i) = d_i\sigma_u^2$, 由此我们就建立了一个异方差误差模型.

这个自变量有误差的经典线性模型 (10.3) 可以用 INLA 来拟合, 当定义 `inla` 模型公式时, 在 `f()` 函数中指定 `model = "mec"`. 在 `f()` 中, 有 4 个特殊的超参数需要定义: $\boldsymbol{\theta} = (\theta_1, \theta_2, \theta_3, \theta_4)$, 其中 $\theta_1 = \beta_1$, $\theta_2 = \log(1/\sigma_u^2)$, $\theta_3 = \lambda$, 以及 $\theta_4 = \log(1/\sigma_X^2)$. 为了获得合理的结果, 我们有必要适当地选择这些参数的值.

让我们看一个数值模拟示例, 展示使用 INLA 方法来拟合自变量有误差的线性模型的过程. 假设真实参数 $\beta_0 = 1$ 和 $\beta_1 = 5$, 回归噪声 $\varepsilon_i \sim N(0, 1)$, 真实的未观测预测变量 $x_i \sim N(0, 1)$, 以及异方差误差 $u_i \sim N(0, d_i)$, 其中 $d_i \sim \text{Unif}(0.5, 1.5)$. 首先设定这些参数来生成模拟数据集:

```
set.seed(5)
n = 100
beta0 = 1
beta1 = 5
prec.y = 1
prec.u = 1
prec.x = 1
```

接着生成真实的未观测到的预测变量 x:

```
x <- rnorm(n, sd = 1/sqrt(prec.x))
```

然后生成具有异方差误差的已观测的预测变量 w:

```
d <- runif(n, min = 0.5, max = 1.5)
w <- x + rnorm(n, sd = 1/sqrt(prec.u * d))
```

最后, 从真实的模型中生成带有未观测的 x 的响应变量, 并创建一个用于数据分析的数据框:

```
y <- beta0 + beta1*x + rnorm(n, sd = 1/sqrt(prec.y))
sim.data <- data.frame(y, w, d)
```

如果我们忽略了预测变量中的测量误差, 就可用 INLA 来拟合简单的线性回归模型:

```
sim.inla <- inla(y ~ w, data = sim.data, family = "gaussian")
summary(sim.inla)
round(sim.inla$summary.fixed, 4)
```

	mean	sd	0.025quant	0.5quant	0.975quant	mode	kld
(Intercept)	0.8500	0.3639	0.1339	0.8500	1.5653	0.8500	0
w	2.2779	0.2801	1.7267	2.2779	2.8284	2.2779	0

斜率 β_1 的估计值是 2.2779. 这个结果显然是有偏差的, 其 95% 的可信区间是 (1.7267, 2.8284), 它并不包括真正的斜率 5. 现在, 我们在 INLA 中采用新的 mec 模型. 我们需要定义一个相对复杂的 INLA 模型公式. 我们首先设定超参数的初始值:

```
init.prec.u <- prec.u
init.prec.x <- var(w) - 1/prec.u
init.prec.y <- sim.inla$summary.hyperpar$mean
```

接着设定先验参数:

```
prior.beta = c(0, 0.0001)
prior.prec.u = c(10, 10)
prior.prec.x = c(10, 10)
prior.prec.y = c(10, 10)
```

现在定义 mec 模型公式:

```
formula = y ~ f(w, model = "mec", scale = d, values = w,
        hyper = list(
                beta = list(prior = "gaussian", param = prior.beta,
                            fixed = FALSE),
                prec.u = list(prior = "loggamma", param = prior.prec.u,
                              initial = log(init.prec.u), fixed = FALSE),
                mean.x = list(prior = "gaussian", initial = 0,
                              fixed = TRUE),
                prec.x = list(prior = "loggamma", param = prior.prec.x,
                              initial = log(init.prec.x),
                              fixed = FALSE)))
```

上述模型公式中 `mec` 模型包含 4 个超参数:

- `beta` 对应于易出错预测变量 x 的斜率系数 β_1, 具有高斯先验.
- `prec.u` 对应于 $\log(1/\sigma_u^2)$, 具有对数伽马先验.
- `mean.x` 对应于 x 的均值参数, 具有高斯先验, 但这里由于预测变量的中心化, 它被固定为 0.
- `prec.x` 对应于 $\log(1/\sigma_X^2)$, 具有对数伽马先验.

先验的设定在 `hyper` 列表的不同条目中定义. 选项 `fixed` 指定相应的超参数是估计的还是固定在 `initial` 值上. 参数 `param` 定义了相应先验分布的先验参数. 当我们设置超参数的初始值时, 一个合理的猜测是很重要的. 我们可以使用一些来自忽略测量误差的模型的初始拟合的信息.

我们还需要定义高斯回归模型的超参数 σ_ε^2 和截距项 β_0 的先验分布. 这些可以在调用 `inla` 函数时通过 `control.family` 选项和 `control.fixed` 选项来指定. 我们用以下代码来拟合自变量有误差的模型:

```
sim.mec.inla <- inla(formula, data = sim.data, family = "gaussian",
  control.family = list(hyper = list(prec = list(param = prior.prec.y,
    initial = log(init.prec.y), fixed=FALSE))),
  control.fixed = list(mean.intercept = prior.beta[1],
                       prec.intercept = prior.beta[2]))
```

输出结果为:

```
round(sim.mec.inla$summary.fixed, 4)
```

	mean	sd	0.025quant	0.5quant	0.975quant	mode	kld
(Intercept)	0.8314	0.3601	0.1202	0.8323	1.5366	0.8342	0

```
round(sim.mec.inla$summary.hyperpar, 4)
```

	mean	sd	0.025quant	0.5quant	0.975quant	mode
Precision for the Gaussian observations	0.9820	0.3177	0.4853	0.9415	1.7203	0.8652
MEC beta for w	5.1508	0.4739	4.2648	5.1321	6.1244	5.0759
MEC prec_u for w	1.0530	0.1416	0.7982	1.0453	1.3532	1.0315
MEC prec_x for w	1.2312	0.2399	0.8376	1.2042	1.7758	1.1496

拟合结果显示, 使用 `mec` 模型, 修正的 β_1 的估计值为 5.151, 其 95% 的可信区间为 (4.2648, 6.1244), 确实包含了真实斜率 5. 截距项和其他精度参数的估计相当好, 接近真实值. 我们可以绘制估计的回归线, 并与真实函数和忽略测量误差的初始模型的估计值进行比较:

```
plot(w, y, xlim=c(-4, 4), col= "grey")
curve(1 + 5*x, -4,4, add=TRUE, lwd=2)
curve(sim.mec.inla$summary.fixed$mean
      + sim.mec.inla$summary.hyperpar$mean[2]*x, -4, 4,
    add=TRUE, lwd=2, lty = 5)
curve(sim.inla$summary.fixed$mean[1]
      + sim.inla$summary.fixed$mean[2]*x, -4, 4,
    add=TRUE, lwd=2, lty = 4)
```

图 10.1 展示了不同模型比较结果: 虚线是自变量有误差回归的估计, 虚点线是忽略测量误差的标准线性回归的估计, 实线是真实的回归函数. 自变量有误差的回归模型成功地拟合了真实函数.

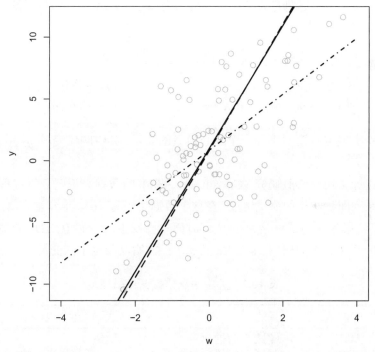

图 10.1 自变量有异方差误差的简单线性回归的模拟示例: 实线是真实的回归函数, 虚线是自变量有误差回归的估计, 虚点线是忽略测量误差的标准线性回归的估计.

10.2.2 具有重复测量的一般暴露模型

本节讨论以下模型: 同一未观测的变量 x_i 被独立测量了多次, 但每次测量都受到误差的影响.

在许多应用中, 我们可以得到真实值 x_i 的重复测量值 $w_{ki}, k = 1, \ldots, m$. 数据由

"内在"(intrinsic) 的值组成, 这些值是带误差的测量值. 通常情况下, 我们假设

$$w_{ki}|x_i \sim N(x_i, \sigma_u^2).$$

根据 Gustafson (2004) 的相关讨论, x_i 的分布, 可能依赖于无误差预测变量 $\tilde{x}_i$, 是在暴露模型中设定的. 在最一般的情况下, 易出错变量 x_i 服从高斯分布, 其均值取决于 $\tilde{x}_i$, 即

$$x_i|\tilde{x}_i \sim N(\lambda_0 + \tilde{x}_i\boldsymbol{\lambda}, \sigma_X^2),$$

其中 λ_0 是截距项, $\boldsymbol{\lambda}$ 是 x_i 对 $\tilde{x}_i$ 的线性回归中的由固定效应构成的向量. 如果 x_i 只依赖于 $\tilde{x}_i$ 的某些分量, 则 $\boldsymbol{\lambda}$ 中相应的固定效应设置为零. 在 $\boldsymbol{\lambda} = \mathbf{0}$ 的极端情况下, x_i 是独立于 $\tilde{x}_i$ 的, 这在前面的例子中已经讨论过.

下面我们将展示上述测量误差模型如何写为满足 INLA 要求的分层结构. 基于此模型设定, 我们可得到一个分层的联合建模表示:

$$\begin{cases} E(y_i) = h(\beta_0 + \beta_x x_i + \tilde{x}_i\boldsymbol{\alpha} + z_i\boldsymbol{\gamma}), & \\ w_{ki} = x_i + u_{ki}, & u_{ki} \sim N(0, \sigma_u^2), \\ 0 = -x_i + \lambda_0 + \tilde{x}_i\boldsymbol{\lambda} + \xi_i, & \xi_i \sim N(0, \sigma_X^2). \end{cases} \tag{10.4}$$

使用 INLA 库实现这个模型需要一个联合模型的表示, 其中响应变量 y_i 用伪观测 0 和观测 w_{ki} 来扩充.

让我们用弗雷明汉心脏研究 (Carroll 等, 2006) 的数据来说明分析过程. 弗雷明汉的研究由一系列间隔两年的测试组成. 在这个数据集中有 1615 名年龄在 31 岁到 65 岁之间的男性, 结果为在测试 3 之后的 8 年时间里会发生冠心病 (CHD) 的情况. 数据集中总共有 128 个 CHD 的病例, 表 10.1 显示了弗雷明汉数据中的变量.

表 10.1   弗雷明汉数据变量描述.

变量名	描述	代码/值
AGE	测试 2 时的年龄	数值
SBP21	测试 2 时第一收缩压	mmHg (毫米汞柱)
SBP22	测试 2 时第二收缩压	mmHg (毫米汞柱)
SBP31	测试 3 时第一收缩压	mmHg (毫米汞柱)
SBP32	测试 3 时第二收缩压	mmHg (毫米汞柱)
SMOKE	测试 1 时是否抽烟	0 = 无
		1 = 有
FIRSTCHD	在测试 3 至测试 6 中是否	0 = 无
	出现 CHD 的第一个证据	1 = 有

本例中使用的预测变量是病人的年龄、吸烟状况和变换后的收缩压 (SBP): $\log(\text{SBP} - 50)$. 根据 Carroll 等 (2006) 的建议, 我们所感兴趣的变量是 X, 即无法观测

的变换后 SBP 的长期平均. 在这个弗雷明汉心脏研究的数据中, 我们从两次测试中分别得到 SBP 测量值. 假设这两个变换后的误差变量为

$$W_1 = \log((\mathrm{SBP}_{21} + \mathrm{SBP}_{22})/2 + 50)$$

和

$$W_2 = \log((\mathrm{SBP}_{31} + \mathrm{SBP}_{32})/2 + 50),$$

其中 SBP_{ij} 是第 i 次测试中 SBP 的第 j 次测量值, $j = 1, 2$, $i = 2, 3$, 是变换后 SBP 的长期平均的重复测量结果. 下面的 R 代码用于建立我们的初始数据集:

```
data(framingham, package = "brinla")
fram <- subset(framingham, select = c("AGE", "SMOKE", "FIRSTCHD"))
fram$W1 <- log((framingham$SBP21 + framingham$SBP22)/2 - 50)
fram$W2 <- log((framingham$SBP31 + framingham$SBP32)/2 - 50)
fram$W <- (fram$W1 + fram$W2)/2
```

我们在 logistic 回归和暴露模型中考虑了其他无误差变量 SMOKE ($\tilde{X}_1$) 和 AGE ($\tilde{X}_2$). 通过应用 INLA 中的 copy 功能, 就可将层次模型 (10.4) 表示为一个联合模型, 完整的模型可以写成

$$
\begin{bmatrix} y_1 & \mathrm{NA} & \mathrm{NA} \\ \vdots & \vdots & \vdots \\ y_n & \mathrm{NA} & \mathrm{NA} \\ \mathrm{NA} & w_{11} & \mathrm{NA} \\ \vdots & \vdots & \vdots \\ \mathrm{NA} & w_{1n} & \mathrm{NA} \\ \mathrm{NA} & w_{21} & \mathrm{NA} \\ \vdots & \vdots & \vdots \\ \mathrm{NA} & w_{2n} & \mathrm{NA} \\ \mathrm{NA} & \mathrm{NA} & 0 \\ \vdots & \vdots & \vdots \\ \mathrm{NA} & \mathrm{NA} & 0 \end{bmatrix} = \beta_0 \begin{bmatrix} 1 \\ \vdots \\ 1 \\ \mathrm{NA} \\ \vdots \\ \mathrm{NA} \\ \mathrm{NA} \\ \vdots \\ \mathrm{NA} \\ \mathrm{NA} \\ \vdots \\ \mathrm{NA} \end{bmatrix} + \beta_X \begin{bmatrix} 1 \\ \vdots \\ n \\ \mathrm{NA} \\ \vdots \\ \mathrm{NA} \\ \mathrm{NA} \\ \vdots \\ \mathrm{NA} \\ \mathrm{NA} \\ \vdots \\ \mathrm{NA} \end{bmatrix} + \begin{bmatrix} \mathrm{NA} \\ \vdots \\ \mathrm{NA} \\ 1 \\ \vdots \\ n \\ 1 \\ \vdots \\ n \\ -1 \\ \vdots \\ -n \end{bmatrix} + \beta_{\mathrm{smoke}} \begin{bmatrix} \tilde{x}_{11} \\ \vdots \\ \tilde{x}_{1n} \\ \mathrm{NA} \\ \vdots \\ \mathrm{NA} \\ \mathrm{NA} \\ \vdots \\ \mathrm{NA} \\ \mathrm{NA} \\ \vdots \\ \mathrm{NA} \end{bmatrix}
$$

$$
+\beta_{\mathrm{age}}
\begin{bmatrix}
\tilde{x}_{21}\\ \vdots\\ \tilde{x}_{2n}\\ \mathrm{NA}\\ \vdots\\ \mathrm{NA}\\ \mathrm{NA}\\ \vdots\\ \mathrm{NA}\\ \mathrm{NA}\\ \vdots\\ \mathrm{NA}
\end{bmatrix}
+\lambda_0
\begin{bmatrix}
\mathrm{NA}\\ \vdots\\ \mathrm{NA}\\ \mathrm{NA}\\ \vdots\\ \mathrm{NA}\\ \mathrm{NA}\\ \vdots\\ \mathrm{NA}\\ 1\\ \vdots\\ 1
\end{bmatrix}
+\lambda_{\mathrm{smoke}}
\begin{bmatrix}
\mathrm{NA}\\ \vdots\\ \mathrm{NA}\\ \mathrm{NA}\\ \vdots\\ \mathrm{NA}\\ \mathrm{NA}\\ \vdots\\ \mathrm{NA}\\ \tilde{x}_{11}\\ \vdots\\ \tilde{x}_{1n}
\end{bmatrix}
+\lambda_{\mathrm{age}}
\begin{bmatrix}
\mathrm{NA}\\ \vdots\\ \mathrm{NA}\\ \mathrm{NA}\\ \vdots\\ \mathrm{NA}\\ \mathrm{NA}\\ \vdots\\ \mathrm{NA}\\ \tilde{x}_{21}\\ \vdots\\ \tilde{x}_{2n}
\end{bmatrix}
+
\begin{bmatrix}
\varepsilon_1 & \mathrm{NA} & \mathrm{NA}\\
\vdots & \vdots & \vdots\\
\varepsilon_n & \mathrm{NA} & \mathrm{NA}\\
\mathrm{NA} & u_{11} & \mathrm{NA}\\
\vdots & \vdots & \vdots\\
\mathrm{NA} & u_{1n} & \mathrm{NA}\\
\mathrm{NA} & u_{21} & \mathrm{NA}\\
\vdots & \vdots & \vdots\\
\mathrm{NA} & u_{2n} & \mathrm{NA}\\
\mathrm{NA} & \mathrm{NA} & \xi_1\\
\vdots & \vdots & \vdots\\
\mathrm{NA} & \mathrm{NA} & \xi_n
\end{bmatrix}.
$$

从这个 "看似人造" 的模型中, 我们看出结果按均值和适当的误差项被分解了. 误差结构中的分量具有适当的分布, 其方差取决于响应变量的均值–方差关系. 在方程的左侧矩阵中, 每一列都需要指定一个似然函数. 第一个分量遵循伯努利分布, 第二个分量假定为高斯分布, 第三个分量也是高斯分布.

对于参数 $(\beta_0, \beta_X, \beta_{\mathrm{smoke}}, \beta_{\mathrm{age}}, \lambda_0, \lambda_{\mathrm{smoke}}, \lambda_{\mathrm{age}})$, 我们可以简单地指定相互独立的 $N(0, 10^2)$ 先验. 为了指定超参数 $(\tau_u, \tau_X) = (1/\sigma_u^2, 1/\sigma_X^2)$ 的初始值和先验, 我们可以使用带测量误差的 SBP 的信息. 注意, $w_{ki} = x_i + u_{ki}$, $u_{ki} \sim N(0, \sigma_u^2)$, 因此,

$$v_i = (w_{1i} - w_{2i}) \sim N(0, 2\sigma_u^2).$$

我们建议对精度参数 $\tau_u = 1/\sigma_u^2$ 用如下初始估计:

$$\hat{\tau}_u = 1/\hat{\sigma}_u^2 = 2/S_v^2,$$

其中 S_v^2 为 v_i 的样本方差. 类似地,

$$r_i = \frac{w_{1i} + w_{2i}}{2} = x_i + \frac{u_{1i} + u_{2i}}{2} \sim N\left(\lambda_0 + \tilde{x}_i\boldsymbol{\lambda}, \sigma_X^2 + \frac{\sigma_u^2}{2}\right).$$

我们建议对 $\tau_X = 1/\sigma_X^2$ 用如下初始估计:

$$\hat{\tau}_X = 1/(S_r^2 - S_v^2/4),$$

其中 S_r^2 是 r_i 的样本方差. 假设 τ_u 和 τ_X 的均值和方差相等, 我们设定先验 $\tau_u \sim \Gamma(\hat{\tau}_u, 1)$, $\tau_X \sim \Gamma(\hat{\tau}_X, 1)$. 首先在 R 中设置先验参数:

```
prior.beta <- c(0, 0.01)
prior.lambda <- c(0, 0.01)
```

然后估计精度参数的初始值:

```
prec.u <- 1/(var(fram$W1   fram$W2)/2)
prec.x <- 1/(var((fram$W1 + fram$W2)/2)
          - (1/4)*(var((fram$W1 - fram$W2)/2)))
prior.prec.x <- c(prec.x, 1)
prior.prec.u <- c(prec.u, 1)
```

我们需要创建一个新的数据框, 其中包含响应矩阵 Y 和根据上述联合模型方程得到的
数据向量:

```
Y <- matrix(NA, 4*n, 3)
Y[1:n, 1] <- fram$FIRSTCHD
Y[n+(1:n), 2] <- rep(0, n)
Y[2*n+(1:n), 3] <- fram$W1
Y[3*n+(1:n), 3] <- fram$W2


beta.0 <- c(rep(1, n), rep(NA, n), rep(NA, n), rep(NA, n))
beta.x <- c(1:n, rep(NA, n), rep(NA, n), rep(NA, n))
idx.x <- c(rep(NA, n), 1:n, 1:n, 1:n)
weight.x <- c(rep(1, n), rep(-1, n), rep(1, n), rep(1,n))
beta.smoke <- c(fram$SMOKE, rep(NA, n), rep(NA, n), rep(NA,n))
beta.age <- c(fram$AGE, rep(NA, n), rep(NA, n), rep(NA,n))
lambda.0 <- c(rep(NA, n), rep(1, n), rep(NA, n), rep(NA, n))
lambda.smoke <- c(rep(NA, n), fram$SMOKE, rep(NA, n), rep(NA, n))
lambda.age <- c(rep(NA, n), fram$AGE, rep(NA, n), rep(NA, n))
Ntrials <- c(rep(1, n), rep(NA, n), rep(NA, n), rep(NA, n))


fram.jointdata <- data.frame(Y=Y,
                             beta.0=beta.0, beta.x=beta.x,
                             beta.smoke=beta.smoke,
                             beta.age=beta.age,
                             idx.x=idx.x, weight.x=weight.x,
                             lambda.0=lambda.0,
                             lambda.smoke=lambda.smoke,
                             lambda.age=lambda.age,
                             Ntrials=Ntrials)
```

接下来我们需要定义 INLA 公式. 在这个例子中, 我们有六个固定效应 (β_0, β_{smoke}, β_{age}, λ_0, λ_{smoke}, λ_{age}). 另外, 联合模型没有共同的截距项, 因此必须在公式中用 -1 明确删除. 我们有两个特殊的随机效应, 需要对它们编码使暴露模型中的 X 值和误差模型中的 X 值被赋予相同的值. 第一个随机效应项由 f(beta.x,...) 定义, 其中设置 copy="idx.x" 保证给联合模型的所有分量中的 X 赋予相同的值. 第二个随机效应项由 f(idx.x,...) 定义, 其中 idx.x 包含未观测的变量 X 的值, 对应于 i.i.d 的高斯随机效应, 并用 weight.x 加权, 以确保联合模型中符号正确. 选项 values 是一个由估计效应的协变量的所有值构成的向量. 随机效应的精度 prec 固定为 $\exp(-15)$ (或其他非常小的数). 这一点很重要, 也很有必要, 因为 X 的不确定性已经在联合模型的暴露分量进行了建模. 关于 INLA 公式设定的更多细节可参考 Muff 等 (2015).

还有三个选项也需要在调用 inla 函数时指定. 第一个选项是 family. 在联合模型中有三种不同的似然, 对应响应矩阵中的不同列. 这里我们需要指定 family = c("binomial", "gaussian", "gaussian") 来对应回归模型的二项似然、暴露模型的一个高斯似然, 以及误差模型的另一个高斯似然. 第二个选项是 control.family, 用于指定三个似然的超参数, 顺序与 family 中给出的相同. 二项似然不包含超参数, 因此相应的列表为空. 在第二和第三似然中, 需要分别指定超参数 σ_X 和 σ_u. 第三个选项是 control.fixed, 用来指定固定效应的先验. 使用 INLA 拟合复杂测量误差模型的 R 代码如下:

```
fram.formula <- Y ~  f(beta.x, copy = "idx.x",
                      hyper = list(beta = list(param = prior.beta,
                                               fixed = FALSE)))
    + f(idx.x, weight.x, model = "iid", values = 1:n,
        hyper = list(prec = list(initial = -15, fixed = TRUE)))
    + beta.0 - 1 + beta.smoke + beta.age + lambda.0 + lambda.smoke
    + lambda.age


fram.mec.inla <- inla(fram.formula, Ntrials = Ntrials,
                  data = fram.jointdata,
                  family = c("binomial", "gaussian", "gaussian"),
                  control.family = list(
                      list(hyper = list()),
                      list(hyper = list(
                          prec = list(initial = log(prec.x),
                                      param = prior.prec.x,
                                      fixed = FALSE))),
                      list(hyper = list(
```

```
                                    prec = list(initial=log(prec.u),
                                                param = prior.prec.u,
                                                fixed = FALSE)))),
                        control.fixed = list(
                            mean = list(beta.0=prior.beta[1],
                                        beta.smoke=prior.beta[1],
                                        beta.age=prior.beta[1],
                                        lambda.0=prior.lambda[1],
                                        lambda.smoke=prior.lambda[1],
                                        lambda.age=prior.lambda[1]),
                            prec = list(beta.0=prior.beta[2],
                                        beta.smoke=prior.beta[2],
                                        beta.age=prior.beta[2],
                                        lambda.0=prior.lambda[2],
                                        lambda.smoke=prior.lambda[2],
                                        lambda.age=prior.lambda[2]))
)
```

我们常希望通过函数 inla.hyperpar 使用网格积分策略来改进测量误差模型超参数的边际后验分布的估计, 因为测量有误差的协变量的系数是 INLA 分析中的一个超参数.

```
fram.mec.inla <-inla.hyperpar(fram.mec.inla)
round(fram.mec.inla$summary.fixed, 4)
```

	mean	sd	0.025quant	0.5quant	0.975quant	mode	kld
beta.0	-13.9799	2.1885	-18.2224	-14.0133	-9.7163	-14.0132	0
beta.smoke	0.5697	0.2479	0.0999	0.5635	1.0744	0.5510	0
beta.age	0.0515	0.0118	0.0285	0.0514	0.0747	0.0513	0
lambda.0	4.1066	0.0310	4.0458	4.1066	4.1674	4.1066	0
lambda.smoke	-0.0266	0.0125	-0.0512	-0.0266	-0.0019	-0.0266	0
lambda.age	0.0061	0.0006	0.0049	0.0061	0.0073	0.0061	0

```
round(fram.mec.inla$summary.hyperpar, 4)
```

	mean	sd	0.025quant	0.5quant	0.975quant	mode
Precision for the Gaussian observations[2]	27.4738	1.1244	25.3274	27.4533	29.7357	27.4121
Precision for the Gaussian observations[3]	78.4611	2.6326	73.3821	78.4328	83.7025	78.3787

```
Beta for beta.x          1.9574 0.4800      1.0182   1.9580      2.8986  1.9638
```

由此结果我们发现, 无误差的变量, 即年龄和吸烟状况, 与 CHD 的发生呈正相关. 修正测量误差后的经变换的 SBP 的系数为 1.9574, 95% 的可信区间为 (0.4800, 2.8986). 假设所有其他协变量都是固定的, 则变换后的 SBP 每增加 1 个单位, 估计得到的发生 CHD 的概率大约增加到原来的 7.0809 ($= \exp(1.9574)$) 倍. 我们可以将测量误差模型与忽略测量误差的初始模型作一比较:

```
fram.naive.inla <- inla(FIRSTCHD~ SMOKE + AGE + W,
                        family = "binomial", data = fram)
round(fram.naive.inla$summary.fixed, 4)
```

	mean	sd	0.025quant	0.5quant	0.975quant	mode	kld
(Intercept)	-13.2961	1.7984	-16.8379	-13.2925	-9.7776	-13.2851	0
SMOKE	0.5742	0.2484	0.1035	0.5679	1.0802	0.5553	0
AGE	0.0532	0.0116	0.0306	0.0531	0.0761	0.0530	0
W	1.7728	0.4110	0.9662	1.7727	2.5795	1.7724	0

结果与有测量误差的协变量系数的估计值非常接近, 但由初始模型得到的 SBP 的估计值为 1.7728, 这显然低估了由于测量误差而造成的影响.

10.3　自变量有 Berkson 误差的模型

现在考虑一个自变量有 Berkson 误差的 GLMM. 与经典误差模型类似, 响应变量 $\boldsymbol{y} = (y_1, \ldots, y_n)^T$ 有指数族分布形式, 其均值 $\mu_i = E(y_i)$ 与线性预测因子 η_i 通过下式相联系:

$$\begin{cases} \mu_i = h(\eta_i), \\ \eta_i = \beta_0 + \beta_x x_i + \widetilde{\boldsymbol{x}}_i \boldsymbol{\alpha} + \boldsymbol{z}_i \boldsymbol{\gamma}, \\ x_i = w_i + u_i. \end{cases} \tag{10.5}$$

在 Berkson 误差模型中, $x_i | w_i \sim N(w_i, \sigma_u^2), i = 1, \ldots, n$. 我们可以将其推广到异方差误差的情况, 其中 $x_i | w_i \sim N(w_i, d_i \sigma_u^2), i = 1, \ldots, n$. 由于 x_i 是在给定观测值 w_i 条件下定义的, 经典自变量有误差问题中讨论的暴露模型就不再适用了. 同样, 我们可以将该模型重写成 INLA 所要求的层次结构:

$$\begin{cases} E(y_i) = h(\beta_0 + \beta_x x_i + \widetilde{\boldsymbol{x}}_i \boldsymbol{\alpha} + \boldsymbol{z}_i \boldsymbol{\gamma}), \\ -w_i = -x_i + u_i, \quad u_i \sim N(0, \sigma_u^2). \end{cases} \tag{10.6}$$

这种自变量有 Berkson 误差的模型在 INLA 软件包中称为 "meb". 我们用支气管炎的数据来说明 Berkson 误差模型. 这个例子已经在 Carroll 等 (2006) 的第 8 章中讨论过. 这个支气管炎研究是为了评估慕尼黑一家充满灰尘的机械工程厂中特定有害物质对健康

的危害. 研究的结果是工人是否患有支气管炎. 我们所关注的主要协变量是工作区域在一段时间内的平均粉尘浓度. 此外研究者还测量了另外两个变量, 即接触的时间与吸烟状况. 表 10.2 给出了支气管炎数据中变量的描述. Carroll 等 (2006) 讨论了平均粉尘浓度的阈限值 (TLV) 的估计. TLV 的估计是 1.28, 低于此值就表明该物质没有风险. 这里我们只关注粉尘浓度大于 TLV=1.28 的子样.

表 10.2 支气管炎数据中的变量描述.

变量名	描述	代码/值
cbr	慢性支气管炎的反应	0 = 无
		1 = 有
dust	工作场所的粉尘浓度	mg/m^3
smoking	工人是否吸烟	0 = 否
		1 = 是
expo	暴露时间	年数

```
data(bronch, package = "brinla")
bronch1 <- subset(bronch, dust >=1.28)
```

想要精确地测量粉尘浓度是不可能的, 所得到的是在 1960 年至 1977 年期间多次获得的粉尘浓度的样本, 得到的测量结果在数据集中为 dust. 我们通过此变量的汇总值来对数据进行探索:

```
round(prop.table(table(bronch1$cbr)),4)
```

```
     0      1
0.6967 0.3033
```

```
round(prop.table(table(bronch1$smoking)),4)
```

```
     0      1
0.2582 0.7418
```

```
round(c(mean(bronch1$dust), sd(bronch1$dust)), 4)
```

```
[1] 1.9285 0.2118
```

```
round(cor(bronch1$dust, bronch1$expo), 4)
```

```
[1] 0.0119
```

```
round(by(bronch1$dust, bronch1$smoking, mean), 4)
```

```
bronch1$smoking: 0
[1] 1.9258
```

```
bronch1$smoking: 1
```
```
[1] 1.9294
```

在 488 名个体中, 30% 的工人显示为患有慢性支气管炎, 且 74% 是吸烟者. 测量的粉尘浓度的均值为 1.93, 标准差为 0.21. 持续时间实际上与浓度无关, 相关系数仅为 0.012. 吸烟状况也与粉尘浓度独立, 吸烟者的平均浓度为 1.926, 而不吸烟者的平均浓度为 1.929. 在 Carroll 等 (2006) 的分析中, 他们得出结论: 通过数值实验需要给 σ_u 一个合理的有信息先验. 这里我们参考他们的分析, 初始值取 $\sigma_u = 1.3$. 我们首先设定先验参数:

```
prior.beta <- c(0, 0.01)
prec.u <- 1/1.3
prior.prec.u <- c(1/1.3, 0.01)
```

然后我们用以下代码拟合自变量有 Berkson 误差的模型:

```
bronch.formula <- cbr ~ smoking + expo
                        + f(dust, model="meb",
                                hyper = list(beta = list(param = prior.beta,
                                                         fixed = FALSE),
                                        prec.u = list(param = prior.prec.u,
                                                      initial = log(prec.u),
                                                      fixed = FALSE)))
bronch.meb.inla <- inla(bronch.formula, data = bronch1,
                family = "binomial",
                control.fixed = list(mean.intercept = prior.beta[1],
                                     prec.intercept = prior.beta[2],
                                     mean = prior.beta[1],
                                     prec = prior.beta[2]))
bronch.meb.inla <- inla.hyperpar(bronch.meb.inla)
round(bronch.meb.inla$summary.fixed, 4)
```

	mean	sd	0.025quant	0.5quant	0.975quant	mode	kld
(Intercept)	-5.6646	1.0079	-7.7397	-5.5994	-3.8632	-5.4020	0
smoking1	1.2257	0.2953	0.6635	1.2195	1.8234	1.2069	0
expo	0.0411	0.0117	0.0186	0.0410	0.0645	0.0407	0

```
round(bronch.meb.inla$summary.hyperpar, 4)
```

	mean	sd	0.025quant	0.5quant	0.975quant	mode
MEB beta for dust	1.0401	0.4127	0.3970	0.9936	1.9304	0.8429

```
MEB prec_u for dust 1.0511 0.9889      0.1277    0.7571      3.6641 0.1189
```
我们也将此模型同忽略测量误差的初始模型作比较.

```
bronch.naive.inla <- inla(cbr ~ dust + smoking + expo,
                          data = bronch1, family = "binomial",
control.fixed = list(mean.intercept = prior.beta[1],
                     prec.intercept = prior.beta[2],
                     mean = prior.beta[1],
                     prec = prior.beta[2]))
round(bronch.naive.inla$summary.fixed, 4)
```

	mean	sd	0.025quant	0.5quant	0.975quant	mode	kld
(Intercept)	-4.2577	0.9973	-6.2401	-4.2496	-2.3222	-4.2331	0
dust	0.8420	0.4746	-0.0864	0.8408	1.7762	0.8385	0
smoking1	1.0442	0.2679	0.5344	1.0384	1.5873	1.0267	0
expo	0.0356	0.0096	0.0169	0.0355	0.0546	0.0354	0

我们注意到, 所关注的变量 dust 在初始模型中并不显著 (在贝叶斯意义下). 在自变量有 Berkson 误差的模型中, dust 的系数估计增加到 1.0511, 其 95% 的可信区间为 $(0.3970, 1.9304)$. 在修正了测量误差的影响后, dust 的效应大概率是正的.

Muff 等 (2015) 指出, 贝叶斯方法在过去几十年为测量误差问题提供了一个非常灵活的框架. 然而, 由于在收敛性和计算时间方面存在许多问题, 基于 MCMC 的贝叶斯分析还没能成为解决测量误差问题的标准回归分析的一部分. 用 MCMC 实现模型拟合需要仔细构建算法. 特别地, 这对于那些不是编程专家的用户来说常常是困难的. INLA 为解决这类复杂问题提供了更友好的方法.

第 11 章

其他 INLA 主题

本章包含样条、函数型数据、极值和密度估计在内的多个主题.

11.1 样条与混合模型

考虑最简单的非参数回归模型

$$y_i = f(x_i) + \varepsilon_i, \quad \varepsilon_i \sim N(0, \sigma_\varepsilon^2),$$

其中 f 是未知但光滑的函数. 尽管第 7 章和第 8 章已经给出了一些估计 f 的方法, 但我们在这里继续介绍两种在实践中广泛使用的光滑样条方法, 它们可与第 5 章中介绍的线性混合模型相关联.

11.1.1 截断幂基样条

回顾 P-样条 (Eilers 和 Marx, 1996)(见 7.5 节), 它在回归框架内将节点等距的丰富的 B-样条基与简单差分惩罚相结合. Ruppert 和 Carroll (2000) 提出了一种使用类似想法的光滑化方法: 其基由截断的幂函数组成, 节点为 x_i 的分位数, 惩罚置于系数的个数上. 具体来说, 使用记号 a_+^p: 若 $a > 0$, 则 $a_+^p = a^p$, 若 $a \leqslant 0$, 则 $a_+^p = 0$, 那么我们可将函数 f 展开为

$$f(x_i) = \beta_0 + \beta_1 x_i + \cdots + \beta_p x_i^p + \sum_{j=1}^{r} u_j \left(x_i - t_j\right)_+^p,$$

$i = 1, \ldots, n$. 该方法把 f 展开为两部分的组合, 一部分为 p 次多项式, 另一部分为给定 r 个节点的序列 t_j 下截断幂基 (TPB) 函数的和. $\boldsymbol{\beta} = (\beta_0, \ldots, \beta_p)^T$ 为固定效应, $\boldsymbol{u} = (u_1, \ldots, u_r)^T$ 为随机效应. 这种光滑化方法可视为一个混合模型

$$\boldsymbol{y} = \boldsymbol{X}\boldsymbol{\beta} + \boldsymbol{Z}\boldsymbol{u} + \boldsymbol{\varepsilon}, \quad \boldsymbol{u} \sim N(\boldsymbol{0}, \sigma_u^2 \boldsymbol{I}), \quad \boldsymbol{\varepsilon} \sim N\left(\boldsymbol{0}, \ \sigma_\varepsilon^2 \boldsymbol{I}\right), \tag{11.1}$$

其中 $\boldsymbol{X}$ 是 $n \times (p+1)$ 的矩阵, 第 i 行为 $(1, x_i, \ldots, x_i^p)$, $\boldsymbol{Z}$ 是 $n \times r$ 的矩阵, 第 i 行为 $((x_i - t_1)_+^p, \ldots, (x_i - t_r)_+^p)$. 注意, $\lambda = \sigma_\varepsilon^2 / \sigma_u^2$ 为光滑参数, 控制拟合曲线的光滑程度. 在该框架下, $\boldsymbol{\beta}$ 和 $\boldsymbol{u}$ 的最佳线性无偏预测 (BLUP) 可明确地导出, 方差分量 σ_u^2 和 σ_ε^2 可

以通过有约束的最大似然法 (REML) 估计出来. 这项工作已得到了 Ruppert 等 (2003) 的推广, 有些人称之为 "P-样条". 为了避免不必要的混淆, 这里将其称为 TPB 样条.

从贝叶斯角度来看, 我们需要对模型 (11.1) 中的未知参数设置先验, 这些参数有 $\boldsymbol{\beta}$、$\boldsymbol{u}$、σ_u^2 和 σ_ε^2. 为了与混合模型的表达一致, 我们对 $\boldsymbol{\beta}$ 和 $\boldsymbol{u}$ 使用了如下的高斯先验:

$$\boldsymbol{\beta} \sim N\left(\mathbf{0},\ \sigma_\beta^2 \boldsymbol{I}\right), \quad \boldsymbol{u} \sim N\left(\mathbf{0},\ \sigma_u^2 \boldsymbol{I}\right),$$

其中 σ_β^2 是一个固定的较大的数字 (例如 10^6), 但 σ_u^2 必须是随机的, 且需要设置先验. 按照 7.2.2 节的讨论, 我们可以对 σ_u^2 和 σ_ε^2 设置无信息或弱信息先验.

最后, 我们讨论如何选择节点. 节点 t_j 对应于概率为 $j/(r+1)$ 的 x_i 的样本分位数. 在惩罚样条文献中, 常见的默认节点数是 $r = \min(n_u/4, 35)$, 其中 n_u 是 x_i 去重后的数量 (见 Ruppert 等, 2003). Ruppert (2002) 讨论了 r 的 "启发性" 选择, 并建议选择一个足够大的数字 (通常为 5 到 20) 以获得所需要的灵活性. 另外, 对于给定的 r, 节点的分布可能对结果有一些影响, 但在大多数情况下, 这种影响是很小的.

11.1.2 O'Sullivan 样条

O'Sullivan 样条 (O'Sullivan, 1986), 简称 O-样条, 是将 B-样条与光滑样条中使用的惩罚函数相结合. 给定一个节点序列 $x_{\min} < t_1 < \cdots < t_r < x_{\max}$, 我们用 (7.11) 中的表达式将 $f(x)$ 表示为一个三次 B-样条的和, 其中 $B_1, \ldots, B_p$ ($p = r+4$) 为由这些节点定义的基函数, 相应的系数为 $\boldsymbol{\beta} = (\beta_1, \ldots, \beta_p)^T$. 然后, 使用积分平方二阶导数惩罚, 它可以表示为系数

$$\int \left(f''(x)\right)^2 dx = \boldsymbol{\beta}^T \boldsymbol{Q} \boldsymbol{\beta}$$

的二次函数, 其中 $\boldsymbol{Q}$ 是 $p \times p$ 的 (带状) 矩阵, 其元素为 $\boldsymbol{Q}[i,j] = \int B_i''(x) B_j''(x) dx$. 最终, O-样条估计可通过最小化

$$(\boldsymbol{y} - \boldsymbol{B}\boldsymbol{\beta})^T (\boldsymbol{y} - \boldsymbol{B}\boldsymbol{\beta}) + \lambda \boldsymbol{\beta}^T \boldsymbol{Q} \boldsymbol{\beta} \tag{11.2}$$

得到, 其中 $\boldsymbol{B}$ 为 $n \times p$ 的设计矩阵, 其元素为 $\boldsymbol{B}[i,j] = B_j(x_i)$, λ 为光滑参数. 尽管计算 $\boldsymbol{Q}$ 并非易事, 但 Wand 和 Ormerod (2008) 将 O-样条扩展到了更高阶的导数, 并得到了相应惩罚函数的精确的矩阵代数表示. 他们还展示了如何利用 $\boldsymbol{Q}$ 的谱分解导出设计矩阵 $\boldsymbol{X}$ 和 $\boldsymbol{Z}$, 并将 O-样条表示为形如 (11.1) 中的混合模型. 值得注意的是, 我们可以使用更简单的设定 $\boldsymbol{X} = [1, x_i]$, 它不会影响拟合的效果, 因为原始的 $\boldsymbol{X}$ 是直线空间的基.

O-样条与 Eilers 和 Marx (1996) 的 P-样条密切相关. 如果节点是等距的, 那么三次 P-样条族由 (11.2) 给出, 其中 $\boldsymbol{Q}$ 由 $\boldsymbol{D}_2^T \boldsymbol{D}_2$ 代替, 其中 $\boldsymbol{D}_2$ 是 RW2 模型的差分矩阵. 因此, P-样条也可以在混合模型框架下进行分析 (参见 Eilers 等, 2015). Wand 和 Ormerod (2008) 从理论和经验的角度比较了这两种样条方法. Eilers 等 (2015) 对 P-样

条给出了一个全面的综述, 并将其与 O-样条和 TPB 样条进行了详细的比较.

11.1.3 案例: 加拿大收入数据

我们在本节展示如何使用 INLA 对加拿大收入数据进行 TPB 样条和 O-样条的拟合. 数据来自 1971 年加拿大人口普查, 由 205 对加拿大工人的观测数据对构成. 首先加载数据集:

```
library(INLA); library(brinla)
data(age.income, package = 'SemiPar')
str(age.income)
```

```
'data.frame':        205 obs. of  2 variables:
 $ age       : int   21 22 22 22 22 22 22 22 22 23  ...
 $ log.income: num   11.2 12.8 13.1 11.7 11.5  ...
```

其中变量 age 是工人的年龄 (岁), log.income 是工人收入的对数. 我们想看看在 log.income 和 age 之间是否可能存在一种非线性关系.

TPB 样条

为了将 TPB 样条拟合为混合模型, 首先需要构建两个如 (11.1) 所示的设计矩阵 X 和 Z:

```
X <- spline.mixed(age.income$age, degree = 2, type = 'TPB')$X
Z <- spline.mixed(age.income$age, degree = 2, type = 'TPB')$Z
```

函数 spline.mixed() 用来为不同类型的样条定义设计矩阵. 这里 'TPB' 类型的矩阵是基于 p (多项式的阶数) 和 r (节点的数量). 我们这里令 $p = 2$, 这由 degree=2 指定, 而 r 使用默认值, 若需定义其他值, 可以通过 spline.mixed() 中的选项 Nknots 定义. 然后我们使用 INLA 中所谓的 "z" 模型来指定这个混合模型:

```
age.income$ID <- 1:nrow(age.income)
formula <- log.income ~ -1 + X
                    + f(ID, model = 'z', Z = Z,
                      hyper = list(prec = list(param = c(1e-6, 1e-6))))
```

这里 ID 是序列 $1, 2, \ldots, n$, hyper 用于指定精度为 $1/\sigma_u^2$ 的超参先验. 我们在此使用均值为 1、方差为 10^6 的高扩散伽马先验. 注意, 我们去掉了 formula 中的截距项, 因为它已经包含在矩阵 X 中了. 最后用 INLA 来拟合这个模型:

```
result.tpb <- inla(formula, data = age.income,
                   control.predictor = list(compute = TRUE))
```

函数估计的后验汇总统计量可如下提取得到:

```
result.tpb$summary.fitted.values
```

图 11.1(a) 展示了拟合曲线 (后验均值) 及其 95% 的可信区间, 以及数据点.

```
bri.band.plot(result.tpb, x = age.income$age, alpha = 0.05,
              type = 'fitted', xlab = 'Age (years)',
              ylab = 'Log(annual income)',
              ylim = range(age.income$log.income))
points(age.income$age, age.income$log.income, cex = 0.5)
```

尽管 β 和 u 的后验分位数并不是本例所感兴趣的, 但是它们可分别由 result.tpb$
summary.fixed 和 result.tpb$summary.random$ID[-(1:nrow(age.income)),]得到.

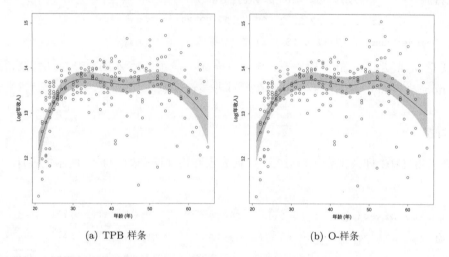

(a) TPB 样条   (b) O-样条

图 11.1 加拿大收入数据: 使用 TPB 样条 (左图) 和 O-样条 (右图) 的拟合曲线
(实线) 和 95% 的可信区间 (灰色带); 黑色点是数据点.

O-样条

在 INLA 中拟合 O-样条与拟合 TPB 样条非常相似. 我们只需构建不同的设计
矩阵:

```
X <- spline.mixed(age.income$age, type = 'OSS')$X
Z <- spline.mixed(age.income$age, type = 'OSS')$Z
```

这里我们使用 'OSS' 来指定 O-样条类型的矩阵. 然后我们可以像 TPB 样条一样使用
相同的 formula 和 inla() 来拟合 O-样条.

```
age.income$ID <- 1:nrow(age.income)
formula <- log.income ~ -1 + X
                + f(ID, model = 'z', Z = Z,
```

```
                          hyper = list(prec = list(param = c(1e-6, 1e-6))))
result.oss <- inla(formula, data = age.income,
                   control.predictor = list(compute = TRUE))
```

结果呈现在图 11.1(b) 中, 与 TPB 样条相比, 尽管使用了相同的节点和方差的先验, 但
O-样条拟合似乎不那么光滑.

现在我们给出另一种用 INLA 拟合 O-样条的方法. 基于方程 (11.2), 可将 O-样条
直观地表示为贝叶斯分层模型而非混合模型:

$$ \boldsymbol{y} \mid \boldsymbol{\beta}, \sigma_\varepsilon^2 \sim N\left(\boldsymbol{B\beta}, \sigma_\varepsilon^2 \boldsymbol{I}\right), \quad \boldsymbol{\beta} \mid \sigma_\beta^2 \sim N\left(\boldsymbol{0}, \sigma_\beta^2 \boldsymbol{Q}^{-1}\right), \tag{11.3} $$

其中 $\lambda = \sigma_\varepsilon^2 / \sigma_\beta^2$ 为光滑参数. 这个模型与 P-样条模型非常相似, 唯一的区别在于 $\boldsymbol{\beta}$ 的
先验中的精度矩阵. 因此, 我们遵循用于 P-样条的 INLA 步骤来拟合 O-样条. 我们构
建 (11.3) 中的 B-样条的基矩阵 $\boldsymbol{B}$, 并按照 INLA 的要求将其改为稀疏矩阵格式:

```
B.tmp <- spline.mixed(age.income$age, type = 'OSS')$B
n.row <- nrow(B.tmp)
n.col <- ncol(B.tmp)
attributes(B.tmp) <- NULL
Bmat <- as(matrix(B.tmp, n.row, n.col), 'sparseMatrix')
```

虽然在 INLA 中没有内部编码, 但 (11.3) 中 $\boldsymbol{\beta}$ 的先验可先通过定义其 $\boldsymbol{Q}$ 矩阵来指定:

```
Q <- as(spline.mixed(age.income$age, type = 'OSS')$Q, 'sparseMatrix')
```

然后再使用 "generic0" 模型:

```
formula <- y ~ -1 + f(x, model = 'generic0', Cmatrix = Q,
                      hyper = list(prec = list(param = c(1e-6, 1e-6))))
```

这里的 hyper 用于指定 σ_β^2 的先验. 现在我们用 INLA 来拟合 O-样条:

```
data.inla <- list(y = age.income$log.income, x = 1:ncol(Bmat))
result.oss2 <- inla(formula, data = data.inla,
                    control.predictor = list(A = Bmat, compute = TRUE))
```

函数估计值的后验分位数保存如下:

```
result.oss2$summary.fitted.values[1:n.row, ]
```

我们通过下面的 R 代码绘制拟合曲线和对应的 95% 可信区间:

```
bri.band.plot(result.oss2, ind = 1:n.row, x = age.income$age,
              alpha = 0.05, type = 'fitted', xlab = 'Age (years)',
              ylab = 'Log(annual income)',
              ylim = range(age.income$log.income))
```

```
points(age.income$age, age.income$log.income, cex = 0.5)
```

我们注意到, 基于 O-样条的拟合结果 (在此从略) 与使用混合模型方法的结果稍有些不同. 这是因为在这两种方法中, 参数 σ_u^2 和 σ_β^2 使系数产生了不同程度的收缩, 因此在函数拟合时施加了不同的光滑化, 尽管它们有相同的先验 (扩散伽马先验).

我们很容易使用 INLA 将 TPB 样条和 O-样条应用于非高斯数据, 只需要对上述 R 代码进行改动: 对 `inla()` 函数的 `family` 选项指定 (非高斯) 似然.

11.2 函数型数据的方差分析

由于与连续时间监测过程有关, 函数型数据通常是光滑的曲线或曲面. 函数型数据的基本理念是将观测到的曲线 (或曲面) 视为单一的整体, 而不仅仅是一连串的单独观测值. 函数型数据统计分析方法的综述可参考 Ramsay 和 Silverman (2005) 以及 Ferraty 和 Vieu (2006).

我们在此重点讨论函数型方差分析 (ANOVA) 模型, 研究数据在某些分类因素上的差异. 令 $y_{ik}(\boldsymbol{x})$ 表示第 i 组中的第 k 个函数型观测值, 我们将给定因素 A 的单因素函数方差分析模型定义为

$$y_{ik}(\boldsymbol{x}) = \mu(\boldsymbol{x}) + \alpha_i(\boldsymbol{x}) + \varepsilon_{ik}(\boldsymbol{x}), \quad \boldsymbol{x} \in \mathcal{X} \subset \mathbb{R}^d, \tag{11.4}$$

其中 μ 是总均值函数, α_i 是第 i 个水平的主效应函数, ε_{ik} 是均值为零的高斯过程, $i = 1, \ldots, m_A$, $k = 1, \ldots, n$. 为了从 μ 中识别出 α_i, 我们需要某些线性约束, 比如对所有 $\boldsymbol{x} \in \mathcal{X}$, $\sum_i \alpha_i(\boldsymbol{x}) = 0$ 或 $\alpha_{m_A}(\boldsymbol{x}) = 0$. 显然, 这个模型是普通单因素方差分析模型在函数空间上的推广.

我们很容易将模型 (11.4) 推广到两因素甚至非高斯函数响应的场合. 例如, 考虑用 A 和 B 表示两个因素. 令 $y_{ijk}(\boldsymbol{x})$ 表示第 k 个个体在 A 的第 i 个水平和 B 的第 j 个水平的函数响应, 并假设其服从均值 $E(y_{ijk}) = \mu_{ij}$ 的指数族分布, 且有一个典型的连接函数 g. 一个 (广义的) 两因素函数型方差分析模型表示如下:

$$g(\mu_{ijk}) = \mu(\boldsymbol{x}) + \alpha_i(\boldsymbol{x}) + \beta_j(\boldsymbol{x}) + \gamma_{ij}(\boldsymbol{x}), \tag{11.5}$$

$i = 1, \ldots, m_A$, $j = 1, \ldots, m_B$ 和 $k = 1, \ldots, n_{ij}$. 这里 μ 是总均值函数, α_i 是 A 的第 i 个水平的主效应函数, β_j 是 B 的第 j 个水平的主效应函数, γ_{ij} 是交互效应函数. 出于模型的可识别性, 我们需要对 α_i、β_j 和 γ_{ij} 施加一组线性约束, 一组可能的约束是对所有 $\boldsymbol{x} \in \mathcal{X}$, $\alpha_{m_A}(\boldsymbol{x}) = 0$, $\beta_{m_B}(\boldsymbol{x}) = 0$, $\gamma_{m_A,j}(\boldsymbol{x}) = 0$ 和 $\gamma_{i,m_B}(\boldsymbol{x}) = 0$. 显然, 我们可直接将模型 (11.5) 推广至两个因素以上的情形.

为了对函数型数据进行方差分析, 我们首先需要估计效应函数, 然后检验这些函数是否与 0 有显著差异. 若每个效应函数取第 7 章或第 8 章中提到的高斯先验, 则函数

型方差分析模型也属于潜在高斯模型, 因此可用 INLA 来拟合. 我们还能够使用 7.8 节
中提到的偏移方法来找到函数哪部分是大概率显著非零的. 下面我们介绍一个例子, 用
INLA 对一维连续函数型数据拟合单因素函数型方差分析模型. 然而, INLA 还能够处
理更复杂的具有更多因素和/或离散函数型数据的方差分析模型 (参考 Yue 等, 2018).

案例: 扩散张量成像 (DTI)

Goldsmith 等 (2012) 研究多发性硬化症 (MS) 患者在多次临床就诊中的 DTI 指标.
此数据由 100 名受试者组成, 首次就诊时年龄在 21 至 70 岁之间. 每个受试者的就诊次
数从 2 次到 8 次不等, 共记录了 340 次就诊. 每次就诊都有 DTI 扫描, 并用于创建神
经束剖面图. 得到的结果称为分数各向异性 (FA), 其描述了大脑中扩散过程的各向异性
程度, 并通常被用作白质完整性的指标. 此数据包含了两个特定脑区的 FA 神经束剖面
图: 胼胝体区 (CCA) 和右皮质脊髓束 (RCST). 这两个区域的损伤可能与多发性硬化症
患者的认知能力下降有关. Yue 等 (2018) 对该数据进行了分析.

我们加载数据集并查看其结构:

```
data(DTI, package = 'refund')
str(DTI)
```

```
'data.frame':        382 obs. of  9 variables:
 $ ID        : num   1001 1002 1003 1004 1005 ...
 $ visit     : int   1 1 1 1 1 1 1 1 1 1 ...
 $ visit.time: int   0 0 0 0 0 0 0 0 0 0 ...
 $ Nscans    : int   1 1 1 1 1 1 1 1 1 1 ...
 $ case      : num   0 0 0 0 0 0 0 0 0 0 ...
 $ sex       : Factor w/ 2 levels "male","female": 2 2 1 1 1 1 1 1 1 1 ...
 $ pasat     : int   NA NA NA NA NA NA NA NA NA NA ...
 $ cca       : num [1:382, 1:93] 0.491 0.472 0.502 0.402 0.402 ...
  ..- attr(*, "dimnames")=List of 2
  .. ..$ : chr  "1001_1" "1002_1" "1003_1" "1004_1" ...
  .. ..$ : chr  "cca_1" "cca_2" "cca_3" "cca_4" ...
 $ rcst      : num [1:382, 1:55] 0.257 NaN NaN 0.508 NaN ...
  ..- attr(*, "dimnames")=List of 2
  .. ..$ : chr  "1001_1" "1002_1" "1003_1" "1004_1" ...
  .. ..$ : chr  "rcst_1" "rcst_2" "rcst_3" "rcst_4" ...
```

数据框由以下部分组成: ID= 受试者 ID 号, visit= 受试者特定的就诊号码, Nscans=
每个受试者的总就诊次数, case= 多发性硬化症病例状态 (0-对照, 1-病例), cca= 来自
CCA 的 382×93 的 FA 神经束剖面图矩阵, rcst= 来自 RCST 的 382×55 的 FA 神
经束剖面图矩阵. 其他变量的介绍可以在 R 文档中找到.

在本研究案例中, 我们试图回答两个研究问题. 第一个问题是: "就诊" 对多发性硬化症患者的 FA 指标是否存在显著的函数型效应? 第二个问题是: 如果存在的话, "就诊" 的显著性是如何随神经束位置而动态变化的? 因此, 我们将注意力限制在 18 名患者身上, 他们在大约一年内完成了 4 次就诊:

```
DTI.sub <- DTI[DTI$Nscans==4 & DTI$case == 1, ]
```

我们在此只展示 RCST 的分析, 对于 CCA 也可进行类似的分析. 让我们绘制 RCST 第一次就诊的 FA 神经束剖面图, 如图 11.2(a) 所示:

```
dat.v1 <- DTI.sub[DTI.sub$visit==1,]$rcst
plot(dat.v1[1,], type = "n", ylim = c(0.1, 1))
for(i in 1:dim(dat.v1)[1]) lines(dat.v1[i,])
```

其他三次就诊图也可类似绘制, 见图 11.2(b)、11.2(c) 和 11.2(d). 从曲线的不连续性我们知道在剖面上有一些缺失值. 我们把每个 FA 神经束剖面图作为一个函数型观测, 想研究这些函数在不同的就诊中平均值是否有不同的模式.

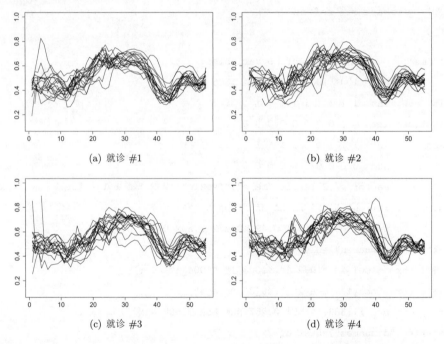

图 11.2　多发性硬化症患者的 DTI: 每位患者在每次就诊时的 RCST 的 FA 神经束剖面图.

令 $y_{ij}(x)$ 表示第 j 个受试者在第 i 次就诊时在位置 x 处 FA 的测量值. 由于它介于 0 和 1 之间, 我们假设 $y_{ij}(x)$ 服从一个贝塔分布, 用 $Beta(p_{ij}, \tau)$ 表示, 其均值为 p_{ij},

方差为 $p_{ij}(1 - p_{ij})/(1 + \tau)$. 为了研究 "就诊" 效应, 我们使用以下单因素方差分析模型:

$$\text{logit}(p_{ij}) = \mu(x) + \alpha_i(x), \quad i = 1, 2, 3, 4, \tag{11.6}$$

其中 μ 是总均值函数, α_i 是第 i 次就诊的主效应函数. 为了便于识别, 我们在这里令对所有 x 有 $\alpha_4(x) = 0$, 因此 μ 成为第 4 次就诊的均值函数. 我们可以把模型 (11.6) 写成矩阵形式:

$$\text{logit}(\boldsymbol{p}) = \boldsymbol{A}_\mu \boldsymbol{\mu} + \boldsymbol{A}_\alpha \boldsymbol{\alpha} = \boldsymbol{A} \boldsymbol{f},$$

其中 $\boldsymbol{A} = [\boldsymbol{A}_\mu, \boldsymbol{A}_\alpha]$ 和 $\boldsymbol{f} = [\boldsymbol{\mu}^T, \boldsymbol{\alpha}^T]^T$. 这里 $\boldsymbol{A}_\mu$ 和 $\boldsymbol{A}_\alpha$ 是将向量 $\boldsymbol{\mu}$ 和 $\boldsymbol{\alpha}$ 映射到向量 $\boldsymbol{p}$ 的关联矩阵. 由于每个神经束剖面的位置是离散的, 因此直观地可为 $\boldsymbol{\mu}$ 和 α_i 指定 RW2 先验. 对于精度 τ, 我们使用 INLA 中默认的伽马先验.

为了拟合模型, 我们首先从数据中提取必要的信息:

```
ns <- dim(DTI.sub$rcst)[2]
ng <- length(unique(DTI.sub$visit))
n <- length(unique(DTI.sub$ID))
```

这里 ns 是位置的数量, ng 是就诊的数量, n 是受试者的数量. 我们构建矩阵 $\boldsymbol{A}_\mu$ 和 $\boldsymbol{A}_\alpha$:

```
D1 <- Matrix(rep(1,ng*n),ng*n,1)
A.mu <- kronecker(D1, Diagonal(n=ns, x=1))
D1 <- Diagonal(n = ns, x = 1)
D2 <- Diagonal(n = (ng-1), x = 1)
D3 <- Matrix(rep(0, ng-1), 1, ng-1)
D4 <- kronecker(rBind(D2, D3), D1)
A.a <- kronecker(Matrix(rep(1, n), n, 1), D4)
```

将其合并为矩阵 $\boldsymbol{A}$:

```
A <- cBind(A.mu, A.a)
```

然后, 我们构建 $\boldsymbol{\mu}$ 和 $\boldsymbol{\alpha}$ 的索引向量以及 INLA 要求的 $\boldsymbol{\alpha}$ 的复制 (replicate):

```
mu <- 1:ns
alpha <- rep(1:ns, ng-1)
alpha.rep <- rep(1:(ng-1), each = ns)
```

此外, 我们需要在上面创建的向量中加入一些 NA, 以便使它们的长度与 $\boldsymbol{A}$ 的维数相匹配:

```
mu2 <- c(mu, rep(NA, length(alpha)))
alpha2 <- c(rep(NA, length(mu)), alpha)
```

```
alpha2.rep <- c(rep(NA, length(mu)), alpha.rep)
```

最后, 我们将这些向量归并在一个列表中, 并在 INLA 中将单因素函数型方差分析模型表示为:

```
y <- as.vector(t(DTI.sub$rcst))
data.inla <- list(y=y, mu=mu2, alpha=alpha2, alpha.rep=alpha2.rep)
formula <- y ~ -1 + f(mu, model = 'rw2', constr = FALSE, scale.model = T)
              + f(alpha, model = 'rw2', constr = FALSE,
                  scale.model = TRUE, replicate = alpha.rep)
```

这个模型的估计函数是第 4 次就诊的均值函数 (μ), 以及第 1 次就诊、第 2 次就诊和第 3 次就诊的主效应函数 (α_1、α_2 和 α_3). 如果我们对前三次就诊的均值函数也感兴趣, 可以把这种函数写成 μ 和 α 的线性组合, 即 $A_1\mu + A_2\alpha$, 并在 INLA 中构建:

```
A1.lc <- kronecker(Matrix(rep(1,ng-1),ng-1,1), Diagonal(n=ns, x=1))
A2.lc <- Diagonal(n = (ng - 1)*ns, x = 1)
lc <- inla.make.lincombs(mu = A1.lc, alpha = A2.lc)
```

然后我们使用 inla() 中的 lincomb 选项来估计上述定义的线性组合 lc 以及函数 μ 和 α:

```
result <- inla(formula, data = data.inla, family = 'beta',
               control.predictor = list(A = A, compute = TRUE),
               control.compute = list(config = TRUE), lincomb = lc)
```

现在我们来展示结果. 首先绘制出拟合的每次就诊的均值函数及其 95% 的可信区间.

```
bri.band.ggplot(result, ind = 1:ns, type = 'lincomb')
bri.band.ggplot(result, ind = 1:ns + ns, type = 'lincomb')
bri.band.ggplot(result, ind = 1:ns + 2*ns, type='lincomb')
bri.band.ggplot(result, name = 'mu', type = 'random')
```

图 11.3 为绘图结果. 我们可以看到, 在不同的就诊中, 神经束剖面显示出类似的模式, 但似乎随着就诊次数的增加而上升. 我们还绘制了前三次就诊的主效应函数, 以了解其与最后一次就诊的差异:

```
bri.band.ggplot(result, name='alpha', ind=1:ns, type='random')
bri.band.ggplot(result, name='alpha', ind=1:ns+ns, type='random')
bri.band.ggplot(result, name='alpha', ind=1:ns+2*ns, type='random')
```

从图 11.4(a)、11.4(c) 和 11.4(e) 中我们看到函数变得越来越平坦, 表明随着患者就诊次数的增加, 前三次就诊和最后一次就诊之间的差异越来越小.

为了回答前面提到的研究问题, 我们必须理解若 "就诊" 对 FA 的影响存在的话, 它

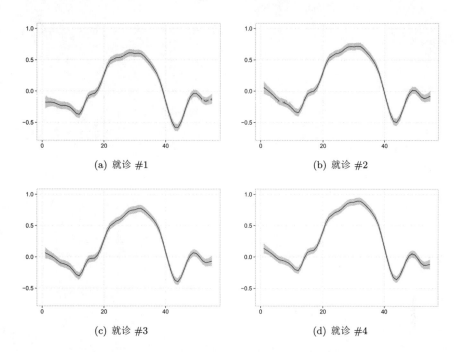

(a) 就诊 #1   (b) 就诊 #2

(c) 就诊 #3   (d) 就诊 #4

图 11.3 多发性硬化症患者的 DTI: 每次就诊的 RCST 的均值函数和 95% 的可信区间.

是如何动态地量化在神经束位置上的变化的. 我们可以在图 11.3 和 11.4 中看到一些证据, 即主效应是显著的. 然而, 我们更希望知道每个神经束位置上的显著概率, 并看看这些概率是如何动态变化的. 换句话说, 我们需要为每个主效应函数找到一个位置的集合 D, 使该函数以显著联合概率在该区域所有位置处不为零, 即 $P(\alpha_i(x) \neq 0) \geqslant 0.95$, 对所有 $x \in D$, $i = 1, 2, 3$. 因此, 我们对每个主效应函数应用 7.8 节中介绍的偏移方法:

```
res.exc1 <- excursions.brinla(result, name = 'alpha', ind = 1:ns, u = 0,
                              type = '!=', alpha = 0.05, method = 'NIQC')
res.exc2 <- excursions.brinla(result, name = 'alpha', ind = 1:ns + ns,
                              u = 0, type = '!=', alpha = 0.05,
                              method = 'NIQC')
res.exc3 <- excursions.brinla(result, name = 'alpha', ind = 1:ns + 2*ns,
                              u = 0, type = '!=', alpha = 0.05,
                              method = 'NIQC')
```

然后绘制结果 (见图 11.4(b)、11.4(d) 和 11.4(f)):

```
bri.excursions.ggplot(res.exc1)
bri.excursions.ggplot(res.exc2)
bri.excursions.ggplot(res.exc3)
```

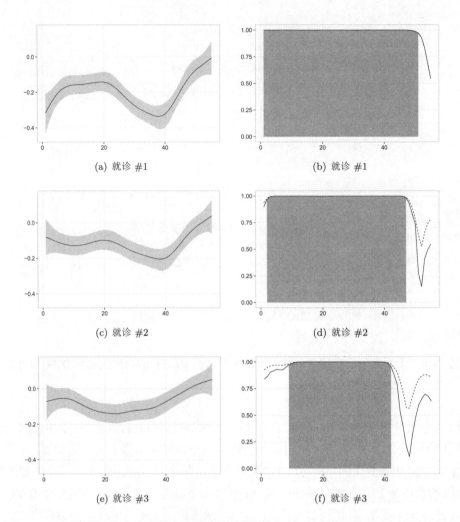

图 11.4 多发性硬化症患者的 DTI: 每次就诊的主效应函数及其 95% 的可信区间 (左图), 相应的主效应函数非零的联合概率 (实线) 和边际概率 (虚线), 以及每次就诊的联合概率至少为 0.95 的位置集 (灰色).

对于每次就诊, 灰色区域显示的是这样的位置集合, 即函数在该区域的所有位置至少有 0.95 的概率不为零. 正如我们可以看到的, 随着患者就诊次数的增加, 该区域不断缩小, 三次就诊的共同区域在 10 到 40 之间. 结论是, "就诊" 存在着显著的函数型效应. 就其动态变化而言, 在中间位置比两端位置的效应更明显. 这表明对多发性硬化症患者来说, RCST 的中间部分似乎比两端部分受损更快.

11.3 极值

大多数统计建模关注的是平均响应, 但在一些应用中, 我们更关心响应的极值. 例如在考虑保险索赔时, 我们会特别关心最大索赔额, 因为保险公司必须能够随时获得资金来支付这种索赔. 极值, 顾名思义, 通常由大量随机变量的最大值 (或最小值) 生成. 广义极值分布是一种对极值进行建模的灵活方法, 其分布函数为

$$F(y|\mu,\tau,\xi) = \exp[-(1 + \sqrt{\tau s}(y - \mu))^{-1/\xi}].$$

此式对满足 $1 + \sqrt{\tau s}(y - \mu) > 0$ 的 y 值有定义. μ 是一个位置参数, 可将其与一个线性预测因子联系起来. τ 是精度, ξ 是一个形状参数. 尺度 s 不是一个参数, 而是一个固定值, 引入它的目的是用于调整. 形状参数 ξ 决定了极值分布的特定类型:

1. 在极限 $\xi \to 0$ 时, 我们有一个 *Gumbel* 分布. 此分布可以由大量的指数随机变量的最大值产生.

2. 对 $\xi > 0$, 我们有 *Fréchet* 分布.

3. 对 $\xi < 0$, 我们有 *Weibull* 分布. 但形状将与通常的 Weibull 分布相反, 它没有下界, 但有一个上界.

Gumbel 分布是无界的, 而 Fréchet 分布有一个下界.

河流中流量的极值具有特殊的意义, 因为在设计防洪设施时必须考虑到这类问题. "国家河流流量档案" 提供了关于英国河流流量的数据. 在这个案例中, 我们考虑 1973 年至 2014 年英格兰坎布里亚的考德尔河的年度最大流量数据.

```
data(calder, package="brinla")
plot(Flow ~ WaterYear, calder)
```

图 11.5 中绘制的数据展示了观测期间的最大流量. 有一些迹象表明, 最大流量可能在增加, 也许是由于河流集水区土地使用的变化. 这里使用高斯线性模型是不合理的, 因为极值不服从高斯分布. 在本例中, 我们可以看到响应变量有一个偏斜分布. 此外, 我们想对未来的流量极值进行预测, 而高斯分布不太可能适用于尾部概率. 广义极值分布可用于响应变量的观测值 y_i, $i = 1, \ldots, n$, 其中

$$\mu_i = \eta_i = \beta_0 + \beta_1 \text{year}_i.$$

固定效应 β 的默认先验是标准的平坦分布, 而精度 τ 的先验为扩散伽马分布. ξ 的默认先验为 $N(0, 16)$. 对于 ξ 来说, 标准差取 4 是合适的, 因为我们希望这个参数大小适中. 我们这里认为这些默认的先验参数是正确的. 为方便起见, 我们将预测变量水文年从 1973 年开始改为从零年开始. 我们来拟合 INLA 模型, 首先注意加载本节需要的软件包:

```
library(INLA); library(brinla)
calder$year <- calder$WaterYear-1973
imod <- inla(Flow ~ 1+year, data=calder, family="gev",scale=0.1)
```

在这个例子中需要使用尺度 s, 我们设置 `scale=0.1`. 若不这样做, 拟合算法就无法收

敛. 广义极值分布的拟合是有困难的, 所以需要给数据加此条件不足为奇. 我们建议选
择尺度, 以将响应变量的值缩减到个位数. 必要时你可做一些实验.

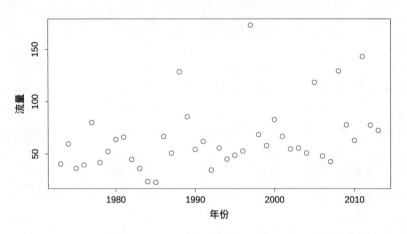

图 11.5   坎布里亚的考德尔河的年度最大流量.

首先考虑固定效应:

```
imod$summary.fixed
```

	mean	sd	0.025quant	0.5quant	0.975quant	mode	kld
(Intercept)	36.71617	5.82063	25.18051	36.72028	48.1901	36.71110	6.1575e-13
year	0.75902	0.24656	0.26552	0.76149	1.2404	0.76786	4.6615e-12

斜率参数的后验结果很明显是正值. 我们可以计算出其为负值的概率为:

```
inla.pmarginal(0, imod$marginals.fixed$year)
```

[1] 0.0019135

因此, 有十足的证据表明, 随着时间的推移, 这条河流的最大流量正在增加.

我们可以展示超参数的后验分布, 如图 11.6 所示:

```
plot(bri.hyper.sd(imod$marginals.hyperpar$
                 `precision for GEV observations`),
            type="l", xlab="SD", ylab="density")
plot(imod$marginals.hyperpar$`shape-parameter for gev observations`,
    type="l", xlim=c(-0.2,0.5), xlab="xi", ylab="density")
```

形状参数是最有意思的, 因为其对分布的形状有很大影响. 我们看到, 后验大多集中在 ξ
的正值上, 但也有一小部分 ξ 是负值.

观测期间的最大流量发生在 1997 年的水文年, 测量值为 173.17m³/s. 根据我们的
拟合模型, 观测到这个流量 (或更大) 的概率是多少? 这会让我们知道这种事件有多罕

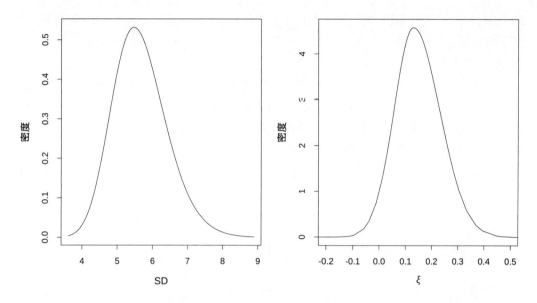

图 11.6   超参数的后验分布. 左图显示的是 SD (由精度 τ 得到), 右图显示的是形状参数 ξ.

见. 首先, 我们需要一个 R 函数来计算广义极值分布下的概率 $P(Y < y)$, 其定义为:

```
pgev <- function(y,xi,tau,eta,sigma=1){
  exp(-(1+xi*sqrt(tau*sigma)*(y-eta))^(-1/xi))
}
```

现在我们可以用参数的后验均值来计算此概率:

```
yr <- 1997-1973
maxflow <- 173.17
eta <- sum(c(1,yr)*imod$summary.fixed$mean)
tau <- imod$summary.hyperpar$mean[1]
xi <- imod$summary.hyperpar$mean[2]
sigma <- 0.1
pless <- pgev(maxflow, xi, tau, eta,sigma)
1-pless
```

[1] 0.0085947

我们看到, 观察到此事件发生应被认为是相当罕见的. 水文学家通常研究事件发生的预期时间, 这称为重现周期. 在本例中, 该值为:

```
1/(1-pless)
```

[1] 116.35

因此, 我们预计这样的洪水大约每 116 年会发生一次. 人们担心, 随着全球变暖和土地使用的变化, 英国的河水泛滥正变得越来越普遍. 对于这条河流来说, 流速有增加的趋势. 如果我们重新计算 2017 年的重现周期, 发现这个值会下降到 74 年, 不再那么罕见.

上述得到的都是点估计, 但我们应该将重现周期视为一个随机变量, 可以通过参数的后验分布来构建其分布. 计算重现周期需要四个参数, 所以必须考虑完整的联合后验分布. 我们不能只用边际分布, 因为这些参数很可能有相关性. 原则上使用联合后验就可完成计算, 但这不能在 INLA 中进行. 一个更简单的解决方案是, 从联合后验中生成样本, 并使用这些样本来估计重现周期的分布, 这可以使用函数 inla.posterior.sample() 来实现. 我们生成 999 个样本:

```
nsamp <- 999
imod <- inla(Flow ~ 1+year, data=calder, family="gev",scale=0.1,
             control.compute = list(config=TRUE))
postsamp <- inla.posterior.sample(nsamp, imod)
pps <- t(sapply(postsamp, function(x) c(x$hyperpar, x$latent[42:43])))
colnames(pps) <- c("precision","shape","beta0","beta1")
```

我们得到了所有隐变量的样本——每个观测有 41 个, 另外还有两个, 即 β_0 和 β_1. 我们这里只想得到 β. 矩阵 pps 有四列, 对应四个参数. 我们在图 11.7 中绘制出超参数 ξ 和 τ. 由于 INLA 内部对 ξ 做了调整, 这里需要对其乘以 $0.01 = 0.1^2$.

```
plot(shape*0.01 ~ precision, pps, ylab="shape")
```

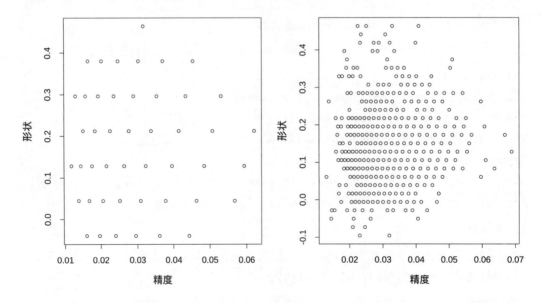

图 **11.7** 从超参数的后验得到的样本. 左图显示的是默认结果, 右图显示的是较短步长的结果.

我们惊讶地发现, 样本被限制在一个由点组成的网格中, 这可用 INLA 使用的近似方法来解释. 隐变量的后验分布是在超参数空间的一个由点组成的网格上计算的. 我们可以用 `inla.hyperpar.sample()` 从超参数的后验分布中获得一个标准样本, 但当隐变量间有相关性时就不允许这么做. 由于超参数的网格化样本恰当地反映了其后验, 因此使用这些样本来计算并不会像我们所担心的那样不准确. 尽管如此, 我们还是希望能做得更好. 我们可以在 INLA 的计算中使用一个更细的网格. `dz` 是对超参数积分时标准化尺度的步长. 我们将其值由默认值 0.75 减少到 0.2:

```
imod <- inla(Flow ~ 1+year, data=calder, family="gev",scale=0.1,
             control.compute = list(config=TRUE),
             control.inla=list(int.strategy='grid', dz=0.2))
postsamp <- inla.posterior.sample(nsamp, imod)
pps <- t(sapply(postsamp, function(x) c(x$hyperpar, x$latent[42:43])))
colnames(pps) <- c("precision","shape","beta0","beta1")
plot(shape*0.01 ~ precision, pps, ylab="shape")
```

图 11.7 的第二张图展示得更加密集. 我们现在计算每个样本的重现周期, 并找到一些感兴趣的分位数:

```
sigma <- 0.1
maxflow <- 173.17
retp <- numeric(nsamp)
for(i in 1:nsamp){
  eta <- sum(c(1,yr)*pps[i,3:4])
  tau <- pps[i,1]
  xi <- 0.01*pps[i,2]
  pless <- pgev(maxflow, xi, tau, eta,sigma)
  retp[i] <- 1/(1-pless)
}
quantile(retp, c(0.025, 0.5, 0.975))
```

```
   2.5%     50%    97.5%
 20.908  70.351  512.848
```

我们看到, 95% 的可信区间是从 21 年到 513 年, 这是相当宽的. 然而, 这个区间的下界是相当低的, 如果我们担心水灾, 就会对此产生担心. 如果我们对这个区间的准确性仍有一些担心, 有两个方法可以来改善它. 我们可以取更多的样本 —— 这相对来说成本不高. 我们也可以进一步减少步长 `dz`, 不过这会大大增加计算时间. 对于像这样的单个小数据集我们可以轻松接受, 但在更大的问题中, 这可能是一个障碍.

11.4   利用 INLA 进行密度估计

非参数密度估计也可以用 INLA 实现. Brown 等 (2010) 提出了一个 "root-unroot" 密度估计算法, 它将密度估计变成了一个非参数回归问题. 回归问题是通过将原始观测值分成适当大小的箱 (bins), 并对分箱后的数据频数应用均值匹配的方差稳定化平方根变换, 然后使用小波分块阈值回归得到密度估计. 这里我们采用了 Brown 等 (2010) 的 "root-unroot" 算法, 不过在回归步骤中使用 INLA 中的二阶随机游动模型. 二阶随机游动模型特别适用于等距非参数时间序列回归问题 (Fahrmeir 和 Knorr-Held, 2000). 有关随机游动模型的讨论详见第 7 章. 使用贝叶斯非参数方法有两个好处. 首先, 我们避免了光滑参数的选择, 曲线的光滑度是在贝叶斯模型拟合时自动决定的. 第二, 构建回归曲线的可信边界会很简单. 因此, 构造概率密度函数的可信区间成为密度估计中一个自然的副产出. 令 $\{x_1, \ldots, x_n\}$ 是密度函数为 f_X 的分布的随机样本. 估计算法汇总如下.

1. 泊松化. 将 $\{x_1, \ldots, x_n\}$ 分成 T 个等长的区间. 令 $C_1, \ldots, C_T$ 为每个区间中的观测值的频数.

2. 平方根变换. 应用均值匹配的方差稳定化平方根变换, 即 $y_j = \sqrt{C_j + 1/4}, j = 1, \ldots, T$.

3. 基于 INLA 进行贝叶斯光滑化. 考虑时间序列 $\boldsymbol{y} = (y_1, \ldots, y_T)$ 是光滑趋势函数 $m(\cdot)$ 和噪声分量 $\boldsymbol{\varepsilon}$ 的和, 即 $y_j = m_j + \varepsilon_j, j = 1, \ldots, T$. 对等距时间序列用 INLA 拟合二阶随机游动模型, 得到 m 的后验均值估计 $\hat{m}$, 以及 $\alpha/2$ 和 $1 - \alpha/2$ 分位数 $\hat{m}_{\alpha/2}$ 和 $\hat{m}_{1-\alpha/2}$.

4. 去根变换和归一化. 密度函数 f_X 估计为

$$\hat{f}_X(x) = \gamma[\hat{m}(x)]^2,$$

且 $f(x)$ 的 $100(1 - \alpha)\%$ 可信区间为

$$(\gamma[\hat{m}_{\alpha/2}(x)]^2, \gamma[\hat{m}_{1-\alpha/2}(x)]^2),$$

其中 $\gamma = (\int \hat{f}_X dx)^{-1}$ 是一个归一化常数.

在第 3 步中, 我们需要从 "伪" 时间序列 $\boldsymbol{y} = (y_1, \ldots, y_T)$ 中拟合一个非参数光滑函数 $m(\cdot)$. Wahba (1978) 指出, 光滑化样条等价于具有部分非恰当先验的贝叶斯估计. $m(z)$ 具有与随机过程

$$S(z) = \theta_0 + \theta_1 z + b^{1/2} V(z)$$

的分布相同的先验分布, 其中 $\theta_0, \theta_1 \sim N(0, \zeta)$, $b = \sigma^2/\lambda$ 是固定的, $V(z)$ 为一重求积 Wiener 过程

$$V(z) = \int_0^z (z-t)dW(t).$$

因此, 估计 $m(z)$ 变成寻找随机微分方程

$$\frac{d^2 m(z)}{dz^2} = \lambda^{-1/2}\sigma \frac{dW(z)}{dz} \tag{11.7}$$

的解, 以作为 m 的先验. 注意, 这样一个二阶微分方程就成为一个二阶随机游动的连续时间情形. 然而, (11.7) 的解并不具有任何马尔可夫性. 这个精度矩阵是稠密的, 因此计算量很大. Lindgren 和 Rue (2008) 建议对 $m(z)$ 进行 Galerkin 近似来作为 (11.7) 的解. 具体来说, 令 $z_1 < z_2 < \cdots < z_n$ 为固定点的集合, 则 $m(z)$ 的有限元表示的结构为

$$\tilde{m}(z) = \sum_{i=1}^n \psi_i(z)w_i,$$

其中 ψ_i 为分段线性基函数, w_i 为随机权重.

为了估计光滑函数 $m(z)$, 我们需要确定权重 $\boldsymbol{w} = (w_1, \ldots, w_n)^T$ 的联合分布. 使用 Galerkin 方法, 可推导出 $\boldsymbol{w}$ 是一个均值为零、精度矩阵为 $\boldsymbol{G}$ 的 GMRF. 令 $d_i = z_{i+1} - z_i$, $i = 1, \ldots, n-1$, 且 $d_{-1} = d_0 = d_n = d_{n+1} = \infty$, 则定义 $n \times n$ 的对称矩阵 $\boldsymbol{G}$ 为

$$\boldsymbol{G} = \begin{pmatrix} g_{11} & g_{12} & g_{13} & & & \\ g_{21} & g_{22} & g_{23} & g_{24} & & \text{\Large 0} \\ g_{31} & g_{32} & g_{33} & g_{34} & g_{35} & \\ \ddots & \ddots & \ddots & \ddots & \ddots & \\ & g_{n-2,n-4} & g_{n-2,n-3} & g_{n-2,n-2} & g_{n-2,n-1} & g_{n-2,n} \\ \text{\Large 0} & & g_{n-1,n-3} & g_{n-1,n-2} & g_{n-1,n-1} & g_{n-1,n} \\ & & & g_{n,n-2} & g_{n,n-1} & g_{n,n} \end{pmatrix},$$

其中第 i 行的非零元素为

$$g_{i,i-2} = \frac{2}{d_{i-2}d_{i-1}(d_{i-2}+d_{i-1})},$$

$$g_{i,i-1} = \frac{-2}{d_{i-1}^2}\left(\frac{1}{d_{i-2}} + \frac{1}{d_i}\right),$$

$$g_{i,i} = \frac{2}{d_{i-1}^2(d_{i-2}+d_{i-1})} + \frac{2}{d_{i-1}d_i}\left(\frac{1}{d_{i-1}} + \frac{1}{d_i}\right) + \frac{2}{d_i^2(d_i+d_{i+1})},$$

且由对称性, 有 $g_{i,i+1} \equiv g_{i+1,i}$ 和 $g_{i,i+2} \equiv g_{i+2,i}$. $\boldsymbol{G}$ 是一个秩为 $n-2$ 的稀疏矩阵, 使得模型计算变得有效.

如果我们将 $\tilde{m}$ 作为 m 的光滑先验, 那么 z 处的三次光滑样条 $\hat{m}(z)$ 与给定数据时 $m(z)$ 的后验期望一致, 即 $\hat{m}(z) \approx E(m(z)|y)$. 因此, 非参数回归问题变成拟合潜在高斯模型问题. 由于 w 是一个 GMRF, 所以可以用 INLA 来完成. 该方法的实现需要在 R 中进行一些额外的编程以自定义一个 GMRF.

brinla 软件包中的 bri.density 函数可实现上述 "root-unroot" 算法. 参数 x 是由数据值构成的数值型向量, m 是待估计密度的等距点的数量, from 和 to 是待估计密度的网格的最左和最右点. 若 from 和 to 不出现, 则 from 等于数据值的最小值减去 cut 乘以数据值的极差, 而 to 等于数据值的最大值加上 cut 乘以数据值的极差. 下面我们展示了两个模拟例子来比较 INLA 方法和传统的核密度估计. 在第一个例子中, 数据是从标准正态分布产生的, $X \sim N(0,1)$, 样本容量为 $n = 500$:

```
library(brinla)
set.seed(123)
n <- 500
x <- rnorm(n)
x.den1 <- bri.density(x, cut = 0.3)
x.den2 <- density(x, bw = "SJ")


curve(dnorm(x, mean = 0, sd = 1), from = -4, to = 4, lwd = 3, lty = 3,
      xlab = "x", ylab = "f(x)", cex.lab = 1.5, cex.axis = 1.5,
      ylim=c(0, 0.45))
lines(x.den1, lty = 1, lwd = 3, ylim = c(0, 0.25))
lines(x.den1$x, x.den1$y.upper, lty = 2, lwd = 3)
lines(x.den1$x, x.den1$y.lower, lty = 2, lwd = 3)
lines(x.den2, lty = 4, lwd = 3)
```

在第二个例子中, 数据是从混合正态模型产生的, $X \sim 0.5N(-1.5, 1) + 0.5N(2.5, 0.75^2)$, 样本容量为 $n = 1000$:

```
set.seed(123)
n <- 1000
x <- c(rnorm(n/2, mean = -1.5, sd = 1),
       rnorm(n/2, mean = 2.5, sd = 0.75))
x.den1 <- bri.density(z, cut = 0.3)
x.den2 <- density(z, bw = "SJ")


curve(dnorm(x, mean = -1.5, sd = 1)/2
       + dnorm(x, mean = 2.5, sd = 0.75)/2, from = -6, to = 6,
      lwd = 3, lty = 3, xlab = "x", ylab = "f(x)", ylim=c(0, 0.3),
```

```
        cex.lab = 1.5, cex.axis = 1.5)
lines(x.den1, lty = 1, lwd = 3)
lines(x.den1$x, x.den1$y.upper, lty = 2, lwd = 3)
lines(x.den1$x, x.den1$y.lower, lty = 2, lwd = 3)
lines(x.den2, lty = 4, lwd = 3)
```

　　图 11.8 展示了估计结果, 实线表示使用 INLA 的估计, 虚线为 95% 的可信区间, 使用 Sheather 和 Jones (1991) 窗宽的核密度估计用点虚线表示, 真实函数用点线表示. 我们注意到, INLA 的估计值与核密度估计值非常接近. INLA 方法使我们能够不需要额外的计算负担就可以计算密度函数的可信区间.

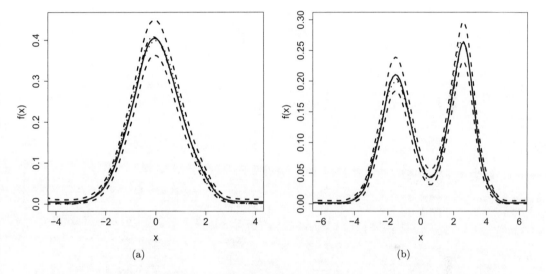

图 11.8　密度估计模拟示例: (a) $X \sim N(0,1)$, $n = 500$; (b) $X \sim 0.5N(-1.5,1) + 0.5N(2.5, 0.75^2)$, $n = 1000$. 使用 INLA 的估计值 (实线) 与使用核密度估计的估计值 (点虚线) 进行比较, 后者使用的是 Sheather 和 Jones (1991) 的窗宽. 真实函数用点线表示.

附录 A

安装

R 软件

本书使用 R 语言处理数据、调用 INLA 软件包以及推断模型. 因此, 您需要先安装 R 软件. 您可通过 "The R Project for Statistical Computing" 的网站获得它.

您还可以在上面网站上获得丰富的 R 学习资料. 虽然 R 有自己的图形用户界面, 但 Rstudio IDE 提供了更丰富的功能. 您可通过 "The Open-Source Data Science Company" 的网站获得 Rstudio.

R-INLA 软件包

INLA 的核心部分是用 C 语言编写的, 这些函数再通过 INLA 软件包来访问. 目前, INLA 软件包还没有托管到 CRAN 上, 在 CRAN 上可以找到大多数 R 包, 因此您需要从 "R-INLA Project" 的网站下载它并获取其安装说明. 该网站还提供了大量关于 R-INLA 的学习资料. 值得注意的是, 有一个名为 "R-INLA 讨论组" 的谷歌小组, 您可以在其中找到许多问题的答案.

brinla 软件包

我们已经将我们编写的函数和本书中使用的一些数据打包成了一个名为 brinla 的 R 软件包. 你可以在 R 中用以下方式安装它:

```
library(devtools)
install_github("julianfaraway/brinla")
```

安装成功后, 您可以调用该包来运行本书中的例子:

```
library(brinla)
```

我们在函数前面加上了 bri, 以便指明该包的出处. 如果加载该软件包的函数时, 您收到 "not been found (未发现)", 意味着您没有安装 brinla 软件包或者在当前会话中没有运行 library(brinla) 命令.

本书网站

您可以在 Julian Faraway 教授的个人主页中找到本书的页面, 该页面提供了本书的 R 脚本和勘误表 (或更新). 如果您发现错误或对内容有疑问, 请根据不同的章节与我们联系: Xiaofeng Wang 负责第 3、4、6、10 章和 11.4 节; Yu Ryan Yue 负责第 2、7、9 章和 11.1、11.2 节; Julian Faraway 负责第 1、5、8 章和 11.3 节.

其他 R 软件包

我们在本书中使用了一些其他的 R 软件包, 您可根据需要安装, 这里有一个列表: GGally, MASS, R2jags, betareg, dplyr, faraway, fields, ggplot2, gridBase, gridExtra, lme4, mgcv, reshape2, splines, tidyr, survival.

INLA 的扩展功能

INLA 有许多功能, 这些功能与特定的模型、似然或先验无关, 但在许多场合都很有用.

定义先验   INLA 网站列出了大量的先验, 这些先验通常足以应付大多数情况, 但也可以自定义先验, 具体介绍见 5.2.1 节.

Copy   有时您需要在一个模型中有两个随机项连接在一起. 您可以用所谓的 "Copy" 功能来实现. 事实上, 这些项是被连接起来而不是被复制的. 您可以在 3.7 节和 5.3.2 节中找到相关例子.

Replicate   如果您的模型中有两个随机项依赖于同一个超参数, 您可使用 5.5.2 节中的 "Replicate" 功能.

预测项的线性组合   当响应变量的线性预测因子由另一个预测项的线性组合构成时, 您可使用 5.4.1 节中的方法实现该功能.

附录 B

线性回归中的无信息先验

无信息先验常用于贝叶斯线性回归中. 本附录将讨论无信息先验并比较不同的建模方法. 讨论开始前, 我们假设误差项为正态和同方差的, 即假设 (3.2) 中误差项 ε 的分布为 $N(0, \sigma^2 I)$, 其中参数 σ 未知. 模型 (3.2) 的似然函数为

$$L(\boldsymbol{\beta}, \sigma^2 | \boldsymbol{X}, \boldsymbol{y}) = \left(\frac{1}{\sqrt{2\pi}\sigma}\right)^n \exp\left[-\frac{1}{2\sigma^2}(\boldsymbol{y} - \boldsymbol{X}\boldsymbol{\beta})^T(\boldsymbol{y} - \boldsymbol{X}\boldsymbol{\beta})\right]. \tag{B.1}$$

对于模型 (3.2), 频率学派方法基于普通最小二乘法给出 $\boldsymbol{\beta}$ 的估计

$$\hat{\boldsymbol{\beta}} = (\boldsymbol{X}^T\boldsymbol{X})^{-1}\boldsymbol{X}^T\boldsymbol{y}, \tag{B.2}$$

以及 σ^2 的估计

$$\hat{\sigma}^2 = \frac{(\boldsymbol{y} - \boldsymbol{X}\hat{\boldsymbol{\beta}})^T(\boldsymbol{y} - \boldsymbol{X}\hat{\boldsymbol{\beta}})}{n - p - 1}. \tag{B.3}$$

我们可以将两个估计 (B.2) 和 (B.3) 代入 (B.1) 并进行如下处理:

$$L(\boldsymbol{\beta}, \sigma^2 | \boldsymbol{X}, \boldsymbol{y}) \propto \sigma^{-n} \exp\left[-\frac{1}{2\sigma^2}\left(\boldsymbol{y}^T\boldsymbol{y} - 2\boldsymbol{\beta}^T\boldsymbol{X}^T\boldsymbol{y} + \boldsymbol{\beta}^T\boldsymbol{X}^T\boldsymbol{X}\boldsymbol{\beta}\right)\right]$$

$$= \sigma^{-n} \exp\left[-\frac{1}{2\sigma^2}\left(\boldsymbol{y}^T\boldsymbol{y} - 2\boldsymbol{\beta}^T\boldsymbol{X}^T\boldsymbol{y} + \boldsymbol{\beta}^T\boldsymbol{X}^T\boldsymbol{X}\boldsymbol{\beta}\right.\right.$$

$$\left.\left. - 2((\boldsymbol{X}^T\boldsymbol{X})^{-1}\boldsymbol{X}^T\boldsymbol{y})^T\boldsymbol{X}^T\boldsymbol{y} + 2((\boldsymbol{X}^T\boldsymbol{X})^{-1}\boldsymbol{X}^T\boldsymbol{y})^T(\boldsymbol{X}^T\boldsymbol{X})(\boldsymbol{X}^T\boldsymbol{X})^{-1}\boldsymbol{X}^T\boldsymbol{y})\right)\right]$$

$$= \sigma^{-n} \exp\left[-\frac{1}{2\sigma^2}\left((\boldsymbol{y} - \boldsymbol{X}\hat{\boldsymbol{\beta}})^T(\boldsymbol{y} - \boldsymbol{X}\hat{\boldsymbol{\beta}})\right.\right.$$

$$\left.\left. + \hat{\boldsymbol{\beta}}^T\boldsymbol{X}^T\boldsymbol{X}\hat{\boldsymbol{\beta}} + \boldsymbol{\beta}^T\boldsymbol{X}^T\boldsymbol{X}\boldsymbol{\beta} - 2\boldsymbol{\beta}^T\boldsymbol{X}^T\boldsymbol{X}\hat{\boldsymbol{\beta}}\right)\right]$$

$$= \sigma^{-n} \exp\left[-\frac{1}{2\sigma^2}\left(\hat{\sigma}^2(n - p - 1) + (\boldsymbol{\beta} - \hat{\boldsymbol{\beta}})^T\boldsymbol{X}^T\boldsymbol{X}(\boldsymbol{\beta} - \hat{\boldsymbol{\beta}})\right)\right]. \tag{B.4}$$

为了对线性模型进行贝叶斯推断, 我们需要指定未知参数 $\boldsymbol{\beta}$ 和 σ^2 的先验分布. 简单的先验是不恰当的无信息先验

$$p(\boldsymbol{\beta}) \propto c, \quad p(\sigma^2) \propto 1/\sigma^2.$$

这里我们假定 $\boldsymbol{\beta}$ 和 σ^2 是独立的. 据此, 我们得到联合后验分布

$$\pi(\boldsymbol{\beta}, \sigma^2 | \boldsymbol{X}, \boldsymbol{y}) \propto L(\boldsymbol{\beta}, \sigma^2 | \boldsymbol{X}, \boldsymbol{y}) p(\boldsymbol{\beta}) p(\sigma^2)$$

$$\propto \sigma^{-n-2} \exp\left[-\frac{1}{2\sigma^2} \left(\hat{\sigma}^2(n-p-1) + (\boldsymbol{\beta} - \hat{\boldsymbol{\beta}})^T \boldsymbol{X}^T \boldsymbol{X}(\boldsymbol{\beta} - \hat{\boldsymbol{\beta}}) \right) \right].$$

$$\text{(B.5)}$$

将 (B.5) 关于 σ^2 积分, 得到 $\boldsymbol{\beta}$ 的边际后验分布

$$\pi(\boldsymbol{\beta} | \boldsymbol{X}, \boldsymbol{y}) \propto \int \sigma^{-n-2} \exp\left[-\frac{1}{2\sigma^2} \left(\hat{\sigma}^2(n-p-1) + (\boldsymbol{\beta} - \hat{\boldsymbol{\beta}})^T \boldsymbol{X}^T \boldsymbol{X}(\boldsymbol{\beta} - \hat{\boldsymbol{\beta}}) \right) \right] d\sigma^2.$$

请注意, 这里的被积函数是关于 σ^2 的逆伽马分布的核, 因此, 经过一定的简化, 我们可以得到

$$\pi(\boldsymbol{\beta} | \boldsymbol{X}, \boldsymbol{y}) \propto \Gamma(n/2) \left[\frac{1}{2} \left(\hat{\sigma}^2(n-p-1) + (\boldsymbol{\beta} - \hat{\boldsymbol{\beta}})^T \boldsymbol{X}^T \boldsymbol{X}(\boldsymbol{\beta} - \hat{\boldsymbol{\beta}}) \right) \right]^{-n/2}$$

$$\propto \left[1 + \frac{(\boldsymbol{\beta} - \hat{\boldsymbol{\beta}})^T \hat{\sigma}^2 \boldsymbol{X}^T \boldsymbol{X}(\boldsymbol{\beta} - \hat{\boldsymbol{\beta}})}{n-p-1} \right]^{-\left((n-p-1)+(p+1) \right)/2}.$$

$$\text{(B.6)}$$

(B.6) 恰是一个位置参数为 $\hat{\boldsymbol{\beta}}$、刻度矩阵为 $\hat{\sigma}^2(\boldsymbol{X}^T\boldsymbol{X})^{-1}$、自由度为 $n-p-1$ 的 $p+1$ 维 t 分布的核, 即

$$\boldsymbol{\beta} | \boldsymbol{X}, \boldsymbol{y} \sim T_{p+1}((\boldsymbol{X}^T\boldsymbol{X})^{-1}\boldsymbol{X}^T\boldsymbol{y}, (\boldsymbol{X}^T\boldsymbol{X})^{-1}\hat{\sigma}^2, n-p-1).$$

我们可以看到, 在无信息先验下, 贝叶斯后验均值 $E(\boldsymbol{\beta} | \boldsymbol{X}, \boldsymbol{y})$ 与传统的最小二乘估计相同, $100(1-\alpha)\%$ 可信区间也与最小二乘法的 $100(1-\alpha)\%$ 置信区间相同, 尽管这两个区间具有不同的解释 (Tiao 和 Zellner, 1964; Wakefield, 2013).

σ^2 的边际后验分布为

$$\pi(\sigma^2 | \boldsymbol{X}, \boldsymbol{y}) \propto \int \sigma^{-n-2} \exp\left[-\frac{1}{2\sigma^2} \left(\hat{\sigma}^2(n-p-1) + (\boldsymbol{\beta} - \hat{\boldsymbol{\beta}})^T \boldsymbol{X}^T \boldsymbol{X}(\boldsymbol{\beta} - \hat{\boldsymbol{\beta}}) \right) \right] d\boldsymbol{\beta}$$

$$= \sigma^{-n-2} \exp\left[-\frac{1}{2\sigma^2} \hat{\sigma}^2(n-p-1) \right]$$

$$\times \int \exp\left[-\frac{1}{2\sigma^2} (\boldsymbol{\beta} - \hat{\boldsymbol{\beta}})^T \boldsymbol{X}^T \boldsymbol{X}(\boldsymbol{\beta} - \hat{\boldsymbol{\beta}}) \right] d\boldsymbol{\beta}$$

$$\propto \sigma^{-n-2} \exp\left[-\frac{1}{2\sigma^2} \hat{\sigma}^2(n-p-1) \right] (2\pi\sigma^2)^{(p+1)/2}$$

$$\propto (\sigma^2)^{-\frac{1}{2}(n-p-1)-1} \exp\left[-\frac{1}{2\sigma^2} \hat{\sigma}^2(n-p-1) \right].$$

$$\text{(B.7)}$$

显然, (B.7) 是一个缩放逆卡方分布的核, 即

$$\sigma^2|\boldsymbol{X},\boldsymbol{y} \sim (n-p-1)\hat{\sigma}^2 \times \chi_{n-p-1}^{-2}. \tag{B.8}$$

我们得到了 $\boldsymbol{\beta}$ 和 σ^2 的边际后验分布的解析形式, 然而仍然没有得到感兴趣参数的解析解. 在无信息先验的情况下, 我们可以采用直接从后验分布中取样的算法, 而不涉及 MCMC 迭代 (Wakefield, 2013). 注意到

$$\pi(\boldsymbol{\beta},\sigma^2|\boldsymbol{X},\boldsymbol{y}) = \pi(\sigma^2|\boldsymbol{X},\boldsymbol{y})\pi(\boldsymbol{\beta}|\sigma^2,\boldsymbol{X},\boldsymbol{y}),$$

其中 $\sigma^2|\boldsymbol{X},\boldsymbol{y}$ 由 (B.8) 给出, $\boldsymbol{\beta}|\sigma^2,\boldsymbol{X},\boldsymbol{y} \sim N_{p+1}(\hat{\boldsymbol{\beta}},\sigma^2(\boldsymbol{X}^T\boldsymbol{X})^{-1})$. 我们可以从下面一对分布中产生独立样本

$$\begin{cases} \sigma^{2(b)} \sim \pi(\sigma^2|\boldsymbol{X},\boldsymbol{y}), \\ \boldsymbol{\beta}^{(b)} \sim \pi(\boldsymbol{\beta}|\sigma^{2(b)},\boldsymbol{X},\boldsymbol{y}), \end{cases} b = 1,\dots,B.$$

由此样本我们可以得到各种模型参数的描述性统计量, 包括点估计 (如后验均值、中位数、百分位数) 以及区间估计 (如可信区间).

下面, 我们使用 R 的一个标准数据集来探索简单的线性回归, 以此说明与贝叶斯技术相关的一些概念. 在 20 世纪 20 年代, 研究人员记录了汽车以不同速度行驶的制动距离. 分析速度和制动距离之间的关系, 可协助人们修改超速法、汽车设计和其他因素, 从而影响许多人的生活 (McNeil, 1977). `cars` 数据集有 50 个观测值, 含两个变量:

```
str(cars)
plot(cars$speed,cars$dist,ylab="Stopping Distance",xlab="Speed")
```

```
'data.frame':       50 obs. of  2 variables:
 $ speed: num  4 4 7 7 8 9 10 10 10 11 ...
 $ dist : num  2 10 4 22 16 10 18 26 34 17 ...
```

首先, 我们观测这两个变量的散点图.

```
plot(cars$speed,cars$dist, xlab = "Speed (mph)",
     ylab = "Stopping distance (ft)",
     main = "Speed and Stopping Distances of Cars")
```

图 B.1 表明 `speed` 变量和 `dist` 变量之间存在线性关系. 基于频率学派的最小二乘法进行的线性回归, 可以简单地用以下 R 代码实现:

```
cars.lm <- lm(dist ~ speed, data=cars)
```

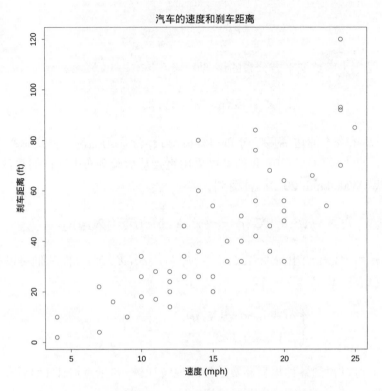

图 B.1 cars 数据的散点图.

```
round(summary(cars.lm)$coeff, 4)
```

	Estimate	Std. Error	t value	Pr(>|t|)
(Intercept)	-17.5791	6.7584	-2.6011	0.0123
speed	3.9324	0.4155	9.4640	0.0000

```
round(summary(cars.lm)$sigma, 4)
```

[1] 15.3796

结果显示, speed 的系数为 3.93, 与零有显著差异. 这表明, 汽车速度每增加 1 英里, 预期停车距离平均增加 3.93 英尺.

现在, 我们使用无信息先验对数据进行贝叶斯线性回归分析. 该模型可以通过直接抽样来实现, 而不涉及 MCMC 迭代. 我们编写了一个 R 函数 BayesLM.nprior, 在我们的 brinla 包中实现直接抽样算法. BayesLM.nprior 函数的参数包括: "lmfit", 为一个 "lm" 类, 它是 lm 函数的输出结果; 以及 "B", 为直接采样的样本量. 我们用样本量 B = 10000 拟合 cars 数据的模型:

```
cars.blm <- BayesLM.nprior(cars.lm,10000)
round(cars.blm$summary.stat, 4)
```

	mean	se	0.025quant	median	0.975quant
(Intercept)	-17.6523	6.9373	-31.4474	-17.7014	-4.3668
speed	3.9359	0.4265	3.1067	3.9400	4.7869
sigma	15.6207	1.6423	12.8480	15.4920	19.2183

其结果与最小二乘法的结果非常接近. 贝叶斯分析的一个很好的特点是, 我们可以很容易地得到参数 σ 的标准差和置信水平.

线性回归也可使用正态先验, 通过 MCMC 来拟合, 下面, 我们使用 R2jags 包实现 MCMC 算法.

```
cars.inits <- list(list("beta0" = 0, "beta1" = 0, "tau" = 1))
cars.dat <- list(x = cars$speed, y = cars$dist, n = length(cars$speed))
parameters <- c("beta0", "beta1", "sigma")


SimpleLinearReg <- function(){
        for(i in 1:n){
                y[i] ~ dnorm(mu[i], tau)
                mu[i] <- beta0 + beta1*x[i]
        }
        beta0 ~ dnorm(0.0,1.0E-6)
        beta1 ~ dnorm(0.0,1.0E-6)
        tau ~ dgamma (0.001, 0.001)
        sigma <- sqrt(1/tau)
}
cars.blm2 <- jags(data = cars.dat, inits = cars.inits,
                parameters.to.save = parameters,
                model.file = SimpleLinearReg, n.chains = 1,
                n.iter = 5000, n.burnin = 2000, n.thin = 1)
cars.blm2
```

	mean	sd	2.5%	25%	50%	75%	97.5%
beta0	-17.5	7.0	-30.7	-22.2	-17.6	-12.8	-3.1
beta1	3.9	0.4	3.1	3.6	3.9	4.2	4.7
deviance	416.3	2.6	413.4	414.4	415.6	417.4	423.1
sigma	15.6	1.6	12.9	14.5	15.5	16.7	19.1

```
DIC info (using the rule, pD = var(deviance)/2)
pD = 3.4 and DIC = 419.6
DIC is an estimate of expected predictive error (lower deviance is better).
```

与前两种方法相比, 结果没有太大差别.

最后, 我们用 INLA 来拟合线性回归模型:

```
cars.inla <- inla(dist ~ speed, data=cars,
                 control.predictor = list(compute = T))
round(cars.inla$summary.fixed, 4)
```

```
               mean    sd 0.025quant 0.5quant 0.975quant     mode kld
(Intercept) -17.5686 6.767   -30.9117 -17.5690    -4.2415 -17.5693   0
speed         3.9317 0.416     3.1113   3.9317     4.7510   3.9318   0
```

```
round(cars.inla$summary.hyperpar, 4)
```

```
                                   mean     sd 0.025quant 0.5quant 0.975quant     mode
Precision
for the Gaussian observations 0.0044 9e-04     0.0029   0.0043     0.0063 0.0042
```

我们希望用标准差表示超参数, 而不是精度. 为此, 我们应用 brinla 包中的 bri.hyperpar.summary 函数产生如下的描述性统计量:

```
bri.hyperpar.summary(cars.inla)
```

```
                                  mean       sd    q0.025      q0.5    q0.975      mode
SD
for the Gaussian observations 15.29788 1.553266 12.61431 15.16697 18.70892 14.90626
```

结果同前面的分析一致. 我们想画出一条拟合线和它的可信区间, 截距项、speed 和精度参数的边际后验密度:

```
plot(cars$speed,cars$dist,ylab="Stopping Distance",xlab="Speed")
lines(cars$speed, cars.inla$summary.linear.predictor[,1], lwd=2)
lines(cars$speed, cars.inla$summary.linear.predictor[,3],lty=2, lwd=2)
lines(cars$speed, cars.inla$summary.linear.predictor[,5],lty=2, lwd=2)
plot(inla.smarginal(cars.inla$marginals.fixed[[1]]), type="l", xlab="",
    ylab="", main="Marginal posterior: Intercept")
plot(inla.smarginal(cars.inla$marginals.fixed[[2]]), type="l", xlab="",
    ylab="", main="Marginal posterior: Speed")
plot(inla.smarginal(cars.inla$marginals.hyperpar[[1]]), type="l",
    xlab="",ylab="", main="Marginal posterior: Hyperparamter")
```

如图 B.2 显示, 在 INLA 方法下, 线性模型可以很好地拟合 cars 数据.

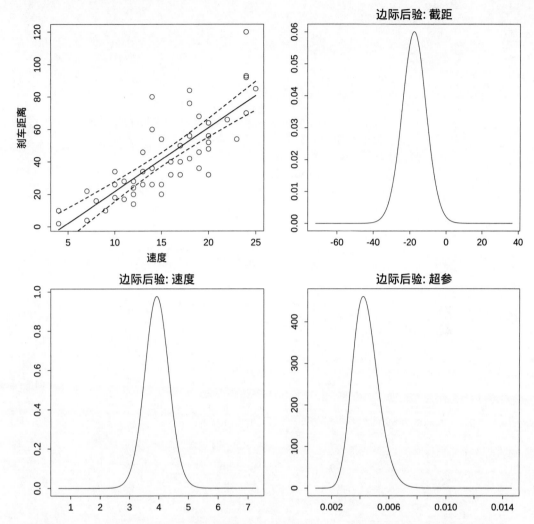

图 B.2 用 INLA 对 cars 数据进行贝叶斯回归: 左上角是拟合线及其可信区间图, 其他三个面板显示了截距项、speed 和精度参数的边际后验密度.

参考文献

Abrams, D., A. Goldman, C. Launer, J. Korvick, J. Neaton, L. Crane, M. Grodesky, S. Wakefield, K. Muth, S. Kornegay, D. L. Cohn, A. Harris, R. Luskin-Hawk, N. Markowitz, J. H. Sampson, M. Thompson, L. Deyton, (1994). Comparative trial of didanosine and zalcitabine in patients with human immunodeficiency virus infection who are intolerant of or have failed zidovudine therapy. New England Journal of Medicine, 330: 657-662.

Adler, R. J., (1981). The Geometry of Random Fields. New York: Wiley.

Agresti, A., (2012). Categorical Data Analysis. 3rd. New York: Wiley.

Aitkin, M. A., B. Francis, J. Hinde, (2005). Statistical Modelling in GLIM 4. Oxford University Press, New York.

Barlow, W. E., R. L. Prentice, (1988). Residuals for relative risk regression. Biometrika, 75(1): 65-74.

Bauwens, L., A. Rasquero, (1993). Approximate HPD regions for testing residual autocorrelation using augmented regressions//Computer Intensive Methods in Statistics. Berlin: Springer: 47-61.

Bell, D. F., J. L. Walker, G. O'Connor, R. Tibshirani, (1994). Spinal deformity after multiple-level cervical laminectomy in children. Spine, 19: 406-411.

Berkson, J., (1950). Are there two regressions? Journal of the American Statistical Association, 45(250): 164-180.

Besag, J., P. Green, D. Higdon, K. Mengersen, (1995). Bayesian computation and stochastic systems. Statistical Science, 10: 3-41.

Besag, J., C. Kooperberg, (1995). On Conditional and intrinsic autoregressions. Biometrika, 82: 733-746.

Bickel, P. J., K. A. Doksum, (2015). Mathematical Statistics: Basic Ideas and Selected Topics. 2nd. Boca Raton: CRC Press.

Blangiardo, M., M. Cameletti, (2015). Spatial and Spatio-Temporal Bayesian Models with R-INLA. Chichester: John Wiley & Sons.

Bogaerts, K., E. Lesaffre, (2004). A new, fast algorithm to find the regions of possible support for bivariate interval-censored data. Journal of Computational and Graphical Statistics, 13(2): 330-340.

Bolin, D., F. Lindgren, (2015). Excursion and contour uncertainty regions for latent Gaussian models. Journal of the Royal Statistical Society: Series B (Statistical Methodology), 77(1): 85-106.

Bralower, T., P. Fullagar, C. Paull, G. Dwyer, R. Leckie, (1997). Mid-cretaceous strontium-isotope stratigraphy of deep-sea sections. Geological Society of America Bulletin, 109: 1421-1442.

Breslow, N., (1972). Discussion on Regression models and life-tables. Journal of the Royal Statistical Society: Series B (Methodology), 34(2): 216-217.

Brockmann, H. J., (1996). Satellite male groups in horseshoe crabs, Limulus polyphemus. Ethology, 102(1): 1-21.

Brown, L., T. Cai, R. Zhang, L. Zhao, H. Zhou, (2010). The root‐unroot algorithm for density estimation as implemented via wavelet block thresholding. Probability Theory and Related Fields, 146(3-4): 401-433.

Buja, A., T. Hastie, R. Tibshirani, (1989). Linear smoothers and additive models. The Annals of Statistics, 17(2): 453-510.

Buonaccorsi, J. P., (2010). Measurement Error: Models, Methods, and Applications. Boca Raton: Chapman & Hall.

Carlin, B. P., T. A. Louis, (2008). Bayesian Methods for Data Analysis. Boca Raton: CRC Press.

Carroll, R. J., D. Ruppert, (1988). Transformation and Weighting in Regression. New York: CRC Press.

Carroll, R. J., D. Ruppert, L. A. Stefanski, C. Crainiceanu, (2006). Measurement Error in Nonlinear Models: A Modern Perspective. 2nd. New York: Chapman & Hall/ CRC Press.

Carroll, R. J., L. A. Stefanski, (1990). Approximate quasi-likelihood estimation in models with surrogate predictors. Journal of the American Statistical Association, 85(411): 652-663.

Chaloner, K., (1991). Bayesian residual analysis in the presence of censoring. Biometrika, 78(3): 637-644.

Chaloner, K., R. Brant, (1988). A Bayesian approach to outlier detection and residual analysis. Biometrika, 75: 651-659.

Chatterjee, S., A. S. Hadi, (2015). Regression Analysis by Example. 5th. New York: John Wiley & Sons.

Chaudhuri, P., J. S. Marron, (1999). SiZer for exploration of structures in curves. Journal of the American Statistical Association, 94(447): 807-823.

Comte, F., (2004). Kernel deconvolution of stochastic volatility models. Journal of

Time Series Analysis, 25(4): 563-582.

Cook, J. R., L. A. Stefanski, (1994). Simulation extrapolation estimation in parametric measurement error models. Journal of American Statistical Association, 89: 1314-1328.

Cox, D. R., (1972). Regression models and life-tables. Journal of the Royal Statistical Society: Series B (Methodology), 34(2): 187-220.

Cox, D. R., E. J. Snell, (1968). A general definition of residuals (with discussion). Journal of the Royal Statistical Society - Series B (Methodology), 30: 248-275.

Davison, A. C., D. V. Hinkley, (1997). Bootstrap Methods and Their Application. New York: Cambridge University Press.

Dawid, A., (1984). Present position and potential developments: some personal views statistical theory the prequential approach. Journal of the Royal Statistical Society: Series A (Statistics in Society), 147: 278-292.

De Boor, C., (1978). A Practical Guide to Splines. New York: Springer.

Dellaportas, P., D. Stephens, (1995). Bayesian analysis of errors-in-variables regression models. Biometrics, 51(3): 1085-1095.

Diebold, F. X., T. A. Gunther, A. S. Tay, (1998). Evaluating density forecasts with applications to financial risk management. International Economic Review, 39(4): 863-883.

Dobson, A. J., A. Barnett, (2008). An Introduction to Generalized Linear Models. Boca Raton: CRC press.

Draper, D., (1995). Assessment and propogation of model uncertainty. Journal of the Royal Statistical Society: Series B (Methodology), 57: 45-97.

Dreze, J. H., M. Mouchart, (1990). Tales of testing Bayesians//Contributions to Econometric Theory and Application. New York: Springer: 345-366.

Eilers, P., B. Marx, (1996). Flexible smoothing with B-splines and penalties (with discussion). Statistical Science, 11: 89-121.

Eilers, P. H., B. D. Marx, M. Durbán, (2015). Twenty years of P-splines. SORT-Statistics and Operations Research Transactions, 39(2): 149-186.

Evans, M., H. Moshonov, (2006). Checking for prior-data conflict. Bayesian Analysis, 1(4): 893-914.

Everitt, B. S., (2006). An R and S-PLUS Companion to Multivariate Analysis. London: Springer.

Fahrmeir, L., T. Kneib, (2009). Propriety of posteriors in structured additive regression models: Theory and empirical evidence. Journal of Statistical Planning and Inference, 139(3): 843-859.

Fahrmeir, L., L. Knorr-Held, (2000). Dynamic and semiparametric models//Smoothing and Regression: Approaches, Computation, and Application. New York: John Wiley & Sons: 513-544.

Fahrmeir, L., S. Lang, (2001). Bayesian inference for generalized additive mixed models based on Markov random field priors. Journal of the Royal Statistical Society: Series C (Applied Statistics), 50(2): 201-220.

Fahrmeir, L., G. Tutz, (2001). Multivariate Statistical Modeling Based on Generalized Linear Models. Berlin: Springer.

Fan, J., Y. K. Truong, (1993). Nonparametric regression with errors in variables. The Annals of Statistics, 21(4): 1900-1925.

Faraway, J., (2014). Linear Models with R. 2nd. Boca Raton: Chapman & Hall/CRC.

Faraway, J., (2016a). Confidence bands for smoothness in nonparametric regression. Stat, 5(1): 4-10.

Faraway, J., (2016b). Extending the Linear Model with R: Generalized Linear, Mixed Effects and Nonparametric Regression Models. 2nd. London: Chapman & Hall.

Ferkingstad, E., H. Rue, (2015). Improving the INLA approach for approximate Bayesian inference for latent Gaussian models. Electronic Journal of Statistics, 9(2): 2706-2731.

Ferrari, S. L. P., F. Cribari-Neto, (2004). Beta regression for modelling rates and proportions. Journal of Applied Statistics, 31(7): 799-815.

Ferraty, F., P. Vieu, (2006). Nonparametric Functional Data Analysis: Theory and Practice. New York: Springer.

Fitzmaurice, G. M., N. M. Laird, (1993). A likelihood-based method for analysing longitudinal binary responses. Biometrika, 80(1): 141-151.

Fong, Y., H. Rue, J. Wakefield, (2010). Bayesian inference for generalized linear mixed models. Biostatistics, 11(3): 397-412.

Friedman, J. H., W. Stuetzle, (1981). Projection pursuit regression. Journal of the American Statistical Association, 76(376): 817-823.

Fuglstad, G.-A., D. Simpson, F. Lindgren, H. Rue, (2015). Constructing Priors that Penalize the Complexity of Gaussian Random Fields. arXiv preprint, arXiv:1503.00256: 1-44.

Fuller, W. A., (1987). Measurement Error Models. New York: John Wiley & Sons.

Geisser, S., W. F. Eddy, (1979). A predictive approach to model selection. Journal of the American Statistical Association, 74(365): 153-160.

Gelfand, A. E., A. F. Smith, (1990). Sampling-based approaches to calculating marginal densities. Journal of the American Statistical Association, 85(410): 398-409.

Gelman, A., (2006). Prior distributions for variance parameters in hierarchical models. Bayesian Analysis, 1(3): 515-533.

Gelman, A., J. B. Carlin, H. S. Stern, D. B. Rubin, (2014). Bayesian Data Analysis. 3rd. New York: Chapman & Hall/CRC Press.

Gelman, A., J. Hwang, A. Vehtari, (2014). Understanding predictive information criteria for Bayesian models. Statistics and Computing, 24(6): 997-1016.

Gelman, A., X.-L. Meng, H. Stern, (1996). Posterior predictive assessment of model fitness via realized discrepancies. Statistica Sinica, 6: 733-760.

Gneiting, T., F. Balabdaoui, A. E. Raftery, (2007). Probabilistic forecasts, calibration and sharpness. Journal of the Royal Statistical Society: Series B (Methodology), 69(2): 243-268.

Godfrey, P. J., A. Ruby, O. T. Zajicek, (1985). The Massachusetts acid rain monitoring project: Phase 1//Water Resource Research Center. University of Massachusetts.

Goldsmith, J., C. M. Crainiceanu, B. Caffo, D. Reich, (2012). Longitudinal penalized functional regression for cognitive outcomes on neuronal tract measurements. Journal of the Royal Statistical Society: Series C (Applied statistics), 61(3): 453-469.

Gomez, G., M. L. Calle, R. Oller, K. Langohr, (2009). Tutorial on methods for interval-censored data and their implementation in R. Statistical Modelling, 9(4): 259-297.

Green, P. J., B. W. Silverman, (1994). Nonparametric Regression and Generalized Linear Models: a Roughness Penalty Approach. Boca Raton: Chapman & Hall: 182.

Guo, X., B. P. Carlin, (2004). Separate and joint modeling of longitudinal and event time data using standard computer packages. The American Statistician, 58(1): 16-24.

Gustafson, P., (2004). Measurement Error and Misclassification in Statistics and Epidemiology: Impacts and Bayesian Adjustments. Boca Raton: Chapman & Hall.

Hadfield, J. D., (2010). MCMC methods for multi-response generalized linear mixed models: The MCMCglmm R package. Journal of Statistical Software, 33(2): 1-22.

Hammer, S. M., K. E. Squires, M. D. Hughes, J. M. Grimes, L. M. Demeter, J. S. Currier, J. J. Eron Jr., J. E. Feinberg, H. H. Balfour Jr., L. R. Deyton, J. A. Chodakewitz, M. A. Fischl, (1997). A controlled trial of two nucleoside analogues plus indinavir in persons with human immunodeficiency virus infection and CD4 cell counts of 200 per cubic millimeter or less. New England Journal of Medicine, 337(11): 725-733.

Hastie, T., R. Tibshirani, (1990). Generalized Additive Models. New York: Chapman & Hall.

Hastie, T., R. Tibshirani, (2000). Bayesian Backfitting. Statistical science, 15(3): 196-

223.

Hastings, W. K., (1970). Monte Carlo sampling methods using Markov chains and their applications. Biometrika, 57(1): 97-109.

Hawkins, D., (2005). Biomeasurement. New York: Oxford University Press.

Held, L., B. Schrödle, H. Rue, (2010). Posterior and cross-validatory predictive checks: a comparison of MCMC and INLA//Statistical Modelling and Regression Structures. New York: Springer: 91-110.

Henderson, C. R., (1982). Analysis of covariance in the mixed model: Higher-level, nonhomogeneous, and random regressions. Biometrics, 38: 623-640.

Henderson, R., P. Diggle, A. Dobson, (2000). Joint modelling of longitudinal measurements and event time data. Biostatistics, 1(4): 465-480.

Hjort, N. L., F. A. Dahl, G. H. Steinbakk, (2006). Post-processing posterior predictive p values. Journal of the American Statistical Association, 101(475): 1157-1174.

Hoerl, A. E., R. W. Kannard, K. F. Baldwin, (1975). Ridge regression: Some simulations. Communications in Statistics: Theory and Methods, 4(2): 105-123.

Hoerl, A. E., R. W. Kennard, (1970). Ridge regression: Biased estimation for nonorthogonal problems. Technometrics, 12(1): 55-67.

Hosmer, D. W.,S. Lemeshow, (2004). Applied Logistic Regression. New York: John Wiley & Sons.

Hosmer, D. W., S. Lemeshow, S. May, (2008). Applied Survival Analysis: Regression Modelling of Time to Event Data. 2nd. New York: Wiley-Interscience.

Hsiang, T., (1975). A Bayesian view on ridge regression. The Statistician, 24(4): 267-268.

Jolliffe, I. T., (1982). A note on the use of principal components in regression. Journal of the Royal Statistical Society: Series C (Applied Statistics), 31(3): 300-303.

Kardaun, O., (1983). Statistical survival analysis of male larynx-cancer patients: A case study. Statistica Neerlandica, 37(3): 103-125.

Klein, J. P., M. L. Moeschberger, (2005). Survival Analysis: Techniques for Censored and Truncated Data. New York: Springer.

Kutner, M. H., C. J. Nachtsheim, J. Neter, W. Li, (2004). Applied Linear Statistical Models. 5th. New York: McGraw-Hill Irwin.

Lambert, D., (1992). Zero-inflated Poisson regression models with an application to defects in manufacturing. Technometrics, 34(1): 1-14.

Lang, S., A. Brezger, (2004). Bayesian P-splines. Journal of Computational and Graphical Statistics, 13(1): 183-212.

Lange, K. L., R. J. Little, J. M. Taylor, (1989). Robust statistical modeling using the

t distribution. Journal of the American Statistical Association, 84(408): 881-896.

Le Cam, L., (2012). Asymptotic Methods in Statistical Decision Theory. New York: Springer.

Lindgren, F., H. Rue, (2008). On the second-order random walk model for irregular locations. Scandinavian Journal of Statistics, 35(4): 691-700.

Lindgren, F., H. Rue, (2015). Bayesian spatial modelling with R-INLA. Journal of Statistical Software, 63(19): 1-25.

Lindgren, F., H. Rue, J. Lindström, (2011). An explicit link between Gaussian fields and Gaussian Markov random fields: the stochastic partial differential equation approach (with discussion). Journal of the Royal Statistical Society: Series B (Methodology), 73(4): 423-498.

Lindsey, J. K., (1997). Applying Generalized Linear Models. New York: Springer.

Liu, C., D. B. Rubin, (1995). ML estimation of the t distribution using EM and its extensions, ECM and ECME. Statistica Sinica, 5(1): 19-39.

Long, J. S., (1997). Regression Models for Categorical and Limited Dependent Variables. Thousand Oaks: Sage Publications.

Lunn, D., C. Jackson, N. Best, A. Thomas, D. Spiegelhalter, (2012). The BUGS Book: A Practical Introduction to Bayesian Analysis. Boca Raton: CRC Press.

Marshall, E. C., D. J. Spiegelhalter, (2007). Identifying outliers in Bayesian hierarchical models: A simulation-based approach. Bayesian Analysis, 2(2): 409-444.

Martino, S., R. Akerkar, H. Rue, (2011). Approximate Bayesian inference for survival models. Scandinavian Journal of Statistics, 38(3): 514-528.

Martins, T. G., D. Simpson, F. Lindgren, H. Rue, (2013). Bayesian computing with INLA: New features. Computational Statistics and Data Analysis, 67: 68-83.

McCullagh, P., J. A. Nelder, (1989). Generalized Linear Models. 2nd. London: CRC Press.

McGilchrist, C., C. Aisbett, (1991). Regression with frailty in survival analysis. Biometrics, 47(2): 461-466.

McNeil, D. R., (1977). Interactive Data Analysis. New York: Wiley.

Meng, X.-L., (1994). Posterior predictive p-values. The Annals of Statistics, 22(3): 1142-1160.

Metropolis, N., A. W. Rosenbluth, M. N. Rosenbluth, A. H. Teller, E. Teller, (1953). Equation of state calculations by fast computing machines. The Journal of Chemical Physics, 21(6): 1087-1092.

Montgomery, D. C., (2013). Design and Analysis of Experiments. 8th. New York: John Wiley & Sons.

Morrison, H. L., M. Mateo, E. W. Olszewski, P. Harding, et al., (2000). Mapping the galactic halo I: The "spaghetti" survey. The Astronomical Journal, 119: 2254-2273.

Muff, S., A. Riebler, L. Held, H. Rue, P. Saner, (2015). Bayesian analysis of measurement error models using integrated nested Laplace approximations. Journal of the Royal Statistical Society: Series C (Applied Statistics), 64(2): 231-252.

Myers, R., D. Montgomery, (1997). A tutorial on generalized linear models. Journal of Quality Technology, 29(3): 274-291.

Nelder, J. A., R. J. Baker, (2004). Generalized linear models//Encyclopedia of Statistical Sciences. New York: John Wiley & Sons.

O'Sullivan, F., (1986). A statistical perspective on ill-posed inverse problems. Statistical Science, 1(4): 502-527.

Pettit, L., (1990). The conditional predictive ordinate for the normal distribution. Journal of the Royal Statistical Society: Series B (Methodological), 52: 175-184.

Plummer, M., et al., (2003). JAGS: A program for analysis of Bayesian graphical models using Gibbs sampling//Proceedings of the 3rd International Workshop on Distributed Statistical Computing: vol. 124: 125.

Prater, N., (1956). Estimate gasoline yields from crudes. Petroleum Refiner, 35(5): 236-238.

Ramsay, J. O., B. W. Silverman, (2005). Functional Data Analysis. 2nd. New York: Springer.

Rasmussen, C., C. Williams, (2006). Gaussian Processes for Machine Learning. Cambridge, MA: The MIT Press.

Richardson, S., W. Gilks, (1993). Conditional independence models for epidemiological studies with covariate measurement error. Statistics in Medicine, 12(18): 1703-1722.

Rue, H., L. Held, (2005). Gaussian Markov Random Fields: Theory and Applications. London: Chapman & Hall.

Rue, H., S. Martino, (2007). Approximate Bayesian inference for hierarchical Gaussian Markov random field models. Journal of Statistical Planning and Inference, 137(10): 3177-3192.

Rue, H., S. Martino, N. Chopin, (2009). Approximate Bayesian inference for latent Gaussian models using integrated nested Laplace approximations (with discussion). Journal of the Royal Statistical Society: Series B (Methodological), 71(2): 319-392.

Rue, H., A. Riebler, S. H. Sørbye, J. B. Illian, D. P. Simpson, F. Lindgren, (2017). Bayesian computing with INLA: a review. Annual Review of Statistics and Its Application, 4: 395-421.

Ruppert, D., (2002). Selecting the number of knots for penalized splines. Journal of

Computational and Graphical Statistics, 11: 735-757.

Ruppert, D., R. J. Carroll, (2000). Spatially-adaptive penalties for spline fitting. Australian and New Zealand Journal of Statistics, 42(2): 205-223.

Ruppert, D., M. P. Wand, R. J. Carroll, (2003). Semiparametric Regression. New York: Cambridge University Press.

Sheather, S. J., M. C. Jones, (1991). A reliable data-based bandwidth selection method for kernel density estimation. Journal of the Royal Statistical Society: Series B (Methodological), 53: 683-690.

Shumway, R. H., D. S. Stoffer, (2011). Time Series Analysis and Its Applications: with R Examples. 3rd. New York: Springer.

Simpson, D., F. Lindgren, H. Rue, (2012). Think continuous: Markovian Gaussian models in spatial statistics. Spatial Statistics, 1: 16-29.

Simpson, D. P., T. G. Martins, A. Riebler, G.-A. Fuglstad, H. Rue, S. H. Sørbye, (2017). Penalising model component complexity: A principled, practical approach to constructing priors. Statistical Science, 32(1): 1-28.

Singer, J. D., J. B. Willett, (2003). Applied Longitudinal Data Analysis: Modeling Change and Event Occurrence. London: Oxford University Press.

Sørbye, S. H., H. Rue, (2014). Scaling intrinsic Gaussian Markov random field priors in spatial modelling. Spatial Statistics, 8: 39-51.

Speckman, P. L., D. Sun, (2003). Fully Bayesian spline smoothing and intrinsic autoregressive priors. Biometrika, 90(2): 289-302.

Spiegelhalter, D. J., N. G. Best, B. P. Carlin, A. Linde, (2014). The deviance information criterion: 12 years on. Journal of the Royal Statistical Society: Series B (Methodological), 76(3): 485-493.

Spiegelhalter, D. J., N. G. Best, B. P. Carlin, A. Van Der Linde, (2002). Bayesian measures of model complexity and fit. Journal of the Royal Statistical Society: Series B (Methodological), 64(4): 583-639.

Stan Development Team, (2016). Stan Modeling Language: User's Guide and Reference Manual.

Sun, D., P. L. Speckman, (2008). Bayesian hierarchical linear mixed models for additive smoothing splines. Annals of the Institute of Statistical Mathematics, 60(3): 499-517.

Sun, D., R. K. Tsutakawa, P. L. Speckman, (1999). Posterior distribution of hierarchical models using CAR(1) distributions. Biometrika, 86: 341-350.

Therneau, T. M., P. M. Grambsch, T. R. Fleming, (1990). Martingale-based residuals for survival models. Biometrika, 77(1): 147-160.

Thodberg, H. H., (1993). Ace of Bayes: application of neural networks with pruning. The Danish Meat Research Institute, Maglegaardsvej 2, DK-4000.

Tiao, G. C., A. Zellner, (1964). On the Bayesian estimation of multivariate regression. Journal of the Royal Statistical Society: Series B (Methodological), 26(2): 277-285.

Tierney, L., J. B. Kadane, (1986). Accurate approximations for posterior moments and marginal densities. Journal of the American Statistical Association, 81(393): 82-86.

Tsiatis, A. A., M. Davidian, (2004). Joint modeling of longitudinal and time-to-event data: An overview. Statistica Sinica, 14(3): 809-834.

Umlauf, N., D. Adler, T. Kneib, S. Lang, A. Zeileis, (2015). Structured additive regression models: An R interface to BayesX. Journal of Statistical Software, 63(1): 1-46.

Vaupel, J. W., K. G. Manton, E. Stallard, (1979). The impact of heterogeneity in individual frailty on the dynamics of mortality. Demography, 16(3): 439-454.

Wahba, G., (1978). Improper priors, spline smoothing and the problem of guarding against model errors in regression. Journal of the Royal Statistical Society: Series B (Methodology), 40(3): 364-372.

Wahba, G., (1990). Spline Models for Observational Data. Philadelphia: SIAM: 169.

Wakefield, J., (2013). Bayesian and Frequentist Regression Methods. New York: Springer.

Wand, M. P., J. T. Ormerod, (2008). On semiparametric regression with O'sullivan penalized splines. Australian and New Zealand Journal of Statistics, 50(2): 179-198.

Wang, X.-F., (2012). Joint generalized models for multidimensional outcomes: A case study of neuroscience data from multimodalities. Biometrical Journal, 54(2): 264-280.

Wang, X.-F., Z. Fan, B. Wang, (2010). Estimating smooth distribution function in the presence of heteroscedastic measurement errors. Computational Statistics and Data Analysis, 54(1): 25-36.

Wang, X.-F., B. Wang, (2011). Deconvolution estimation in measurement error models: The R package decon. Journal of Statistical Software, 39(10): 1-24.

Watanabe, S., (2010). Asymptotic equivalence of Bayes cross validation and widely applicable information criterion in singular learning theory. Journal of Machine Learning Research, 11: 3571-3594.

Whittle, P., (1954). On stationary processes in the plane. Biometrika, 41: 434-449.

Whyte, B., J. Gold, A. Dobson, D. Cooper, (1987). Epidemiology of acquired immunodeficiency syndrome in Australia. The Medical Journal of Australia, 146(2): 65-69.

Wood, S. N., (2003). Thin plate regression splines. Journal of the Royal Statistical

Society: Series B (Methodological), 65(1): 95-114.

Wood, S. N., (2006). Generalized Additive Models: An Introduction with R. New York: Chapman & Hall/CRC Press.

Wood, S. N., (2008). Fast stable direct fitting and smoothness selection for generalized additive models. Journal of the Royal Statistical Society: Series B (Methodological), 70(3): 495-518.

Yue, Y., P. L. Speckman, (2010). Nonstationary spatial Gaussian Markov random fields. Journal of Computational and Graphical Statistics, 19(1): 96-116.

Yue, Y. R., D. Bolin, H. Rue, X.-F. Wang, (2018). Bayesian generalized two-way ANOVA modeling for functional data using INLA. Statistica Sinica, in press.

Yue, Y. R., D. Simpson, F. Lindgren, H. Rue, (2014). Bayesian adaptive smoothing spline using stochastic differential equations. Bayesian Analysis, 9(2): 397-424.

Yue, Y. R., P. Speckman, D. Sun, (2012). Priors for Bayesian adaptive spline smoothing. Annals of the Institute of Statistical Mathematics, 64(3): 577-613.

索引

A

AIC, 11, 45
ANOVA, 53

B

B-样条, 196
Berkson 测量误差, 258
Besag 模型, 179, 194, 238
BIC, 12
brinla 软件包
    bri.hyperpar.plot, 42
包
    fields, 188, 189
    mgcv, 175
    R2jags, 303
    splines, 197
薄板样条, 185, 246
暴露, 80
暴露模型, 264
贝塔回归, 87
贝叶斯 Pearson 残差, 82
贝叶斯标准化残差, 90
贝叶斯残差, 50
贝叶斯回溯算法, 234
贝叶斯模型平均, 12
贝叶斯信息准则, 见: BIC
贝叶斯因子, 13, 32
比例风险模型, 140
比例响应变量, 见: 贝塔回归
比例优势, 158

边际概率, 8, 9
边际似然, 32
标准化常数, 8
补偿, 80
不确定性量化, 225

C

CCD, 24
copy 方法, 111
Cox–Snell 残差, 149
Cox–Snell 残差图, 150
Cox 回归, 见: 比例风险回归
CPO, 11, 32, 47, 127
测试样本, 118
层级, 98
差分算子, 170, 186, 196
惩罚函数, 170, 185, 189
惩罚回归样条, 见: P-样条
惩罚拟似然, 见: PQL
惩罚性复杂度先验, 103
惩罚最小二乘, 170, 185, 196
赤池信息准则, 见: AIC
脆弱性, 159
脆弱性模型, 158

D

DIC, 12, 32, 38, 46, 127, 134
带状矩阵, 20, 180, 181
单一随机效应, 98
低秩薄板样条, 175

对数伪边际似然, 见: LPML
多重共线性, 38, 56
多重假设检验, 207
多项式, 169, 171, 186, 196

E

二元 GLMM, 130

F

Fréchet 分布, 287
方差分析, 见: ANOVA
方差函数, 68
方差稳定变换, 23
非参数回归, 169, 233
非恰当先验, 9
分层比例风险模型, 144
分段常数基线风险模型, 141
分组, 98
风险函数, 140
负二项回归, 76

G

GAM, 18, 240, 250
GAMM, 250
GLM, 17, 67
    分散参数, 67, 83
    规范参数, 67
    散度参数, 76
GLMM, 121, 259
GMRF, 20
GNPR, 201
Gumbel 分布, 287
伽马回归, 83
概率积分变换, 见: PIT
高斯过程先验, 180
高斯近似, 21, 23, 25, 27

高斯 – 马尔可夫随机场, 见: GMRF
共轭先验, 9
固定效应, 54, 97
光滑, 169
光滑参数, 170, 175, 186, 197, 199
光滑样条, 180, 196, 199, 200
广义非参数回归, 见: GNPR
广义极值分布, 287
广义可加混合模型, 见: GAMM
广义可加模型, 见: GAM
广义线性模型, 见: GLM
广义最小二乘, 59
过度分散, 18, 76, 129

H

Hessian 矩阵, 24
HPD 区间, 192
哈勃定律, 1
后验, 8
后验比率, 13
后验相关矩阵, 34
后验预测 p 值, 47
后验预测分布, 43
后验预测检查法, 46
回溯算法, 234

I

INLA 软件包
    inla.dmarginal, 41
    inla.emarginal, 41, 79
    inla.hyperpar, 269
    inla.mmarginal, 41
    inla.pmarginal, 41, 47
    inla.qmarginal, 41, 79
    inla.rmarginal, 41
    inla.surv, 141

inla.tmarginal, 41, 79

J

Jeffreys 先验, 9, 176

极大后验, 见: MAP

极大似然估计, 8

计算机实验, 225

加速失效时间模型, 146

假设检验, 12

简化拉普拉斯近似, 24, 27

交叉验证, 47

角约束, 53

节点, 196, 199

精度, 36

精度矩阵, 19

经典测量误差, 258

经验贝叶斯, 24

聚类, 98

K

可加模型, 176, 233

可识别性, 171

可信区间, 10, 41

克罗内克积, 186

客观先验, 10

空间效应, 194

扩散先验, 37

L

LGM, 17–19, 22, 26

logistic 回归, 69

logit, 132, 202

LPML, 49

拉普拉斯近似, 21–24, 27, 33

累积风险函数, 140

联合后验分布, 19

联合模型, 162

连接函数, 18, 241

零空间, 171, 181, 186

零膨胀回归, 92

零膨胀模型, 251, 252

岭回归, 56, 118

M

MAP, 14, 31

MCMC, 31

MLE, 31, 36

免积分算法, 26

模型检验, 11, 32

模型选择, 11

默认先验, 103

N

Nelson–Aalen 估计, 150

P

P-样条, 196, 199, 200

PIT, 11, 32, 47, 128

PQL, 123, 131

偏差残差, 152

偏差信息准则, 见: DIC

偏移集, 209, 210

偏自相关, 60

频率学派, 9, 31, 170, 207

平坦先验, 9, 31

泊松 GLMM, 121

泊松回归, 72

Q

潜在高斯模型, 见: LGM

区间删失, 155

区域数据, 193

R

REML, 176

RW1, 143, 171, 179

RW2, 143, 171, 179, 235, 242, 246, 251

RW2D, 179, 186, 189

RW 先验, 169, 171, 179, 186

软件包

betareg, 88

boot, 122

dplyr, 122

gamair, 245, 250

GGally, 38

ggplot2, 102

lme4, 99, 108, 117

MASS, 59, 77

MCMCglmm, 15

mgcv, 235

nlme, 65

survival, 142, 156

tidyr, 122

弱信息先验, 103, 176

S

SDE, 180, 189, 199

SPDE, 189, 200

三次光滑样条, 170, 173, 175, 181, 185, 199

散度, 251

删失, 139

生存比率, 158

生存函数, 139

失效比率, 158

时间序列, 59

事件发生时间数据, 139

似然, 8, 18, 27

数据集

ACTG320, 141

AIDS, 72, 163

articles, 93

bronch, 271

cars, 301

crab, 76

fossil, 207

framingham, 265

frencheconomy, 57

gasoline, 87

hubble, 1

insurance, 80

kidney, 159

kyphosis, 241

larynx, 148

lowbwt, 69

mackp, 247

mack, 245

Munich, 182, 194

nitrofen, 122

ohio, 130

painrelief, 54

reading, 107

reeds, 98

sole, 250

SPDE toy data, 189

Tokyo rainfall, 205, 211

tooth24, 155

unemployment, 61

usair, 38

wafer, 84

数值积分, 22

衰减偏差, 259

随机截距项, 108

随机偏微分方程, 见: SPDE
随机微分方程, 见: SDE
随机效应, 18, 31, 54, 97, 105, 250
随机斜率和截距项, 110
随机游动先验, 见: RW 先验

T

t 分布, 175
t 回归, 见: 稳健回归
t 生存分析, 139
泰勒展开, 21, 23
特征值分解, 24
条件独立性, 20, 171, 186
条件相关性, 20
条件预测坐标, 见: CPO
同类相关系数, 101
图形文件, 194

W

WAIC, 32, 134
Watanabe 赤池信息准则, 见: WAIC
Weibull 分布, 287
Weibull 回归, 146
Wiener 过程, 180
网格, 189
网格搜索, 24, 25
稳健回归, 52
无信息先验, 9, 176, 299

X

先验, 8, 9
先验比率, 13
先验敏感性, 10
线性回归, 35
线性混合模型, 97
线性预测因子, 17

线性约束, 171
循环 RW2, 205
训练样本, 118

Y

鞅残差, 152
异方差误差, 260
有限元法, 180, 189
有效参数个数, 12
有信息先验, 9, 30
有约束最大似然, 见: REML
预测, 43, 114, 183, 191, 205, 247
预测分布, 11, 33, 115, 184
预测区间, 184

Z

正态分布的混合, 26
指数族, 17, 67, 201, 250
指数族分布, 18
置信区间, 41
中心复合设计, 见: CCD
中心极限定理, 21
主观先验, 9
自变量有 Berkson 误差, 270
自变量有误差, 257
自变量有误差的 GLMM, 259
自回归, 19, 22, 136
自回归误差, 60
    AR(1) 过程, 60
自然连接函数, 69
自适应光滑, 199
自相关系数, 60
自相关性
    样本自相关函数, 60
纵向, 98, 162
纵向数据, 107

纵向数据和事件发生时间数据, 162

最大似然估计, 见: MLE

最高后验密度区间, 10, 见: HPD 区间

最小二乘, 36

左截断, 155

统计学丛书

书号	书名	著译者
9787040607710	R 语言与统计分析（第二版）	汤银才 主编
9787040608199	基于 INLA 的贝叶斯推断	Virgilio Gomez-Rubio 著 汤银才、周世荣 译
9787040610079	基于 INLA 的贝叶斯回归建模	Xiaofeng Wang、Yu Ryan Yue、 Julian J. Faraway 著 汤银才、周世荣 译
9787040604894	社会科学的空间回归模型	Guangqing Chi、Jun Zhu 著 王平平 译
9787040612615	基于 R-INLA 的 SPDE 空间模型的高级分析	Elias T. Krainski 等 著 汤银才、陈婉芳 译
9787040607666	地理空间健康数据：基于 R-INLA 和 Shiny 的建模与可视化	Paula Moraga 著 汤银才、王平平 译
9787040557596	MINITAB 软件入门：最易学实用的统计分析教程（第二版）	吴令云 等 编著
9787040588200	缺失数据统计分析（第三版）	Roderick J. A. Little、 Donald B. Rubin 著 周晓华、邓宇昊 译
9787040554960	蒙特卡罗方法与随机过程：从线性到非线性	Emmanuel Gobet 著 许明宇 译
9787040538847	高维统计模型的估计理论与模型识别	胡雪梅、刘锋 著
9787040515084	量化交易：算法、分析、数据、模型和优化	黎子良 等 著 冯玉林、刘庆富 译
9787040513806	马尔可夫过程及其应用：算法、网络、基因与金融	Étienne Pardoux 著 许明宇 译
9787040508291	临床试验设计的统计方法	尹国圣、石昊伦 著

书号	书名	著译者
9787040506679	数理统计（第二版）	邵军
9787040478631	随机场：分析与综合（修订扩展版）	Erik Vanmarcke 著 陈朝晖、范文亮 译
9787040447095	统计思维与艺术：统计学入门	Benjamin Yakir 著 徐西勒 译
9787040442595	诊断医学中的统计学方法（第二版）	周晓华 等 著 侯艳、李康、宇传华、周晓华 译
9787040448955	高等统计学概论	赵林城、王占锋 编著
9787040436884	纵向数据分析方法与应用（英文版）	刘宪
9787040423037	生物数学模型的统计学基础（第二版）	唐守正、李勇、符利勇 著
9787040419504	R 软件教程与统计分析：入门到精通	Pierre Lafaye de Micheaux 等 著 潘东东、李启寨、唐年胜 译
9787040386721	随机估计及 VDR 检验	杨振海
9787040378177	随机域中的极值统计学：理论及应用（英文版）	Benjamin Yakir 著
9787040372403	高等计量经济学基础	缪柏其、叶五一
9787040322927	金融工程中的蒙特卡罗方法	Paul Glasserman 著 范韶华、孙武军 译
9787040348309	大维统计分析	白志东、郑术蓉、姜丹丹
9787040348286	结构方程模型：Mplus 与应用（英文版）	王济川、王小倩 著

书号	书名	著译者
9787040348262	生存分析：模型与应用（英文版）	刘宪
9787040321883	结构方程模型：方法与应用	王济川、王小倩、姜宝法 著
9787040319682	结构方程模型：贝叶斯方法	李锡钦 著 蔡敬衡、潘俊豪、周影辉 译
9787040315370	随机环境中的马尔可夫过程	胡迪鹤 著
9787040256390	统计诊断	韦博成、林金官、解锋昌 编著
9787040250626	R 语言与统计分析	汤银才 主编
9787040247510	属性数据分析引论（第二版）	Alan Agresti 著 张淑梅、王睿、曾莉 译
9787040182934	金融市场中的统计模型和方法	黎子良、邢海鹏 著 姚佩佩 译

购书网站：高教书城（www.hepmall.com.cn），高教天猫（gdjycbs.tmall.com），京东，当当，微店

其他订购办法：
各使用单位可向高等教育出版社电子商务部汇款订购。书款通过银行转账，支付成功后请将购买信息发邮件或传真，以便及时发货。**购书免邮费**，发票随书寄出（大批量订购图书，发票随后寄出）。

通过银行转账：
户　　名：高等教育出版社有限公司
开 户 行：交通银行北京马甸支行
银行账号：110060437018010037603

单位地址：北京西城区德外大街 4 号
电　　话：010-58581118
传　　真：010-58581113
电子邮箱：gjdzfwb@pub.hep.cn

郑重声明

高等教育出版社依法对本书享有专有出版权。任何未经许可的复制、销售行为均违反《中华人民共和国著作权法》,其行为人将承担相应的民事责任和行政责任;构成犯罪的,将被依法追究刑事责任。为了维护市场秩序,保护读者的合法权益,避免读者误用盗版书造成不良后果,我社将配合行政执法部门和司法机关对违法犯罪的单位和个人进行严厉打击。社会各界人士如发现上述侵权行为,希望及时举报,我社将奖励举报有功人员。

反盗版举报电话　(010)58581999　58582371

反盗版举报邮箱　dd@hep.com.cn

通信地址　北京市西城区德外大街 4 号
　　　　　高等教育出版社法律事务部

邮政编码　100120